国家林业局普通高等教育"十三五"规划教材
高等院校观赏园艺方向"十三五"规划教材

切花生产理论与技术

（第2版）

郑成淑　王文莉　吕晋慧　主编

中国林业出版社

内 容 简 介

本教材为高等院校园艺专业观赏园艺方向教学用书。教材根据全国观赏园艺方向创新人才培养要求，从提高大学生的实践能力角度构建内容体系，力求反映当前国内外有关切花生产的新理论和新技术。全书共分16章，包括绪论、总论和各论三部分。总论包括切花分类，影响切花栽培的环境因子，切花栽培设施与设备，切花繁殖与育苗，切花栽培管理，切花病虫害防治，切花采收、分级与包装运输，切花保鲜和贮藏，切花应用与欣赏。各论部分包括一、二年生切花栽培，宿根切花栽培，球根切花栽培，木本切花栽培，水生切花栽培，切叶和切果类植物栽培。

图书在版编目（CIP）数据

切花生产理论与技术/郑成淑，王文莉，吕晋慧主编. —2版. —北京：中国林业出版社，2018.2
国家林业局普通高等教育"十三五"规划教材　高等院校观赏园艺方向"十三五"规划教材
ISBN 978-7-5038-8546-4

Ⅰ.①切… Ⅱ.①郑… ②王… ③吕… Ⅲ.①切花-观赏园艺-高等学校-教材 Ⅳ.①S688.2

中国版本图书馆CIP数据核字（2018）第004392号

国家林业局生态文明教材及林业高校教材建设项目

中国林业出版社·教育出版分社

策划编辑：康红梅　　　　责任编辑：康红梅　田　苗
电话：83143551　　　　　传真：83143516

出版发行	中国林业出版社（100009　北京市西城区德内大街刘海胡同7号） E-mail：jiaocaipublic@163.com　电话：(010)83143500 http://lycb.forestry.gov.cn
经　　销	新华书店
印　　刷	中国农业出版社印刷厂
版　　次	2009年8月第1版（共印1次） 2018年2月第2版
印　　次	2018年2月第1次印刷
开　　本	850mm×1168mm　1/16
印　　张	21.25
字　　数	503千字
定　　价	46.00元

未经许可，不得以任何方式复制或抄袭本书之部分或全部内容。

版权所有　侵权必究

高等院校观赏园艺方向规划教材编写指导委员会

主　任　　张启翔（北京林业大学）
副主任　　李　雄（北京林业大学）
　　　　　　包满珠（华中农业大学）
　　　　　　李树华（清华大学）
委　员　　（按姓氏拼音排序）
　　　　　　包志毅（浙江农林大学）
　　　　　　车代弟（东北农业大学）
　　　　　　陈发棣（南京农业大学）
　　　　　　高俊平（中国农业大学）
　　　　　　高亦珂（北京林业大学）
　　　　　　何少云（华南农业大学）
　　　　　　何松林（河南农业大学）
　　　　　　蒋细旺（江汉大学）
　　　　　　金研铭（吉林农业大学）
　　　　　　亢秀萍（山西农业大学）
　　　　　　吴少华（福建农林大学）
　　　　　　姚允聪（北京农学院）
　　　　　　于晓英（湖南农业大学）
　　　　　　岳　桦（东北林业大学）
　　　　　　曾　明（西南大学）
　　　　　　张　钢（河北农业大学）
　　　　　　郑成淑（山东农业大学）
秘书长　　高亦珂（北京林业大学）
　　　　　　康红梅（中国林业出版社）

《切花生产理论与技术》（第2版）编写人员

主　　编　郑成淑
　　　　　王文莉
　　　　　吕晋慧
副 主 编　房伟民
　　　　　郁书君
编写人员（按姓氏拼音排列）
　　　　　车代弟（东北农业大学）
　　　　　房伟民（南京农业大学）
　　　　　姜泽盛（山东农业大学）
　　　　　刘海涛（华南农业大学）
　　　　　吕晋慧（山西农业大学）
　　　　　潘会堂（北京林业大学）
　　　　　尚爱芹（河北农业大学）
　　　　　孙宪芝（山东农业大学）
　　　　　唐前瑞（湖南农业大学）
　　　　　王文莉（山东农业大学）
　　　　　吴少华（福建农林大学）
　　　　　郁书君（华南农业大学）
　　　　　张克中（北京农学院）
　　　　　郑成淑（山东农业大学）

《切花生产理论与技术》（第1版）编写人员

主　　编　郑成淑
副 主 编　房伟民
　　　　　郁书君
编写人员（按姓氏拼音排序）
　　　　　车代弟（东北农业大学）
　　　　　房伟民（南京农业大学）
　　　　　姜泽盛（山东农业大学）
　　　　　刘海涛（华南农业大学）
　　　　　吕晋慧（山西农业大学）
　　　　　潘会堂（北京林业大学）
　　　　　尚爱芹（河北农业大学）
　　　　　唐前瑞（湖南农业大学）
　　　　　王文莉（山东农业大学）
　　　　　吴少华（福建农林大学）
　　　　　郁书君（华南农业大学）
　　　　　张克中（北京农学院）
　　　　　郑成淑（山东农业大学）

第 2 版前言

《切花生产理论与技术》（第 1 版）2009 年 8 月出版，为全国高等院校观赏园艺方向"十一五"规划教材，迄今应用已逾 8 年，总体上满足了园艺、园林学科"切花生产"课程理论教学及实践教学的需要。但随着花卉产业的迅速发展，切花生产相关理论与技术研究和应用也有了新进展，部分内容已与产业发展存在差异。结合当前切花产业发展的需要，同时为了满足新时期本科专业课程建设的需要，2016 年在中国林业出版社的支持下，编写团队决定对教材进行调整、修订和补充完善，增补国内外切花产业发展的新进展及成果以及切花生产栽培的新理论、新技术等，润饰文字，使其在科学性、创新性、应用性等方面均有所提升和加强。

本次修订由郑成淑、王文莉、吕晋慧担任主编。具体修编分工如下：1（郑成淑）；2~4（房伟民）；5（吴少华）；6（潘会堂）；7（张克中）；8（郑成淑、孙宪芝）；9（郑成淑、王文莉）；10（王文莉）；11（尚爱芹）；12（郁书君）；13（车代弟）；14（刘海涛）；15（吕晋慧）；16（刘海涛）。全书统稿由郑成淑、王文莉负责。

教材修订工作得到了山东农业大学教务处的大力支持与关注，同时教材借鉴了多部国内外专著与教材，引用了许多相关资料和图片，山东农业大学观赏园艺专业方向的博士生和硕士生参与了书稿校对及资料查询工作，在此一并表示感谢。对已经辞世的同仁表示沉痛的怀念，对其曾经的编写工作表示深切的谢意。

由于编者水平有限，教材仍存在不足、疏漏以及错误之处，我们真诚欢迎广大师生和读者在使用过程中提出宝贵的意见和建议。

编　者

2017 年 12 月

第 1 版前言

改革开放 30 年来,我国花卉产业持续蓬勃发展,已成为最具活力的产业之一,切花在世界花卉贸易中占有 50% 以上份额。随着人们生活水平的提高,对切花的品质要求越来越高。为提高切花生产水平,更好地满足人们对切花的周年需求,我们在全国高等学校观赏园艺系列教材编写委员会的指导下编写出版《切花生产理论与技术》教材。

本教材以满足观赏园艺专业方向的学生熟练掌握切花生产的理论和基本技能为总体思路,以生产优质切花为最终目的,构建教材内容和体系。结合我国切花生产实际,以优质高产高效低能耗为目的,归纳出切花植物的习性,深化规律认识,推广切花生产先进技术和经验。

根据观赏园艺专业方向知识结构的特点,采用符合学生认知过程的编排顺序。从专业要求出发构建体系,加强彼此之间的连贯性,强调整合性。各章节有"小结""思考题"和"推荐阅读书目"等,加大引导和启发教学力度。文字主要介绍切花生产理论和基本操作技术,叙述力求简洁、通俗易懂、图文并茂,容易掌握。

本书由郑成淑主编,房伟民和郁书君副主编,最后全书由郑成淑统稿。

全书共分 16 章,具体编写分工如下:1,由郑成淑负责编写;2~4,由房伟民负责编写;5,由吴少华负责编写;6,由潘会堂负责编写;7,由张克中负责编写;8~9,由郑成淑、唐前瑞负责编写;10,由王文莉、姜泽盛负责编写;11,由尚爱芹负责编写;12,由郁书君负责编写;13,由车代弟负责编写;14,由刘海涛负责编写;15,由吕晋惠负责编写;16,由刘海涛负责编写。

本教材作为课程教学使用的学时分配建议:总学时 90~100 学时,讲授 50~60 学时,实习 40~50 学时,相关专业和不同层次的教学,可酌情选择内容,也可供观赏园艺相关课程教学参考用。

衷心感谢山东农业大学教务处的大力支持与关注。感谢参加本书校对工作的山东农业大学观赏园艺专业的博士生和硕士生。本书在编写过程中,参考、应用了多种相关资料,在此一并表示感谢。

第1版前言

《切花生产理论与技术》是团结协作，辛勤劳动的结晶。但我们深知，因受知识水平、信息量及时间所限，教材的不足、疏漏以及错误之处在所难免，而且随着花卉产业的快速发展和科研水平的不断提高，现有的经验和知识需要不断的更新和完善。因此，我们真诚欢迎广大师生和读者在使用过程中及时提出宝贵的意见和建议，以便今后改进。

编 者
2008年10月于山东泰山

目　录

第 2 版前言
第 1 版前言

1　绪　论 (1)
1.1　切花的概念和种类 (1)
1.1.1　切花的概念 (1)
1.1.2　切花的种类 (1)
1.2　切花的生产特点 (2)
1.3　国内外切花生产的现状与发展趋势 (3)
1.3.1　国外切花生产现状与发展趋势 (3)
1.3.2　国内切花生产现状与发展趋势 (7)
小　结 (7)
思考题 (7)
推荐阅读书目 (8)

2　切花分类 (9)
2.1　植物学分类法 (9)
2.1.1　蕨类植物门 Pteridophyta (9)
2.1.2　裸子植物门 Gymnospermae (10)
2.1.3　被子植物门 Angiospermae (10)
2.2　实用分类法 (20)
2.2.1　按生物学特性分类 (20)
2.2.2　按观赏及应用特点分类 (22)
小　结 (23)
思考题 (23)
推荐阅读书目 (23)

3　影响切花栽培的环境因子 (24)
3.1　温度 (24)
3.1.1　切花对温度适应性的类型 (24)

3.1.2　温度对切花生长发育的影响 …………………………………… (26)
　3.2　光照 …………………………………………………………………… (29)
　　3.2.1　光照强度对切花生长发育的影响 ……………………………… (30)
　　3.2.2　光周期对切花生长发育的影响 ………………………………… (31)
　　3.2.3　光质对切花生长发育的影响 …………………………………… (33)
　3.3　水分 …………………………………………………………………… (33)
　　3.3.1　根据切花对水分适应性的分类 ………………………………… (34)
　　3.3.2　水分对切花生长发育的影响 …………………………………… (35)
　3.4　土壤及营养 …………………………………………………………… (35)
　　3.4.1　土壤理化性质与切花栽培 ……………………………………… (36)
　　3.4.2　营养元素 ………………………………………………………… (39)
　　3.4.3　切花的连作障碍 ………………………………………………… (40)
　小　结 ……………………………………………………………………… (41)
　思考题 ……………………………………………………………………… (41)
　推荐阅读书目 ……………………………………………………………… (41)

4　切花栽培设施与设备 …………………………………………………… (42)
　4.1　现代温室 ……………………………………………………………… (42)
　　4.1.1　玻璃温室与塑料温室 …………………………………………… (42)
　　4.1.2　温室配套设备 …………………………………………………… (44)
　4.2　塑料大棚 ……………………………………………………………… (48)
　　4.2.1　塑料大棚的结构 ………………………………………………… (49)
　　4.2.2　大棚的主要类型 ………………………………………………… (50)
　　4.2.3　大棚的性能 ……………………………………………………… (51)
　4.3　日光温室 ……………………………………………………………… (54)
　　4.3.1　日光温室的基本结构 …………………………………………… (54)
　　4.3.2　日光温室的性能特点 …………………………………………… (55)
　4.4　其他设施 ……………………………………………………………… (57)
　　4.4.1　荫棚 ……………………………………………………………… (57)
　　4.4.2　温床 ……………………………………………………………… (57)
　　4.4.3　防虫网 …………………………………………………………… (58)
　小　结 ……………………………………………………………………… (58)
　思考题 ……………………………………………………………………… (58)
　推荐阅读书目 ……………………………………………………………… (59)

5　切花繁殖与育苗 ………………………………………………………… (60)
　5.1　有性繁殖 ……………………………………………………………… (60)
　5.2　无性繁殖 ……………………………………………………………… (61)

        5.2.1　扦插繁殖 …………………………………………………… (61)
        5.2.2　嫁接繁殖 …………………………………………………… (62)
        5.2.3　分生繁殖 …………………………………………………… (62)
        5.2.4　压条繁殖 …………………………………………………… (62)
        5.2.5　孢子繁殖 …………………………………………………… (63)
        5.2.6　组织培养 …………………………………………………… (63)
    5.3　容器育苗 ……………………………………………………………… (63)
        5.3.1　育苗容器 …………………………………………………… (63)
        5.3.2　营养土的配制 ……………………………………………… (65)
        5.3.3　容器育苗的培养 …………………………………………… (65)
    小　结 ………………………………………………………………………… (66)
    思考题 ………………………………………………………………………… (66)
    推荐阅读书目 ………………………………………………………………… (66)

6　切花栽培管理 ……………………………………………………………… (67)
    6.1　设施内切花栽培管理 ………………………………………………… (67)
        6.1.1　栽植土壤 …………………………………………………… (67)
        6.1.2　移栽 ………………………………………………………… (67)
        6.1.3　施肥 ………………………………………………………… (67)
        6.1.4　修剪 ………………………………………………………… (68)
        6.1.5　浇水、中耕除草 …………………………………………… (68)
    6.2　植物生长调节剂的应用 ……………………………………………… (68)
        6.2.1　种类和特性 ………………………………………………… (68)
        6.2.2　植物生长调节剂的配制 …………………………………… (69)
    6.3　切花无土栽培与管理 ………………………………………………… (70)
        6.3.1　无土栽培的起源 …………………………………………… (70)
        6.3.2　无土栽培的特点 …………………………………………… (71)
        6.3.3　主要切花无土栽培的营养液配方 ………………………… (74)
        6.3.4　切花无土栽培与管理 ……………………………………… (76)
    6.4　切花花期调控 ………………………………………………………… (76)
        6.4.1　花期调控的发展历史 ……………………………………… (77)
        6.4.2　花期调控方法 ……………………………………………… (77)
    小　结 ………………………………………………………………………… (80)
    思考题 ………………………………………………………………………… (81)
    推荐阅读书目 ………………………………………………………………… (81)

7　切花病虫害防治 …………………………………………………………… (82)
    7.1　切花病害及其防治 …………………………………………………… (82)

　　　　7.1.1　切花病害的表现 …………………………………………………… (82)
　　　　7.1.2　切花病害的侵染过程及侵染循环 …………………………………… (83)
　　　　7.1.3　切花病害的防治原理和方法 ………………………………………… (86)
　　7.2　切花虫害及其防治 ……………………………………………………………… (91)
　　　　7.2.1　昆虫危害切花的方式 ………………………………………………… (91)
　　　　7.2.2　切花害虫的防治方法 ………………………………………………… (91)
　　小　结 …………………………………………………………………………………… (96)
　　思考题 …………………………………………………………………………………… (96)
　　推荐阅读书目 …………………………………………………………………………… (96)

8　切花采收、分级与包装运输 …………………………………………………………… (97)
　　8.1　切花采收和分级 ………………………………………………………………… (97)
　　　　8.1.1　切花采收 ……………………………………………………………… (97)
　　　　8.1.2　切花分级 ……………………………………………………………… (98)
　　8.2　切花包装和运输 ………………………………………………………………… (101)
　　　　8.2.1　切花包装 ……………………………………………………………… (101)
　　　　8.2.2　切花运输 ……………………………………………………………… (103)
　　小　结 …………………………………………………………………………………… (109)
　　思考题 …………………………………………………………………………………… (109)
　　推荐阅读书目 …………………………………………………………………………… (109)

9　切花保鲜和贮藏 ………………………………………………………………………… (110)
　　9.1　切花品质及影响切花品质的因素 ……………………………………………… (110)
　　　　9.1.1　采前管理 ……………………………………………………………… (110)
　　　　9.1.2　采后环境 ……………………………………………………………… (111)
　　　　9.1.3　病虫害及机械伤害 …………………………………………………… (111)
　　9.2　切花的采后生理 ………………………………………………………………… (111)
　　　　9.2.1　呼吸作用及调控 ……………………………………………………… (111)
　　　　9.2.2　水分代谢及调控 ……………………………………………………… (112)
　　　　9.2.3　乙烯的作用及调控 …………………………………………………… (113)
　　　　9.2.4　其他 …………………………………………………………………… (114)
　　9.3　切花保鲜途径与方法 …………………………………………………………… (114)
　　　　9.3.1　冷藏 …………………………………………………………………… (114)
　　　　9.3.2　气调贮藏 ……………………………………………………………… (115)
　　　　9.3.3　贮运中的损伤 ………………………………………………………… (115)
　　9.4　切花的保鲜剂处理 ……………………………………………………………… (116)
　　　　9.4.1　保鲜剂的主要成分和作用 …………………………………………… (116)
　　　　9.4.2　保鲜剂处理方法 ……………………………………………………… (119)

9.4.3　常用切花的保鲜技术 ……………………………………… (120)
　小　结 …………………………………………………………………… (124)
　思考题 …………………………………………………………………… (124)
　推荐阅读书目 …………………………………………………………… (124)

10　切花应用与欣赏 ………………………………………………………… (125)
　10.1　切花应用与插花艺术 ……………………………………………… (125)
　　　10.1.1　插花艺术的类别 …………………………………………… (125)
　　　10.1.2　常见的切花应用形式 ……………………………………… (127)
　10.2　干燥花制作 ………………………………………………………… (130)
　　　10.2.1　干燥花的定义、类型和特点 ……………………………… (130)
　　　10.2.2　干燥花植物材料的采集和整理 …………………………… (132)
　　　10.2.3　植物材料的干燥方法 ……………………………………… (134)
　　　10.2.4　干燥花植物材料的保色及干燥花的色彩还原 …………… (137)
　　　10.2.5　干燥花的漂白与染色 ……………………………………… (138)
　10.3　切花鉴赏 …………………………………………………………… (139)
　　　10.3.1　插花作品鉴赏条件 ………………………………………… (140)
　　　10.3.2　插花作品的鉴赏评价标准 ………………………………… (140)
　　　10.3.3　插花作品的鉴赏方法 ……………………………………… (141)
　小　结 …………………………………………………………………… (142)
　思考题 …………………………………………………………………… (142)
　推荐阅读书目 …………………………………………………………… (142)

11　一、二年生切花栽培 …………………………………………………… (143)
　11.1　金鱼草 ……………………………………………………………… (143)
　11.2　紫罗兰 ……………………………………………………………… (148)
　11.3　翠菊 ………………………………………………………………… (153)
　11.4　麦秆菊 ……………………………………………………………… (157)
　11.5　飞燕草 ……………………………………………………………… (159)
　11.6　其他一、二年生切花 ……………………………………………… (161)
　小　结 …………………………………………………………………… (162)
　思考题 …………………………………………………………………… (162)
　推荐阅读书目 …………………………………………………………… (162)

12　宿根切花栽培 …………………………………………………………… (163)
　12.1　菊花 ………………………………………………………………… (163)
　12.2　香石竹 ……………………………………………………………… (171)
　12.3　重瓣丝石竹 ………………………………………………………… (174)

12.4　非洲菊 …………………………………………………………（182）
12.5　花烛 …………………………………………………………（186）
12.6　鹤望兰 ………………………………………………………（189）
12.7　蝴蝶兰 ………………………………………………………（192）
12.8　石斛类 ………………………………………………………（196）
12.9　大花蕙兰 ……………………………………………………（198）
12.10　补血草类 ……………………………………………………（201）
12.11　洋桔梗 ………………………………………………………（203）
12.12　芍药 …………………………………………………………（205）
小　结 …………………………………………………………（209）
思考题 …………………………………………………………（209）
推荐阅读书目 …………………………………………………（209）

13　球根切花栽培 …………………………………………………（210）
13.1　唐菖蒲 ………………………………………………………（210）
13.2　百合类 ………………………………………………………（214）
13.3　郁金香 ………………………………………………………（220）
13.4　马蹄莲 ………………………………………………………（226）
13.5　香雪兰 ………………………………………………………（229）
13.6　晚香玉 ………………………………………………………（232）
13.7　蛇鞭菊 ………………………………………………………（235）
13.8　花毛茛 ………………………………………………………（236）
13.9　球根鸢尾 ……………………………………………………（240）
小　结 …………………………………………………………（244）
思考题 …………………………………………………………（244）
推荐阅读书目 …………………………………………………（244）

14　木本切花栽培 …………………………………………………（245）
14.1　月季 …………………………………………………………（245）
14.2　蜡梅 …………………………………………………………（250）
14.3　牡丹 …………………………………………………………（255）
14.4　梅花 …………………………………………………………（260）
14.5　银柳 …………………………………………………………（265）
14.6　桃花 …………………………………………………………（269）
小　结 …………………………………………………………（272）
思考题 …………………………………………………………（272）
推荐阅读书目 …………………………………………………（272）

15 水生切花栽培 (273)

- 15.1 荷花 (273)
- 15.2 睡莲 (279)
- 15.3 香蒲 (284)
- 15.4 千屈菜 (286)
- 15.5 水葱 (288)
- 15.6 花叶芦竹 (290)
- 小结 (292)
- 思考题 (292)
- 推荐阅读书目 (292)

16 切叶和切果类植物栽培 (293)

- 16.1 肾蕨 (293)
- 16.2 富贵竹 (296)
- 16.3 散尾葵 (299)
- 16.4 短穗鱼尾葵 (301)
- 16.5 龟背竹 (303)
- 16.6 九里香 (305)
- 16.7 乳茄 (306)
- 16.8 南天竹 (308)
- 16.9 茵芋 (310)
- 16.10 枸骨 (312)
- 16.11 气球花 (314)
- 16.12 玫瑰茄 (316)
- 16.13 天门冬 (317)
- 16.14 常春藤 (318)
- 小结 (320)
- 思考题 (320)
- 推荐阅读书目 (320)

参考文献 (321)

绪论

1.1 切花的概念和种类

1.1.1 切花的概念

切花是指具有观赏价值且适用于插花装饰的部分观赏植物的花或花序、叶片、果实、枝条等。切花分为鲜切花和干花两类。鲜切花是在新鲜状态下应用的切花;干花是经过人工干燥处理的切花花材,还常进行漂白、染色等加工。

1.1.2 切花的种类

在切花的生产栽培和应用过程中,一般根据其主要的观赏部位进行分类,主要有以下三大类:

(1) 观花切花类

主要观赏部位是花朵或整个花序。此类花卉是鲜切花的主要类别,其花朵一般颜色艳丽,花形优美或奇特。观花切花类可分为草本和木本两类,常见的如月季(*Rosa hybrida*)、菊花(*Dendranthema grandiflorum*)、香石竹(*Dianthus caryophyllus*)、唐菖蒲(*Gladiolus hybridus*)、非洲菊(*Gebera jamesonii*)、百合(*Lilium* spp.)、郁金香(*Tulipa gesneriana*)、花烛(*Anthurium andraenum*)、洋桔梗(*Lisianthus russellianum*)、鹤望兰(*Strelitzia reginae*)、马蹄莲(*Zantedeschia aethiopica*)、小苍兰(*Freesia refracta*)、球根鸢尾(*Iris hollandica*)、蝴蝶兰(*Phalaenopsis amabilis*)、金鱼草(*Antirrhinum majus*)、牡丹(*Paeonia suffruticosa*)、大丽花(*Dahlia pinnata*)等。观花切花类还包括某些观赏部位不是花冠而是苞片的花卉,如马蹄莲、花烛的佛焰苞,一品红的苞片等。

(2) 观叶切花类

主要观赏部位为叶片。此类切花通常叶形奇特、美丽,在花卉装饰中主要起衬托作用。如苏铁(*Cycas revoluta*)、散尾葵(*Chrysalidocarpus lutesens*)、龟背竹(*Momstera deliciosa*)、蕨类植物(*Pteridophyta*)、文竹(*Asparagus setaceus*)、天门冬(*Asparagus* sprengeri）、常春藤（*Hedera nepalensis*）、富贵竹（*Dracaena sanderiana* var. *virescens*）等。

（3）观果切花类

主要观赏部位为果实。此类花卉通常果实色彩鲜艳或果形奇特，果面干净光洁，观果期较长。如南天竹（*Nandina domestica*）、枸骨（*Llex cornuta*）、火棘（*Pyracantha fortuneana*）、石榴（*Punica granatum*）、佛手（*Citrus medica* var. *sarcodactylis*）、五色椒（*Capsicum annuum* var. *conoides*）、观赏瓜类等。

1.2 切花的生产特点

切花生产包括切花品种的繁育、栽培管理、花期调控、采收、保鲜、贮藏和运输等一系列环节，每一环节所采取的措施正确与否，直接影响到切花产品的产量、质量和商品价值。

切花生产与其他花卉种类的生产有所不同，如切花植物要求植株具有一定的高度，花枝长，花茎具有一定的硬度，花型整齐，花瓣较厚，具有较长的瓶插寿命。

切花生产主要具有以下特点：

（1）单位面积产量高，经济效益高

切花生产大多采用设施栽培，也有部分切花结合露地栽培，并在现代化的设施内规模化生产。切花栽培集约化程度高，单位面积产量高。经济效益显著，是目前切花产业发展兴盛的主要原因。

（2）生产周期短，易于周年生产供应

切花在栽培过程中，采用露地结合保护地栽培的方法，不仅可以降低生产成本，更重要的是能够进行反季节栽培，提高土地利用率，并周年供应市场，满足人们对切花的需求。

（3）贮藏、包装、运输简便，便于异地贸易交流

切花与盆花、盆景等比较，无需容器与基质，重量轻、体积小，易于包装、贮藏及运输。在贮藏与运输过程中，结合保鲜技术，损耗少、成本低。在信息化程度日益提高的今天，切花异地生产、异地消费已经成为其一大特点。因此，切花的贮藏、运输，对迅速补充市场空缺，缓解市场供求矛盾，起着非常重要的作用。

（4）可采用大规模、工厂化生产

无土栽培、组织培养技术的应用与推广，使切花规模化、工厂化生产成为现实。将无土栽培技术应用于切花生产，针对不同的切花品种和发育阶段，采用不同的营养液配方，利用无菌、透气、吸水、保水性能好的介质作为栽培基质，使切花栽培由传统、粗放管理的地栽方式跨越到集约化管理的工厂化生产。激素及化学物质的应用，花卉育种形式的快速多样，组织培养技术的普及，对实现切花大规模、工厂化生产，起到了巨大的推动作用。目前菊花、香石竹、非洲菊、满天星等大多数切花品种已经实现了组培苗的工厂化生产。

（5）受自然条件约束大，对栽培设施的依赖性强

切花的需求是周年需求，其生产也是周年生产。而大多数切花品种在自然条件下，由于环境因子的变化，无法进行周年生产。利用温室等保护栽培设施对环境因子进行调控，使温度、光照、水分等环境因子周年适宜于切花的生长发育要求。特别是高纬度地区的切花栽培，对栽培设施的依赖性更强。

(6) 技术含量高，栽培管理精细

切花生产不仅要求产量高，同时要求产品符合行业质量检验标准。质量等级越高，其观赏价值越高，经济效益越好。因此，切花栽培管理过程中，栽培管理者必须了解切花的生态习性及生长规律，懂得温室管理，熟悉切花园艺栽培管理技术。

(7) 投资大，风险大

切花生产由于对栽培设施的依赖性强，投资很大。同时，鲜切花是鲜活产品，其生产效益不仅受自然条件、生产条件、生产技术等各个环节的制约，而且受市场需求影响。市场需求的变化又受国民经济的发展程度、人民物质与精神生活水平的高低、历史文化底蕴的深浅、政策与自然环境等诸多因素的影响，任何一个生产环节或任何一个方面出现问题，都会导致生产效益下降。因此，切花生产尽管效益高，但投资风险也比较大。

1.3 国内外切花生产的现状与发展趋势

花卉栽培虽然有悠久的历史，但其商品化、产业化却只有二三百年的历史，尤其是第二次世界大战以后，随着世界经济的复苏，花卉产业持续蓬勃发展，已成为世界上最具活力的产业之一。2015年全球花卉总产值超过2300亿美元，花卉贸易额达到260亿美元。在现代花卉的商品结构中切花是最重要的一类，约占花卉贸易总量的60%，贸易额占全世界花卉贸易的1/2左右。世界切花种类也在不断地发生变化，从过去的以四大切花为主导的切花品种结构，演变为以月季、菊花、香石竹、百合、唐菖蒲、郁金香、非洲菊、丝石竹(*Gypsophila paniculata*)为主要种类和众多新兴切花相结合的切花品种结构。

1.3.1 国外切花生产现状与发展趋势

花卉的生产水平，同各个地区的气候、地理条件、社会生产水平、经济发展水平、花卉科研水平、流通和消费水平等因素密切相关。在花卉发展水平上，发达国家占绝对优势地位。随着花卉产业的快速稳步发展，世界花卉生产、消费、贸易已呈现较强的区域性，欧洲是世界主要花卉贸易和消费区。亚洲、美洲、欧洲是世界三大花卉生产区域，其中亚洲位居第一，以日本、中国、韩国为主；其次是美洲，花卉生产总值243亿美元，占世界花卉生产总值的23%，其中北美洲229亿美元，南美洲14亿美元；第三是欧洲，生产总值193亿美元，占世界花卉生产总值的18%。这三大花卉生产区域，合计占世界花卉生产总值的94%。

1.3.1.1 国外切花生产情况

世界上花卉出口创汇额比较高的国家为荷兰、哥伦比亚、意大利、丹麦、以色列、比利时、加拿大、德国等。在2015年世界切花贸易额中，荷兰占48%，哥伦比亚占16%，肯尼亚和厄瓜多尔均达到4%。发展中国家的鲜切花生产也正在迅速扩大。

(1) 荷兰

荷兰的花卉生产技术水平在世界居领先地位，是世界鲜花生产的第一大国，也是切花生产大国，素有"欧洲花园"的美誉。花卉品种已超过11万个，其中以郁金香最为闻名，其培育的郁金香品种约有700个，远销100多个国家和地区。荷兰还生产月季、观叶植物和其他球根花卉等，荷兰和丹麦、比利时是欧洲花卉的主要供应国。2015年荷兰花卉生产面积为$5.3 \times 10^4 hm^2$，占农业生产面积的4.8%，而花卉产值则占农业总产值的29%。其中切花种植面积为$3233hm^2$，年出口创汇44.9亿美元。荷兰主要畅销的切花种类有：月季、菊花、郁金香、百合、非洲菊、蕙兰、小苍兰、花烛、六出花等。荷兰花卉生产以温室种植为主，温室面积约$5519hm^2$，用于鲜花生产的面积为$3000hm^2$以上。其花卉业的特点是"以家庭为基础，出口为导向，资本密集、技术密集"。荷兰花卉生产的社会化、专业化程度高，其产前、产中、产后各环节都有专门的公司为之服务，彼此之间相互衔接、密切配合，生产现代化水平高。荷兰先进的生产温室，通过计算机系统的控制，生产环境的可控性程度高，可以根据不同花卉、不同生育期的需要调节周围环境气候，并且可以控制施肥、灌溉和防治病虫害。CO_2施肥技术已广泛地用于切花生产，提高生物产量和提升商品价值。切花生产在荷兰有完善发达的采后处理技术，花枝采收后，经过分级处理、保鲜剂前处理、预冷处理（0~2℃），以降低田间热，冷藏或者直接包装装箱，运输出口销售，每一个环节都有详尽的处理技术。荷兰花卉以外销为主，有90%以上出口到欧盟，这些得益于荷兰具有快速高效的供销网络。荷兰的鲜切花能在48h甚至24h内输送到德国、法国、美国、英国、意大利、日本等国家的主要花卉市场上。

(2) 哥伦比亚

哥伦比亚的花卉产业是其国内的四大支柱产业之一，其鲜切花出口量居世界第二位。哥伦比亚地处赤道附近，南美洲西北部，首都是波哥大。其郊区是该国切花的主要产地，全年温度在10~25℃，四季如春。哥伦比亚以盛产鲜切花闻名于世。切花生产面积达$4200hm^2$，年产50亿枝，其中香石竹的出口量居世界第一。哥伦比亚的保留切花从1965年开始进入美国市场，2015年哥伦比亚的花卉出口超过12.4亿美元，其中销往北美市场的约占85%，欧洲市场的占9.7%左右，占哥伦比亚全国产量的95%。哥伦比亚气候条件优越，土地和劳动力成本低，同时又得到政府的政策扶持，促进其花卉业的迅速发展。哥伦比亚鲜切花生产的最大特点是生产经营专业化、规模化、集约化，流通环节完善，流通迅速快捷。

(3) 以色列

以色列是第三大切花出口国，花卉种植面积约为$2000hm^2$，每年生产切花15亿枝以上。其中，生产量最多的为月季，约占总产量的2/3；其次是香石竹、百合等。号称"欧洲冬季花园"的以色列，主要借助严寒的冬季，在荷兰、丹麦等国家的花卉产量锐减时，填补世界花卉市场的空缺。以色列的花卉业具有运作高效、服务周到的生产管理和技术服务体系，其最大的特点是花卉科研技术精深细致。在花卉育种、引种和植物生理的研究上都具有独到的成就，并能将这些成果和新技术及时地应用到生产中，通过科技力量很快开发新品种、新类型以适应市场。20 世纪 80 年代和 90 年代初，以色列切花出口以香石竹、月季、丝石竹为主。到 2015 年，这些传统切花出口比例逐渐减少，而蜡花、一枝黄花、补血草、银莲花、蛇鞭菊等新兴切花的比例则在不断递增，已约占总产量的 60%。同时，还不断地对传统切花进行品种改良和新品种选育，使花卉产品具有深受市场欢迎的优良品质。此外，以色列的设施栽培和肥水灌溉方法也是世界一流的。

(4) 美国

美国是世界主要的花卉生产国和消费中心。2015 年花卉栽培面积达 $2.1 \times 10^4 hm^2$，总产值达 64.8 亿美元。其特点是以花坛和庭园观赏植物为主，占总产值的 50% 以上，其他盆花占 21%，观叶植物占 16%，切花占 13%。美国是哥伦比亚的主要花卉进口国，从哥伦比亚进口切花月季、香石竹及菊花，也从荷兰进口高档切花。

(5) 英国、意大利

英国和意大利均有一定规模的花卉生产，年花卉产值分别为 1.7 亿和 1.8 亿美元。意大利的花卉产业发展迅速，1995 年成为世界第四大生产国，1996 年成为世界第三大消费国。花卉种植面积约 $3.9 \times 10^4 hm^2$，从业人员约 2.8 万人，2015 年产值达 34 亿美元。

(6) 法国

法国既是切花生产大国，又是切花消费大国和进口大国。法国的鲜切花很有名，盆栽花卉、室内观叶植物也越来越受到客户的喜爱。2015 年切花年消费额为 34 亿美元，年人均消费 80 支，在欧洲居第三位。法国花卉生产尚不能满足国内需求，每年从荷兰、丹麦进口的切花、盆花达 6 亿美元以上。向荷兰、德国、意大利等欧盟国家主要出口是幼苗和切花。

(7) 日本

2015 年日本花卉生产面积为 $3.02 \times 10^4 hm^2$，从业农户为 10 万余户，年生产切花约 62 亿枝，盆花 11 亿盆，花卉市场 240 余家，主要以拍卖为主。日本花卉生产主要集中在爱知县、千叶县等地区。爱知县是日本最大的花卉产地，以生产菊花、月季、香石竹等切花和盆花、盆景为主。日本凭借"精致农业"的基础，在品种选育和栽培技术上占有绝对优势，对花卉的生产、储运、销售能做到标准化管理。日本又是世界三大花卉消费国之一，每年需进口大量鲜花，是世界最大的兰花和百合进口国。日本的花卉市场充分体现优质优价，在切花生产和销售上有不断上升的趋势。日本切花几乎全部内销，主要品种有菊花、月季、香石竹、百合、洋兰、洋桔梗、勿忘我、郁金香、紫罗兰等。

(8) 泰国

泰国是世界花卉主产国、最大的兰花出口国，2015 年花卉出口额为 5700 万美元。泰国主要生产兰花，包括盆花和切花，主要市场是日本。泰国、中国和印度均为亚洲主要的花卉生产国。

(9) 印度

2015 年印度的花卉栽培面积达 $9 \times 10^4 hm^2$，产值 9800 万美元。主要生产月季、百合和茉莉等。印度南部主要生产热带兰花、红鹤芋及观叶植物。印度花卉业通常划分为3个部分：①切花、盆花（包括鲜花和干燥花产品），其中约2/3是传统花卉，另1/3用于生产切花。主要有龙血树、长寿花、杜鹃花、秋海棠、花叶万年青、一品红、非洲紫罗兰等。②苗圃业，包括种子、球根、组培苗及其他幼苗。种子的生产已普遍，但仅由少数公司出售，也有唐菖蒲、百合的种球在北部山区生产。目前已有30余家单位生产组培苗，年生产能力4000万株以上。晚香玉和非洲菊的生产已普遍采用组培苗。③工业用的花香精油及浸膏等的生产。

在经济全球化的新形势下，世界花卉业正在发生变化，形成了多元化的新格局。亚洲、非洲、拉丁美洲的一些发展中国家利用天然的气候优势、低廉的劳动力及成本，花卉产业正在迅速崛起。非洲的津巴布韦、肯尼亚和拉丁美洲的厄瓜多尔是新兴的花卉出口国，中国、危地马拉和马来西亚在切叶的产量上正在大幅度增长。在非洲各国中，肯尼亚花卉生产和出口增长最快。2015年肯尼亚花卉产值达3.6亿美元，占非洲花卉生产总值5.7亿美元的60%，出口量居世界第三位。

现代切花业属"三高"农业，具有高投入、高效益、高风险的特点。从国际切花生产来看，有几个趋势：一是切花品种层出不穷，各切花生产先进国家纷纷以市场为导向，利用科研力量开发新兴切花和选育传统切花新品种。二是生产的专业化、工厂化、集约化和栽培管理科技化程度越来越高。切花生产只有形成自己独有的特点，才能在市场占有一席之地。在切花产品的品种上，荷兰、哥伦比亚等国都充分利用本国的优势走特色道路，以高产优质达到高效益，所以在切花生产中的科技含量将越来越高（生产技术、设备、育苗技术等）。三是支撑体系社会化程度高，从切花的采前、采后，到保鲜、贮藏、运输、销售等一系列环节衔接紧密，技术日趋完善。

1.3.1.2 国外切花消费情况

花卉的消费水平与经济发展程度有直接的关系。经济发达、有良好花卉消费习惯的国家和地区逐渐成为消费中心。世界3个花卉消费中心是欧盟、美国、日本。这些国家和地区进口的花卉占世界花卉贸易额的99%，其中欧盟约占80%，美国占13%，日本占6%。从各地的切花市场来看，西欧、北欧、日本和北美的花卉消费支出非常高，按年人均计算，荷兰150枝，约48美元；日本40枝，约52美元；美国20枝，约27美元。亚太地区是世界花卉生产面积最大的地区，但外销额是最小的，这说明亚太地区消费量较大，但人均消费量较小，未来市场潜力较大。

德国是世界第一大花卉进口国，2015年进口额达34亿美元。花卉进口量比较多的国家还有英国、法国等。发展中国家的消费水平不高，消费量不大，但是市场潜力很大。中国、印度和俄罗斯等人口大国都是市场潜力很大的国家。近年来俄罗斯的经济复苏，花卉消费量猛增，年增幅达到45%。由于俄罗斯气候寒冷，花卉生产困难，所以花卉消费主要依赖进口。日本的花卉生产与消费表现出协同发展的趋势。日本花卉生产能力较强，但因其国内生产成本增加和消费水平稳步增长，进口潜力较大。与从韩国进口花卉相比，由于我国的花卉质量日趋稳定，并逐渐提高，因此，日本更愿意从我国进口花卉。2015年日本从我国进口约3.5×10^8kg鲜切花，约占日本总进口量的1.8%，并有持续发展的趋势。

1.3.2 国内切花生产现状与发展趋势

改革开放以来,我国花卉业发展迅速。1996年花卉种植面积达 $7.5 \times 10^4 hm^2$,生产总值约48亿元,出口创汇1.3亿美元。到2004年花卉种植面积达 $63.6 \times 10^4 hm^2$,生产总值为531亿元,出口创汇14.4亿元。2006年,花卉栽培面积 $72 \times 10^4 hm^2$,产值566亿元,出口创汇6.5亿美元。2015年,花卉栽培面积达到 $123.6 \times 10^4 hm^2$,产值达1263亿元。我国鲜切花产业是后起之秀,具有广阔的市场前景。我国鲜切花种植面积已由1982年的几百公顷,增长到1996年的 $1.35 \times 10^4 hm^2$。1987年我国仅生产切花600万枝,1996年已生产切花11亿枝,2015年达121.8亿枝。云南、上海、四川、广东成为鲜切花的集中产区,而且各具特色:如云南的香石竹、月季、百合、丝石竹、补血草,上海的香石竹(主要是种苗生产,目前几无成品切花生产、非洲菊、花烛、菊花,四川的唐菖蒲、马蹄莲、月季,广州的菊花、月季,深圳的花烛,浙江的鹤望兰等。

我国的鲜切花产业经过十几年的发展,产、供、销已形成一定的市场体系,但与世界生产水平相比,仍有很大的差距。现在我国鲜切花生产存在的问题是经营分散、产量不高、质量不稳,尚未做到周年生产、均衡供花。矛盾最多的是运输、贮藏和保鲜等配套服务体系的严重落后。今后我国鲜切花产业的发展,一是要充分发挥我国的地理优势,合理规划区域布局,培植规模较大的骨干企业,推进产业化进程,搞好中、长期发展规划,逐渐形成各具地方特色的主导产品;二是要提高鲜切花生产的科技含量,提高鲜切花的产量和质量;三是要加强社会综合服务工作,通过政策制定、科研技术推广解决鲜切花在运输、贮藏、保鲜方面的种种矛盾和薄弱环节。

随着人民生活水平的提高,鲜花消费越来越被国人所接受,在城市中,鲜花早已不是奢侈品。1990年我国鲜切花销售额为2.5亿元,1995年已增加到9亿元,年均递增20%以上;2015年增加到152亿元。我国花卉市场消费增长最快的是东部和南部沿海发达地区,约占总量的3/4,其中上海、广东、北京、江苏、浙江、辽宁就占全国消费量的1/2。初步形成三大消费地,分别是以上海为中心的华东市场,以广州为中心的华南市场,以北京为中心的华北市场。目前我国人均花卉消费额不到3元,同世界花卉高消费国相比,有很大差距,上海是我国消费量较高的地区,人均鲜花消费也仅为10元。预测到2020年,我国鲜切花消费额将以每年20%的速度增长,无疑我国国内潜在市场与未来市场都是非常乐观的。

小 结

花卉产业是高投入、高效益和高风险产业,其中切花在花卉产业结构中占有重要的地位。本章主要介绍了切花的概念、切花的种类和切花生产的特点,并介绍了国内外的切花生产、消费现状与未来发展趋势。

思考题

1. 荷兰为什么能够成为世界花卉王国?

2. 我国花卉产业面临着哪些问题？
3. 分析我国发展花卉产业所具有的优势和发展前景。

推荐阅读书目

1. 中国农业百科全书观赏园艺卷．观赏园艺卷编辑委员会．农业出版社，1996．
2. 观赏园艺通论．陈发棣，车代弟．中国林业出版社，2010．
3. 观赏园艺概论．郭维明，毛龙生．中国农业出版社，2001．
4. 花卉学(第3版)．包满珠．中国农业出版社，2011．

2 切花分类

切花种类繁多，其分类方法通常有植物学分类法和实用分类法。植物学分类法即系统分类法，是应用植物分类学的原理进行分类；实用分类法是从人类对切花进行栽培和利用的需要出发，提出的各种分类方法，如按生物学特性、观赏及应用特点分类等。

2.1 植物学分类法

植物学分类就是依据植物的系统发生和形态特点，确定植物在植物分类系统中的位置，确定其所属门、纲、目、科、属、种、变种和变型的方法。根据植物学分类的结果，可以明确各种切花种类在系统发生中的地位，以及相互间的亲缘关系，从而能对杂交或繁育特点等做出推断。同样，植物学分类系统也有一个不断完善的过程。近年来，随着植物研究方法和手段的迅速发展，染色体分类、同功酶分类、孢粉学分类，特别是 DNA 分析等已广泛用于植物分类的研究，将有助于建立一个更加合理和完善的植物分类系统。

目前我国利用的主要切花资源的植物学分类如下：

2.1.1 蕨类植物门 Pteridophyta

(1) 石松科 Lycopodiaceae

石松属 *Lycopodium*　欧洲石松（伸筋草）*L. clavatum*，石松 *L. japonicum*。

(2) 木贼科 Equisetaceae

木贼属 *Equisetum*　木贼 *E. hiemale*。

(3) 骨碎补科 Davalliaceae

①肾蕨属 *Nephrolepis*　肾蕨（排草、蜈蚣草）*N. auriculata*。

②阴石蕨属 *Humata*　阴石蕨 *H. repens*。

(4) 凤尾蕨科 Pteridiaceae

凤尾蕨属 *Pteris*　'银脉'凤尾蕨 *P. ensiformis* 'Victoriae'。

(5) 铁线蕨科 Adiantaceae

铁线蕨属 *Adiantum*　铁线蕨 *A. capillus-veneris*。

(6) 铁角蕨科 Aspleniaceae

巢蕨属 *Neottopteris*　巢蕨 *N. nidus*。

(7) 鳞毛蕨科 Dryopteridaceae

贯众属 *Cyrtomium*　贯众 *C. fortunei*。

(8) 三叉蕨科 Aspidiaceae

革叶蕨属 *Rumohra*　革叶蕨（高山羊齿、丽沙蕨）*R. adiantiformis*。

2.1.2　裸子植物门 Gymnospermae

(1) 苏铁科 Cycadaceae

苏铁属 *Cycas*　苏铁 *C. revoluta*。

(2) 罗汉松科 Podocarpaceae

罗汉松属 *Podocarpus*　罗汉松 *P. macrophyllus*，竹柏 *P. nagi*。

(3) 柏科 Cupressaceae

①崖柏属 *Thuja*　北美香柏 *T. occidentalis*。

②圆柏属 *Sabina*　圆柏 *S. chinensis*，'龙柏' *S. chinensis* 'Kaizuka'。

③侧柏属 *Platycladus*　侧柏 *P. orientalis*，'洒金千头'柏 *P. orientalis* 'Aurea Nana'。

(4) 松科 Pinaceae

①松属 *Pinus*　黑松 *P. thunbergii*，日本五针松 *P. parviflora*，赤松 *P. densiflora*，白皮松 *P. bungeana*。

②雪松属 *Cedrus*　雪松 *C. deodara*。

2.1.3　被子植物门 Angiospermae

2.1.3.1　双子叶植物纲 Dicotyledones

(1) 木兰科 Magnoliaceae

木兰属 *Magnolia*　白玉兰 *M. denudata*，紫玉兰 *M. liliflora*，广玉兰 *M. grandiflora*，二乔玉兰 *M. soulangeana*。

(2) 毛茛科 Ranunculaceae

①飞燕草属（翠雀属）*Delphinium*　飞燕草 *D. hybrida*。

②芍药属 *Paeonia*　牡丹 *P. suffruticosa*，芍药 *P. lactiflora*。

③毛茛属 *Ranunculus*　花毛茛 *R. asiaticus*。

④乌头属 *Aconitum*　多花乌头 *A. polyanthum*（*A. napellus* var. *polyanthum*），乌头 *A. chinense*。

⑤黑种草属 *Nigella*　黑种草 *N. damascena*。

⑥银莲花属 *Anemone*　银莲花（罂粟秋牡丹）*A. coronaria*。

⑦耧斗菜属 *Aquilegia*　杂种耧斗菜 *A. hybrida*。

(3) 石竹科 Caryophyllaceae

①石竹属 *Dianthus*　香石竹 *D. caryophyllus*，美国石竹（须苞石竹）*D. barbatus*。

②丝石竹属 *Gypsophila*　丝石竹（满天星、宿根霞草）*G. elegans*。

(4) 山茶科 Theaceae

①杨桐属 *Adinandra*　杨桐 *A. millettii*。

②柃木属 *Eurya*　柃木 *E. japonica*。

③山茶属 *Camellia*　山茶 *C. japonica*，南山茶 *C. reticulata*。

(5) 卫矛科 Celastraceae

①卫矛属 *Euonymus*　大叶黄杨（冬青卫矛）*E. japonicus*，卫矛 *E. alatus*，扶芳藤 *E. fortunei*。

②南蛇藤属 *Celastrus*　南蛇藤 *C. orbiculatus*。

(6) 冬青科 Aquifoliaceae

冬青属 *Ilex*　枸骨 *I. cornuta*，钝齿冬青 *I. crenata*，冬青 *I. chinensis*。

(7) 石榴科 Punicaceae

石榴属 *Punica*　石榴 *P. granatum*。

(8) 桃金娘科 Myrtaceae

①桉树属（尤加利树属）*Eucalyptus*　银叶山桉（小银叶桉）*E. pulverulenta*，加利桉 *E. gunnii*，银叶线皮桉 *E. cinerea*，柠檬桉 *E. citriodora*。

②玉梅属 *Chamelaucium*　风蜡花（淘金彩梅、蜡花）*C. uncinatum*。

③薄子木属 *Leptospermum*　扫帚叶澳洲茶（扫帚叶薄子木）*L. scoparium*。

④红千层属 *Callistemon*　红千层 *C. rigidus*，柳叶红千层 *C. salignus*。

⑤白千层属 *Melaleuca*　白千层 *M. leucadendra*。

(9) 桔梗科 Campanulaceae

①风铃草属 *Campanula*　风铃草 *C. medium*，桃叶风铃草 *C. persicifolia*。

②桔梗属 *Platycodon*　桔梗 *P. grandiflorus*。

(10) 忍冬科 Caprifoliaceae

①忍冬属 *Lonicera*　金银花 *L. japonica*。

②荚蒾属 *Viburnum*　绣球花 *V. macrocephalum*，雪球荚蒾 *V. plicatum*，欧洲荚蒾 *V. opulus*。

(11) 山龙眼科 Proteaceae

①银树属（木百合属）*Leucadendron*　木百合（银树）*L. argenteum*。

②普洛蒂属 *Protea*　普洛蒂王（巨大普洛蒂）*P. cynaroides*，木兰叶普洛蒂 *P. magnifica*，夹竹桃叶普洛蒂 *P. neriifoli*。

③泰洛泊属 *Telopea*　极美泰洛泊 *T. speciosissma*。

④佛塔树属（斑克西属）*Banksia*　栎叶佛塔树 *B. quercifolia*，全缘叶佛塔树 *B. integrifolia*，银叶佛塔树 *B. marginata*，红花佛塔树 *B. coccinea*，玫瑰佛塔树 *B. laricina*。

⑤针垫子花属（黎可斯帕属）*Leucospermum*　针垫子花（黎可斯帕）*L. nutans*。

（12）蔷薇科 Rosaceae

①苹果属 Malus 湖北海棠 M. hupenensis，西府海棠 M. micromalus，垂丝海棠 M. halliana，海棠花 M. spectabilis。

②李属 Prunus 桃 P. persica，梅 P. mume，杏 P. armeniaca，麦李 P. glandulosa，郁李 P. japonica，榆叶梅 P. triloba。

③蔷薇属 Rosa 现代月季 R. hybrida。

④火棘属 Pyracantha 火棘 P. fortuneana。

⑤木瓜属 Chaenomeles 贴梗海棠 Ch. spiciosa。

⑥绣线菊属 Spiraea 李叶绣线菊 S. prunifolia。

（13）蓝雪科 Plumbaginaceae

补血草属 Limonium 补血草（勿忘我、深波叶补血草）L. sinuatum，杂种补血草（情人草）L. hybrida。

（14）杨柳科 Saliceae

柳属 Salix 银芽柳 S. gracilistyla，'龙爪'柳 S. matsudana 'Tortusa'，垂柳 S. babylonica。

（15）桑科 Moraceae

①桑属 Morus '龙爪'桑 M. alba 'Tortusa'。

②榕属 Ficus 印度橡皮树 F. elastica，薜荔 F. pumila。

（16）龙胆科 Gentianaceae

①龙胆属 Gentiana 龙胆 G. scabra。

②草原龙胆属 Eustoma 草原龙胆（洋桔梗）E. ressellianum。

（17）茜草科 Rubiaceae

①六月雪属 Serissa 金边六月雪 S. foetida var. aureo-marginata。

②龙船花属 Ixora 龙船花 I. chinensis。

③寒丁子属 Bouvardia 寒丁子 B. longiflora。

④栀子属 Gardenia 栀子花 G. jasminoides，大花栀子 G. jasminoides var. fortuniana。

（18）夹竹桃科 Apocynaceae

①夹竹桃属 Nerium 夹竹桃 N. indicum。

②蔓长春花属 Vinca 蔓长春花 V. major。

（19）马鞭草科 Verbenaceae

紫珠属 Callicarpa 紫珠 C. dichotoma，日本紫珠 C. japonica，中华紫珠 C. cathayana。

（20）睡莲科 Nymphaeacea

①睡莲属 Nymphaea 蓝睡莲 N. caerulea，睡莲 N. tetragona，红花睡莲 N. rubra，埃及白睡莲 N. lotus，南非睡莲 N. capensis，黄睡莲 N. mexicana。

②莲属 Nelumbium 荷花 N. nucifera。

（21）十字花科 Cruciferae

①甘蓝属 Brassica 羽衣甘蓝 B. oleracea var. acephala。

②紫罗兰属 *Matthiola*　紫罗兰 *M. incana*。
③桂竹香属 *Cheiranthus*　桂竹香 *Ch. cheiri*。
④屈曲花属 *Iebris*　屈曲花 *I. amara*。

(22) 虎耳草科 Saxifragaceae
①落新妇属(红升麻属)*Astilbe*　落新妇 *A. chinensis*。
②绣球属(八仙花属)*Hydrangea*　八仙花 *H. macrophylla*，银边八仙花 *H. macrophylla* var. *maculata*。
③虎耳草属 *Saxifraga*　虎耳草 *S. stolonifera*，'斑叶'虎耳草 *S. stolonifera*'Tricolor'。

(23) 伞形科 Umbelliferae
①蓝饰带花属 *Trachymene*　蓝饰带花(蓝蕾丝花)*T. caerulea*。
②茴香属 *Foeniculum*　茴香 *F. vulgare*。

(24) 小檗科 Berberidaceae
南天竹属 *Nandina*　南天竹 *N. domestica*。

(25) 菊科 Compositae
①紫菀属 *Aster*　荷兰菊 *A. novi-belgii*，紫菀 *A. tataricus*。
②翠菊属 *Callistephus*　翠菊(江西腊、蓝菊)*C. chinensis*。
③矢车菊属 *Centaurea*　矢车菊 *C. cyanus*，香矢车菊 *C. moschata*。
④大丽菊属 *Dahlia*　大丽菊 *D. pinnata*。
⑤菊属 *Dendranthema*　菊花 *D. morifolium*。
⑥紫锥花属(紫松果菊属)*Echinacea*　松果菊 *E. purpurea*。
⑦蓝刺头属 *Echinops*　蓝刺头 *E. latifolius*。
⑧非洲菊属 *Gerbera*　非洲菊 *G. jamesonii*。
⑨向日葵属 *Helianthus*　向日葵 *H. annus*。
⑩麦秆菊属(蜡菊属)*Helichrysum*　麦秆菊 *H. bracteatum*。
⑪蓍草属 *Achillea*　凤尾蓍 *A. filipendula*。
⑫蛇鞭菊属 *Liatris*　蛇鞭菊 *L. spicata*。
⑬千里光属 *Senecio*　雪叶菊(银叶菊)*S. cineraria*。
⑭一枝黄花属 *Solidago*　加拿大一枝黄花 *S. canadensis*。
⑮百日菊属 *Zinnia*　百日菊 *Z. elegans*。
⑯红花属 *Carthamus*　红花(橙菠萝)*C. tinctorius*。
⑰金仗花属 *Craspedia*　金绣球(金槌、黄金球、金仗花)*C. globosa*。

(26) 苋科 Amaranthaceae
①青葙属 *Celosia*　凤尾鸡冠花 *C. cristata* var. *pyramidalis*，青葙 *C. argenta*。
②苋属 *Amaranthus*　雁来红(老来少、三色苋)*A. tricolor*，千穗谷 *A. hypochondriacus*，尾穗苋(老枪谷)*A. caudatus*。
③千日红属 *Gomphrena*　千日红(火球花)*G. globosa*。

(27) 木犀科 Oleaceae
①连翘属 *Forsythia*　连翘 *F. suspensa*，金钟 *F. viridissima*。

②茉莉属 *Jasminum*　迎春 *J. nudiflorum*，云南素馨 *J. mesnyi*，茉莉 *J. sambac*。
③女贞属 *Ligustrum*　小叶女贞 *L. quihoui*，金叶女贞 *L. xvicaryi*。
④木犀属 *Osmanthus*　桂花 *O. fragrans*。
⑤丁香属 *Syinga*　华北紫丁香 *S. oblata*，白丁香 *S. oblata* var. *alba*。

(28) 豆科 Laguminosae
①紫荆属 *Cercis*　紫荆 *C. chinensis*，黄山紫荆 *C. chingii*。
②香豌豆(山黧豆)属 *Lathyrus*　香豌豆 *L. odorata*。
③羽扇豆属 *Lupinus*　羽扇豆 *L. micranthus*，多叶羽扇豆 *L. polyphylla*。
④紫藤属 *Wisteria*　多花紫藤 *W. florbunda*，紫藤 *W. sinensis*，藤萝 *W. villosa*。

(29) 大戟科 Euphorbiaceae
①铁苋菜属 *Acalypha*　狗尾红 *A. hispida*，红桑 *A. wikesiana*。
②变叶木属 *Codiaeum*　变叶木(洒金榕) *C. variegatum*。
③大戟属 *Euphorbia*　猩猩草 *E. heterophylla*，银边翠(高山积雪) *E. marginata*，一品红 *E. pulcherrima*。
④土沉香属 *Excoecaria*　红背桂(青紫木) *E. cochinchinensis*。

(30) 玄参科 Scrophulariaceae
①金鱼草属 *Antirrhinum*　金鱼草 *A. majus*。
②柳穿鱼属 *Linaria*　柳穿鱼 *L. vulgaris*。
③钓钟柳属 *Penstemon*　红花钓钟柳 *P. barbatus*，钓钟柳 *P. campanulatus*。

(31) 茄科 Solanaceae
①茄属 *Solanum*　乳茄(指茄) *S. mammosun*，冬珊瑚 *S. pseudocapsicum*。
②辣椒属 *Capsicum*　五色椒 *C. frutescens* var. *cerasiforme*。
③酸浆属 *Physalis*　酸浆(红姑娘) *P. alkekengi*，灯笼果 *P. peruviana*。
④番茄属 *Lycopersicon*　樱桃番茄 *L. esculentum* var. *cerasiforme*。

(32) 唇形科 Labiatae
①鞘蕊花属 *Coleus*　彩叶草(洋紫苏、锦紫苏) *C. blumei*。
②夏至草属 *Moluccella* (*Lagopsis*)　贝壳花 *M. laevis* (*L. laevis*)。

(33) 五加科 Araliaceae
①常春藤属 *Hedera*　常春藤 *H. nepalensis* var. *sinensis*，洋常春藤 *H. helix*，斑叶洋常春藤 *H. helix* var. *vargentio-ariegata*，加拿利常春藤 *H. canariensis*。
②八角金盘属 *Fatsia*　八角金盘 *F. japonica*。
③熊掌木属 *Fatshedera*　熊掌木 *F. lizei*。

(34) 山茱萸科 Cornaceae
①桃叶珊瑚属 *Aucuba*　洒金桃叶珊瑚 *A. japonica* var. *variegata*。
②梾木属 *Cornus*　红瑞木 *C. alba*。

(35) 蜡梅科 Calycanthaceae
蜡梅属 *Chimonanthus*　蜡梅 *C. praecox*。

（36）萝藦科 Asclepiadaceae

①萝藦属（马利筋属）*Asclepias*　唐棉（钉头果、气球果）*A. fruticosa*，块茎马利筋 *A. tuberosa*。

②眼树莲属 *Dischidia*　玉荷包 *D. pectinoides*。

（37）藜科 Chenopodiaceae

藜属 *Chenopodium*　红心藜（情人泪）*Ch. album* var. *centrorubrum*。

（38）爵床科 Acanthaceae

①网纹草属（费道花属）*Fittonia*　红网纹草 *F. verschaffeltii*，白网纹草 *F. verschaffeltii* var. *argyroneura*。

②枪刀药属 *Hypoestes*　嫣红蔓 *H. phyllostachya*，花脸草（星点鲫鱼胆）*H. sanguinolenta*。

③厚穗爵床 *Pachystachys*　金苞花 *P. lutea*。

④单药花属 *Aphelandra*　单药爵床 *A. nobilis*。

（39）蓼科 Polygonaceae

蓼属 *Polygonum*　红蓼（荭草）*P. orientale*。

（40）川续断科 Dipsacaceae

蓝盆花属 *Scabiosa*　紫盆花（松虫草）*S. atropurpurea*，华北蓝盆花（山萝卜）*S. tschiliensis*。

（41）金丝桃科 Guttiferae

金丝桃属 *Hypericum*　川滇金丝桃（火龙珠）*H. forrestii*。

（42）葡萄科 Vitaceae

①白粉藤属 *Cissus*　锦屏藤（四季藤、珠帘）*C. sicyoides*。

②葡萄属 *Vitis*　葡萄 *V. vinifera*。

（43）黄杨科 Buxaceae

黄杨属 *Buxus*　瓜子黄杨 *B. microphylla*，雀舌黄杨 *B. bodiniri*，锦熟黄杨 *B. sempervirens*。

（44）海桐科 Pittosporaceae

海桐属 *Pittosporum*　海桐 *P. tobira*。

（45）无患子科 Sapindaceae

风船葛（倒地铃）属 *Cardiospermum*　风船葛（倒地铃）*C. halicacabum*。

（46）葫芦科 Cucurbitaceae

①葫芦属 *Lagenaria*　小葫芦（观赏葫芦）*L. leucantha* var. *microcarpa*。

②南瓜属 *Cucurbita*　金瓜 *C. pepo* var. *kintoga*，观赏南瓜 *C. pepo* var. *ovifera*。

③苦瓜属 *Momordica*　苦瓜 *M. charantia*。

（47）芸香科 Rutaceae

①柑橘属 *Citrus*　代代 *C. anrantium* var. *amara*，佛手 *C. medica* var. *sarcodactylis*，柠檬 *C. limon*，柚子 *C. grandis*。

②金橘属 *Fortunella*　金橘 *F. margarita*。

③九里香属 *Murraya*　九里香 *M. paniculata*。

④茵芋属 *Skimmia*　茵芋 *S. reevesiana*。

(48) 紫金牛科 Myrsinaceae

紫金牛属 *Ardisia*　朱砂根 *A. crenata*，紫金牛 *A. japonica*，虎舌红 *A. mamillata*。

(49) 楝科 Meliaceae

米兰属 *Aglaia*　米仔兰 *A. odorata*。

(50) 木棉科 Bomabacaceae

木棉属 *Bombax*　木棉(攀枝花、英雄花)*B. malabaricum*。

(51) 紫葳科 Bignoniaceae

凌霄属 *Campsis*　凌霄 *C. grandiflora*。

(52) 杜鹃花科 Ericaceae

杜鹃花属 *Rhododendron*　锦绣杜鹃 *R. pulchrum*，毛白杜鹃(白花杜鹃)*R. mucronatun*，羊踯躅 *R. molle*，马银花 *R. ovatum*，映山红 *R. simsii*，满山红 *R. mariesii*。

(53) 花荵科 Polemoniaceae

福禄考属 *Phlox*　宿根福禄考(天蓝绣球)*P. paniculata*。

(54) 锦葵科 Malvaceae

蜀葵属 *Althaea*　蜀葵 *A. rosea*。

2.1.3.2　单子叶植物纲 Monocotyledoneae

(1) 凤梨科 Bromeliaceae

①光萼荷属 *Aechmea*　美叶光萼荷(蜻蜓凤梨)*A. fasciata*，斑马凤梨 *A. chantinii*，珊瑚凤梨(亮叶光萼荷)*A. fulgens*，紫凤光萼荷(长穗凤梨)*A. tillandsioides*。

②凤梨属 *Ananas*　'艳'凤梨('斑叶'凤梨)*A. comosus* 'Variegatus'。

③姬凤梨属(隐花凤梨属)*Cryptanthus*　紫锦姬凤梨 *C. acaulis*，姬凤梨 *C. ruber*，双带姬凤梨 *C. bivittatus*，'三色'姬凤梨 *C. bromelioides* 'Tricolor'。

④果子蔓属 *Guzmania*　'紫擎'天凤梨('鲜红'凤梨)*G. lingulata* 'Amaranth'，'橙星'凤梨('橙擎'天凤梨)*G. lingulata* 'Cherry'。

⑤彩叶凤梨属 *Neoregelia*　'美丽'凤梨 *N. carolinae* 'Flandria'('金边叶')，'艳彩'凤梨 *N. carolinae* 'Tricolor Perfecta'('金心叶')，'红彩'凤梨 *N. carolinae* 'Meyendorffii'('绿叶')，'五彩'凤梨 *N. carolinae* 'Tricolor'('金心条纹')。

⑥铁兰属(花凤梨属)*Tillandsia*　紫花凤梨(紫花铁兰、铁兰)*T. cyanea*，老人须(松萝凤梨)*T. usuneoides*，三色铁兰 *T. tricolor*。

⑦丽穗凤梨(剑凤梨)属 *Vriesea*　莺歌凤梨 *V. carinata*，虎纹凤梨(红剑)*V. splendens*，艳苞凤梨(彩苞凤梨、火炬)*V. poelmannii*。

(2) 鸢尾科 Iridaceae

①鸢尾属 *Iris*　球根鸢尾(西班牙鸢尾、荷兰鸢尾、爱丽丝)*I. xiphium*。

②香雪兰属 *Freesia*　香雪兰(小苍兰)*F. hybrida*。

③唐菖蒲属 *Gladiolus*　唐菖蒲 *G. hybridus*。

（3）棕榈科 *Palmae*
①鱼尾葵属 *Caryota*　鱼尾葵 *C. ochlandra*。
②散尾葵属 *Chrysalidocarpus*　散尾葵 *C. lutescens*。
③刺葵属（海枣属）*Phoenix*　软叶刺葵（美丽针葵）*P. roebelenii*。
④椰子属 *Cocos*　椰子（椰芯叶、剑叶）*C. nucifera*。

（4）禾本科 *Gramineae*
①芦苇属 *Phragmites*　芦苇 *P. communis*。
②芦竹属 *Arundo*　芦竹 *A. donax*，花叶芦竹 *A. donax* var. *versicolor*。
③刺竹属 *Bambusa*　佛肚竹 *B. ventricosa*，凤尾竹 *B. multiplex* var. *nana*。
④刚竹属 *Phyllostachys*　刚竹 *P. bambusoides*，湘妃竹 *P. bambusoides* var. *tanakae*，矮竹 *P. nana*，紫竹 *P. nigra*。

（5）莎草科 *Cyperaceae*
①莎草属 *Cyperus*　旱伞草（风车草）*C. alternifolius*。
②藨草属 *Scirpus*　水葱 *S. tabernaemontani*，花叶水葱 *S. validus* var. *zebrinus*。

（6）天南星科 *Araceae*
①菖蒲属 *Acorus*　菖蒲 *A. calamus*，石菖蒲 *A. gramineus*。
②广东万年青（亮丝草）属 *Aglaonema*　广东万年青 *A. modestum*。
③花烛属 *Anthurium*　花烛（灯台花、安祖花、红掌）*A. andraeanum*，安祖花（红鹤芋、花烛花）*A. scherzerianum*，水晶花烛 *A. crystallinum*。
④花叶芋属 *Caladium*　花叶芋 *C. bicolor*。
⑤花叶万年青属 *Dieffenbachia*　黛粉叶 *D. maculata*，白黛粉叶 *D. picta*，星点黛粉叶 *D. bausei*，白斑黛粉叶 *D. sequine*，大王黛粉叶 *D. amoena*。
⑥龟背竹属 *Monstera*　龟背竹 *M. deliciosa*，多孔龟背竹（迷你龟背竹）*M. friedrichsthalii*。
⑦喜林芋属（蔓绿绒属）*Philodendron*　'绿宝石'喜林芋 *P. erubescens* 'Green Emerald'，'红宝石'喜林芋 *P. erubescens* 'Red Emerald'，琴叶喜林芋 *P. panduriforme*，羽裂喜林芋（春羽）*P. selloum*，羽裂蔓绿绒（千手观音、小天使）*P. pittieri*。
⑧合果芋属 *Syngonium*　合果芋 *S. podophyllum*。
⑨马蹄莲属 *Zantedeschia*　马蹄莲 *Z. aethiopica*，黄花马蹄莲 *Z. elliottiana*，红花马蹄莲 *Z. rehmannii*，观音莲 *Z. aethiopica*。

（7）香蒲科 *Typhaceae*
香蒲属 *Typha*　香蒲 *T. angustata*。

（8）百合科 *Liliaceae*
①葱属 *Alium*　大花葱 *A. giganteum*，圆头大花葱 *A. sphaerocephalon*。
②天门冬属 *Asparagus*　天门冬（武竹）*A. cochinchinensis*，文竹 *A. plumosus*，蓬莱松（松叶武竹）*A. myriocladus*，'狐尾'天门冬（'狐尾'武竹）*A. densiflorus* 'Myers'。
③蜘蛛抱蛋属 *Aspidistra*　蜘蛛抱蛋（一叶兰）*A. elatior*。
④吊兰属 *Chlorophytum*　宽边吊兰 *C. capense*，银边吊兰 *C. capense* var. *variegatum*，

吊兰 C. comosum，'金边'吊兰 C. comosum 'Variegatum'。

⑤朱蕉属 Cordyline　朱蕉 C. fruticosa。

⑥万寿竹属 Disporum　万寿竹 D. cantoniense。

⑦龙血树属 Dracaena　龙血树 D. draco，香龙血树（巴西木）D. fragrans，斑点叶千年木（星点木）D. godseffiana，虎斑千年木 D. goldieana，金边富贵竹 D. sanderiana var. virescens，富贵竹 D. sanderiana，'银边'富贵竹 D. sanderiana 'Celes'，'银心'富贵竹 D. sanderiana 'Margaret'。

⑧贝母属 Fritillaria　皇冠贝母（冠花贝母）F. imperialis。

⑨嘉兰属 Gloriosa　嘉兰 G. superba。

⑩萱草属 Hemerocallis　杂种萱草 H. hybrida，大花萱草 H. middendorfii。

⑪玉簪属 Hosta　玉簪 H. plantaginea，重瓣玉簪 H. plantaginea var. plena，紫萼 H. ventricosa。

⑫风信子属 Hyacinthus　风信子 H. orientalis。

⑬火把莲属（火炬花属）Kniphofia　火把莲（火炬花）K. uvaria。

⑭百合属 Lilium　目前适合作切花的百合有东方百合杂种系、亚洲百合杂种系、麝香百合杂种系、LA 杂种系、OT 杂种系等，品种繁多。重要亲本有天香百合 L. auratum，百合 L. brownii，渥丹 L. concolor，川百合 L. davidii，兰州百合 L. davidii var. unicolor，毛百合 L. dauricum，台湾百合 L. formosanum，湖北百合 L. henryi，日本百合 L. japonicum，卷丹 L. lancifolium，麝香百合 L. longiflorum，欧洲百合 L. martagon，山丹（细叶百合）L. pumilum，岷江百合（王百合）L. regale，淡黄花百合 L. sulphureum，通江百合 L. sargentiae，美丽百合（鹿子百合）L. speciosum 等。

⑮虎眼万年青属（鸟乳花属）Ornithogalum　虎眼万年青（海葱）O. caudatum，白花虎眼万年青 O. thyrsoides，红花虎眼万年青 O. splendens，黄花虎眼万年青 O. miniatum。

⑯万年青属 Rohdea　万年青 R. japonica，金边万年青 R. japonica var. marginata，狭叶万年青 R. urotepala。

⑰虎尾兰属 Sansevieria　虎尾兰 S. trifasciata，金边虎尾兰 S. trifasciata var. laurentii。

⑱郁金香属 Tulipa　郁金香 T. gesneriana。

⑲百子莲属 Agapanthus　百子莲 A. africanus。

⑳拔葜属 Smilax　拔葜（山归来）S. china。

㉑宫灯百合属 Sandersonia　宫灯百合 S. aurantiaca。

㉒假叶树属 Ruscus　假叶树（叶上花）R. hypoglossum。

（9）姜科 Zingiberaceae

①姜黄属 Curcuma　姜荷花 C. alismatifolia。

②姜花属 Hedychium　姜花 H. coronarium。

③闭鞘姜属 Costus　玫瑰闭鞘姜 C. comous var. bakeri。

④山姜属 Alpinia　艳山姜 A. zerumber。

⑤火炬姜属 Phaeomeria　瓷玫瑰（火炬姜）P. magnifica。

(10) 兰科 Orchidaceae

①蝴蝶兰属（蝶兰属）*Phalaenopsis* 多为杂交品种，主要亲本有象耳蝴蝶兰 *P. gigantea*，雷氏蝴蝶兰 *P. lueddemanniana*，版纳蝴蝶兰 *P. mannii*，席氏蝴蝶兰 *P. schilleriana*，斯氏蝴蝶兰 *P. stuartiana*，菲律宾蝴蝶兰 *P. phillipinensis*。

②石斛兰属 *Dendrobium* 多为杂交品种，主要原种为蝴蝶石斛 *D. phalaenopsis*。

③兜兰属 *Paphiopedilum* 多为杂交品种，常见栽培种有彩云兜兰 *P. wardii*，硬叶兜兰 *P. micranthum*，麻栗坡兜兰 *P. malipoense*，杏黄兜兰 *P. armeniacum*，富宁兜兰 *P. esquirolei*，大斑点兜兰 *P. bellatulum*，同色兜兰 *P. concolor*，飘带兜兰 *P. dianthum*，带叶兜兰 *P. hirsutissimum* 等。

④卡特兰属 *Cattleya* 卡特兰 *C. bowringiana*，杂种卡特兰 *C. hybrida*。

⑤瘤瓣兰属（文心兰属）*Oncidium* 大瘤瓣兰（文心兰、跳舞兰）*O. ampliotum*。

⑥兰属 *Cymbidium* 大花蕙兰（杂种虎头兰）*C. hybrida*，春兰 *C. goeringii*，蕙兰 *C. faberi*，建兰 *C. ensifolium*，墨兰 *C. sinense*。

(11) 鸭跖草科 Commelinaceae

①吊竹梅属 *Zebrina* 吊竹梅 *Z. pendula*。

②紫竹梅属（紫鸭梅属）*Setcreasea* 紫锦草 *S. purpurea*。

③紫露草属 *Tradescantia* 银线紫露草（银线水竹草）*T. albiflora*，彩叶紫露草（彩叶水竹草）*T. fluminensis*。

(12) 石蒜科 Amaryllidaceae

①晚香玉属 *Polianthes* 晚香玉 *P. tuberosa*。

②孤挺花属 *Amaryllis* 朱顶红 *A. vittata*。

③水仙属 *Narcissus* 喇叭水仙 *N. pesuodo-narcissus*，明星水仙 *N. incomparabilis*，口红水仙 *N. poeticus*。

④石蒜属 *Lycoris* 石蒜 *L. radiata*，忽地笑（金花石蒜）*L. aurea*，中国石蒜 *L. chinensis*，长筒石蒜 *L. longituba*。

⑤网球花 *Haemanthus* 网球花（绣球百合）*H. multiflorus*。

⑥六出花 *Alstroemeria* 六出花（智利百合）*A. aurantiaca*。

⑦尼润花属 *Nerine* 尼润花（纳里花）*N. sarniensis*。

⑧君子兰属 *Clivia* 大花君子兰 *C. miniata*。

⑨油加律属（亚马逊百合属）*Eucharis* 大花油加律（亚马逊百合）*E. grandiflora*。

(13) 露兜树科 Pandanaceae

露兜树属 *Pandanus* 露兜树 *P. tecforius*。

(14) 芭蕉科 Musaceae

①鹤望兰属 *Strelitzia* 鹤望兰 *S. reginae*。

②蝎尾蕉属 *Heliconia* 蝎尾蕉（火鸟蕉）*H. caribaea*，黄苞蝎尾蕉（金嘴赫蕉）*H. psittacorum*，垂花蝎尾蕉（垂花火鸟蕉、垂花赫蕉）*H. rostrata*，'金鸟'赫蕉（'金火炬'蝎尾蕉、'黄金鸟'、'小天堂鸟'）'Golden Torch' (*H. psittacorum* × *H. spathocirci-nata*)，红黄赫蕉（红黄蝎尾蕉）*H. nickeriensis* (*H. psittacorum* × *H. marginata*)，'垂花粉'

鸟蕉 H. chartacea 'Sexy Pink'，'富贵'鸟蕉 H. stricta 'Las Cruces'。

2.2 实用分类法

实用分类法是从人类对切花进行栽培和利用的需要出发，提出的各种分类方法。由于分类依据的不同，以及分类方法的局限性，实用分类法的结果在严谨性和一致性等方面存在着一些不足之处，需要有一个逐步完善的过程。国内目前常用的切花实用分类方法有按生物学特性分类和按观赏部位及应用特点分类两种。

2.2.1 按生物学特性分类

根据切花的生物学特性差异，将其分为草本切花和木本切花两类。

2.2.1.1 草本切花类

草本切花是指可用于切花生产与应用的草本类观赏植物，根据其生活型和生态习性的差异，可进一步细分为：

(1) 一、二年生类切花

一年生花卉在一个生长季完成生活史，即春季播种，夏、秋季开花结实，故又称春播花卉。多不耐寒，该类部分种在南方温暖地区也可秋播作二年生栽培，如羽扇豆、翠菊等。用于切花应用的还有向日葵、麦秆菊、雪叶菊、百日菊、鸡冠花、青葙、雁来红、千穗谷、红花、千日红、猩猩草、银边翠、乳茄、彩叶草、贝壳花、红心藜、观赏葫芦、观赏南瓜、风船葛等。

二年生花卉在两个生长季完成生活史，当年秋季播种后仅生长营养器官，翌年春、夏季开花结实后死亡，故又称秋播花卉。多耐寒而不耐热，该类花卉部分种类在寒冷地区也可春季播种作一年生栽培，如矢车菊、金鱼草等。用于切花的还有香豌豆、羽衣甘蓝、紫罗兰、风铃草、美国石竹、金盏菊等。

一、二年生花卉除香豌豆、紫罗兰、金鱼草、乳茄、银边翠及向日葵等少数种类在切花栽培与应用中较为普遍外，多数种类栽培与应用较少，多用作插花的配材。

(2) 宿根类切花

宿根类花卉指个体寿命超过 2 年、能多次开花的多年生花卉中地下部分形态正常、不发生变态的种类。该类部分种类是重要的切花材料，得到广泛的栽培与应用，如菊花、补血草属、丝石竹、香石竹、安祖花、鹤望兰及兰科等。该类花卉按生物学特性不同分为耐寒类和常绿类。

耐寒类 指冬季地上部分枯死、根系在土壤中宿存、翌年春季重新萌发生长的种类，多较耐寒。该类花卉用于切花应用的主要有菊花、丝石竹、洋桔梗（草原龙胆）、芍药、飞燕草、蛇鞭菊、补血草、杂种补血草、落新妇属、紫菀、六出花、一枝黄花、松果菊、蓝刺头、乌头、黑种草、玉簪、火炬花等。

常绿类 多为不耐寒种类。该类花卉用于切花的主要有香石竹、非洲菊、安祖花、鹤望兰、蝴蝶兰、石斛兰、卡特兰、文心兰、大花蕙兰、蝎尾蕉类、蕨类、观赏凤梨类、龟背竹、春羽、天门冬、蓬莱松、一叶兰、吊兰、虎尾兰等。

(3) 球根类切花

球根花卉指地下部分变态肥大呈球状或块状等的多年生草本花卉。按地下部分形态特征又将其分为5类。

球茎类(corms) 地下茎呈球形或扁球形，外被革质外皮，内部实心，质地坚硬，顶部有肥大顶芽，侧芽不发达。该类花卉用于切花生产的主要有唐菖蒲、香雪兰等。

鳞茎类(bulbs) 地下部分的茎部极短缩，形成鳞茎盘。外被纸质外皮的鳞茎为有皮鳞茎，该类花卉用于切花生产的主要有水仙、郁金香、球根鸢尾、虎眼万年青、大花葱、朱顶红、石蒜类、尼润花等。鳞片外无外皮包被的为无皮鳞茎，如百合类、贝母等。

块茎类(tubers) 地下茎呈不规则的块状或条状，新芽着生在块茎的芽眼上，须根着生无规律。该类花卉用于切花生产的主要有马蹄莲、彩色马蹄莲类、花叶芋、晚香玉（鳞块茎，上部鳞茎、下部块茎）等。

根茎类(rhizomes) 地下茎肉质肥大呈根状，有分枝，具明显的节，每节有侧芽和根，每个分枝的顶端为生长点，须根自节部簇生而出。该类花卉用于切花生产的主要有睡莲、荷花、姜荷花、鸢尾类等。

块根类(tuberous) 主根膨大呈块状，外被革质厚皮，新芽着生在根颈部分，根系从块根的末端生出。该类花卉用于切花生产的主要有大丽花、花毛茛、银莲花等。

2.2.1.2 木本切花类

木本切花是指可用于切花生产与应用的木本类观赏植物，根据其生长类型的差异，可进一步细分为：

(1) 乔木类切花

乔木类切花是指树体高大且具有明显主干的木本观赏植物。其中部分树种已较为普遍地应用于插花用商品化生产，大多以其叶片或枝条作为插花用材，如苏铁、银叶山桉、'龙爪'柳、'龙爪'桑、印度橡皮树、鱼尾葵、软叶刺葵、香龙血树、露兜树、椰子等。

此外，部分树种虽未大量应用于商品化生产供插花运用，却是东方式插花的常见材料，在现代插花中也较多运用，如梅、桃、白玉兰、罗汉松、竹柏、北美香柏、圆柏、龙柏、侧柏、黑松、日本五针松、雪松、广玉兰、二乔玉兰、枸骨、石榴、湖北海棠、桂花、木棉、火棘等。

(2) 灌木类切花

灌木类切花是指用于插花的树体较矮小、主干低矮或没有明显主干的木本观赏植物，该类部分树种已较为普遍地应用于商品化生产。其中有花枝、果枝作为插花用材的，如现代月季、木百合、佛塔树、普洛蒂、风蜡花、寒丁子、一品红、蜡梅、川滇金丝桃(火龙珠)；也有以其叶片或带叶枝作为插花用材的，如散尾葵、星点木、八角金盘、洒金桃叶珊瑚、富贵竹、变叶木(洒金榕)等。

此外，部分树种虽未大量应用于商品化生产供插花运用，却是东方式插花的常见材料,在现代插花中也较多运用,如贴梗海棠、红瑞木、八仙花、紫玉兰、山茶、大叶黄杨、麦李、榆叶梅、李叶绣线菊、金边六月雪、夹竹桃、紫珠、南天竹、金钟、迎春、金叶女贞、紫荆、瓜子黄杨、海桐、朱砂根、绣球花、'洒金'千头柏等。

(3) 藤本类切花

藤本类切花是指无直立主干,需要缠绕或攀附他物而向上生长的木本观赏植物,其中除洋常春藤等少数种已较为普遍地应用于商品化生产外,多种种类未应用于商品化生产,但在传统东方式插花及现代插花中也常见运用,如中华常春藤、紫藤、金银花、锦屏藤、扶芳藤、拔葜、葡萄、南蛇藤、薜荔、凌霄等。

2.2.2 按观赏及应用特点分类

根据剪切花材的部位类别不同,可进一步将切花细分为切花类、切叶类、切果类、切枝类等类型。

2.2.2.1 切花类

切花类指以花朵或花序为主要生产和观赏对象的一类切花,其色彩鲜艳、花姿优美、类型多样,有的还有诱人的香气,是插花的主要花材。其中多以单枝花为花材的有香石竹、郁金香、球根鸢尾、牡丹、芍药、月季、荷花、卡特兰、睡莲等;多以总状或穗状花序为花材的有唐菖蒲、香雪兰、蝴蝶兰、石斛兰、文心兰、大花蕙兰、紫罗兰、风铃草、羽扇豆、贝壳花、虎眼万年青、晚香玉、金鱼草、草原龙胆、飞燕草、火炬花等;多以头状花序为花材的有菊花、非洲菊、蓝刺头、向日葵、大丽花、麦秆菊、金盏菊、矢车菊、翠菊、红花等;多以圆锥、伞形等花序为花材的有补血草属、落新妇、一枝黄花、丝石竹、大花葱、百子莲等;其他以穗状、总状或头状花序为花材但形状特殊的有安祖花、马蹄莲、鹤望兰、蝎尾蕉类、普洛蒂、针垫子花、木百合等。

2.2.2.2 切叶类

切叶类指以草本植物枝叶或木本植物叶片作为插花用材的一类切花,该类植物叶片或色泽艳丽、或形态奇特,多用作插花的配材。其中包括草本类的蕨类、吊竹梅、猩猩草、银边翠、彩叶草、网纹草、羽衣甘蓝、玉簪、花叶水葱、龟背竹、春羽、小天使、天门冬、蓬莱松、一叶兰、吊兰、虎尾兰、春兰、虎耳草等以及木本类的散尾葵、鱼尾葵、软叶刺葵、香龙血树、露兜树、椰子、苏铁、八角金盘、变叶木、印度橡皮树等。

2.2.2.3 切果类

切果类指以果实或带果枝作为插花用材的一类观赏植物,包括草本类的乳茄、红心藜、观赏葫芦、观赏南瓜、风船葛、香蒲、唐棉、玉荷包、艳凤梨等以及木本类的火龙珠、紫珠、朱砂根、枸骨、石榴、湖北海棠、火棘等。此外,部分水果及瓜果类蔬菜也常应用于插花,如火龙果、荔枝、柑橘类、彩椒、樱桃番茄等。

2.2.2.4 切枝类

切枝类指以木本植物枝条作为插花用材的一类观赏植物，主要有以下类型：

(1) 观花枝类

观花枝类指以带花枝条作为插花用材的一类观赏植物，大多用于东方式插花的骨架主花，常见种类有风蜡花、寒丁子、蜡梅、贴梗海棠、梅、桃、杏、白玉兰、二乔玉兰、紫玉兰、桂花、山茶、麦李、榆叶梅、李叶绣线菊、金钟、迎春、紫荆、木棉等。

(2) 观叶枝类

观叶枝类指以带叶枝条作为插花用材的一类观赏植物，插花时大多用作填充配材，常见种类有常春藤、朱蕉、银叶山桉、星点木、富贵竹、南天竹、洒金桃叶珊瑚、大叶黄杨、瓜子黄杨、海桐、金叶女贞、金边六月雪、夹竹桃、罗汉松、竹柏、北美香柏、'洒金'千头柏、圆柏、'龙柏'、侧柏、黑松、日本五针松、雪松、杨桐、柃木等。

(3) 其他类

部分木本植物的枝条形态曲折多姿或枝色艳丽或芽膨大而醒目，也可作为插花用材的重要种类，且常可用做干花材料，如'龙爪'柳、'龙爪'桑、红瑞木、银芽柳等。

小 结

本章介绍了切花的植物学分类法和实用分类法。植物学分类法即系统分类法，分别介绍了蕨类植物门、裸子植物门和被子植物门不同科、属的主要切花植物种类；实用分类法则分别以生物学特性、观赏及应用特点进行分类。将切花按生物学特征分为木本、草本、水生切花和蕨类切叶。按观赏部位及应用特点分为切花类、切叶类、切果类、切枝类等。

思考题

1. 试列举 20 种市场常见切花，并按植物学分类法确定其分类地位。
2. 根据生物学特性分类方法，对常见切花进行分类。
3. 根据观赏部位及应用特点分类方法，对常见切花进行分类。

推荐阅读书目

1. 中国农业百科全书观赏园艺卷. 观赏园艺卷编辑委员会. 农业出版社, 1996.
2. 中国花经. 陈俊愉, 程绪珂. 上海文化出版社, 1990.
3. 新编拉汉英植物名称. 中国科学院植物研究所. 航空工业出版社, 1996.

3 影响切花栽培的环境因子

切花的栽培环境是指其生存地点周围空间的一切因素的总和。就单株切花而言,它们之间也互为环境。切花的生长、发育和产品器官的形成,都要在一定的环境条件下才能进行。每一种切花在长期的系统发育过程中,适应了这些条件,因此在个体发育过程中也要求满足这些条件。在环境与切花之间,环境起主导作用。在环境因子中对切花起作用的称为生态因子。这些生态因子包括温度(气温和地温)、光照(光强度、光周期和光质)、水分(空气湿度及土壤水分状况)、土壤(土壤类型、特性、营养及土壤微生物)、大气、生物(病虫害、他感作用)等,以及人为作用(如品种改良及选育、栽培管理技术等)。

环境因子并非孤立地起作用,在一定的时空范围或生长发育阶段,某一个或几个因子可能起主导或限制作用。切花个体发育过程中对环境变化可产生不同的适应性,体现了与环境间相互制约与相互统一的关系。

掌握切花的生长发育特性,可以控制最适环境并应用科学的栽培技术,如花期调控、无土栽培、轻基质与新型肥料的使用、喷滴灌等设施的应用及病虫害防治等,以最终生产出优质、高产的切花产品。

3.1 温度

温度是影响植物生存的主要生态因子之一,温度对切花的生长发育有明显的影响。切花由于长期生活在温度的某种周期性变化之中,形成了对周期性温度变化的适应性。如果某种植物可以在某一地区茂盛生长和延续,那么它的生活史必然能适合该地区气候条件的周期性变化;否则,它必然会由于不能适应该地区的气候条件而绝迹。

3.1.1 切花对温度适应性的类型

根据切花对不同温度的适应程度,将切花分为以下3类:

(1) 耐寒类

多为原产寒带或温带、抗寒性强或较强的花卉,主要包括露地二年生草本花卉及一些多年生花木。一般可以忍耐 −10 ~ −5℃，甚至更低的温度，在我国北方大部分地区可以露地自然越冬。如二年生草本花卉中的矢车菊、金鱼草，多年生草本花卉中的菊花、荷兰菊、玉簪、耧斗菜、一枝黄花及郁金香等，大部分多年生落叶木本花卉如连翘、榆叶梅、丁香、金银花、紫藤、凌霄、桃、杏等及松柏科常绿针叶树种。

（2）半耐寒类

多为原产温带南部或亚热带，耐寒性中等的花卉，通常能忍受轻微霜冻，在不低于 −5℃以下的环境中（如在长江流域）一般能露地越冬，但也因种或品种而异。部分种类在长江或淮河以北即不能越冬，而有些种类在华北地区简单保护也可越冬。常见种类有草本类的金盏菊、紫罗兰、桂竹香、鸢尾、石蒜、水仙等，木本类的夹竹桃、桂花、梅花、南天竹、冬青、枸骨等。在北方引种此类植物时要注意选择较抗寒的品种，进行品种比较试验，并选择适宜的小气候。

（3）不耐寒类

多为原产热带及亚热带，生长期间要求高温的花卉，不能忍受 0 ~ 5℃甚至更低的低温，否则停止生长或受冷害甚至死亡。这类花卉中的一年生花卉，通常在一年中的无霜期完成生长发育，即春季晚霜后播种，秋末早霜到来前死亡；部分草本、球根和宿根花卉的根系，不能露地越冬，入冬前须挖出地下部分，置于室内贮藏。

常见种类包括一年生或多年生作一年生露地栽培的花卉，如鸡冠花、万寿菊、麦秆菊、百日草、千日红等，以及春植球根花卉如唐菖蒲、大丽花、晚香玉等。属于这一类的还有一些原产热带、亚热带及暖温带的多年生常绿草本花卉或木本花卉。在长江流域及以北地区需要在保护地越冬，多温室栽培，又称为温室花卉。根据这些温室花卉对越冬温度的不同要求，可分为以下 3 类：

低温温室花卉 大部分原产于暖温带南部，少数原产于亚热带，生长期温度宜保持在 5℃以上，0℃以上通常不致于产生寒害，通常低温温室温度宜在 5 ~ 15℃。这些花卉在淮河以北（包括华北地区）基本不能露地过冬，在长江以南有些可以露地越冬，如春兰、一叶兰、八角金盘、桃叶珊瑚、山茶等。有些则需在大棚或不加温温室越冬，如香石竹、马蹄莲、非洲菊、鹤望兰、小苍兰、天门冬类、苏铁、吊兰等。但加温与否应视地区气候而定。需注意的是，如冬季温度过高，部分种类生长反而不良。

中温温室花卉 大多原产于亚热带及对温度要求不高的热带，生长期温度以 8 ~ 15℃（夜间最低温在 8 ~ 10℃）为宜，冬季温度保持在 5℃以上通常不易受到寒害。如一品红、橡皮树、龟背竹、棕竹等。这些种类在华东南部、华南地区大多可以露地越冬。中温温室温度范围宜在 12 ~ 25℃，20℃左右较为适宜。

高温温室花卉 大多原产热带，冬季生长期间要求温度在 10 ~ 15℃以上，也可高达 30℃左右，一些种类甚至在 5 ~ 10℃以下即会死亡，通常低于 10 ~ 15℃则生长不良、落叶甚至受害死亡。高温温室温度范围在 18 ~ 32℃，25℃左右较适宜。常见种类有变叶木、凤梨类、热带兰、安祖花、龙血树、朱蕉、蝎尾蕉类等。观赏植物的耐寒性与耐热性是相关的，通常耐寒性强的种类耐热性较弱，耐寒性弱的种类则耐热性较强。但自然界情况也不尽如此。一些秋植球根花卉如小苍兰、水仙、马蹄莲等耐寒力较差，耐热性也差，通常夏季高温时进入休眠期，以度过不良的高温环境。

在无四季之分的赤道地区及温度高、光照弱的热带雨林和热带高山，夏季光照时间比温带及暖温带要短，其夏季最高温可能低于温带及暖温带的某些地区。因此，原产这些热带地区的花卉如热带兰的部分种类，往往经受不住我国大部分地区的夏季酷热，而不能正常开花，甚至进入强迫休眠，需采取防暑降温措施，否则不能正常分化花芽甚至会受害死亡。

3.1.2 温度对切花生长发育的影响

3.1.2.1 生长的温度三基点

不同种（或品种）切花的生长发育对温度都有一定的要求，即温度的三基点（temperature three cardinal points）：最低温、最适温和最高温，分别指观赏植物开始生长的最低下限温度、协调生长的最适温（非指生长速度最快，而是指生长快而健壮，不徒长）及停止生长的最高上限温度。由于原产地气候型及植物种类不同，不同植物的温度三基点也不同。原产热带、亚热带及温带的植物生长最低温分别约在10℃及5℃左右；生长的最适温分别为25～35℃和20～25℃；生长的最高温则约为40℃、35℃。花卉生长的温度范围一般为4～36℃，但因花卉种类和生长阶段不同，对温度三基点的要求也不相同。通常在最低温至最适温的范围内，随温度升高呼吸及光合作用速率提高；超过最高温度，同化和异化的平衡被破坏，花卉生长受抑制乃至死亡。

此外，不同花卉及同一种或品种花卉的不同生长阶段对温度也有不同的要求。一、二年生花卉种子萌发都需要较低温度，但通常春播一年生花卉幼苗期所需温度较二年生花卉高，因为二年生花卉需要较低温度通过春化及解除休眠。当植株开始营养生长以后，需要温度不断升高，而在花芽分化及开花、结实阶段大多对温度的要求较为严格，温度过高或过低都会产生不利影响。而同一种球根花卉生长与休眠需要的温度也不相同。

许多切花种类的播种和扦插繁殖常在秋后至翌年早春之间在温室或温床中进行，如果这时室内的气温高，但基质温度偏低，会导致种子不能发芽，或插穗先萌芽而不发根，出现回芽并造成插穗死亡。因此必须提高基质温度，以保证种子、插条快速萌芽或发根，从而提高繁殖成活率。

3.1.2.2 有效积温

植物在达到一定的温度总量后才能完成其生活周期，通常把高于一定温度的日平均温度的总和叫作积温。对切花来说，在综合外界条件下能使切花萌芽的日平均温度为生物学零度，即生物学有效温度的起点。一般来说，原产于热带地区植物的生物学有效温度的起点较高，而原产于寒带的植物的生物学有效温度的起点较低，原产于温带的植物的生物学有效温度的起点则介于上述两者之间。一般生物学有效温度的起点，落叶植物平均为6～10℃，常绿植物为10～15℃。

生长季是指不同地区能保证生物学有效温度的时期，其长短决定于所在地全年内温度达到有效温度的日数。生长季中生物学有效温度的累积值为生物学有效积温（简称有效积温）。各种切花在生长期内，从萌芽到开花和果实成熟要求有一定的有效积温。

各种切花在生长期中对温度、热量的要求不同,这与植物的原产地温度条件有关。一般原产于温带的植物多喜冷凉,发芽和发根都要求较低的温度;原产于热带、亚热带的植物喜温暖,发芽、生根的温度要求较高;而某些原产于赤道附近的植物,由于赤道附近虽属于热带地区,没有明显的四季之分,但有些地区属于海洋性气候,因此当地的年最高气温低于其他热带地区,所产切花种类常并不耐热。我国华南、华东、华中等许多地区夏季高温酷热,一部分热带和亚热带地区原产的切花,如部分热带兰等,往往不能正常开花,或者被迫休眠。

同一种切花不同品种对热量的要求也有所不同,一般年营养生长时期开始早的品种,从萌芽到开花要求热量较低;反之则高。同一品种在不同地区也有差异,一般在大陆性气候地区,由于春季温度突然升高,开花物候期通过快,其时间相对缩短;而在海洋性气候区,春季温度变化小,积温热量上升慢,物候期相对延长。

3.1.2.3 温周期现象和春化作用

植物正常生长对昼夜温度周期性变化的反应,称为温周期现象。温度是生长昼夜节律的主要影响因子,不同花卉的昼、夜适宜温度各不相同(表3-1)。

表3-1 部分切花的昼、夜适宜温度　　　　　　　　　　　　　℃

种类	白天适宜温度	夜间适宜温度	种类	白天适宜温度	夜间适宜温度
香石竹	18~22	10~12	白日草	20~26	16~18
菊花	18~21	16~17	郁金香	14~16	9~11
月季	21~24	15~18	丝石竹	18~22	14~16
唐菖蒲	20~25	14~16	马蹄莲	18~22	12~15
百合	18~25	15~18	八仙花	18~20	13~16
非洲菊	20~25	14~16	晚香玉	24~28	18~22
金鱼草	16~20	12~14	鹤望兰	20~25	16~18
香雪兰	12~16	8~10	一品红	18~24	16~18
荷兰鸢尾	15~18	10~12	六出花	18~22	12~16
香豌豆	14~16	10~12	彩叶草	23~25	16~20
翠菊	20~23	14~17	安祖花	22~25	18~25
草原龙胆	20~22	15~18	石斛兰	23~28	16~18
补血草	18~20	12~14	紫罗兰	15~18	10~12
大丽花	20~25	14~16			

注:由于同类植物的不同品种及不同生育期对温度要求存在差异,以上数据仅供参考。

植物在白天和夜晚生长发育的最适温度不同,较低的夜温对植物的生长发育是有利的。目前对昼夜温周期现象解释是:在白天与夜晚植物分别处在光期与暗期两种时期下进行生理活动。在白天植物以光合作用为主,高温有利于光合产物形成;夜间植物以呼吸作用为主,温度降低可以减少物质的消耗,有利于糖分积累,而且在低温下有利于根系发育,提高根冠比。大部分切花的正常生长发育,都要求昼夜有温度变化的环境。热带地区的植物,要求的昼夜温差较小,为3~6℃;温带地区的植物为5~7℃;而对于沙漠或高原地区的植物,则要相差10℃或更多。

低温促进植物发育的现象，称为春化作用。春化作用是温带植物发育过程中表现出来的特征，在温带地区由于日照的影响，温度随季节的变化十分明显，所以许多温带植物表现出在发育过程中有要求低温的特性。但植物的种类不同，情况不同，对于有些植物，可能并不存在春化现象。即便是同一种植物，由于品种不同，对低温的要求也有一定的差别。

对大多数要求低温的植物来说，1~2℃是最有效的春化温度。但只要有足够的时间，-1~9℃范围内都同样有效。各类植物通过春化作用的时间有所不同，在一定时期内春化的效应随着低温处理时间的延长而增加。在春化过程结束之前，把植物放到较高温度下，低温效果被消除，称为解除春化，一般解除春化的温度为25~40℃。

3.1.2.4 温度对花芽分化和发育的影响

温度是影响花芽分化和发育的重要因子。通常需要低温春化的秋播二年生花卉对低温要求严格，而春播一年生花卉花芽分化所需温度相对较高。根据花卉花芽分化对温度的要求大致可分为两类：

(1) 高温下花芽分化

在高温下进行花芽分化的花卉包括许多在6~8月25℃以上分化花芽的春花类花木、某些一年生草花，如鸡冠花、百日草、半支莲等；夏季生长季分化花芽的春植球根花卉，如唐菖蒲、晚香玉、荷花、睡莲等；以及夏季休眠期进行花芽分化的秋植球根花卉等。但其分化温度并非很高，如郁金香为20℃左右。

(2) 低温下花芽分化

温带、寒温带及高山地区的一些花木，春、秋两季均在偏低温度下分化花芽，如三色堇、雏菊、矢车菊等秋播花卉及秋菊、八仙花等宿根花卉。

温度对分化后花芽的发育也有很大影响。高温下进行花芽分化的郁金香、水仙、风信子等，它们的花芽发育分别在2~9℃、5~9℃和9~13℃较低温度下完成，必要的低温期为6~13周，之后于10~15℃下发根生长。

也有一些花卉无明确的花芽分化临界温度，只要适宜生长都可进行花芽分化，如大丽花、香石竹、月季等。另外一些花卉则分别需要在临界温度以上（如郁金香、水仙等）或临界温度以下（如麻叶绣球、珍珠梅等）才能进行花芽分化，后者虽类似春化作用，但是无春化作用的累计低温效应，即短期掺入高温会导致出现畸形花或花的败育。

3.1.2.5 温度胁迫对切花的伤害

切花的生长与发育，都有其最适宜的温度范围。但在自然状态下，温度的变化是很大的。温度的过高或过低都会对植株造成各种生理障碍，导致减产或欠收，严重时甚至死亡。

(1) 低温胁迫

主要有冷害（0℃以上低温）、冻害（0℃以下低温）、霜害、生理干旱（因土壤结冰，吸水小于蒸腾引起地上部分干枯，即冻旱害）及冻拔害（土壤结冰、体积反常膨胀使幼苗被动上拔，解冻后根系裸露，易倒伏死亡）等。植物的抗寒性（耐寒性）是指植物能抵抗或忍受0℃左右低温的能力。抗冻性是指对0℃以下低温的抵抗能力。植物对冬季一切不良条件的抵抗适应能力称为越冬性。由低温造成的伤害，其外因主要包括温度降低的程度、持续的时间、低温来临的时间和解冻的速度；内因主要包括切花的种类、品种及其抗寒能力，此外还与地势和植物本身的营养水平状况有关。各个器官受低温危害的临界温度也不相同。

造成各种低温伤害的气象因素，可概括为春季气温回升变幅大，秋季多雨低温，光照少，晚秋寒潮侵袭早，冬季低温持续时间长。温度剧烈变化对植物危害尤为严重，尤其是在生长发育的关键时期。降温越快危害越严重；春季乍暖复寒植物受害重；当受低温危害后，温度急剧回升要比缓慢回升受害更重，特别是受害后太阳直射，使细胞间隙内冰晶迅速融化，导致原生质破裂失水死亡。因此，通过品种选育和栽培措施，提高切花的抗寒性是很重要的。如秋季到来时，加强抗寒锻炼、增施磷、钾肥，少施氮肥，减少灌水，避免徒长以及温室花卉出圃前注意通风，采取适应性降温措施（冬季一品红上市1周前，夜间温室降低5℃左右，会提高抗寒性），春季适时早播等，均有利于提高对低温胁迫的抗性。

(2) 高温胁迫

高温给植物造成的伤害称为热害。热害往往表现为局部受害，并间接引起植物生病。植物所能忍耐的最高气温即为植物的耐热力。高温所引起的生理生化变化包括：原生质的解体，生物胶体的分散性下降，电解质与非电解质的外渗，脂类化合物成层状，蛋白质变性与凝固，细胞、组织和器官的结构破坏等。高温破坏光合作用和呼吸作用的平衡关系，导致气孔不关闭，促进蒸腾作用，从而使植物呈饥饿失水状态。热害使一些可逆的代谢变化，变得不可逆，这是高温障碍的重要影响之一。高温持续的时间越长，或温度越高，引起的障碍也越严重。在一般情况下，植物因高温的直接影响而枯死的现象是较少的，但热害使植物呈饥饿失水状态，导致原生质脱水和原生质的蛋白质部分凝固。因此高温的影响，往往与日照强烈所引起的过度蒸腾作用联系在一起。当气温升高到最高温度以上时，生长速度就会急剧下降。

我国西北及长江流域以南等地区的太阳暴晒，西北、华北的干热风均可造成高温胁迫。通常植物在35～40℃下生长缓慢甚至停滞；45～50℃以上，除少数原产热带干旱地区的仙人掌科及多浆植物外，大多数种类会受伤害甚至死亡。高温胁迫使切花叶片灼伤、花期缩短、花瓣焦萎、花芽不分化或花蕾不能开放、落花落果、生长瘦弱，严重时导致死亡。通常耐寒的球根、宿根及二年生花卉，夏季高温时地上部分（或全株）枯死，以地下部分休眠越夏。因此，夏季降温是切花周年生产的重要环节，主要的人工降温措施包括叶面及畦间喷水、遮阳网覆盖、安装温室水帘与强制通风等。

3.2 光照

光是植物生命活动中起重大作用的环境因子，光照是植物进行光合作用的必要条件。不同切花种类对光的要求不同，光照过多或不足都会影响植物正常的生长发育。调节光照是提高切花品质、调控花期的重要手段。

光照对植物生长发育的影响主要表现在光照强度、光周期和光的组成(即光质)3个方面。

3.2.1 光照强度对切花生长发育的影响

光照强度与植物生长发育状况密切相关，表现在：①光照强度影响组织器官的形态建成。在适宜的光照强度下，植物栅栏组织发达，叶绿体完整，叶片、花瓣发育良好，外观大而厚。②光照强度抑制细胞及茎、根的生长，使其生长健壮。充足的光照下，花卉节间变短、花茎木质化程度增加、根冠比增加。③光照强度直接影响光合强度及光合效率。切花多数为 C_3 途径，但其中也有不少光合效率高的 C_4 类型，如禾本科、藜科、苋科和菊科等。切花中具 CAM 途径的有凤梨科、百合科、兰科等。

切花对光的要求与植物原产地的地理位置和长期适应的自然条件有关。

原产于低纬度、多雨地区的热带、亚热带植物，对光的需求略低于原产于高纬度的植物。原产于空旷山地的植物绝大部分都是喜光植物，光照强度减弱则生产率显著下降。植物需光度的差异是相对的，同一种植物的不同器官需光度不同，不同的生育时期需光度也不相同。生殖器官比营养器官需要较多的光，如花芽分化、果实发育比枝叶萌芽需要更多的光。

一般植物的最适需光量(optimum light requirement)为全日照的50%~70%(夏季正午全光照约 100×10^4 lx)。在一定范围内，光合速率随光照强度的增加而增加。当光照强度增加至光合速率与呼吸速率相等时，此时的光照强度称为该植物的光补偿点(light compensation point)；当光照强度增加到某一特定值，即光合速率不再随光照强度的增加而增加时，此时的光照强度称为该植物的光饱和点(light saturation point)。不同观赏植物光补偿点与光饱和点不同，这与其叶片厚薄、解剖结构、生理特性及生态习性有关，也与对原产地生态环境的长期适应结果有关。栽培条件下光照强度直接影响花卉的质量。

光照强度还影响叶色、花色。光照充足可促进叶绿素的合成，使叶色浓绿，反之叶色变淡及黄化。许多红、紫色花的花青素必须在强光下才能产生，同时还受光质影响。许多观叶植物，在强光下可合成较多的胡萝卜素(表现为橙或橙红色)及叶黄素，而且因植物种类及光照强度不同，叶片呈现出黄、橙、红等不同的颜色，如红叶朱蕉、彩叶草、南天竹、红枫等，而金心黄杨、金边吊兰、变叶木等可在叶片不同部位分布不同色素。

切花因生态习性不同，对光照强度的要求也不同，可以大致分为阳性、阴性和中性3种类型。

(1) 喜光植物

喜强光，通常在全光下才能正常生长，原产热带、暖温带、高原及高山阳坡及岩石间的许多花卉均属此类。通常具有较高的光补偿点(相当于全光照的3%~5%)和光饱和点(相当于全光照的100%)，不耐荫蔽。如光照不足，则生长减慢、发育受阻，导致花茎细弱、徒长、分蘖减少；叶片小而薄，叶色变淡、黄化；花朵小而少，香味不浓，花色变淡；根冠比下降；严重时生长不良，失去观赏价值。喜光花卉包括多数一、二年生草花、宿根花卉及球根花卉，如百日草、鸡冠花、荷花、睡莲、紫菀、大丽花、芍药、唐菖蒲、向日葵、晚香玉等；大部分观花、观果类木本花卉，如梅花、桃花、丁香、月季、夹竹桃、石榴等；观叶植物如苏铁、变叶木、棕榈、芭蕉、橡皮树等；还有许多松柏类观赏树木。

(2) 中性植物

较为喜光，在微阴下也生长良好，多原产于热带、亚热带。生长期间，特别是夏季光照过强时，适当遮阴有利于其生长。草本花卉如紫罗兰、菊花、花毛茛、萱草、桔梗、耧斗菜、翠菊等；木本花卉如蜡梅、杨桐、柃木、山茶、榕树、龙血树、富贵竹、紫金牛、海桐、常春藤、散尾葵等均为中性植物。

(3) 耐阴植物

也称喜阴植物。需光量少，喜漫射光，不能忍受强光照射。多原产于林下、林缘阴坡等生境，具有较强的耐阴能力。其光补偿点低，相当于全光照的1%，部分耐阴性强的植物甚至更低。在气候干旱或夏季生长季内，耐阴植物通常要求50%~80%的荫蔽条件，大多生长于热带雨林下或林下、阴坡。如一叶兰、玉簪、万年青、石蒜、桃叶珊瑚、八角金盘及蕨类、兰科、凤梨科、姜科、秋海棠科、天南星科等的切花。

花卉对光照强度的需求通常还受年龄、发育阶段、土壤、温度等其他因子的影响。如幼苗期和营养生长期较为耐阴，成熟期及花期对光照强度需求有所增加。干旱、瘠薄、低温条件下也相对更需要光照，温度、水分、营养条件适宜则更耐阴。

切花生产中应密切注意光照过强或过弱对切花生长发育造成的伤害，尤其在夏季应注意光照过强引起的日灼及导致温度过高影响生长与发育，应采取适当的遮阴、通风措施；而冬春季促成栽培时低温弱光不仅使植株生长瘦弱且常使花芽不分化或花芽发育中途停止，造成盲花、落花，影响切花品质与产量，应及时采取适当的补光、加温措施。

此外，光照强度对切花的品质也有重要影响。光合作用不但形成碳水化合物，而且直接刺激诱导花青素的形成，在强光照和低温条件下，花青素形成得多，而夏季光照过强或冬春季光照过弱均易使切花花色暗淡，影响品质。

3.2.2 光周期对切花生长发育的影响

所谓光周期即光期与暗期长短的周期性变化，是指一天中从日出到日落的日照时数。在各种气象因子中，日照长度变化是季节变化最可靠的信号。植物在一年内的特定时期开花，很多植物在开花之前，有一段时期对昼夜相对长短的要求很严格，如果这种要求得不到满足，就不能开花或开花延迟，植物对日照长度发生反应的这种现象，称为光周期现象。除了开花之外，如植物的休眠、落叶及鳞茎、块茎、球茎等地下贮藏器官的形成也常受日照长度的影响。

部分植物开花不能超过或短于一定的日照长度，只有在长于或短于某个日照长度的光周期下，才能形成花芽，这个日照长度称为临界日长。根据植物开花对光周期反应不同，一般可把植物分为3种主要类型，即短日植物、长日植物和日中性植物。

(1) 长日植物 (long-day plant，LDP)

大于某一临界日长(或小于某一临界夜长)才能开花的植物为长日植物，通常要求

14~16h 的日照。属于长日植物的花卉大多分布于暖温带和寒温带，自然花期多在春末和夏初，如唐菖蒲、丝石竹、补血草类及许多春花类花卉如金盏菊、紫罗兰、羽衣甘蓝、大花葱等。冬春季温室栽培中，通过补充光照来促进长日植物开花，此方法已广泛用于唐菖蒲、丝石竹、百合等切花的促成栽培。

(2) 短日植物(short-day plant，SDP)

小于某一临界日长(或大于某一临界夜长)才能开花的植物为短日植物，通常要求 8~12h 的日照。短日花卉多分布于热带、亚热带，自然花期多在秋、冬季，如菊花、一品红、波斯菊等。它们在超过其临界日长的夏季只进行营养生长，随秋季来临，日照缩短至小于临界日长后，才开始花芽分化。生产上多采用电照法(即夜间照光间断暗期的方法)来延迟菊花、一品红等短日植物的花期，以达到周年生产的目的。

(3) 日中性植物(day-neutral plant)

通常对日照长度不敏感，只要温度适合，一年四季中的任何日长下均能正常开花。常见切花种类有月季、非洲菊、香石竹等。

临界日长往往随着同一种植物的不同品种、不同年龄和环境条件的改变而有很大变化。

光周期效应中温度是一个重要的环境因素。温度不仅影响光周期通过的早晚，并且可以改变植物对日照的要求。对于长日植物来说，温度变化可以改变其对日照的要求而在较短的日照下开花，如甘蓝在较低的夜温下失去对日照时间的敏感而呈现出日中性植物的特征。对短日植物来说，夜温降低可以使它在较长的日照下开花，如一品红。

在生产上应把光周期与温度结合起来考虑。在温带及亚热带地区的自然条件下，长日照和高温(夏季)及短日照和低温(冬季)总是互相伴随。因此，对于光周期敏感的切花来说日照条件是形成花芽的重要因素，但并不是唯一的因素。根据光周期反应来进行分类时，往往发现有不确切的现象，这可能是由于日照以外的条件如温度等的影响而产生的。

无论短日植物或长日植物，并不都在种子发芽后或幼苗期就立刻对光周期起反应。而是要生长到一定大小，或一定叶数以后，才能接受光周期的刺激。许多植物的植株年龄越大，对光周期的反应就越敏感，即植株的年龄是影响光周期反应的一个因素。

同时遮光试验的结果表明，即使把光照强度降到很弱，以照射的时间长短为准，仍然有光周期效应。利用这种特性，在人工延长光照时间时，可以用一般的电灯光(一般的电灯光只能达到数千勒克斯)，并不需要很强的光，如菊花补光通常保持光照强度为 50~80lx 就能起到作用。这种现象说明植物光周期长度，包括黎明和黄昏的有效的微弱光照在内。至于阴天、雨天等都不影响光周期的长短。在生产上是以所在地的纬度，即日出和日落之间的时间为标准，而不是以太阳直射光的有无为标准。微弱的光照强度也有光周期的效应，但补充光照时，弱光和强光之间并不是没有区别，不管是长日植物或短日植物，强光都比弱光的效应大些。如重瓣丝石竹在短日照下，补充强光时，花芽分化、现蕾和开花较早，补充弱光时则花芽分化、现蕾和开花较迟。

不同的光波长度，即不同的光质，对光周期效应也有很大的影响。在可见光中，红光和橙黄光的效应最为显著，蓝光较差，而绿光几乎没有效应。光周期的作用光谱与叶绿素的吸收光谱不同，这说明光周期的作用机制与光合作用没有直接关系。因为利用黑暗的中断光观察对光周期效应的影响发现，暗期中断（不超过30min，低光照强度）能使短日植物的开花受到阻碍，而对长日植物来说，暗期中断恰好促进其开花。这种低光照强度短暂的中断光，在光合作用上是非常有限的，但对于光周期效应，却有决定性的作用。

植物只要在适合的光周期条件下生长足够日数，再置于不合适的光周期条件下仍可开花，这种现象叫作光周期诱导。光周期诱导的日数随着植物的不同而异。多数植物光周期诱导需要几天、十几天至几十天。许多试验证明，感受光周期刺激的部位是叶片，而不是生长点。叶片的年龄不同，对光周期刺激的感应也不同，一般是以充分展开的功能叶片最为有效，过于幼嫩的叶片，其效果甚微。

除诱导开花外，日照长度还影响根、茎及球根等的营养生长与休眠。如大丽花、美人蕉、唐菖蒲、晚香玉及秋海棠等球根的发育在短日照条件下被促进，水仙、石蒜、郁金香、仙客来、小苍兰等球根在长日照条件下被促进。许多原产温带的宿根花卉及许多木本花卉表现为长日照促进营养生长，而短日照诱导休眠。

3.2.3 光质对切花生长发育的影响

太阳光波长范围在150～4000nm之间，辐射到地球表面的太阳光波长范围为300～600nm，其中可见光波长在400～700nm之间，占太阳辐射总能量的52%。其他不可见光中，红外线占43%，紫外线占5%。

可见光波长范围内，光合作用及生长的有效光波长为640～660nm的红光部分，在直射光中红光只占37%，而在散射光中占50%～60%，已可满足耐半阴及弱光下生长的花卉的需要。蓝紫光（430～450nm）的光合有效率仅为红光的14%。紫外光可抑制茎的伸长，因直射光的紫外光比例大于散射光，故直射光对防止观赏植物的徒长及促进矮化有利。紫外光还可促进花青素的形成，如热带及高山植物，因受较强紫外线照射，通常花色艳丽。

此外，光质还影响与光周期现象及种子需光性密切相关的光敏素的光转化。通常电照法催延花期及需光种子萌发时白炽灯较荧光灯更有效，因红光（>660nm）可促进非活性光敏素（Pr）向活性形式（Pfr）转化。

3.3 水分

水是植物生存的重要因子，是组成植物体的重要成分，也是生命活动的必要条件，植物体内的生理活动必须在水的环境下才能正常进行。水分使细胞保持一定的膨压，从而使植物保持其固有的姿态，代谢反应得以正常进行。由于水具有高气化热，所以植物在烈日照射下，通过蒸腾作用散失水分可以降低体温，不易受高温危害。不同切花种类含水量有很大差异，水生花卉的含水量达鲜重的90%以上，草本花卉占70%～85%，木本花卉约占50%。含水量的多少与其生命活动强弱有关，在一定的范围内，组织的代谢强度与其含水量呈正相关。风干的种子含水量只有6%～10%，生理活动微弱，甚至达到难以觉察的程度，随着吸水量增加，生理活性增加，直到旺盛的程度。在这一过程中，水起着决定性作用。

植物必须不断地吸收水分，以保持其正常含水量；但另一方面，植物的地上部分，尤其是叶片又不可避免地要通过蒸腾作用向外散失水分。吸收和散失是一个相互依赖的过程，由于这个过程，植物体内的水分总是处于运动状态。吸收到体内的水分除少部分参与代谢外，绝大部分用于补偿蒸腾散失，植物的正常生理活动就是在不断吸水，传导，利用和散失过程中进行的。

3.3.1 根据切花对水分适应性的分类

由于原产地生态环境（主要为降水量、地形、地貌等）的影响，切花在生理特性上表现出对水分的不同适应程度。依据切花对水分的需求可将其大致分为以下4类：

(1) 耐旱类切花

这指具有突出耐旱能力的种类，如仙人掌科、景天科以及番杏科植物等，较少用于切花生产与应用。但常见切花中也有部分种类具有根系较发达、根冠较大、叶片厚而硬或呈革质、叶具厚茸毛等特点，性喜干燥，能忍受土壤或空气较长时期的干旱而存活。此类花卉多原产半荒漠平地、山坡地等，如木本类的风蜡花、木百合、佛塔树、梅花、桃花、石榴、牡丹、蜡梅、郁李、松类、夹竹桃等，草本类的天门冬属、丝石竹、一枝黄花、钉头果、萱草、麦秆菊、向日葵、观赏瓜类等。该类植物多数不耐涝，如土壤水分过大，易烂根、烂茎而死亡，生产时应注意水分控制，掌握宁干勿湿的灌水原则。

(2) 中生类切花

多数切花以干湿适中的环境为宜，过干或过湿均不利于其生长。该类切花包括大部分木本观赏植物如月季、丁香、桂花、棕榈科、苏铁、常春藤等，还包括多数一、二年生和多年生宿根花卉及球根花卉。此类花卉的土壤含水量通常需保持在60%左右，但其中也因种类不同而有较大差异。部分种类地上部喜空气湿润，但根系较耐旱而怕涝，需要土壤或栽培基质具有良好的排水透气性，如宿根花卉中具肉质根系的鹤望兰、芍药、君子兰、六出花等以及无肉质根系的菊花、荷兰菊、香石竹等；部分植物既不耐涝也怕旱，尤其是部分球根花卉如香雪兰、唐菖蒲、晚香玉及宿根类的草原龙胆、非洲菊等；还有些种类如银芽柳、龙爪柳等则耐涝、耐旱能力均较强。

(3) 喜湿类切花

该类切花耐旱性较差，多原产于亚热带、热带林下，需要较高的土壤湿度和空气湿度，在干燥及中等湿度条件下常发育不良或枯死。此类花卉通气组织较发达、渗透势较高、叶片薄软、根系少。常见种类有热带兰、蕨类、凤梨类、天南星科植物等。养护中应掌握宁湿勿干的灌水原则。部分种类如兰科、凤梨科、花烛属等附生型植物不仅对空气湿度要求较高，根系对透气性的要求也较高，生产上常用苔藓、椰糠、陶粒、泥炭等透气性强的轻基质栽培。

(4) 水生类切花

该类切花多要求水分供应充足，常具有发达的通气组织。切花中除睡莲等少数浮水植物外，多数是挺水植物，如荷花、菖蒲、千屈菜、水葱、芦竹、香蒲等。可以利用水分供应充足的浅洼地或低畦栽培。部分种类如千屈菜、芦竹等也具有一定的耐旱能力。

3.3.2 水分对切花生长发育的影响

在切花的生长发育过程中，任何时期缺水都会对植株造成生理障碍，严重时导致植株死亡。但如果连续一段时间水分过多，也会造成植物生长不良甚至死亡。

花卉在生长发育的不同阶段，对水分有不同的要求。如播种后种子萌发需要较充足的土壤水分，以利于胚乳或子叶营养物质的转化、胚根和胚芽的萌动及幼苗根系的生长，故播种时需表土适度湿润。在育苗期间，植物的组织幼嫩，对水分的要求比较严格，水分过多或过少都会造成生理障碍。幼苗的根系生长与土壤水分状态有密切关系，根的分布状态依灌水量而异。在湿润的土壤中，根系多数密集分布在土壤表面附近，细根多，根系扩展良好；反之，在干燥区，根系多数分布较深，细根少。蹲苗就是要控制土壤的水分，使幼苗的根系向土壤的深处发展，增强植株抵抗不良环境的能力。但是如果水分控制过严，蹲苗的时间过长，不但使正常的生长受到影响，而且会使组织木栓化，成为老化苗。这样，即使定植到大田以后，其他条件正常，也不能很快地恢复正常生长。成苗后为防止徒长、烂根，促进均衡的生长发育，应适当降低土壤湿度。

落叶树种在春季萌芽前，需要一定的水分才能发芽。如果冬季干旱则需要在初春补足水分，在此期间如果水分不足，常导致萌芽延迟或萌芽不整齐，影响新梢的生长。新梢生长期温度急剧上升，枝叶生长旺盛，需水量最多，对缺水反应最敏感，因此，称此期为需水临界期。如果此期供水不足，则削弱生长，甚至早期停止生长；反之，如果秋季水分过多易造成秋梢过长，且枝条往往生长不充实、越冬性差。植株在冬季休眠及半休眠状态时，因生长缓慢、需水量低，加之土壤蒸发量小，应少灌水，以防烂根及寒害；但在寒冷、干旱地区则可根据防冻需要适当进行土壤的灌水。

水分是决定许多花卉花芽分化早晚和能否分化的重要影响因子。花芽分化期需水量相对较少，如果水分过多则分化减少。在适宜的温度及日照长度条件下，过于干旱或长期阴雨，花芽都难以分化。因此，栽培实践中通过适当控水来控制营养生长，可以促进花芽分化。如梅花的"扣水"，就是减少灌水，使土壤适度干燥、叶面干卷、新梢顶端自然干梢并停止生长，从而转向花芽分化。适当降低球根含水量，也可使花芽分化提早，因此，成熟球根掘起前应控制灌水，如球根鸢尾、百合、水仙、郁金香等的球根采收后即置于 30~35℃ 的高温下处理，目的之一即是使其脱水从而提早进行花芽分化。

水分还影响已分化花芽的发育及开花。通常水分缺乏时花芽发育受阻，造成花瓣绽开度减小、花色变浓、花期缩短甚至花蕾或花朵脱落，使观赏品质下降。

3.4 土壤及营养

土壤是植物栽培的基础，植物的生长发育要从土壤中吸收水分和营养元素，以保证其正常的生理活动。土壤理化特性与植物生长密切相关，只有当土壤理化性质能满足切花生长发育对水、肥、通气及温度的要求时，才能使植株达到最佳的生长状态，获得最佳品质的切花。

3.4.1 土壤理化性质与切花栽培

3.4.1.1 土壤物理性质

土壤物理性质指土壤质地及结构决定的土壤通气性、透水性、保水性及保肥性。常用指标有土壤容重(soil volume weight),即单位容积土体(包括土粒间孔隙)的干重,在1.0~1.8之间;土壤孔隙度(soil porosity),即土壤中孔隙容积占土体容积的百分数,为36%~60%之间。

(1) 土壤质地

土壤质地是指组成土壤的矿物质颗粒中各粒级组成含量的百分率。根据这一百分率的不同可以把土壤分为砂土、壤土、黏土等。各类质地的土壤对切花的生长发育以及产品的品质和产量有不同的影响。

砂土(sand soil) 粒径0.2~2mm。质地较粗、土粒间隙大、通气性极好,但养分易流失、保肥性差、肥劲强而肥力短。适用于培养土的配制及作为黏土改良的组分之一,也可作扦插及播种基质及耐干旱切花的栽培。

壤土(loam) 粒径介于0.002~0.2mm。含一定的细微砂粒及黏粒,并依比例不同分为砂壤土、壤土及黏壤土。壤土的质地较均匀,松黏适度,通透性和保水保肥性好,土温较稳定。适合于大多数切花的生长和发育。

黏土(clay) 粒径在0.002mm以下。多含黏粒及微砂,结构致密黏重,孔隙细小,保水保肥力强且肥力持久。但通气透水性差,易积水,土壤昼夜温差小,特别是早春黏土升温慢,不利于幼苗及花木的生长。除少数喜黏土种类外,绝大部分切花不适应黏土,需与其他土壤或基质混配使用。

不同土壤结构中,团粒结构(granular structure)因其疏松、肥沃、保水、保温且酸碱度适中,最适宜切花的生长。

切花种类及生长发育阶段不同,对土壤性质要求也有所不同,多数以肥沃、疏松且腐殖质丰富的砂壤土为宜。随着切花生产条件的改善及对切花品质要求的提高,现代切花生产越来越多地以质地疏松、透气性好的轻基质,如苔藓、椰糠、陶粒、泥炭等取代传统的土壤栽培,或将土壤添加不同比例的轻基质进行改良,以改进其理化性状,尤其在一些喜湿润且根系对透气性的要求较高的切花种类,如热带兰、凤梨科植物、花烛属植物的生产上较为普遍。

(2) 土壤通气与水分

土壤通气与不同质地土壤的孔性及土壤气体成分有关。由于根系及土壤微生物呼吸要消耗大量氧气及存在土壤水分,土壤氧气含量低于大气,在10%~21%之间。通常土壤氧含量从12%降至10%时,根系的吸收功能开始下降;氧气含量低至一定限度时(多数植物为3%~6%),吸收停止;再低则使已积累的矿质离子从根系排出,通常此种情况不致发生。土壤CO_2的含量远高于大气,可达2%或更高,但高浓度的CO_2和HCO_3^-离子会对根系呼吸及吸收产生毒害,严重时根系窒息死亡。

水分是提高土壤肥力的重要因素,营养物质只能在有水的情况下才被溶解和利用,所以肥水是不可分的。水分还能调节土壤温度。一般植物根系适于在田间持水量60%~80%时活动，通常落叶树在土壤含水量为5%~12%时叶片凋萎。土壤干旱时，土壤溶液浓度高，根系不能正常吸水反而发生外渗现象，所以施肥后宜立即灌水以便根系吸收。土壤水分过多会使土壤空气减少，植株缺氧产生硫化氢等有毒物质，并因CO_2排放不畅及高浓度积累抑制根的呼吸，以至生长停止，严重时根系溃烂、叶片失绿、植株萎蔫，土壤黏重情况下尤易发生。夏季暴雨导致通气不良时，若雨后又值阳光暴晒，会因蒸腾加剧而根系吸水不足产生生理干旱，应通过适当遮阴以降低蒸腾与叶面喷水等方法缓解。某些情况下，适度缺水并保持良好的通气反而可使根系发达。

3.4.1.2 土壤化学特性

土壤化学性质主要包括土壤酸碱度、土壤粒子阳离子交换容量、土壤盐浓度及土壤有机质等。

(1) 土壤酸碱度 (soil acidity and alkalinity)

土壤pH值多在4~9之间。土壤酸碱度影响土壤养分的分解和有效性以及微生物的活动，从而影响花卉的生长发育。如酸性条件下，磷酸可固定游离的铁离子和铝离子使之成为有效形式，而与钙形成石灰盐沉淀，成为无效形式。因此在pH 5.5~6.5的土壤中磷酸及铁离子、铝离子均易被吸收。在碱性土壤中有些植物易发生失绿症，这是因为钙中和了根系分泌物而妨碍对铁离子的吸收。在酸性土中有利于对硝态氮的吸收，而中性、微碱性土有利于对铵态氮的吸收。硝化细菌在pH值为6.5时发育最好，而固氮菌在pH值为7.5时最好。以下是pH值对不同离子吸收程度的影响：

氮　pH 5.5~8.0 易吸收，再低则不易。

磷　pH 5.0~7.5 易吸收，过高或过低呈不溶性则不易吸收。

钾　pH 8 以下吸收较好，再高则不利于吸收。

钙　pH 7 以上易吸收。

镁　pH 4.5~8.5 较易吸收，过高或过低均不易吸收。

锰　pH 5.0 以下吸收多，5.0~7.5 吸收少。

根据切花生长发育对土壤酸碱度的适应程度，可分为3类：

喜酸类　土壤pH 6.8以下生长发育良好，但因种及品种不同存在一定差异。常见种类如凤梨科植物、蕨类植物、兰科植物、棕榈科植物及八仙花、鸭跖草、山茶、杜鹃花、栀子、桃叶珊瑚、朱顶红、苏铁等。

中性类　要求土壤pH 6.5~7.5之间，绝大多数花卉属于这一类，其中部分种类适应范围较宽，如月季、菊花、香石竹等；部分种类则以中性偏弱酸性为宜，如百合、非洲菊等。

耐碱类　在土壤pH 7.5甚至更高时仍能正常生长的种类，如石竹、丝石竹、补血草、香豌豆、晚香玉、马蔺、萱草、垂柳、侧柏、夹竹桃、连翘、海桐、石榴等。

由于花卉对土壤pH值要求不同，栽培时依种及品种需要，应对pH值不适宜的土壤进行改良。如在碱性或微碱性土壤栽培喜酸性花卉时，可施用硫黄粉$250g/m^2$或硫酸亚铁$1.5kg/m^2$，施用后pH值相应降低0.5~1.0，黏重的碱性土，用量需适当增加。此外，还可通过增加酸性有机肥、改善土壤团粒结构的方法进行改良。当土壤酸性过高时，根据土壤情况用生石灰中和，以提高 pH 值。

（2）土壤阳离子置换容量（cation exchange capacity，CEC）及土壤盐渍化危害

土壤粒子带负电，可以吸附 Ca^{2+}，Mg^{2+}，K^+，Na^+，NH_4^+，H^+ 等阳离子，并可在土粒间及土壤溶液中与其他阳离子交换。NH_4^+ 和 K^+ 被土粒吸附，即可保持土壤肥料三要素中 N 与 K 的组分。土壤能吸附及交换阳离子的容量称阳离子置换容量（CEC），可通过电导度（electrical conductivity，EC）测定。CEC 值越大的土壤，保肥力越强。土壤中黏土比例越大，CEC 值越高。因此切花生产中施以堆肥及腐叶土，不仅能改良土壤物理性状，也可提高土壤保肥力。

土壤盐浓度影响土壤溶液的渗透势，一些地区由于土壤盐渍化而不利于切花的生长。盐碱土包括盐土（以 NaCl 和 Na_2SO_4 为主，不呈碱性，海涂地带常见）和碱土（以 Na_2CO_3 和 $NaHCO_3$ 为主，呈强碱性，常见于少雨、干旱的内陆），盐碱土的离子浓度越高，土水势越低，根系吸水阻力也越大。盐浓度过高时，造成根系失水，植株枯萎、死亡。一般落叶树含盐量达 0.3% 时会产生伤害，常绿针叶树受害浓度更低，为 0.18%~0.2%。通常以电导度作为土壤溶液盐浓度的指标，特别是在自动滴灌系统的温室或大棚等设施条件下，EC 指标更为重要。不同花卉种类、不同栽培条件下，适宜的土壤 EC 值（单位为 mS/cm）也不同，如香石竹为 0.5~1.0mS/cm，菊花为 0.5~0.7mS/cm，月季为 0.4~0.8mS/cm。多数花卉 EC 值超过 1.5mS/cm 时会产生危害，可通过适量减少施肥、休耕时灌水，更换 5~10cm 表土等方法加以控制。此外施入腐熟的堆肥，可增加土壤中阳离子置换容量的缓冲能力。

在年降水量小、空气干燥、蒸发量大的地区，地下水中的盐分随着蒸发液流上升到土表，并因蒸发而积聚在土壤浅表层，这会造成季节性的盐渍化；当降水季节来临或大量灌溉时可将浅表层的盐分淋洗到土壤深层而使盐渍化现象缓解。

在设施栽培花卉时，因使用化肥多，又缺乏雨水淋溶，常会产生次生盐渍化（secondary salinization）从而影响切花的生长，特别是在对盐较敏感植物，如百合、球根鸢尾等栽培时经常发生。温室栽培可采用离地的种植床及经常更换基质或进行无土栽培，以防止次生盐渍化发生；大棚栽培则可在轮作间歇期间揭膜，利用雨水淋溶或人工浇灌。此外，生产中还需注意适宜的施肥浓度，避免浓度过高而产生盐害。生产中可通过 EC 检测确定土壤盐浓度。表 3-2 为菊花、月季和香石竹施肥的安全浓度及盐害浓度。

表 3-2 3 种花卉施肥的总电导值　　　　　　　　　　mS/cm

品种名称	安全 EC 值	盐害 EC 值
菊花'天原'	<0.6	2.0
月季'超级明星'	0.6	1.9
香石竹'Chlolisim'	<0.6	2.1

（引自鹤岛久男《新编花卉图芸ハソドブック》，1996）

3.4.2 营养元素

通常用土壤中有机质及矿质营养元素的含量高低表示土壤肥力。土壤有机质含量高，且氮、磷、钾、钙、铁、锰、硼、锌等矿质营养元素种类齐全、互相平衡且有效性高，是植物正常生长发育、高产稳产、产品优质所应具备的营养条件。改善土壤条件、提高矿质营养元素的有效性及维持营养元素间的平衡，特别是增加土壤中有机质的含量，是切花生产的重要环节。

3.4.2.1 必需营养元素及其利用

植物体正常生长所必需的大量营养元素有碳、氢、氧、氮、磷、钾、钙、镁、硫等，占植株干重的93%以上；微量元素有铁、锰、硼、铜、锌、钼、氯等，含量仅占植株干重的百万分之几到十万分之几。其中氢、氧来自于水，碳来自大气，这3种元素可以通过灌水及二氧化碳施肥进行补充。氮来自大气，其被固氮生物固定到土壤后，与所有其他土壤中的矿质元素一起被植物吸收。通常植物需氮量较大，而土壤中的氮有限，需要施加氮肥。其他大量元素补充与否，则视植物需要及存在于土壤中的数量和有效性决定，受土壤性质和水质的影响。通常除砂质碱土和水培外，微量元素一般在土壤中已有充足供应，不需要另外补充。

分析植物体养分的含量，有利于了解植物对不同养分的吸收、利用及分配状况，并可作为施肥标准的参考。在菊花、香石竹、月季、紫罗兰等切花中，大量元素的含量及分配大致表现为：氮的含量在叶片中最多，磷及钾在花中最多而在叶及根中最少。

3.4.2.2 主要营养元素对观赏植物生长发育的影响

(1) 氮(N)

氮也称生命元素，植物以无机氮(NH_4^+-N 及 NO_3^--N)形式和有机氮(如尿素等)形式吸收氮素。氮是构成蛋白质的主要成分，占蛋白质含量的16%~18%。氮也是核酸、磷脂及叶绿素的组成成分。在一定范围内施氮肥能促进蛋白质及叶绿素的合成、促进光合作用、延长叶片功能期，表现为叶大而鲜绿、生长健壮、枝繁叶茂、花多、产量高。缺氮产生缺绿症，叶片黄化，特别是下部叶片枯萎、生长不良。但氮肥过多会造成植株徒长、木质化不足、抗病虫能力下降及开花数量减少、花期延迟等。一些花卉，如杜鹃花开花所需的氮水平较高，高氮下花蕾总数较多；一品红在高氮条件下花(实为苞片)的分化及发育均提早；月季的一些品种通常当栽培基质中氮含量水平低至 10 mg/L 时即会产生缺素症，含量为 25~100 mg/L 时生长发育良好，达 300 mg/L 时则过多；香石竹栽培基质氮含量水平在 10~140 mg/L 范围内，产花量随氮水平提高而增加。通常植物对铵态氮吸收优于硝态氮，尿素较易于吸收。

(2) 磷(P_2O_5)

通常以 $H_2PO_4^-$ 形式被吸收。磷主要参与磷脂、核苷酸、核蛋白组成，是原生质和细胞膜的主要成分。磷可促进花芽分化、提早开花结实，使茎坚挺，促进根系发育，并可提高抗逆性及抗病虫能力。缺磷时叶小、叶色暗绿并提早脱落，茎产生花青素，生长发育迟缓。

(3) 钾（K_2O）

以 K^+ 离子形式吸收。为多种酶的辅因子及活化剂，主要集中于生理活跃的生长点、形成层和幼叶。钾充足时茎秆坚韧、抗倒伏，并可促进块茎、块根等的发育。缺钾时老叶叶缘枯焦、脱落，植株易倒伏、抗逆性下降，生长缓慢。钾过量则植株低矮、节间缩短、叶片发黄皱缩。

(4) 钙（Ca）

以 $CaCl_2$ 等盐类中的 Ca^{2+} 形式吸收。主要存在于叶片或老熟器官和组织中，是构成细胞壁中胶层果胶酸钙的成分。钙与有机酸（主要为草酸）结合，可避免植物的酸中毒。缺钙时，细胞壁形成受阻，分生组织最早受害；严重时根尖、茎尖溃烂坏死，根系死亡。如一品红缺钙时形成浓绿小叶，叶片及苞叶生长不良，节间变短。Ca^{2+} 过多时，抑制对 P_2O_5 的吸收。通常有效的 Ca^{2+} 以交换方式被吸收，故降雨、灌水易造成土壤中钙的淋溶而使土壤变酸。尤在施用含 SO_4^{2-}、NO_3^- 的肥料后，使 Ca^{2+} 的淋溶度增加。故酸性土壤及设施栽培的混合基质中，特别是在化肥施用较多的情况下，补充施用钙肥是很重要的。

(5) 其他营养元素

镁的需要量也较大，特别是在酸性土壤中。镁参与叶绿素的合成、酶的活化。镁与磷的吸收及移动有关，主要集中在生长旺盛部位。缺镁时，镁可从下部叶片迅速转移到上部叶片，使老叶叶脉间黄化甚至变为黄色至白化。镁也可与其他元素颉颃而难以吸收，特别是在大量施钾使土壤 pH 值达 7.0 以上时，影响镁的吸收。

铁为酶的重要组成成分，并为合成叶绿素所必需。由于铁在体内难以移动，因此缺铁使幼叶黄化，此种危害常见于非洲菊、杜鹃花属、山茶属、八仙花属、苏铁及栀子等。通常在栽培温度低、土壤 pH 值高以及石灰、P_2O_5 及硝态氮施用较多时易产生缺铁症。

此外，大量元素硫及微量元素锰、硼、铜、锌、钼和氯也很重要，它们参与细胞结构物质的组成（硫是含硫氨基酸及蛋白质组分）、作为酶的辅因子或活化剂（如硫、锰、锌、铜、钼等）及参与离子平衡、胶体稳定和电荷中和等。通常视植物需要、土壤中存在的数量及有效性决定补充与否。

3.4.3 切花的连作障碍

切花生产中常出现因连作而导致生长受抑、病虫害多发而影响产量的现象，即连作障碍（failure or injury by continuous cropping）（或忌地性）。

连作障碍的原因主要有：

①根系分泌物、淋溶物、枯萎茎叶、残茬等产生的自毒化合物，如酚类、醇、醛、有机酸、不饱和内酯、黄酮类、萜烯类、生物碱等，抑制了自身的生长发育。根残留物中，如苹果属的根皮苷、桃的苦杏仁苷均抑制自身种苗生长，产生忌地性。翠菊及紫菀（根均分泌酚类、萜类）、香豌豆、一枝黄花（根分泌 2-顺脱氢母菊酯）、杜鹃花（根分泌酚类）、菊花等也均存在明显的连作障碍。

②土壤微生物及害虫与植株之间的化学他感作用，导致连作过程中线虫、螨类及土壤病原菌等密度增加，可严重危害植株。此种危害经常发生于非洲菊、百合、唐菖蒲、香雪兰等的连作中。

③连作造成的土壤中氯化物与硫酸盐的过剩、微量元素缺乏或失去平衡，也会导致生长不良及品质下降。

克服连作障碍，应具体分析产生的原因并采取相应对策。切花栽培中可通过更换床土、一定间隔期的轮作、彻底的土壤消毒以及增施有机肥来克服或缓解。无土栽培中需监测及更换营养液，也可适当加入活性炭；介质栽培中可采用具有杀菌及吸附作用的介质，如在日本常以柳杉、日本扁柏等的树皮为介质，可抑制无土栽培过程的某些病害。

小 结

本章介绍了影响切花栽培的生态因子，包括温度、光照、水分、土壤、大气、生物以及人为作用等。

思考题

1. 影响切花生产的环境因子有哪些？
2. 温周期对切花生长发育有哪些影响？
3. 光周期对切花开花有哪些影响？

推荐阅读书目

1. 观赏园艺概论．郭维明，毛龙生．中国农业出版社，2001.
2. 园艺学总论．章镇，王秀峰．中国农业出版社，2003.
3. 花卉学（第2版）．王莲英，秦魁杰．中国林业出版社，2011.
4. 鲜切花周年生产指南．吴少华，郑诚乐，李房英．科学技术文献出版社，2000.
5. 观赏植物花期调控．韦三立．中国农业出版社，1990.

4 切花栽培设施与设备

由于切花种类繁多,习性各异,多数对环境要求较高,在设施条件下才能获得理想的产量和品质,并达到周年生产、均衡供应的目的。因此,切花生产常需要现代智能温室、日光温室、塑料大棚、荫棚及其他设施,同时设施内常根据需要配套相关的光控、温控及灌溉等设备做保障。

20 世纪 50 年代以前,中国一直沿用风障、阳畦、地窖、土温室等简易设施。50 年代以后,随着塑料工业的发展,出现了塑料大棚。近十几年来,塑料大棚又由竹木结构向竹木水泥结构、钢筋水泥、组装式钢管大棚的方向发展;温室类型由简易日光温室向新型节能日光温室、现代化温室发展;温室环境条件控制由人工操作向自动化控制发展。今后随着科学技术的进步和社会经济的发展,切花栽培设施还会不断改进。

4.1 现代温室

现代温室又称全光温室、智能温室,是园艺设施中的高级类型,可不受自然气候条件下灾害性天气和不良环境条件的影响,全天候周年进行切花的生产。20 世纪 80 年代后,我国陆续从荷兰、美国、以色列、法国、日本、韩国等国家引进现代化温室及技术,开始了温室产业的国产化进程。

全光温室除铝合金或镀锌钢材的结构骨架外,所有屋面与墙体都为透明材料,如玻璃、塑料薄膜或塑料板材。根据所用覆盖材料,现代温室主要分为玻璃温室和塑料温室。

4.1.1 玻璃温室与塑料温室

4.1.1.1 玻璃温室

玻璃温室以荷兰的 Venlo 型温室最为典型(图 4-1),是由荷兰研究开发而后流行于全世界的一种多脊连栋小屋面玻璃温室。单间跨度一般为 3.2m 的倍数,如 6.4m、9.6m、12.8m,开间距 3m、4m 或 4.5m,脊高 3.5~5.0m,柱高 4.5m,玻璃屋面角为

22°。根据桁架的支撑能力，可组合成多脊连栋型大跨度温室。覆盖材料采用4mm厚的园艺专用玻璃，透光率大于92%。天窗设置以屋脊为分界线，左右交错开窗，屋面开窗面积与地面积之比（通风窗比）为19%，但由于窗的开启度仅0.34~0.45m，实际通风比仅为8.5%~10.5%。

Venlo型温室的优点主要体现在以下方面：一是透光率高，由于采用玻璃尤其是浮法玻璃作覆盖材料，透光率可高达90%以上，且透光率衰减缓慢。由于Venlo温室屋面全部采用小截面铝合金材料，屋面的承重

图4-1 Venlo型玻璃温室结构示意图
1. 天窗 2. 桁架 3. 基础

檩条又兼作玻璃嵌条，且玻璃安装从天沟直通屋脊，中间不加檩条，减小了骨架阴影，使透光率大幅度提高。二是使用灵活，构件通用性强，使温室安装、维修和改进较为方便，且采用了专用铝合金及配套的橡胶条和注塑件，提高了温室的密封性。三是钢材用量小，6.4m跨度，4.0m开间的标准温室总体用钢量小于5kg/m²，而其他形式的玻璃温室用钢量多在12~15kg/m²。

Venlo型温室在我国尤其是我国南方应用的最大不足是通风面积过小，屋面开窗面积与地面面积之比（简称通风窗比）小。且多为大面积连栋温室，不开侧窗，所以在我国很多地区普遍表现出通风不足，夏季降温困难。近年来，我国针对亚热带地区气候特点对其结构参数加以改进、优化，加大了温室高度，檐高从传统的2.5m增高到3.3m，甚至4.5m，小屋面跨度从3.2m增加到4m，间柱的距离从4m增加到5m，并设置外遮阴和湿帘—风机降温系统。

此外，采用屋顶全开型温室加强顶部通风是该类温室提高其在夏季炎热地区应用效果的重要方法。其特点是以天沟檐部为支点，可以从屋脊部打开天窗，开启度可达到垂直程度，即整个屋面的开启度可从完全封闭直到全部开放状态。侧窗则多用上下推拉方式开启，全开后达1.5m宽。全开时可使室内外温度保持一致，也便于夏季接受雨水淋洗，防止土壤盐类积聚。

4.1.1.2 塑料温室

从西班牙和法国等引进的温室多为塑料温室。塑料温室结构材料用量比玻璃温室少，一次性投资小。但由于薄膜使用年限比玻璃短，需经常更换覆盖物，且保温性和透光性不如玻璃。塑料薄膜温室的主要类型有：

（1）里歇尔（Richel）温室

里歇尔温室是法国瑞奇温室公司研发的一种塑料薄膜温室，在我国引进温室中所占比重最大。一般单栋跨度为6.4~8m，檐高3~4m，开间3~4m。其特点是固定于屋脊部的天窗能实现半边屋面（50%屋面）开启通风换气，也可以设置侧窗卷膜通风。该温室的通风效果较好，且采用双层充气膜覆盖，温室的屋顶、侧墙乃至通风口均可做成双

层充气结构,冬季白天可靠双层塑料膜采光蓄热,夜间将所有覆盖层严密关闭保温,可保持室内外温差10~15℃,节能可达30%~40%。该类温室构件比玻璃温室少,空间大,遮阳面少。根据不同地区风力强度和积雪厚度,可选择相应结构类型。但该类温室透光率至少要低10%,主要适用于光照资源充足的地区。在多雨少光地区,透光率的降低还会制约温室增温,光照不足则会明显影响作物产量和品质。

(2) 卷膜式全开放型塑料温室(full open type)

图4-2 塑料三连栋温室示意图

该类温室为拱圆形连栋塑料温室(图4-2),屋顶及侧屋面均可通过手动或电动卷膜机将覆盖薄膜由下而上卷起,达到通风透气的效果。可将侧墙和1/2屋面或全屋面的覆盖薄膜全部卷起成为与露地相似的状态,以利于夏季高温季节进行栽培。由于通风口全部覆盖防虫网而具有防虫效果。目前国产塑料温室多采用这种形式。其特点是成本低、简易、节能,夏季可接受雨水淋溶以防土壤盐类积聚,也利于夏季通风降温。

4.1.2 温室配套设备

温室设施为切花的生长发育提供了必要的基础,但为了调节温室内的环境条件,必须配备相应的光照、温度、湿度、空气调节和灌溉等的设备及控制系统。

4.1.2.1 温控系统

(1) 加热系统

目前冬季加热多采用集中供热、分区控制方式,主要有热水或蒸汽管道加热和热风加热等。热水管道加热系统由锅炉、锅炉房、调节组、连接附件及传感器、进水主管、回水主管、温室内的散热管等组成。通过放热管,用60~80℃热水循环散热加温。温室散热管道有圆翼型和光滑型两种,设置方式有升降式和固定式两种,按排列位置可分垂直和水平两种排列方式。

热水管道加热系统 多通过燃煤锅炉加热获得,也可直接利用工业废水和温泉。热水往复循环的动力可依靠本身的重力或水泵。其中用重力循环虽节约燃料费用,但不及水泵输送距离远,因而不能用于太大的温室;水泵循环能用于大型温室;但增加了电能消耗和维护费用。热水管道加热的优点是温、湿度保持稳定,且室内温度均匀,停止加热后室温下降速度也慢,适于切花的生长发育,且燃料费用低,水平式加热管道还可兼作温室高架作业车的运行轨道。缺点是冷却之后再加热时,设施内温度上升慢,热力不及蒸汽、热风加温大;设备材料多,一次性投资大,安装维修费时费工;燃煤排出的炉渣、烟尘污染环境,需要占用土地。该系统适用于大中型温室的稳定供热。

蒸汽管道加热系统 系统组成与热水管道加热系统相似,但采用100~110℃蒸汽通过放热管加温。放热管采用排管、圆翼形管或暖气片,放热管通常置于设施内四周墙上或植物台下。蒸汽加温预热时间短,温度容易调节;但加热停止后余热少,缺少保温性;设施内湿度较低,近管处温度较高,附近植物易受伤害。该方式虽然设备费用比热水加温低，但燃料费用较高，对水质要求较严，须有熟练的加温技术，多适用于中小型温室短时间加温。

热风加热系统 利用热风炉通过风机把加热后的空气（一般比室温高20~40℃）通过风管直接送入温室各部分的加热方式。该系统由热风炉、送气管道、附件及传感器等组成。热风加热系统采用燃油或燃气加热，其特点是室温升高快，但停止加热后降温也快，室内温度波动较大，且易导致叶面积水。热风加热系统还有节省设备资材、安装维修方便、占地少、投资小等优点，适于加温周期短、局部或临时加热需求大的中小型温室选用。

此外，温室的加温还可采用太阳能集热加温器、地下热交换等节能加热技术及电热采暖、液化气燃烧采暖等临时辅助采暖措施。

(2) 降温系统

湿帘降温系统 是利用水的蒸发降温原理来实现降温的技术设备，系统由湿帘、风机、循环水路与控制装置组成。其原理是在温室一面山墙（北墙）上安装特制的疏水性湿帘，水经水泵抽至湿帘上方后流下，另一面山墙（南墙）上装有排风扇，抽气形成负压，室外空气在穿过湿帘进入室内的过程中，与潮湿介质表面的水汽进行热交换，由于水分蒸发吸收热量而降温，冷空气流经温室吸热后再经风扇排出，从而达到室内降温的目的。系统设置时风机应顺主风向，两风机间隔不应超过7.5m，排风机与邻近障碍物间距离应大于风机直径的1.5倍，以免排出气体受阻。风机与湿垫间距离以30~50m为宜。该系统降温速度快，幅度大，在高温、低湿的炎夏晴天其降温效果最好，是一种简易有效的降温系统。但高湿季节或地区降温效果易受影响。

微雾降温系统 系统由雾化装置与通风部分组成，细雾装置包括喷头、输水管路、高压水泵、贮水箱、过滤器、闸阀、测量仪表等；通风部分包括进出风口和风机。普通水经过滤后进入高压泵，经加压后的水通过管路输送到雾嘴，高压水流以高速撞击针式雾嘴的针，从而形成直径小于0.05mm的浮悬性微雾。微雾在温室内作物层2m以上的空间里迅速蒸发，对流入的室外空气加湿冷却，抑制室内空气的升温，然后将潮湿空气排出室外达到降温目的，其降温能力在3~10℃间。由于细雾在未达到植物叶片时便可全部汽化，不弄湿作物，减少病害，且具有节约用水和通风阻力小等优点，是一种最新降温技术，但其对高压喷雾装置的技术要求较高。这种方法在夏季气候较干燥地区效果较好，一般适于长度超过40m的温室采用。该系统还具有喷农药、施叶面肥和加湿等功能。

屋顶喷雾——水膜降温系统 在温室屋顶外面张挂一幕帘，其上设喷雾装置，未汽化的水滴沿屋面流下，顺排水沟流出，使屋面温度接近室外湿球温度。此法是通过屋面对流换热来冷却室内空气，不增加室内湿度，使室内温度降至比室外低3~4℃，且温度分布较均匀。

除此之外，还可结合幕帘遮阳、喷涂白色涂层（如白色稀乳胶漆、石灰水、钛白粉等）、屋面流水、强制通风等方式降温。白色涂层一般涂在设施屋顶及侧面墙体，以阻挡太阳直射光来达到降温目的。遮光材料一般遮光率为50%~70%，如设置在室外屋面上方30~50cm处，可降低室内气温4~7℃，若设在室内则降温效果减半。屋面流水可遮光25%，并能冷却屋面，室温可降低3~4℃，但费用高且玻璃表面易起水垢。

4.1.2.2 光控系统

(1) 光合遮光

夏季由于强光高温使部分切花光合强度降低，甚至叶片、花瓣产生灼伤现象。为了削弱光强，减少太阳热辐射，需要进行光合遮光以降低光强，又称部分遮光。现代温室的遮光系统即幕帘系统包括帘幕和传动系统，帘幕依安装位置的不同可分为内遮阳幕和外遮阳幕两种。

内遮阳幕 是采用铝箔条或镀铝膜与聚酯线条相间经特殊工艺编织而成的缀铝膜。按不同遮阳要求，嵌入不同比例的铝箔条，具有遮阳降温、防水滴、减少土壤蒸发和作物蒸腾从而节约灌溉用水的功效，同时也可用于冬季的夜间保温。

外遮阳幕 利用遮光率不等的透气黑色网幕或缀铝膜（铝箔条比例较少）覆盖于温室屋顶以上30~50cm处，同时也可防止作物日光灼伤，提高产品质量。

幕帘的传动系统有钢索轴拉幕系统和齿轮齿条拉幕系统两种。前者传动速度快，成本低；后者传动平稳，可靠性高，但造价略高。两种都可自动控制或手动控制。

(2) 光周期遮光材料

光周期遮光又叫完全遮光，其主要目的是通过遮光缩短日照时间，延长暗期，以调节切花花期，如用于菊花等短日植物的花期促成。常用的完全遮光材料为黑色塑料薄膜，也可采用黑布，铺设在设施顶部及四周，要求搭接严密。

(3) 补光系统

补光系统运用于秋、冬季短日花卉，如菊花的花期延迟，或长日花卉，如丝石竹等的花期提前，即光周期的调节；也可用于弥补冬季或阴雨天光照的不足，避免一些切花，如唐菖蒲、百合等的部分品种出现盲花；也在工厂化育苗中使用，以提高育苗质量。

目前用于补光的光源主要有白炽灯、荧光灯、高压汞灯、金属卤化物灯、高压钠灯等。

白炽灯 第一代电光源，辐射能主要是红外线，可见光占比例小，发光效率低，热效应高，因其价格便宜，使用简单，生产中仍有使用。

荧光灯 第二代电光源，光线接近日光，其波长在580nm左右，对光合有利，发光效率高，是目前普遍应用的一种光源，其主要缺点是功率较小。

高压汞灯 以蓝绿光和可见光为主，还有约3.3%的紫外光，红光很少。目前多用改进的高压荧光汞灯，增加了红光成分，其功率较大、发光效率高、使用寿命较长。

金属卤化物灯和高压钠灯较接近，发光效率为高压汞灯的1.5~2倍，可用于高强度人工补光，光质较好。

设置的补光灯上应有反光灯罩，安置距离视植物要求、灯源等而定，一般在植物顶部1~3m处，位置宜与植物行向垂直。补光量依植物种类、生长发育阶段以及补光目的来确定。

4.1.2.3 通风换气与补气系统

(1) 通风系统

通风除降温作用外，还可降低设施内湿度，补充 CO_2 气体，排除室内有害气体。通风包括自然通风和强制通风两种。

自然通风系统 自然通风系统是温室通风换气、调节室温的主要方式，换气窗的设置应同时满足启闭灵活、气流均匀、关闭严密、坚固耐用、换气效率高等要求。通风一般分为顶窗通风、侧窗通风和顶侧窗通风 3 种方式。侧窗通风有转动式、卷帘式和移动式 3 种类型，玻璃温室多采用转动式和移动式，薄膜温室多采用卷帘式。屋顶通风天窗的设置有谷肩开启、半拱开启、顶部单侧开启、顶部双侧开启、顶部竖开式、顶部全开式、顶部推开式等多种方式。

强制通风系统 指利用排风扇作为换气的主要动力的通风方式。由于设备和运行费用较高，主要用于盛夏季节需要蒸发降温，或开窗受到限制、高温季节通风不良的温室，以及某些有特殊需要的温室。设备主要由风机、进风口、风扇和导风管组成。根据风机装置位置与换气设施组成的不同，温室强制换气的布置形式包括山墙面换气、侧面换气、屋面换气和导风管换气等几种。

(2) 补气系统

补气系统包括两部分：

二氧化碳施肥系统 CO_2 气源可直接使用贮气罐或贮液罐中的工业用 CO_2，也可利用 CO_2 发生器将煤油或石油气等碳氢化合物通过充分燃烧而释放 CO_2。我国普通温室多使用强酸与碳酸盐反应释放 CO_2。

环流风机 封闭的温室内，CO_2 通过管道分布到室内，均匀性较差，启动环流风机可提高 CO_2 浓度分布的均匀性。此外，通过风机还可以促进室内温度、相对湿度分布均匀，从而保证室内作物生长的一致性，改善品质，并能将湿热空气排出，实现降温效果。

4.1.2.4 灌溉和施肥系统

灌溉和施肥系统包括水源、储水池及供给设施、水处理设施、灌溉和施肥设施、田间管道、灌水器，如喷头、滴头、滴箭等。现代温室的灌溉通常采用喷灌、滴灌等节水灌溉方式，并可同时进行施肥。

(1) 喷灌

喷灌是采用水泵或水塔通过管道将水送到灌溉地段，然后再通过喷头将水喷成细小水滴或雾状进行灌溉。其优点是易实现自动控制，节约用水，灌水均匀，土壤不易板结，不但土壤湿润适度，还可降温保湿，并减少肥料流失，避免土壤盐分上升。

喷灌设备有移动式和固定式两种。移动式喷灌装置能完全自动控制喷水量、灌溉时间、灌溉次数等众多因素，使用效果好，但价格高，安装也较复杂，如适于工厂化育苗的悬挂式可往复移动的喷灌机(行走式洒水车)。固定式喷灌装置的价格和安装费用较低，且操作管理简单，灌溉效果也很好，应用更为普遍。

喷洒器有固定式小喷嘴和孔管式喷洒器等。孔管式喷洒器是直径20~40mm的管子，顶部两侧设直径0.6~1mm的喷水孔，孔管贴近地面喷洒作物根区。喷头直径应根据需要喷洒的范围来确定，为防止喷头堵塞，须对用水进行过滤与软化，并注意防漏维修。

(2) 滴灌

典型的滴灌系统由贮水池(槽)、过滤器、水泵、肥料注入器、输入管线、滴头和控制器等组成。滴灌不沾湿叶片，省工省水，防止土壤板结，可与施肥结合起来进行，但设备材料费用高。使用时应注意滴管头与植物根际保持一定距离，以免根际太湿引起腐烂，并注意灌溉水量。滴灌系统可分为开放式和循环式两种。进行无土基质栽培时，可采用肥水回收装置，将多余的肥水收集起来，重复利用或排放到温室外面；在土壤栽培时，宜在作物根区土层下铺设暗管，以利排水。

灌溉系统的水源与水质直接影响滴头或喷头的堵塞程度，除符合饮用水水质标准的水源外，其他水源都应经各种过滤器进行处理。现代温室采用雨水回收设施，可将降落到温室屋面的雨水全部回收，是一种理想的水源。

在灌溉施肥系统中，将肥料与水均匀混合十分重要，目前多采用混合罐方式，即在灌溉水和肥料施到田间前，按系统的设定范围，首先在混合罐中将水和肥料均匀混合同时进行检测，当EC值和pH值未达设定标准值时，关闭至田间网络的阀门，水肥重新回到罐中进行混合，同时为防止不同化学成分混合时发生沉淀，应设A、B罐与酸碱液罐。

4.1.2.5 计算机自动控制系统

自动控制是现代温室环境控制的核心技术，可自动测量温室的气候和土壤参数，并能对温室内配置的所有设备实现优化运行和自动控制，如开窗、加温、降温、加湿、光照调节、补充CO_2、灌溉施肥和环流通气等。该系统是基于专家系统的智能控制，完整的自动控制系统包括气象监测站、主控器、温湿度传感器、控制软件、微机、打印机等。温室环境自动化控制系统控制精度高，操作便捷，为充分利用能源、节约生产成本、提高产量和品质提供了物质和技术保证。但该系统对温室及其附属设施的要求高，运行的成本较大，较适合进行高档切花的生产。

4.2 塑料大棚

塑料大棚(plastic-covered shed, plastic house)简称大棚，是指不用砖石结构围护，只以竹、木、水泥构件或钢材等做骨架，在表面覆盖塑料薄膜的拱型保护设施。棚顶结构多为拱圆形，一般不进行加温，主要靠太阳光能增温，依靠塑料薄膜保温。塑料大棚与玻璃温室相比，具有结构简单、一次性投资少、有效栽培面积大、作业方便等优点。塑料大棚有单跨的单栋(单体)大棚，也有两跨或以上的连栋大棚。单栋大棚成本低，拆建方便，但管理操作受到一定限制；连栋大棚土地利用率高，管理操作更为方便，但成本较高，为便于内部环境控制，一般以3~5栋连接为宜。

塑料大棚在中国长江以南可用于部分切花,如非洲菊、香石竹、鹤望兰等的周年生产,而在北方常用于切花的春季提前、秋季延后生产。此外,大棚还用于切花种苗的培育,如播种、扦插及组培苗的过渡培养。

4.2.1 塑料大棚的结构

塑料大棚多为南北向延长,一般一栋大棚纵长 30~50m,跨度 6~12m,脊高 1.8~3.2m,占地面积 180~600m²。

大棚主要由骨架和透明覆盖材料组成。骨架又由立柱、拱杆(架)、拉杆(纵梁)、压杆(压膜线)、门窗、天沟和连接卡具等部件组成。由于建造材料和大棚类型不同,结构也存在差异。

(1) 立柱

主要用来固定和支撑棚架、棚膜,并可承受风雨雪的压力。立柱埋设时要垂直,埋深约 50cm。对于拱架强度较低的竹木大棚或空间大的(跨度 12~15m)钢架大棚,应考虑设立柱。除棚内立柱外,大棚山墙也应设立柱,称为棚头立柱。由于棚顶重量较轻,立柱不必太粗,但要用砖、石等作基础,也可用横向连接,以防大棚下沉或拔起。

以钢筋或薄壁钢管为骨架材料的大棚一般采用桁架式拱架,或桁架式拱架与单拱架相间组成,无需立柱,构成无柱式大棚。

(2) 拱杆(拱架)

拱杆为支撑棚膜的骨架,是大棚承受风、雪荷载和承重的主要构件,横向固定在立柱上。拱杆分单杆式和桁架式两种形式。单杆式拱架是指拱架只由一根材料做成,如竹木大棚的竹片、水泥大棚的增强水泥拱架、镀锌钢管装配式大棚的拱杆都属于这种类型。桁架式拱架多用于跨度大于 8m 的大棚,一组拱架由上弦拱杆、下弦拱杆和腹杆(拉花)构成,上弦拱杆和下弦拱杆通过腹杆连成一体。拱杆东西两端埋入地下 50cm 左右,呈自然拱形。相邻两拱杆的间距一般为 0.5~1.0m。

(3) 拉杆(纵梁)

拉杆用于纵向连接立柱和固定拱杆,使大棚骨架连成一体,增加大棚骨架强度和稳定性。如果拉杆失稳,则会发生骨架变形、倒塌。拉杆的常见结构形式有单杆梁、桁架梁等,单杆梁与单杆式拱架配合使用,桁架梁则与桁架式拱架配合使用。

(4) 压杆或压膜线

棚架覆盖薄膜后,于两根拱杆之间加上一根压杆或压膜线,以使棚膜压平、绷紧。压杆须稍低于拱杆,使大棚的覆盖薄膜呈瓦楞状,以利排水和抗风。压杆可使用通直光滑的细竹竿,也可用 8#铁丝、包塑铁丝、聚丙烯线、聚丙烯包扎绳等。

(5) 门窗

门设在大棚的两端中央,作为出入口及通风口。门框高 1.7~2m,宽 0.8~1m,可设在南端,也可南北端各设一个。门有合门式和吊轨推拉门等形式。

为提高通风换气效果,可在大棚两端门的上方或棚两侧设通风窗,两侧通风窗可设摇杆控制。为防止害虫进入,门窗最好覆防虫纱网,隔断成虫迁飞的通道。

(6) 天沟

连栋大棚在两栋连接处的谷部要设置天沟,即用薄钢板或硬质塑料做成落水槽,以排除雪水及雨水。天沟不宜过大,以减少棚内的遮阴面。

(7) 连接卡具

大棚骨架的不同构件之间均需要连接,除竹木大棚需线绳和铁丝连接外,装配式大棚均用专门预制的卡具连接,包括套管、卡槽、卡子、承插螺钉、接头弹簧等。

(8) 棚膜

目前在生产中大棚覆盖用塑料薄膜一般采用聚氯乙烯(PVC)、聚乙烯(PE)和乙烯—醋酸乙烯共聚物(EVA)膜。普通 PVC 膜的特点是保温性强,易黏接,但比重大,成本高,低温下变硬,易脆化,高温下易软化吸尘。PE 膜质轻柔软无毒,但耐热性与保温性较差,不易粘接。生产中为改善普通 PVC、PE 膜的性能,在普通膜中常加入防老化、防滴、防尘和阻隔红外线辐射等助剂,使之具有保温、无滴、寿命长等性能,有效使用期可从 4~6 个月延长至 12~18 个月。EVA 膜作为新型覆盖材料也逐步应用于生产,其保温性介于 PE 膜和 PVC 膜之间;防滴性持效期达 4~8 个月,透光性接近 PE 膜,且透光衰减慢于 PE 膜。

在覆膜前,根据需要将塑料薄膜用电熨斗焊接。覆膜时要选择无风的晴天,覆膜后应马上布好压膜线,并将薄膜的近地边埋入土中约 30cm 加以固定。

4.2.2 大棚的主要类型

依照建棚所用的材料不同,可将大棚分为下列几种结构类型。

(1) 竹木结构

竹木结构是由竹片、竹竿或木杆等为材料建造的大棚,跨度一般为 8~12m,顶高 2.2~2.6m,拱间距 1.0~1.1m,长 40~60m。以直径 3~4cm 的竹竿或 5cm 宽、1cm 厚左右的竹片为拱杆及压杆,立柱和拉杆使用硬杂木、毛竹竿或水泥柱等。竹木结构的大棚造价较低,但使用年限较短,又因棚内立柱较多而操作不便,且遮阴多而影响采光(图 4-3)。

图 4-3 悬梁吊柱式竹木大棚(单位:m)
1. 立柱 2. 拱杆 3. 纵向拉杆 4. 吊柱
5. 压膜线 6. 地膜

(2) 钢结构

大棚的骨架采用轻型钢材焊接成单杆拱、桁架或三角形拱架或拱梁,并减少或消除立柱。跨度为 10~12m,顶高 2.5~2.7m,无立柱,拱间距 1m,长度 50~60m。这种大棚抗风雪力强、透光性好、空间大、操作方便,且可装配和拆卸,是目前常见的棚型结构。但钢结构大棚的费用较高,且因钢材容易锈蚀,宜采用热镀锌钢材或定期采用防锈措施维护。

(3) 装配式钢管结构

主要构件采用内外热浸镀锌薄壁钢管,然后用承插、螺钉、卡销或弹簧卡具连接组装而成(图 4-4)。所有部件由工厂按照标准规格,进行专业生产,配套供应给使用单位。大棚跨度一般为 6~8m，棚高 2.5~3.0m，长 30~35m。拱杆、拉杆均采用管径 25mm、管壁厚 1.2~1.5mm 的内外热镀锌薄壁管，用热镀锌卡槽和钢丝弹簧压固薄膜。其通风装置较简单，一般在两侧设置活动薄膜，并通过摇膜杆打开或关闭来控制通风。这种棚型结

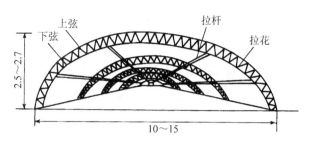

图 4-4 无立柱钢架大棚（单位：m）

构的特点是无立柱、棚内空间大、光照条件好，且具有标准规格、装卸方便，缺点是造价较高。该类大棚在我国长江流域及以南地区广泛应用(图 4-5)。大棚除上述几种类型之外，生产上还有竹木钢筋混合大棚、增强水泥构件大棚等。

图 4-5 装配式镀锌薄壁钢管大棚

4.2.3 大棚的性能

4.2.3.1 温度

(1) 气温的季节变化

根据气象学上的界定，大棚的冬季天数可比露地缩短 30~40d，春、秋季天数可比露地分别增加 15~20d。因此，大棚主要适于切花的春季提早和秋季延后栽培，在南方地区也可用于部分种类的周年生产或作夏季荫棚使用。

北方地区一年中大棚在 11 月中旬至翌年 2 月中旬处于低温期，月均温度在 5℃以下，夜间经常出现 0℃以下低温，喜温切花易发生冻害，耐寒花卉也难以生长，基本不能进行切花生产。2 月下旬至 4 月上旬为温度回升期，月均温度在 10℃左右，棚内最高

气温可达 15~38℃，棚内最低气温为 0~3℃，比露地高 2~3℃，耐寒切花可以生长，但仍需要注意短时间的低温，而喜温切花在 3 月下旬至 4 月初开始定植。4~6 月，外界气温迅速上升，是切花的生长发育适宜期，但密闭时棚内最高温则可达到 50℃ 以上，需注意及时通风降温。6 月下旬至 8 月是高温高湿季节，需揭去棚膜或两侧加大通风，并进行顶部遮阴，棚温可比外界低 2~4℃。9 月下旬至 11 月上旬为逐渐降温期，月均温度在 10℃ 左右，可以用作切花延后栽培，但后期最低温度易出现 0℃ 以下，因此应注意避免发生冻害。

长江以南地区，大棚除适于多数切花的春季提早和秋季延后栽培，还可以用于部分较耐寒常绿切花种类，如非洲菊、香石竹、鹤望兰、天门冬类等的周年生产。

(2) 气温的日变化

大棚内气温的日变化规律与外界基本相同，即白天气温高，夜间气温低，但日变化比外界变化剧烈，尤其是晴天。日出后 1~2h 棚温迅速升高，7:00~10:00 气温回升最快，在不通风的情况下平均每小时升温 5~8℃，每日最高温出现在 12:00~13:00。15:00 前后棚温开始下降，平均每小时下降 5℃ 左右。夜间气温下降缓慢，平均每小时降温 1℃ 左右，早春低温时期，通常夜间棚温只比露地高 3~6℃，阴天时仅 2℃ 左右。阴天上午气温上升缓慢，下午降温也慢，日变化比较平稳。使用聚氯乙烯或聚乙烯薄膜覆盖时，在 3~10 月的夜间，棚内气温有时会出现短时间低于棚外气温的现象，称为"逆温现象"。"逆温现象"多发生在晴天的夜晚，天上有薄云覆盖，薄膜外面凝聚少量的水珠时，以早春危害最大。

(3) 气温的分布

在南北向的大棚里，午前东部气温高于西部；午后相反，温度差为 1~3℃。夜间，大棚内气流活动减弱，棚四周气温比中部低，若有冻害发生，边沿一带较严重。垂直方向上，白天近棚顶处气温最高，中下部较低，夜间则相反。

综上所述，塑料大棚内的气温特点是：季节性温差明显，昼夜温差大，晴天温差大于阴天，外界气温与棚内气温呈正相关，一般棚内气温高，但有时会发生"逆温现象"。

(4) 地温变化

大棚内地温以 4 月中下旬的增温效果最好，可比露地高 3~8℃，最高达 10℃ 以上；夏、秋季因有作物遮光，棚内外地温基本相等或棚内温度稍低于露地 1~3℃。秋、冬季节则棚内地温又略高于露地 2~3℃。

大棚内浅层地温日变化趋势与棚内气温基本一致，但滞后于气温。在一天内，大棚内地表 10cm 最高(最低)地温出现的时间比棚外晚 2h 左右，且在一定范围内，土壤深度越大，滞后时间越长。晴天上午日出后，地表温度迅速升高，14:00 左右达到最高值，15:00 后温度开始下降。大棚地温的日变幅与天气状况及土层深度有关，晴天大于阴天，地表层大于深层，距地表 20cm 以下深层土壤温度的日变化很小。此外，大棚地温在水平方向上并不均匀，边缘地带一般比中心区要低 2~3℃。

4.2.3.2 光照

塑料大棚的光照直接来源于自然光，室内光照时间与室外相同。室内光照强度大小决定于季节、时间和天气条件及大棚的方位与结构、薄膜的透光率、建筑材料等，存在着季节变化和光照不均现象。

大棚的方位对棚内光照强度的水平分布有很大的影响，南北向的棚内光线其均匀度优于东西向的大棚，其两侧靠山墙处的光照较强，中部光照较弱，上午东侧光照较强，西侧光照较弱，下午则相反。大棚的方位对棚内光照的垂直分布影响不大，均表现为离地面越高光照越强，近地面处最弱，距棚顶30cm处的光照强度为露地的61%，中部距地面150cm处为34.7%，近地面仅为24.5%。尤其是在作物冠层内，由于大棚内作物生长环境比较好，往往茎叶繁茂，造成荫蔽，因此上层叶片与下层叶片之间光照强度差异很大。

塑料大棚的骨架材料截面积越大，棚顶结构越复杂，遮阴面积越大。竹木结构大棚比钢结构大棚的透光量低10%左右。双层膜覆盖大棚的透光率比单层膜大棚降低1/2左右。单栋大棚比连栋大棚受光好。

不同种类的薄膜对室内光照条件有很大影响。目前生产上应用的聚氯乙烯、聚乙烯、醋酸乙烯等薄膜在洁净时的透光率均在90%左右，无滴膜对直射光的透光率优于普通膜，新膜在使用过程中经尘染或被水滴附着后，透光率很快下降，尤其是聚氯乙烯薄膜更为严重。一般薄膜老化可使透光率降低20%~40%，薄膜污染可降低15%~20%，水滴附着可降低透光率20%，太阳光的反射还可损失10%~20%，这样大棚的透光率一般仅有50%左右。

4.2.3.3 湿度

(1) 空气湿度

大棚内空气的绝对湿度和相对湿度均高于露地，这是由于塑料薄膜大棚密封性强，不通风时，棚内水分难以逸出，造成棚内空气湿度很高。一年中大棚内空气湿度以早春和晚秋最高，夏季由于温度高和通风换气，空气相对湿度较低。大棚内湿度与天气状况有关，晴天的相对湿度较低，阴天、雨(雪)天相对湿度则显著上升。

午夜至日出前，由于温度低，棚面凝结大量水滴，棚内空气相对湿度可达到100%。随着日出后棚内温度的升高，空气相对湿度逐渐下降，12:00~13:00最低，棚内紧闭时为70%~80%；通风条件下，为50%~60%。下午随着气温逐渐降低，空气相对湿度又逐渐增加。

一般来说，大棚属于高湿环境，作物容易发生各种病害，生产上应采取放风排湿、升温降湿、抑制蒸发和蒸腾(地膜覆盖、控制灌水、滴灌、渗灌、使用抑制蒸腾剂等)、采用透气性好的保温幕等措施，降低大棚内空气相对湿度。

(2) 土壤湿度

大棚内的土壤湿度也比露地和玻璃温室高，这是由于空气湿度高，土壤蒸发量小。另外由于大棚薄膜上时常凝聚大量水珠，积聚到一定大小时，形成"水滴"而降落到地面，使得大棚内土壤表面经常潮湿，但土壤深层往往缺水。在实践中，必须注意深层土壤水分状况，及时灌水。

4.3 日光温室

日光温室大多是以塑料薄膜为采光覆盖材料，以太阳辐射为主要热源，靠采光屋面最大限度地采光和加厚的墙体及后坡、防寒沟、保温被、草苫等最大限度地保温，达到充分利用光热资源，创造植物生长适宜环境的我国特有的保护地栽培设施。20 世纪 80 年代中期在中国北方发展起来的日光温室使得北纬 32°~41°乃至 43°以上的严寒地区，在不加温或仅有少量加温的条件下，实现了冬季切花的生产。

日光温室的结构和性能特点如下：

4.3.1 日光温室的基本结构

日光温室的方位一般为东西向延长，坐北朝南，或南偏东、南偏西，但不宜超过 10°。长度为 40~60m，跨度 6~10m，脊高 2.2~3.5m。东西北三面为不透光的墙，仅南面为透明物覆盖。骨架材料有竹木材料、钢材混凝土材料、钢木混合材料或钢材等。其基本结构主要由墙、后屋面、前屋面、立柱、基础、防寒沟、通风口、门和不透明覆盖物等部分组成（图 4-6），具体如下：

图 4-6 日光温室结构示意
1. 后墙 2. 后屋面 3. 前屋面 4. 中柱 5、6. 基础
7、8. 防寒沟 9. 不透明覆盖物 10. 前屋面角

(1) 墙

日光温室的墙由东西山墙及后墙三面组成，可以砖砌或土筑，它既是日光温室的围护结构，也是防寒保温的重要屏障。白天阳光照射在墙体上，可以蓄热贮存，夜间可作为热源向室内空气输送热量。墙体必须有一定的厚度，北纬 35°左右的地区，土墙厚度以 0.8~1m 为宜，砖墙最好是 0.5m 左右的空心墙，内填充隔热性好的珍珠岩、炉渣、聚苯泡沫板和干土等；北纬 40°左右地区土墙厚度（包括墙外侧防寒土）以 1.0~1.5m 为宜。

(2) 前屋面

也叫前坡、采光屋面或透明屋面，由支撑骨架和塑料薄膜等透明覆盖材料组成，主要起采光作用，为了加强夜间保温效果，夜间需要用保温覆盖物，如草苫、保温被等覆盖。前屋面是热量散失的主要部位，因此是防寒保温的重点。另外，前屋面必须有足够的强度，以承受相当的风雪和保温覆盖物的重量。

骨架材料可用钢材或竹竿、竹片。若用钢材，材料强度大，可以节省立柱，便于操作管理和充分利用空间，但初期投资较高。

(3) 后屋面

也叫后坡、后屋顶或保温屋面。后屋面位于温室后部顶端,采用不透光的保温蓄热材料做成,主要起保温和蓄热的作用,同时也有一定的支撑作用。后屋面的仰角以大于当地冬至太阳高度角7°~8°为宜。后屋面须有足够的强度,以承受管理人员和防寒覆盖物的重量。

(4) 立柱

竹木结构的日光温室因骨架结构强度低,必须设立柱,钢结构因强度高,可视情况少设或不设立柱。前屋面下的1~2排立柱称为前柱,立于屋脊的立柱称为中柱。中柱是日光温室的"脊梁",既要承受前屋面的重量,又要承受后屋面的重量以及外在的所有荷载,因此选材要保证足够的强度。

上述部分为日光温室的基本组成部分,除此之外,日光温室还包括基础、门窗、防寒沟等。基础包括立柱底座和墙基,立柱的基础是在立柱入地一端用水泥浇注或砖砌而成,而东西山墙和北墙都必须有墙基。防寒沟是在北部寒冷地区为减少地层传热而在温室四周挖掘的深40~60cm、宽30~40cm的土沟,内填稻壳、树叶等隔热材料以加强保温效果。此外,出于降温、降湿、排除有害气体、补充CO_2及人员出入等的需要,常在后墙每隔3m左右设40cm左右的通风窗,而在背风面的山墙上开门,大型日光温室还可辅设缓冲室,避免冷风直接进入室内,同时可兼做工作间和贮藏室。

4.3.2 日光温室的性能特点

4.3.2.1 光照

日光温室光照特点与季节、时间、天气等自然因素和温室方位、结构、建材、管理技术等有关,并随上述因素的变化而发生变化。

(1) 光照强度

日光温室内光照强度的季节变化和日变化趋势与室外基本一致,但可见光通过塑料薄膜进入日光温室后其光照强度明显减弱,主要是由于光线被反射、覆盖物吸收以及骨架遮挡、覆盖材料老化、灰尘污染和水滴反射等造成的损失。

日光温室中部是全天光照最好的区域,东西两端由于山墙的遮阴作用,午前和午后分别形成两个活动弱光区,它们随太阳高度的变化而收缩或扩大,正午消失。垂直方向上,光照强度从上至下递减。南北方向上,光照强度由南向北逐渐减弱,至北侧中柱部分减弱明显。

(2) 光照时间

日光温室冬春季出于保温需要,采用草苫、保温被等覆盖,在日出后揭开,日落前盖上,人为地延长了室内黑夜时间。一般12月至翌年2月,室内光照时间仅为6~8h;3月后,随着气温升高,可适当缩短覆盖保温时间,室内光照时间可达8~10h。

(3) 光质

室内的光谱成分除太阳高度外,还与覆盖材料的性质有关。塑料薄膜对紫外线透过率比较高,有利于植株健壮生长,也促进花青素和Vc合成,其中PE薄膜的紫外线透过率高于 PVC 薄膜。

4.3.2.2　温度

(1) 气温的季节变化

日光温室为三面保温墙体，且采用多层覆盖，其温度性能优于大棚，但由于主要以太阳辐射为热源，仍受外界气候条件影响。一般情况下，冬季平均气温比外界高 15℃ 以上，冬季日数比露地缩短 3～5 个月，春秋季比露地分别延长 20～30d。在北纬 41°以南地区，保温性能好的日光温室可以在冬季进行部分喜温切花的生产。

(2) 气温的日变化

日光温室室内气温日变化主要受天气条件和管理措施的影响。晴天室内气温日变化比较剧烈，昼夜温差较大，阴天变化较小。冬春季晴天室内最低气温一般出现在揭苫后 0.5h 左右，此后随着太阳辐射的增强，室内气温开始上升，平均每小时上升 5～6℃；中午前开天窗后，气温停止上升而随外界气温呈波浪式下降，一直持续到午后关窗为止。傍晚盖草苫后，室内气温短时间内会回升 1～2℃，此后温度开始缓慢下降，从盖草苫到第二天上午揭草苫，降温 5～7℃。

(3) 气温的分布

温室内气温分布有不均匀现象，且与光照的不均匀现象相一致。垂直方向上，通常白天上部温度高于下部。水平方向上，室内日均气温在距北墙 3～4m 处最高，由此向南、北方向递减；白天前坡下的气温高于后坡，夜间则反之。东西方向上，由于山墙遮阴和开门的影响，中部高于东西两端。通常水平温差为 3～4℃，垂直温差 2～3℃，但黄淮地区温室内不同部位差异不明显，仅为 1～2℃，无明显高温区和低温区。

(4) 地温变化

室内地温变化较气温稳定且显著高于室外，日变化趋势与气温基本一致，但最高和最低温出现的时间落后于室内气温。随着土层加深，温度变化较气温更为滞后。12 月下旬的黄淮地区，室外 0～20cm 土层平均地温为 −1.4℃ 时，室内的平均地温可保持在 13℃ 以上，1 月室内平均地温不低于 12℃，2 月为 15～20℃，3～4 月在 20℃ 以上。因此，日光温室内土壤耕作层温度可完全满足作物生长发育的需求。

室内地温空间分布不均。南北方向上梯度明显，高温区位于距后墙 3m 处，由此分别向南、北方向递减。东西方向上的差异主要是由山墙遮阴、边际效应及开门的影响造成的。垂直方向上的地温也有差异，晴天白昼地面温度最高，随土壤深度增加而递减，夜间以 10cm 左右的地温最高，由此向上、下递减；阴天，室内地温随深度的增加而上升。

4.3.2.3　空气湿度与气体

塑料日光温室密封性强，室内空气相对湿度较大。气温升降是影响相对湿度的主导因素，白天室内温度高，空气相对湿度低，通常为 60%～80%；夜间温度下降，相对湿度升高，常保持在 90%～95%，甚至饱和状态。日光温室局部差异大于露地，这与温室容积有关，容积越大，湿度差越小，日变化也越小；容积越小，湿度差越大，日变化也越大。

日光温室内气体条件变化与塑料大棚相似,表现在密闭条件下 CO_2 浓度过低造成作物 CO_2 饥饿,同时也会造成 NH_3、NO_2、SO_2、C_2H_4 等有害气体积累。因此,需要经常通风换气,以补充 CO_2 及排放有毒有害气体,必要时可人工增施 CO_2 气肥。

4.4 其他设施

4.4.1 荫棚

荫棚(shaded house)是切花栽培的常见设施,尤其在南方炎热地区,荫棚是夏季生产的重要保障,可保护花木不受日灼,减少蒸腾和降低温度,也常用于夏季扦插和播种育苗。此外,它还具有减弱夏季暴雨、台风袭击及避虫防病等作用。荫棚主要由棚架和遮阳网等覆盖物组成。

(1)棚架

永久性荫棚棚架高度一般为2~2.5m,用钢管、钢筋混凝土柱或竹木杆等作立柱,上架钢管、竹木或拉设铁丝,棚架上覆盖遮阳网。为避免上午和下午的太阳光进入棚内,荫棚的东西两端还要设荫帘,但其下缘要离地50cm以上,以便通风。棚架下可视切花种类直接开沟做畦或砌设花台、花架进行生产。华东地区也多于大棚上覆遮阳网用作荫棚。

(2)遮阳网

又称遮阳网,国内多以聚乙烯、聚丙烯等为原料,编织成的一种轻量化、高强度、耐老化、网状的新型农用塑料覆盖材料,用来替代芦帘、秸秆等传统覆盖材料,进行夏秋高温季节切花的栽培以及育苗。覆盖不同类型遮阳网平均降温幅度在8~13℃之间。

常见的遮阳网为黑色和银灰色,其网孔越小,遮光率越大。同密度下黑色遮阳网遮光率高于灰色。遮阳网依遮光率不同有35%~50%,50%~65%,65%~80%等规格。国外生产的铝箔条或镀铝膜与聚酯间隔编制而成的缀铝膜,主要用于现代温室的内遮阳,兼有遮阳保温作用,也有少数用于现代温室的外遮阳。

4.4.2 温床

温床(hot bed)温床是在阳畦基础上改进的保护设施,除具有阳畦的保温性能外,还增加了加温功能,性能优于阳畦,在切花作物扦插、播种育苗中应用广泛。根据热源不同,温床分为酿热温床、火道温床和电热温床等(图4-7)。随着电热温床的逐渐推广,酿热温床已很少使用。

电热温床是利用电热加温线(简称电热线)把电能转变成热能进行土壤或基质加温的设备,具有发热快、加温均匀、可自动控制、管理方便等优点。电热温床的宽度和长度依需要而定,小型的一般宽1.5~1.8m,大型的可宽达3~4m;长度依需要而定,床深(厚)15~20cm。布线之前应根据要求的功率密度(单位面积上的功率,一般为70~100W/m^2)、电热线额定功率和地形确定布线距离、布线道数和布线长度。电热线间距

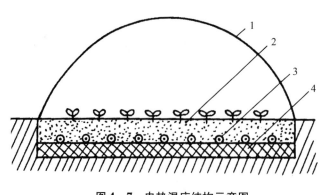

图 4-7　电热温床结构示意图
1. 小棚　2. 床土　3. 电热加温线　4. 隔热层

一般为 10cm 左右,最窄不应小于 3cm,布线深度以 10cm 左右为宜。为使床温整体较均匀,原则上电热线间距应两侧密中间稀。除与电源连接的导线外,电热线的其余部分都要埋在土中,电热线要绷紧,以免在覆土时发生移位或重叠而造成床温不均匀或烧坏电热线,更不能打结或重叠。布线前后都要用万用表进行测试,检查是否断路或短路。

如果需要自动控温,还需要安装控温仪。安装时应注意控温仪自身额定的电压和允许通过的最大电流及功率,电热线的功率之和应低于控温仪的额定功率,以防止控温仪负荷过大而损坏。布线后,根据用途不同铺 5~15cm 床土或基质进行播种、扦插育苗,也可摆放穴盘或营养钵育苗。

4.4.3　防虫网

防虫网是以高密度聚乙烯等为主要原料加入抗老化剂等辅料,经拉丝编织而成的网纱,具有强度大、抗紫外线、抗热、耐水、耐腐蚀、耐老化等特点。由于防虫网覆盖简易,能有效防止害虫危害,在切花栽培上得到广泛应用。

防虫网按目数分有 20、24、30、40 目等,按宽度分有 100、120、150cm 等,按丝径分有 0.14~0.18mm 等数种类型。使用寿命为 3~4 年,色泽有白色、银灰色等,以 20 和 24 目最为常用。

防虫网可由数幅网缝合后覆盖在单栋或连栋大棚上,进行全封闭式覆盖栽培,也可在温室的通风窗、门等处设置。此外,还可根据不同切花种类的需要选择高度不等的水泥柱或钢管等搭架后,做成隔离网室,在网室内种植切花。

覆盖防虫网前应翻耕土壤、晒垡、消毒,杀死土壤害虫和土传病害,切断传播途径;并应注意选用适宜网目,注意布网高度;结合遮阳网覆盖,防止网内土温、气温高于网外,造成热害。

小　结

本章介绍了切花生产的常见设施,包括现代温室、日光温室、塑料大棚、荫棚及其他设施等。

思考题

1. 切花生产的常见设施有哪些,各有何特点?
2. 现代温室有哪些类型,其结构和性能特点如何?

3. 现代温室有哪些配套设备及控制系统?
4. 试简述塑料大棚的结构、类型及性能特点。
5. 试简述日光温室的结构与性能特点。

推荐阅读书目

1. 观赏园艺概论. 郭维明,毛龙生. 中国农业出版社,2001.
2. 园艺学总论. 章镇,王秀峰. 中国农业出版社,2003.
3. 鲜切花栽培和保鲜技术. 吴少华. 科学技术文献出版社,1999.
4. 园艺设施学. 邹志荣. 中国农业出版社,2002.

切花繁殖与育苗

繁殖是指通过各种方式产生新的植物后代,繁衍其种族和扩大其群体的过程和方法。在长期的自然进化、选择与适应过程中,各种植物形成了特有的繁殖方式。随着栽培方法和技术的进步,人类不断干预或促进植物的繁衍数量和质量,使植物朝着满足人类各种需要的方向发展。切花繁殖是切花生产的重要环节,掌握切花的繁殖原理和技术对进一步了解切花的生物学特点,扩大切花的应用范围都有重要的理论和实践意义。切花的繁殖方式分为有性繁殖和无性繁殖两大类。

5.1 有性繁殖

有性繁殖(sexual propagation)又称实生繁殖。用种子播种得到的小苗称为实生苗,具有繁殖系数大、生活力和适应性强等优点。大多数一、二年生切花和部分多年生切花以及嫁接用砧木常采用有性繁殖方法。胚是父母本受精的结果,所以胚培养也属于有性繁殖范畴,胚培养的原理是组织培养。有性繁殖的缺点是不能保持母株的优良性状,开花较迟。

切花植物的种类及品种繁多,其种子的外部形态也千差万别。在生产中,采下种子贮藏备用或进行交换。种子分类的目的在于准确无误地识别种子,以便正确实施播种繁殖和进行种子交换;正确地计算出子粒重及播种量;防止不同种类及品种种子的混杂,清除杂草种子及其他夹杂物,保证栽培工作顺利进行。通常按种子粒径大小、种子形状及色泽以及种皮厚度、坚韧度及附属物等进行分类。

种子采集时间和采收方法依种类、品种和当地的气候条件有所不同。种子采集后应及时处理,并在适宜的环境条件下保存,以免存放不当使种子丧失活性。

不同花卉的播种时期依花卉的特性和环境条件而定,在温室、温床播种育苗可适当提早。一般温带地区,采用春播和秋播;亚热带、热带地区,可全年播种;有的种子还需随采随播。

播种可采用撒播、条播、点播和盆播法。播种工作除播种、覆土外,还应做好镇压、浇水等工序。一般在土壤疏松或水分不足的情况下,覆土后应进行镇压。镇压可使种子与土壤密接，使种子充分吸收土壤毛细管水，以利种子发芽。但在土壤黏重或较潮湿的情况下，不宜镇压，否则易造成土壤板结，不利幼芽出土。播种后应浇水，以保持湿润的环境。

5.2 无性繁殖

无性繁殖(asexual progapation)又称营养繁殖(vegetative propagation)，是以植物的营养器官进行繁殖的方法。很多植物的营养器官都具有再生性，即具有细胞全能性，是恢复分生能力的基础。无性繁殖是由体细胞经有丝分裂方式重复分裂，产生与母细胞完全一致的遗传信息的细胞群，从而发育成新个体的过程，不经过减数分裂和受精作用，因而保持了亲本的全部特性。

由无性繁殖产生的后代群体称为无性系(clone)或营养系，在切花生产中具有重要意义。许多切花，如菊花、月季、唐菖蒲、郁金香等栽培品种都是高度杂合体，只有用无性繁殖才能保持其品种的特性。另一些切花品种如香石竹、重瓣矮牵牛以及其他重瓣品种，不能产生种子，必须用无性繁殖延续后代。与有性繁殖相比，无性繁殖操作简单，快速而经济。

无性繁殖方式有：扦插繁殖(cutting)、嫁接繁殖(grafting)、分生繁殖(division)、压条繁殖(layering)、孢子繁殖(spore propagation)和组织培养(tissue culture)。

5.2.1 扦插繁殖

植物的营养器官脱离母体后，再生出根和芽发育成新个体，称为扦插繁殖。扦插繁殖是切花繁殖的重要方法之一，具有保持母本优良品种特性、育苗周期短、繁殖系数大、成活率高、不受季节限制、操作简便等特点。用扦插繁殖的切花有香石竹、丝石竹、菊花和月季等。在温室的苗床上进行扦插，可人工控制环境条件，繁殖率和成活率较高，生产季节有保证，商品质量好。在国外，切花用香石竹全部采用温室扦插繁殖。扦插常用的方法是枝插，即选择芽饱满健壮的枝条，长 8~10cm，在上端距芽 0.5~1.0cm 处剪截，下端斜削成马蹄形。扦插时将插条的 2/3 插入沙、土或其他基质中。

扦插繁殖取穗的母株须选择健壮、无病的植株，采穗时期一般以春、秋季为好。插穗大小根据材料的不同一般截取 7~12cm 为宜，每一批插穗的长度差异应小于 0.5cm，以使插条日后的生长相对一致。插穗一般以带生长点的新梢为宜；若扦插材料不足，也可选用中段嫩枝，但生根缓慢。一般扦插 15~30d 即可生根。

插穗摘取后应避免阳光直射和吹风，可剪去基部叶片，吸水 1~2h 后立即扦插。扦插后，为保持空气湿度，可采用全光照自动迷雾扦插、小拱棚扦插等方法。全光照自动迷雾扦插要求安装全自动弥雾式微喷系统(可计算机控制)，用水频率高，对水质要求高，最好能做一个独立的供水系统。在扦插开始 3~4d，每 3min 喷雾 10s，以后逐渐延长间歇时间，最后达到每隔 8~10min 喷雾 10~12s。小拱棚扦插，可以采用人工喷雾的方法保持小拱棚内空气湿润。开始扦插几天，应至少每天喷雾 6~8 次，生根后，可减少喷雾次数。扦插基质用沙、珍珠岩、砻糠灰、蛭石和园土等的混合物。扦插前要对基质进行消毒、杀虫和灭菌处理。扦插基质不宜重复使用，以免引起插穗病变、腐烂。扦插的深度为2~3cm。插后轻轻压紧基部基质，并立即浇水。水量要足，待水分被吸收后再浇一次，直到完全浇透。插后管理要防风遮光保湿3~4d，以防叶面蒸腾过量，促进生根。

在温度较低的条件下进行切花扦插繁殖，不利插条生根，可使用电热插床（铺设地热线），促进生根。

为了提高成活率，可用生长素类物质处理插条的基部，促进生根。促进生根的化学药剂有吲哚乙酸（IAA）、吲哚丁酸（IBA）、萘乙酸（NAA）、2,4-二氯苯氧乙酸（2,4-D）、三十烷醇和生根粉等，其中以IBA和NAA最为常用。生长素类常用的浓度为200~1500mg/L。扦插生根处理用低浓度长时间浸泡或短时间高浓度处理，效果无明显差异。扦插后一般要灌透水，以保持土壤湿度。插条生根前不要进行松土和施肥，生根后再薄肥勤施。其他管理措施同苗圃的日常管理。

5.2.2 嫁接繁殖

嫁接繁殖是将一个植物的枝或芽（接穗）移接到另一植株（砧木）上，使它们愈合生长成为一个新的个体。嫁接繁殖具有成苗快、开花早、能保持原有接穗优良的品种特性等优点。切花生产的月季、梅花等常用嫁接繁殖育苗。

嫁接繁殖的接穗应选择生长充实、芽饱满的枝条，芽接用当年生枝条，枝接用一年生枝条；砧木应选择和接穗有较好的亲和性，生长健壮，根系发达，达到一定粗度的植株。

花卉嫁接的方法有"T"字形芽接、嵌芽接、切接、劈接、腹接、插皮接、舌接、靠接、根接等。生产上主要用的嫁接方法是"T"字形芽接和切接（枝接）。

5.2.3 分生繁殖

分生繁殖是一些最简单、可靠的无性繁殖方法的统称。具有成活率高、成苗快、开花早等优点，但产苗量较少。分生繁殖可分为3类：

分球 一些球根类切花的母球每年都会形成新球和子球，生产上常用分栽子球加以繁殖。常用分球繁殖的切花有郁金香、百合、唐菖蒲、小苍兰、水仙等。

分株 将母株上发生的根蘖、吸芽、匍匐茎取出分栽形成新的植株，常用此种繁殖方法的有菊花、牡丹等。

分块 对一些有块根、块茎的花卉，将块根或块茎切成小块分栽，可形成若干个新的植株，常用此种繁殖方法的有大丽花、彩叶芋等。

5.2.4 压条繁殖

压条繁殖是枝条在母体上生根后，再和母体分离，成为独立新株的繁殖方式。压条繁殖操作烦琐，繁殖系数低，成苗规格不一，难大量生产应用，所以多用于扦插、嫁接不容易的植物，有时用于一些名贵或稀有品种，可保证成活并能取得大苗。

5.2.5 孢子繁殖

孢子是在孢子囊中经过减数分裂形成的特殊细胞,含单倍数染色体。在适宜环境中,孢子萌发成平卧地面的原叶体——配子体,不久在原叶体上又生出颈卵器和精子器,颈卵器中的卵细胞受精后发育成胚。胚逐渐长出根、茎、叶而发育成新植物体——孢子体。只有观赏蕨类植物用孢子繁殖,其新株是通过精卵结合而产生的。孢子是有性过程中不可缺少的一个环节,起着扩大个体数量的作用。

5.2.6 组织培养

组织培养是指利用植物细胞和组织的再生能力,将植物离体的细胞、组织或器官(统称外植体)在无菌条件下,接种在人工培养基上,产生愈伤组织,再诱导分化出不定芽和不定根,培育出完整的植株。组织培养是目前最先进的植物繁殖技术之一,具有繁殖效率高(可达10^6倍)、不受季节影响、便于贮运、节省土地、劳力和时间、脱病毒等优点,可进行花卉的品种复壮和无病毒苗的培育。世界上已有近百种花卉组织培养育苗获得成功,我国已用组织培养法培育和生产出香石竹、菊花、兰花、唐菖蒲、月季、百合、君子兰等许多优良切花品种的种苗或脱毒苗,其中运用组培方法进行切花种苗工厂化批量生产的主要有非洲菊、花烛、丝石竹、补血草属、热带兰类等。

组织培养需要一定的设备条件,如能控温的培养室、超净工作台、高压灭菌锅、分析天平或电子天平、重蒸馏器、烘箱、冰箱及玻璃器皿等。

5.3 容器育苗

容器育苗是现代切花育苗技术的特色之一。容器育苗是利用现代育苗容器,如盆、袋、篓、篮、筐等,装入配方科学的营养土(或培养基)繁育幼苗。营养土容器育苗具有幼苗生长快、移栽成活率高、节省土地、育苗效率高等优点。

5.3.1 育苗容器

育苗容器种类很多,据报道目前已有 50 多种,主要分为两大类。一类是容器与苗一起栽入土中,容器在土中被水、植物根系所分散或被微生物所分解,如泥炭容器、黏土营养杯、蜂窝式纸杯和细毡纸营养杯等;另一类是容器不与幼苗一起栽入土中,移苗时将幼苗从容器中取出,然后栽植,如塑料容器(多孔聚苯乙烯泡沫塑料营养钵、多孔硬质聚苯乙烯营养杯)和金属容器等。现在国内外使用的育苗容器规格不一,一般高度为 7~25cm,其中以 8~20cm 多见;直径为 3~12cm,其中以 7~10cm 的多见。

(1)育苗钵(营养钵)

为钵状育苗容器的统称,主要有以下几种。

塑料杯 由聚苯乙烯、聚乙烯、聚氯乙烯制成,一般高为 8~20cm,直径 5~12cm,四周有排水通气孔。这种容器在国内外应用较广。我国也用无底的塑料薄膜钵(塑料薄膜筒)育苗。

泥炭钵 大多用泥炭和纸浆粘合而成。泥炭的保水性和通气性有利苗根的呼吸和生长，定植后，苗根也容易穿过容器壁而扎根入土壤。泥炭容器的形状和大小有许多型号，如方型容器有 3cm×6cm，5cm×8cm 等规格。泥炭钵通常是十几个至几十个容器压制成一盘。

泥浆稻草杯 是用泥浆和切碎的稻草充分混拌，做成的高约 15cm，直径 10cm 的圆柱形土杯。制做时将稻草和泥浆混合均匀糊在木模（可用酒瓶、竹筒或木棒）上，封底，然后将模型取出晒干制成土杯。泥浆稻草杯育苗移栽后，根能穿过容器进入土中。

纸钵 通常用旧报纸粘合而成，每张报纸可做高约 12cm，口径约 8cm 的双层纸袋 8 个，如果用于草本花卉的则可做成更小的型号。纸杯间可以用溶解胶粘连形成蜂窝状，所以在日本又被称为蜂窝纸杯，不用时可以折叠成册。纸袋装上营养土，即可播种。纸袋容易腐烂，不妨碍苗根生长，苗根能穿过纸袋进入土中，正常生长。

(2) 育苗土块（营养砖）

将培养土（营养土）压制成型，用于育苗的土块。这种土块外形多为立方体，中间有小孔，可播种或移植。这种营养土块多采用机械化制作，并适于机械化育苗和管理。土块配制材料用量大，所以多就地取材。制作营养砖的土壤以结构疏松含腐殖质较高的砂壤土为好，清除草根、石块等杂物，每立方米拌杂肥 50kg，过磷酸钙 1kg，腐熟猪粪 5kg，均匀混合后，加水拌成浆状，然后铺在平整的地面上，厚 15cm。待 1~2d 稍干后，用刀切成砖块，一般规格为 7cm×7cm×15cm，随即在每个砖的中央压一个直径为 2~3cm，深约 6cm 的穴，装上营养土后即可播种。

(3) 其他育苗容器

育苗盘 多由塑料制成，规格很多，适合不同幼苗和栽苗机的要求。盘的底部一般设有排水小孔。有的盘中没有纵横小格，有的有纵横小格。一般为 100 格左右，每格可育一株苗。

育苗格板 应用 W 型塑料格板组合成一排排小方格，在小方格中育苗。应用这种方法，可起到类似营养土块育苗的效果。

育苗板 日本用特制的脲醛发泡树脂育苗板育苗，板长 57.5cm，宽 275cm，厚 1.6cm，这种板含有丰富的营养成分，吸水力强，有利幼苗生长并适于机械化定植。这种板在土壤中经过一定时间后就会自行降解。

育苗袋 用聚乙烯薄膜制成，袋内盛以泥炭等，所以也称为泥炭袋。在袋底部有很小的排水孔，有利幼苗生长。育苗袋轻巧，便于运输。采用育苗袋培养幼苗，既不掉土，又能渗水。土壤混入牛粪渣等肥料后，装入袋内，幼苗根系全在袋内，须根多，枝叶茂，定植时除去塑料袋。

TODD 育苗钵 用聚苯乙烯泡沫塑料制成钵，耐用，可重复使用 20~25 次。为了使空气从钵底孔进入，钵末端使用 T 型钢架支撑。TODD 育苗钵应用无土培养基质，钵体呈倒锥形，促进根系向下生长，根系发育好，定植时伤根少，适于机械化栽培。在一些国家的花卉育苗中普遍应用。

竹篮 用削去竹子外皮（竹青）后余下的竹篾，编成高约 20cm，直径 12~15cm 的竹篮。竹篮大小可调节，最适于培育大幼苗。

5.3.2 营养土的配制

(1) 营养土的基本要求

营养土又称培养土,是容器育苗成败的关键之一,为此要具备以下条件:①质轻(容重小)、疏松通气、保水性强、排水良好;②经多次浇灌不结块和板结;③土壤pH值弱酸至中性以适合大部分植物需要;④富含有机质、肥料较全面;⑤无病虫、杂草种子、不带茬。

(2) 营养土来源

配制营养土的材料有自然界的土壤、塘泥、河沙、腐叶土、泥炭及其他有机质和人造陶粒、珍珠岩、蛭石、化学纤维、岩棉等。近年来国外使用垃圾配制营养土,既丰富了营养土原料来源,又降低了成本,为城市垃圾处理提供了出路。

(3) 配制营养土

营养土配制主要根据植物种类及其生长需要的具体情况而定。我国用于花卉育苗的营养土一般是50%~60%的土,再加一些砻糠灰、沙、化肥等。木本切花苗培养土用量大,多就地采用火烧土。培育有菌根树种的幼苗,营养土中还可加入菌根土10%左右、过磷酸钙2%~3%。为使营养土的pH值稳定,可适当加入缓冲溶液,如腐殖质酸钙、磷酸氢二钾等。如果原配方pH值不适宜,可进行药剂处理,加以调整。如pH值低时,可加入碳酸钾、氢氧化钠以及生理碱性肥料进行调整。过高时,可加入磷酸和生理酸性肥料调整。

营养土可由不同的原料按一定比例混合而成,同时适量补充所缺乏的肥料,大多以腐殖质土和泥炭土为营养土,常用的配方有:①腐叶土:园土:河沙(3:5:2);②火烧土78%~88%,腐熟堆肥10%~20%,过磷酸钙2%;③泥炭土、烧土、黄心土各1/3;④松针土:泥炭土:粉沙土(1:1:1);⑤泥炭沼泽土25%~50%,蛭石6%~25%,一般壤土5%;⑥烧土:锯末:堆肥(1:1:1);⑦塘泥:粗沙:腐叶:猪粪(1:1:1:1),适于大多数亚热带植物;⑧火烧土1/3~1/2,山坡土或黄心土1/2~2/3。

(4) 营养土的装填和容器排列

将营养土装入容器中,以装至距容器口3~4cm为宜,播种覆土后一般比容器低1~2cm。营养土若加入基肥必须充分搅拌混合后才能装入容器。然后在半阴苗地将容器整齐排列宽1m左右,既便于操作管理,又避免强光照射幼苗。

5.3.3 容器育苗的培养

(1) 育苗应用

播种苗培育 将经过精选、消毒和催芽的种子播入容器内,每袋(杯)播种量为小粒种子5~6粒,中粒种子3~4粒,大粒种子2~3粒。为减少水分蒸发,保持营养土湿度,常用稻草覆盖,待幼苗出土后及时揭去。以后根据幼苗生长势,每个容器最后只留一株壮苗,对缺苗的容器结合间苗进行补植。

扦插育苗 对一些较珍贵,难培育的幼苗亦可采用容器扦插育苗。插穗插入容器3~5cm深,插穗要压实与土壤紧密接触,插后及时浇水。

（2）常规管理

容器育苗的灌溉方法一般用喷灌。在初期浇水要充足，促进幼苗出土，插穗生根发芽，但不能过湿，以后随幼苗的生长、根系的形成，逐渐加大水量。在全年生长后期，应适当控制灌溉量，促其加粗生长，提高幼苗的抗性。为促进幼苗多生侧根和地上部茎的加粗生长，采取喷水与适当干燥交替的措施效果较好。追肥工作应根据幼苗生长情况进行，常与灌溉结合进行，除施用一般肥料外，也可施用颗粒肥料。

现代化的容器育苗在具体应用中，还存在不少问题，如容器的材料和规格至今尚未定型，培养基的配制，对环境因子的控制技术还不完善，采用的设备成本费用较高等，还需深入细致的研究，逐步加以完善，使之更好地为切花生产服务。

小 结

一、二年生切花经常采用有性繁殖方法，多年生切花常采用无性繁殖方法。有性繁殖部分介绍了种子的采集和处理，种子播种方法和播种苗管理等。无性繁殖部分介绍扦插、嫁接、分生、压条和组培等繁殖方法。容器育苗部分介绍了育苗容器、营养土配制和容器育苗的管理方法。

思考题

1. 切花无性繁殖方法包括哪几种？
2. 组织培养的优缺点是什么？
3. 容器育苗的优点是什么？

推荐阅读书目

1. 花卉学．包满珠．中国农业出版社，2003．
2. 植物细胞组织培养．刘庆昌，吴国良．中国农业大学出版社，2003．
3. 植物无糖组培快繁工厂化生产技术．肖玉兰．云南科技出版社，2003．
4. 园林花卉苗木繁育技术．吴少华．科学技术出版社，2001．

6 切花栽培管理

切花的生命活动过程是在各种环境条件的综合作用下完成的。为了使切花生长健壮、姿态优美，必须满足其生长发育需要的条件，因此，切花的生产一般采取栽培措施进行调节，以期获得优质高产的切花产品。

6.1 设施内切花栽培管理

6.1.1 栽植土壤

在温室，切花直接种植在栽植床内，栽植床四周由砖或混凝土砌成，内填培养土。高出地面的种植床称为高床。大棚内大多直接作畦种植。栽植床和畦的高度依花卉种类而定，不耐积水的应采用高畦种植。种植前应进行翻耕整地、清除杂草杂物、施基肥，必要时要进行土壤消毒。栽植床和畦的大小应以方便操作为前提。

6.1.2 移栽

切花生产大多采用苗床育苗，而后及时按一定株行距移栽到栽植地。移栽时常切断主根生长点，控制苗期旺长，促进分枝和开花。但对主根生长势很强的花卉不宜移栽。

6.1.3 施肥

在切花种植前施用以有机肥为主的基肥；为满足花卉生长及开花的需要，在生长季进行若干次追肥，常用的肥料有完全腐熟的人粪尿和化肥等，化肥使用的浓度一般为1%~3%。也可采用根外追肥，也称叶面喷肥，将肥料溶于水中，直接喷施到花卉叶片上，使叶片直接吸收利用营养元素。根外追肥方法简单易行、肥料用量小、吸收利用快，可用于矫治缺素症和提高肥效（防止土壤化学或生物固定）。但根外追肥作用时间短，只能起辅助作用，不能完全代替土壤施肥。根外追肥所用的微量元素多为化学纯的药剂。大棚温室内根外追肥的使用浓度应适当低些，以免产生肥害。多种肥料混合使用时，浓度应适当减小。此外，也可结合防治病虫害的喷药进行根外追肥，但一定要注意肥料种类和药剂种类的酸碱性、是否可混合使用等，如酸性的肥料和碱性的药剂不能混用。

6.1.4 修剪

切花生产过程中会产生徒长枝、老弱枝及病虫枝，应及时进行修剪，以促进新梢和花枝的生长。同时大棚、温室内的切花生长旺盛，可通过修剪调节生长、控制开花和更新复壮。花卉修剪常用的方法有：

疏剪 从基部将病虫枝、枯枝、无用的凋谢花枝、过密枝等剪去。

摘心和剪枝 摘（剪）除枝条的顶芽或顶端部分，促进分枝，增加花朵数量。摘心也用于花期调控，如大丽花、香石竹、月季等的花期调控。

抹芽 除去过多的萌芽，控制分枝数量，使养分集中、枝壮而花大，常用于单头型香石竹、月季和菊花等。

疏花蕾 疏去过多的花蕾，使留下的花蕾花大、艳丽。有时为了使顶花蕾的花大而艳丽，将侧花蕾摘除，常用于单头型香石竹、月季和菊花等。

6.1.5 浇水、中耕除草

大棚温室内温度较高、水分蒸发量大，需要经常补充水分。国内外较现代化的大棚温室都有自动或半自动的微喷或滴灌设施，可适时地进行灌溉以保证花卉的生长发育。浇水后易引起土壤板结，应结合除草进行中耕。中耕的次数和深度因花卉的品种和生长期的不同而异，通常草本花卉应多次浅耕，幼苗期应浅耕。杂草的防除应在杂草生长的初期进行，并在杂草结籽之前清除干净。

6.2 植物生长调节剂的应用

植物生长调节剂在鲜切花栽培、花期调控、保鲜、贮运上已被广泛应用。其优点是用量小，效果好，操作简便，易于推广；缺点是应用效果不很稳定。因此，使用新的调节剂时，要做小型试验，证明有效而无害时，方可大量推广使用。同时不可随意提高或降低浓度，以免造成不良后果。此外，各类调节剂之间还有复杂的关系。

6.2.1 种类和特性

按照调节剂与植物激素的生理作用将其分为以下几类：

(1) 生长素类

具有低浓度促进生长，高浓度抑制生长的特性。有促进花卉生长、营养物质调运、参与花及性别的分化、组织培养中的器官分化、影响切花衰老等生理作用。常用的有IAA，IBA，2,4-D，NAA，对氯苯氧乙酸（防落素、PCPA），2,4,5-三氯苯氧乙酸（2,4,5-T）等。

(2) 赤霉素类

有促进花卉节间伸长、细胞扩大、打破一些花卉种子的休眠、控制开花和性别分化、影响叶片衰老，以及加强生长素对营养物质的调运强度等生理作用。常用的赤霉素类（GA）有 GA_3，GA_{4+7}，GA_s 等。如用 500~1000mg/L GA 涂在牡丹、芍药等休眠芽上，7d 左右即可萌动。

(3) 细胞分裂素类

有促进细胞分裂、促进组培苗芽和茎的分化、促进物质运输、延缓切花和叶片衰老等生理作用，但对切花的发育和开放有一定的影响。常用的有激动素（Kinetin）、6-苄基腺嘌呤（6-BA）、四氢化吡喃基苄基腺嘌呤（PBA）等。

(4) 乙烯

乙烯是一种生理活性很强的植物天然激素，常温下是气体。有影响花卉发育、种子休眠、开花及性别分化、促进增粗生长、切花衰老和叶片脱落等生理作用。常用的乙烯发生剂有乙烯利（CEPA）、1-氨基环丙烷-1-羧酸（ACC）等。生产上用乙烯抑制剂延长切花存放寿命、防止衰老，常用的有氨基氧乙酸（AOA）、硝酸银等。新采收的唐菖蒲种球，5℃贮存 30d 后，再用乙烯处理 30min，种下后可提前出苗。小苍兰 30℃ 贮藏 2~8 周，用乙烯（0.75μL/L）每天处理 6h，持续 1~3d，即可萌发。

(5) 生长抑制剂

生长抑制剂是指在极低浓度（1μM 以下）条件下，可抑制植物生长的有机化合物。对芽和种子休眠、顶端优势、开花、脱落、矮化、衰老等生理过程有调控作用。天然的抑制剂有脱落酸（ABA），能抑制生长素、细胞分裂素、赤霉素等促进生长的作用。常用的人工合成的抑制剂有青鲜素（MH）、整形素、三碘苯甲酸（TIBA）、矮壮素（CCC）、比久（B_9）、多效唑（PP_{333}）、助壮素（Pix）等。

(6) BR 类

油菜素内酯（BR）是新型的第六大类植物激素，有促进生长和分裂、增加产量、促进开花结实、提高抗逆性等作用。生理活性很强，当 BR 的浓度为 0.1~10μg/L 时，就有生理活性。人工合成的油菜素内酯类似物，统称油菜素甾体，生理作用不如 BR，生产上用量应提高 4~10 倍，但用量仍然很小。目前，市场上有"云大 120"等 BR 类药剂。

(7) 其他

有三十烷醇和酞酰亚胺类物质等。三十烷醇可促进细胞分裂，加强体内物质运转，对许多草本植物有促进生长和提高产量的作用。据报道，以 0.01~10mg/L 浓度的三十烷醇喷施叶面就有显著效应，浓度提高后效果反而下降。应注意在三十烷醇使用时其水溶性极低，且塑料制品中的酞酸酯对三十烷醇有抑制作用。酞酰亚胺类化合物有提高产量和促进切花抽苔开花等作用。

6.2.2　植物生长调节剂的配制

由于配制方法、施用浓度及处理方法不同，调节剂的效果也会不同。有些调节剂生产时制成水溶性产品，可直接按浓度比例加水配制。现介绍一些常用的生长调节剂的配制方法：

(1) 生长素类钠盐的配制

若使用的 2,4-D、NAA 或防落素(PCPA)等植物生长调节剂是钠盐形式，称取所使用的钠盐 1g，放入烧杯中，先加少量水溶解，用玻璃棒搅至完全溶解，然后加水至 500mL。

(2) 生长素类原酸的配制

若使用的是 2,4-D、NAA、防落素或 IBA 等原酸，称取所使用的原粉 1g，放入烧杯中，加少量水，滴入 1% 的酚酞 1~2 滴，然后再缓缓加入 5% 氢氧化钠溶液，搅拌至粉红色不消失，即表示调节剂完全溶解。加水至 1000mL。

(3) 赤霉素(GA)的配制

称取赤霉素粉剂 0.2g，放入烧杯中，加少量 95% 酒精或 60℃ 以上的烧酒，搅拌至溶解，后加水至 200mL。萘乙酸也可用此法配制。

(4) 细胞激动素类(BA 等)的配制

称取细胞激动素 0.2g，放入烧杯中，加入 1% 的稀盐酸，搅拌至溶解，后加水至 1000mL。

(5) 青鲜素(MH)的配制

称取青鲜素 2g 放在烧杯中，加少量三乙醇胺，用小火加热，搅拌至完全溶解，再加水至 1000mL。

(6) 比久(B_9)的配制

在烧杯中放入少量热水，倒入 B_9 2g，边加热边搅拌至溶解，然后加水至 500mL。

(7) 水剂调节剂的稀释

对于一些水剂的植物生长调节剂，如矮壮素、乙烯利等能和水直接混合，可按以下公式计算所需浓度的稀释水量：

$$原液浓度 \times 原液体积 = 使用浓度 \times 使用体积$$

6.3 切花无土栽培与管理

无土栽培是不用土壤，而用营养液来栽培植物的方法。以水培为主，用漂浮板固定植物，也有采用沙、珍珠岩等作固定基质。近十几年，无土栽培的研究和应用发展很快，在欧洲一些国家，无土栽培技术已应用于切花等花卉大面积规模生产中。我国部分切花种类的规模化生产已普遍采用无土栽培，如花烛、热带兰及百合、郁金香等。无土栽培使花卉栽培的环境更容易控制，且生产的劳动强度降低，已成为现代花卉栽培方式的发展方向。

6.3.1 无土栽培的起源

早在 1699 英国科学家伍德华德(Woodward)就开始研究无土栽培。他用 3 种不同的水，即雨水、河水和花园土浸出的水，来培养薄荷，结果花园土浸出的水种植的薄荷生长最快。因此得出结论，植物的生长是由土壤中的某些物质决定的。1840 年德国化学家李比希(Liebig)提出植物矿质营养学说。以后相继有一些科学家对无土栽培进行了试验，但直到 1929 年，美国加利福尼亚大学植物生理学教授格里克(Gericke)才首次将无土栽培成功地用于实践。

1950 年日本开始用无土栽培技术种植室内植物。1965 年英国库柏(Cooper)发明了营养膜(NFT)技术，1969 年丹麦发展了岩棉栽培技术，极大地推动了无土栽培在世界范围内的发展。

1971 年新加坡引进无土栽培技术，生产花卉，产品远销到欧洲一些国家。荷兰生产的温室花卉相当一部分是用无土栽培技术生产的。

我国无土栽培始于 1941 年，俞诚如和陈怀圃著书《无土种植浅说》。1945 年美军在南京用无土栽培生产蔬菜。20 世纪 80 年代初，李鸿勋在北京东北旺苗圃开始无土栽培油松的研究，并与国外交流种质。朱士吾在南京研究盆景无土栽培。1983 年南京莫愁湖公园举办了全国首次无土栽培盆景展览。1984 年苏派、通派无土栽培盆景首次出口意大利。1992 年国家自然科学基金委员会资助中国水稻所研究"自然水域无土栽培的应用"。1996 年北京市科学技术委员会立项研究"日光温室无土栽培生产鲜切花的综合配套技术"，使我国花卉无土栽培步入了迅速发展时期。

6.3.2 无土栽培的特点

大多数切花生产对栽培条件要求较高，唐菖蒲、香石竹、郁金香、月季、非洲菊、百合等许多切花很适合无土栽培(水培)。切花的无土栽培与土壤栽培相比，具有以下特点：①环境条件易控制。如肥水充足、通气好，使无土栽培的切花比土壤栽培的产量高、花期早、花多且大、品质好。②省水省肥。无土栽培为封闭式循环系统，耗水量仅为土壤栽培的 1/7~1/5。同时避免了肥料被土壤固定和流失的问题，肥料的利用率提高 1 倍以上。③节省劳力和时间。许多操作管理可机械化、自动化，大大减轻劳动强度。④安全卫生、无污染。无土栽培多在温室大棚内进行，因为没有土壤，病虫等来源得到控制，病虫草害较少。⑤占地面积小。⑥无土栽培有一些特殊的需要，一次性投资较大，且栽培的技术性较强。如环境条件控制的设施成本，病虫防治以及营养液的配方和添加技术等问题。

6.3.2.1 无土栽培的设施

通常在温室大棚内进行切花的无土栽培。无土栽培的常规设施包括栽培装置、固定基质、营养液和加氧的循环系统。

栽培容器是指存放基质、营养液和栽培植物的容器，可用陶瓷钵、塑料钵或水泥槽(床)，要求营养液不会渗漏。生产上用的栽培床可依温室大棚的需求，自行设计。一般床体长度不超过 15m，应有一定的斜度，进出水口高差大于 1/100，以利营养液流动和通气。

无土栽培除以水(雾)做基质外，还可用固体基质。固体基质应具有较好的透气性能、一定的持水力，性质较稳定，不含有害物质。常用的无土栽培基质有沙、珍珠岩、椰糠、蛭石、砾、浮石、锯末、岩棉、陶粒等无机基质和腐叶、泥炭、锯末、树皮、炭化稻壳、泡沫塑料等有机基质。此外，生产上有时还将 2 种或 2 种以上固体基质混合使用。

营养液和加氧的循环系统由贮液池(罐)、水泵、加氧搅拌器、输排液管道、母液池若干个,以及测酸碱度的 pH 计和测盐浓度的 EC 计等构成。

此外,现代化切花无土栽培还应有环境条件(光、温等)和营养液的监测和自动调控系统等设施。

6.3.2.2 无土栽培的种类及其特点

无土栽培的方法很多,以下介绍几种常用的无土栽培方法。

(1)水培

为无土栽培最早采用的方法之一。营养液通过循环系统流动并得到更新与补充。随着技术的发展,目前应用的形式可分为 3 类:

①流动深液水培法 将花卉固定在水培槽(床)上,根系全部或大部分浸入流动的营养液中,营养液经搅拌与空气混合溶氧。

②营养液膜水培法 是在塑料薄膜袋水培法的基础上改进而来的。将塑料薄膜铺在一定形状的框架上,流动的营养液维持 0.5~1.5mm 的薄层,根系部分浸在营养液中,部分暴露在潮湿的空气中,解决了花卉根系对氧的需求。植株生长快,且结构简单,成本低,适合规模生产。

③雾培法 营养液经雾化后,连续或间断地喷到花卉根系上,使根系充分吸收水、营养和氧气。近年来,欧洲一些公司用此方法进行了大规模的切花生产。

(2)沙培

以沙、塑料等为固定基质的培养方法。沙价格低廉、容易得到。但沙培肥水的精确供应较难控制,易造成干旱或氧气不足。因此,大规模生产中应用较少。沙培肥水的供应方式可分表面浇灌、滴灌、肥料干施浇水和沙床内管输营养液等。最好选用河岸冲积地的沙或风积地的沙作基质。

(3)砾培

以直径大于 3mm 的结构颗粒作基质,植物生长在多孔的或无孔的基质中,有利于根系的生长。

(4)陶粒培

陶粒是在约 800℃ 高温下烧制而成的,颗粒大小比较均匀的页岩物质,内部结构松,空隙多,类似蜂窝状,容重 $500kg/m^3$,质地轻,在水中漂浮于水面。陶粒保水、保肥、排水、透气性良好,化学性质稳定,安全卫生,是良好的无土栽培基质。但不宜用做根系纤细切花的无土栽培基质。

(5)珍珠岩培

珍珠岩是由硅质火山岩形成的矿物质,具有珍珠状球形裂纹。硅质火山岩含水量为 2%~5%,当粉碎加热至约 1000℃ 时,即膨胀形成无土栽培用的膨胀珍珠岩。其容重小,为 $80~180kg/m^3$。珍珠岩吸水量大,超过自身重量的 4 倍,化学性质稳定,适于鲜切花生产和育苗。应用时应注意如下 3 点:①珍珠岩浇入营养液后,在见光的表面容易长出绿藻,为了控制绿藻滋生,可以更换表层珍珠岩,或经常翻晒,或避光。②珍珠岩粉尘对嗓子有强刺激性，操作时必须小心，在使用前先喷湿，以免粉尘飞扬。③珍珠岩的比重比水轻，淋雨较多时会浮在水面，致使珍珠岩与根系的接触不牢靠，易伤根，植株也易倒伏，应在事前安排好排水。

(6) 蛭石培

蛭石的特点是吸水量大、保水保肥，但有时会造成通气不良而烂根。蛭石为水合镁铝硅酸盐，是由云母类无机物加热至800~1000℃时形成的。容重很小，为80kg/m³，孔隙度大。蛭石用做无土栽培基质具有以下特点：①吸水性强，保水保肥能力强；②孔隙度大(95%)，透气好；③氢离子浓度为1~100nmol/L(pH 7.0~9.0)，能提供一定量的钾，少量钙、镁等营养物质，这些性质是由蛭石的化学组成决定的；④安全卫生；⑤不宜长期使用。

(7) 岩棉培

岩棉是一种纤维状的矿物，由60%的辉绿岩、20%的石灰石和20%的焦炭混合制成，在1500~2000℃的高温炉中熔化，将熔化物喷成直径5μm的细丝，再将其压成容重为80~100kg/m³的片层，然后冷却到200℃左右时，加入一种酚醛树脂以减少表面张力，使之具有保加性。

岩棉是1969年由丹麦的霍努姆(Hornum)首先运用于无土栽培，并很快引起了荷兰的注意。现在荷兰蔬菜无土栽培中有80%是利用岩棉作为基质。在世界无土栽培中，岩棉所占面积居第一位。岩棉作为无土栽培基质，其水、气比例对许多植物都合适，而且价格低廉，使用方便，安全卫生，可用于各种蔬菜、花卉的无土栽培。

(8) 硅胶培

硅胶用作无土栽培的基质有两种，一是硅胶G；二是硅胶B。硅胶G是一种有色硅胶，干燥时为蓝绿色，吸水后变为粉色或无色。它的吸水量和养分吸附量都不如硅胶B。硅胶B是在烧制过程中经过膨化处理，结构中除孔较多外，吸收水分和贮存养分的能力都比硅胶G大2倍以上。其性能比沙好。由于硅胶是一种晶状的颗粒，植物根系在其间的空间分布可以看得很清楚，更增加了无土栽培的情趣。

(9) 其他

泥炭 是泥炭藓、炭藓、苔和其他水生植物的分解残留体，是无土栽培的有机基质。我国东北和西南地区的储量很大，已有开采。泥炭用于无土栽培有以下特点：①吸水量大，吸收养分的能力强。②强酸性。氢离子浓度为10~100μmol/L(pH 4~5)。

锯末 是木材加工的副产品。它的价格低，重量轻，来源广，具有较好的物理、化学性质。其容重约为0.19g/cm³，总孔隙度约为78.3%。在栽培过程中，锯末还能不断分解提供花卉所需的营养物质。它有较好的透气、保水性，如与其他栽培基质混合使用效果更好。

树皮 通透性好，而且具有观赏性，目前广泛用于火鹤芋、热带兰和蕨类植物的无土栽培。

炭化稻壳 是经过高温炭化处理后的稻壳，为一种廉价的无土栽培基质，多用于培育幼苗。炭化稻壳保水性强，透气性好，容重小，质量轻，含有多种养分。其容重约为0.15g/cm³，总孔隙度约为82.5%。炭化稻壳通常呈碱性，在使用前必须经过脱盐处理。

花泥 大多作插花用材料，但目前由于其理化性质稳定，质轻，保水能力好，所以开始用于花烛等切花的无土栽培。

苔藓植物 是一群小型的多细胞绿色植物，植株大小只有几十厘米，其吸水性、保水性和通透性良好，所以目前很多切花开始用苔藓栽培，如切花蝴蝶兰等根系要求通透性好的切花植物。

6.3.3 主要切花无土栽培的营养液配方

无土栽培营养液和基质一样，是无土栽培的核心部分。配制切花无土栽培营养液时要了解药剂的名称、浓度、纯度等，称量要准确。药剂应分别溶解后，与所需量的70%的水混合，最后将水加至所需要的量，搅拌均匀，用硫酸或氢氧化钠调节营养液的酸碱度，以供备用。应当注意，营养液用硬水配制会影响营养元素的有效性；用自来水配制，水中氯化物含量较高，会对切花有害。

6.3.3.1 水质

所有洁净的水都可以用来配制营养液，但在使用之前，要对水质有基本的了解。例如，水的来源、污染程度、酸碱性、离子含量等。一般饮用水可用来配制营养液。与无土栽培有关的几项水质指标如下：①水的钙、镁浓度不宜过高，一般在 1.8mmol/L 以下为好。用钙、镁浓度较高的水配制营养液时，必须将水中的钙和镁的含量计入配方，否则营养液的盐分总量过高，离子间的比例失调。②pH 7.0 左右为宜，通常宜酸不宜碱。③使用前的溶解氧应接近饱和。④NaCl 浓度应小于 2mmol/L。⑤自来水消毒常用液氯(Cl_2)，水中的氯含量常大于 0.3mg/L，这对植物根系有害。自来水最好放置 1d，使氯气散后再用。

6.3.3.2 植物必需营养元素的要求

植物生长的必需营养元素有 16 种。在配制营养液时，碳、氢、氧等元素植物可以从大气中吸取，不计入。氮、磷、钾、钙、镁、硫等为大量元素，铁、锌、锰、铜、硼、铝、氯等为微量元素，它们都存在于化合物里。一种化合物可能含有两种或两种以上的营养元素，在配制营养液时应从几种化合物中求出所需的总量。

6.3.3.3 营养液的酸碱性

大多数花卉喜欢微酸性环境。植物对环境中酸碱性的适应性是由植物的根系特性决定的。根据植物根系对环境酸碱性的适应性将其分为酸性植物、弱酸性植物、近中性（偏酸性）植物、弱碱性植物。

6.3.3.4 营养液的离子总浓度

如果营养液的离子浓度高于植物根系内的浓度，危害不大，但铁和硫过多对植物是有害的。各种花卉植物的根系对离子的吸收是有选择性的，营养液的浓度变化与最适浓度之间的差值不能太大，否则超出根系选择性吸收能力的范围则不利于植物正常生长。一般营养液盐分不能超过0.4%，对大多数植物，营养液盐分为0.2%左右比较合适。

现在世界上已研制了无数的营养液配方，其中以美国植物营养学家霍格兰(Hoagland)营养液配方最为有名(表6-1)，已被世界各地广泛使用。日本的园试配方均衡营养液也被广泛使用。

表6-1 常见营养液配方　　　　　　　　　　　g/L

	营养物质	营养液配方名称及使用对象				
		霍格兰和施奈德配方(1938年)	日本园试配方(1966年)	菊 花	香石竹	唐菖蒲
化合物	$Ca(NO_3)_2 \cdot 4H_2O$	5.0	4.0	7.1	7.6	
	KNO_3	5.0	8.0			
	NH_4NO_3	1.0		3.3	4.6	
	KH_2PO_4		1.3			
	K_2HPO_3			1.8	1.4	1.2
	$NH_4H_2PO_4$					
	$(NH_4)_2SO_4$					
	K_2SO_4			3.6		
	$MgSO_4 \cdot 7H_2O$	2.8	2.0	3.0	2.2	2.2
	$CaSO_4 \cdot 2H_2O$					1.5
	NaH_2PO_3					
	NaCl					
元素浓度	盐类总计(mg/L)	2315	2400	3813	3137	2934
	$NH_4^+ - N$		1.33	3.6	2.8	2.4
	$NO_3^- - N$	15.0	16.0	14.2	15.2	7.3
	P	1.0	1.3	3.3	4.6	3.8
	K	6.0	8.0	10.5	4.6	8.5
	Ca	5.0	4.0	7.1	7.6	3.4
	Mg	2.0	2.0	3.0	2.2	2.2
	S	2.0	2.0	8.4	3.6	4.9

6.3.3.5 营养液的要求

通常用电导率表示溶液的盐浓度。电导率(EC)为电阻的倒数，单位是mS/cm。

电导率越大表示营养液中的含盐量越高，因此，可用电导率间接地反映营养液使用前后的浓度变化。经过一段时间培养后，切花无土栽培营养液中的盐浓度有所下降，不再能充分满足切花生长的要求。如果营养液的电导率变化大，表示该更换营养液了。应当指出，电导率只能表示总浓度的变化情况，可用原子吸收分光光谱仪，分别测定营养液各种元素的含量变化，即可知道哪种元素含量降低，据此可以准确地补充适当的养分。

营养液配制以先钙为中心，再以磷为中心，分别将与钙、磷酸根作用不沉淀的元素放在一起。铁盐必须单独贮备。只要各种肥料混合的先后次序正确，一般不会有沉淀。

例如，霍格兰营养液的各种肥料的加入顺序为：①磷酸二氢钾；②硝酸钾；③硝酸钙；④硫酸镁；⑤不加钙的微量元素；⑥EDTA – Na；⑦调节氢离子浓度。

6.3.4 切花无土栽培与管理

无土育苗除组培苗外，尽量不要移栽或少移栽，以免伤根。幼苗在移栽时应选择较小的盆钵，浇足营养液，以便控制根系生长。

用营养膜技术栽培花卉时，将幼苗移栽在 $5\sim8cm^2$ 的岩棉块中，将岩棉块放在营养膜内，用水泵作动力使水营养液流动。

移栽后的管理要注意以下几个问题：

保持苗的水分平衡　花卉从苗床或育苗盆中移植到花盆或营养膜的水槽内时，环境条件发生了很大变化，必定有一个适应过程，水分的供给是主要问题，应保持基质有适当的水分。空气湿度也非常重要。幼苗移植后 7d 内，空气湿度最好比移栽前稍大或基本一致，应设有空气加湿装置，或每天往幼苗叶片喷几次水雾。

保持基质疏松通气　蛭石、珍珠岩、炉渣、锯末等可以按一定比例配成复合基质，也可以单独使用，但不宜浇水过多。以利根系呼吸，有助于生根成活。

防止菌类滋生　花苗移栽后，喷 1~2 次 0.2% 的代森杀菌剂，如代森锌或代森锰锌。宜 7~10d 喷药 1 次。其中加入 0.1% 的磷酸二氢钾效果更好。

光照和温度条件　移栽苗的光照应与移栽前相似或弱一些。最好搭遮阳网，以避免强光直射。

幼苗种植后，缓苗过程中温度要适宜。喜温植物，如花叶芋、花叶万年青等，以 25℃ 左右为宜。喜冷凉的植物如菊花、文竹等以 18~20℃ 为宜。应使基质温度略高于气温 2~3℃，促进生根和根系生长，有利于提前成活。

通常只要营养液各种离子之间的比例合适，不论是营养膜技术还是基质栽培，营养液浓度高一些总比营养液不足使植物饥饿要好。因此，一次性投入营养液和基质的养分量可以多一些，植株本身可以按需吸收。

6.4 切花花期调控

花期调控(controlling blooming season)即采用人为措施，使观赏植物提前或延后开花的技术，又称催延花期。在自然条件下，植物的营养生长进行到一定阶段之后，茎顶端的分生组织开始分化出花原基，进入生殖生长阶段而开花。开花是由植物遗传性所决定，并受多种因素相互作用和调节的复杂过程。其中，温度和光照是引起植物开花的两个主要外界因素，不同植物对温度高低和光照长度要求不同。

在实际生产中，使花期比自然花期提前的栽培方式称为促成栽培(forcing culture)；使花期比自然花期延后的栽培方式称为抑制栽培(retarding culture)，目的在于根据市场或应用需求按时提供产品，以满足节日或特定时期的需要。如每到国庆节各大城市展出百余种不时之花，集春、夏、秋、冬各花开放于一时，极大地强化了节日气氛。一年中节日很多，如元旦、春节、"五一"、母亲节、情人节、圣诞节等，都需应时花卉。目前月季、香石竹、菊花等重要切花种类，采用促成与抑制栽培已完全能够周年供花。同时人工调节花期，由于准确安排栽培程序，可缩短生产周期，加速土地利用周转率，准时供花还可获取有利的市场价格，并有利于进行杂交育种。因此，花期调控技术具有重要的社会意义与经济意义。

6.4.1 花期调控的发展历史

在我国，早在宋代就有用沸水熏蒸、人工催花提前开花的记载。明朝《帝京景物略》中有"草桥惟冬花支尽三季之种，杯土窖藏之，蕴火炕垣之，十月中旬牡丹已进御矣"的记载，可见在明朝时人们就掌握了牡丹促成栽培的方法。至清代《花镜》中有"变化催花法"一节，记载了人工对牡丹、梅花、桂花等催花的简单方法。当时在北方冬季常用暖室以火炕增温的办法，使牡丹、梅花等提前至春节开放。古代多通过温度的升降来改变花期，特别是对冬季休眠的植物更是如此。

对于开花生理的研究已历经1个多世纪。德国人Sachs(1880)首先提出，在植物体内有着某种成花物质。尔后，Klebs(1918)提出植物开花的碳氮比理论。Camer(1920)认为，光周期对植物开花有着重要影响。以后，苏联学者(1935)指出，有些植物开花必须经过春化作用。此外，又有人提出成花素理论。20世纪30年代后，有人根据植物对光周期长短的不同反应，延长或缩短光周期处理，从而提前或推迟花期。50年代起，生长调节物质被应用到花期调控上。到70年代，花期控制技术应用范围更加广泛，方法也层出不穷。如今花期调控已经成为许多花卉周年生产的常规技术。

已有研究表明，植物激素如赤霉素、生长素、细胞分裂素、脱落酸、乙烯等对植物开花起重要作用，而碳水化合物、蛋白质和核酸等生物大分子化合物与花芽分化关系密切。近年来，人们对Ca^{2+}在植物花芽分化过程中的信号转导作用方面也有可喜的研究成果。但是，尽管经过大量的努力，对开花过程的本质并未完全阐明，如光周期的诱导过程、植物对光周期刺激的识别、开花刺激物质在植物体内的产生部位和运输途径、开花刺激物质的化学性质和结构等详细情况尚属未知。因此，对于开花生理的研究还应加大力度。

6.4.2 花期调控方法

植物生长发育的节奏是对原产地气候及生态环境长期适应的结果。开花调节也是遵循其自然规律加以人工控制与调节，达到加速或延缓其生长发育的目的。促成栽培与抑制栽培的措施主要有控制温度、光照等生长发育的气候环境因子，调节土壤水分、养分等栽培环境条件，利用生长调节物质等化学药剂。

6.4.2.1 温度调节

大多数日中性植物对光照时间长短并不敏感，只要满足其开花适宜的温度条件，就能提前现蕾开花。如月季，在自然条件下秋末气温降低后，生长发育逐渐停止而进入休眠或半休眠的状态。如在气温下降之前进行加温处理，则可连续生长，不断开花。许多春、夏季开花的花卉种类，如郁金香、百合、风信子、紫罗兰、铃兰、报春花、芍药、小苍兰等，生长和开花与温度关系十分密切，尤其易受低温的影响。而且花卉种类不同，开花所需要的低温处理方法也不同。

(1) 促成栽培

秋季种植、春季开花、夏季地上部分枯萎而进入休眠的秋植球根类花卉，如郁金香、风信子、球根鸢尾、百合、小苍兰等，首先通过高温打破休眠，再给以低温处理完成春化即可。

(2) 抑制栽培

为了周年生产的需要调节花期时，如球根类花卉，可以利用贮藏于不同温度的方法，以延迟栽种时间，达到推迟开花的目的。例如，郁金香、风信子、球根鸢尾、小苍兰等，通常采用 0~3℃ 低温或 30℃ 高温下贮藏，以进行强迫休眠来推迟种植时间。唐菖蒲采收后，贮藏于 2℃ 的冷库中，可持续贮藏 2 年之久。在这期间，可根据预定花期确定取出栽植时间，即可应时开花。在日本，小苍兰球根采收后，立即贮藏于 0~5℃ 的条件下，于预定栽植前 13 周取出，经 30℃ 高温打破休眠之后，种植于 10℃ 以上的环境中，3~4 个月便开花。

6.4.2.2 光照调节

(1) 长日照处理(long-day treatment)

用于长日植物的促成栽培和短日植物的抑制栽培。早期的长日照处理是在落日之后用灯光照明，以延长日照时间。这种方法需要相当长的照明时间，才能达到效果。因为决定光周期反应的因子是黑暗的长短，而非绝对日照的长短，因此目前常采用夜间光间断法。该法可以大大缩短照明时间，不但降低了成本，而且效果良好。

用电灯照明的长日照处理方法，称为电照处理(light treatment)，经电照处理的栽培技术称为电照栽培(light culture)。电照处理一般在秋、冬季短日照时进行，夜间光间断处理常在 23:00 至翌日 2:00 之间进行，所需的光照时间和光照强度依花卉种类而异。例如，暗期中断时间为 2h，不同短日植物所需的光照强度各为：菊花 25~40 lx，一品红 3 lx 等。提高光强度则可缩短照明时间，如长寿花，在 $6 \times 10^4 \sim 8 \times 10^4$ lx 的光照强度下，只需 1s，就能达到推迟花期的效果。

暗期中断处理时，可连续照明或间歇照明。间歇照明指照明数分钟后停 10~20min 的多次照明方法。它同样具有长日照处理效果。例如，在荷兰切花菊抑制栽培中，晚间的照明是以 30min 为单位，可分别采取照明 6min、停 24min，照明 8min、停 22min，照明 10min、停 20min 等处理。

一般在夜温 15℃ 条件下，花芽分化需 15d 左右，分化后至开花所需时间，早花品种只需 40d 左右，晚花品种约需 90d。每天补光的时数原则上以保证两段暗期的总长时数不超过 7~8h 最好，早花品种用较长的补光时数，晚花品种则相对较短。

补光的光源配置通常用白炽灯，不同功率的白炽灯，其有效光照强度覆盖的范围不同。当用灯数多时，各灯的光照彼此重叠，使光照强度增大，可增加每只灯的有效覆盖面积。除白炽灯外，日光灯、低压钠灯等均可作为光源使用。

(2) 短日照处理 (short-day treatment)

用于短日照植物的促成栽培和长日照植物的抑制栽培,多在夏季进行。通常使用不透光的黑色帘布、黑塑料薄膜等覆盖在处理植株的上部,使整个栽培区处于完全黑暗状态。一般在16:00~17:00开始处理,翌日7:00~8:00结束。因为处理期间均在高温的夏季,遮光材料内的温度、湿度均很高,容易影响植物正常的生理活动和发生病害。所以,在保证不漏光的前提下,一定要做好通风降温及降湿工作。视条件而定,可在20:00以后到翌晨5:00以前除去覆盖。

短日照处理的持续时间,依花卉的种类不同而异。例如,牵牛花只需1d,30d后便可开花;而秋菊需3d以上短日照处理才能开始花芽分化,连续短日照处理直到花蕾着色,以后在长日照下,才能正常开花。要使一品红"十一"开花,可从7月底开始进行遮光处理,每天给予8~9h光照,1个月后便形成花蕾,单瓣品种40d后就能开花,重瓣品种处理时间要长一些,至9月下旬可逐渐开放。使叶子花在中秋节开花,则需在预定花期70~75d前进行遮光,遮光具体时间是16:00至翌日8:00,约处理60d后花期诱导基本完成,至苞片变色后停止遮光。在遮光的最初阶段,花芽起始分化时期,遮光一日都不可中断,否则长日照会使植株又转向营养生长,无法正常开花。因此,在进行短日照处理时应先了解处理植物的生态习性。

6.4.2.3 化学调节

在切花促成栽培中,为了打破休眠,促进茎叶生长,促进花芽分化和开花,可使用生长调节剂等药剂进行处理。常用药剂有GAs、NAA、2,4-D、IBA、ABA、丁酰肼、矮壮素(CCC)、多效唑(PP_{333})以及乙醚等。

(1) 赤霉素

赤霉素主要作用如下:

打破休眠 10~500mg/L的赤霉素溶液浸泡24~48h,可打破许多观赏植物种类的休眠。球根类、花木类的GA处理浓度一般以10~500mg/L为宜,如用10~500mg/L的GAs处理牡丹的芽,4~7d便可开始萌动。

促进花芽分化 赤霉素可代替低温完成春化作用。例如,9月下旬用10~500mg/L赤霉素处理紫罗兰2~3次,即可促进开花。

促进茎伸长 GAs对菊花、紫罗兰、金鱼草、仙客来等有促进花茎伸长的作用。于现蕾前后处理效果较好。如果处理时间太迟会引起花梗徒长。

(2) 生长素

一方面,IBA、NAA、2,4-D等生长素类生长调节剂对开花有抑制作用,处理后可推迟一些观赏植物的花期。如秋菊在花芽分化前,用50mg/L的NAA每3d处理1次,一直延续50d,即可推迟花期10~14d。另一方面,由于高浓度生长素能诱导植物体内产生大量乙烯。而乙烯又是诱导某些花卉开花的因素,因此高浓度生长素可促进某些植物开花。例如,生长素类物质可以促进柠檬开花。

(3) 细胞分裂素类

细胞分裂素类能促使某些长日植物在不利日照条件下开花。对某些短日植物,细胞分裂素处理也有类似效应。有人认为,短日照诱导可能使叶片产生某种信号,传递到根部并促进根尖细胞分裂素的合成,进而向上运输并诱导开花。另外,细胞分裂素还有促进侧枝生长的作用。如施用于月季能间接增加其开花数。6-BA 是应用最多的细胞分裂素,它可以促进樱花、连翘、杜鹃花等开花。6-BA 的处理时期很重要,如在花芽分化前营养生长期处理,可增加叶片数目;在临近花芽分化期处理,则多长幼芽;现蕾后处理,则无明显效果;只有在花芽开始分化后处理,才能促进开花。

(4) 植物生长延缓剂(plant growth retardant)

丁酰肼、CCC、PP_{333}、嘧啶醇等生长延缓剂可延缓植物营养生长,使叶色浓绿,增加花量,促进开花。现已广泛应用于月季、山茶、木槿等。如用 0.3% CCC 浇灌盆栽茶花,可促进花芽形成;用 1000mg/L 丁酰肼喷洒杜鹃花蕾部,可延迟开花达 10d 左右。

(5) 其他

乙醚、三氯甲烷、乙炔、硝酸钙等化学药剂也有促进花芽分化的作用。例如,利用 0.3~0.5g/L 乙醚熏蒸处理小苍兰的休眠球茎或某些花灌木的休眠芽 24~48h,能使花期提前数周至数月,碳化钙注入凤梨科植物的筒状叶丛内也能促进花芽分化。

6.4.2.4 栽培措施调节

栽培措施调节包括调节播种期和繁殖期、修剪、施肥、控水等。

(1) 调节播种期

一串红"五一"供花,可采用秋播,宜于 8 月下旬播种,10 月上旬假植到温室,11 月中、下旬上盆,不断摘心,以防止开花,于 3 月 10 日进行最后 1 次摘心,"五一"时即可繁花盛开,株幅可达 35~50cm。如果采用扦插繁殖,可在 11 月中旬进行,其他栽培过程同播种,也可实现"五一"用花。唐菖蒲如于 7 月上、中旬栽植,可于"十一"前后上市。

(2) 修剪处理

月季可以在生长期通过修剪来调控花期。由于温度、品种等的不同,从修剪至开花需 40~60d 不等。一般如需"十一"开花,大多品种可在 8 月上、中旬进行修剪。此外,香石竹、矮牵牛、扶桑等均可利用修剪调节花期。

(3) 水肥控制

对于玉兰、丁香等木本花卉,可人为控制减少水分和养分,使植株落叶休眠,再于适当的时候给予水分和肥料供应,以解除休眠,并促使发芽生长和开花。高山积雪、仙客来等开花期长的花卉,于开花末期增施氮肥,可以延缓衰老和延长花期。在植株进行一定营养生长之后,增施磷、钾肥,有促进开花的作用。

小 结

本章介绍了切花的栽培管理技术,包括设施内常规管理方法、生长调节剂的应用以及无土栽培技术和花期调控技术等。

思考题

1. 无土栽培的优缺点是什么？
2. 春化作用的意义是什么？
3. 简述光周期调节短日植物春季开花的具体操作方法。

推荐阅读书目

1. 花卉学（第3版）．包满珠．中国农业出版社，2011．
2. 观赏植物花期调控．韦三立．中国农业出版社，2000．
3. 鲜切花周年生产指南．吴少华，郑诚乐，李房英．科学技术文献出版社，2000．
4. 鲜切花栽培学．李枝林．中国农业出版社，2010．

7 切花病虫害防治

病虫的危害直接影响切花的生长,降低切花的品质和产量。切花的病虫害防治应采用抗病虫品种的选用、防病虫的栽培措施、土壤消毒和药物防治相结合的综合防治方法。

7.1 切花病害及其防治

7.1.1 切花病害的表现

切花病害是指切花受到真菌、细菌、病毒等病原微生物的侵害。切花生病后常外表出现不正常表现,称为病状;同时在病部表面出现各种特征结构,称为病症。病害症状是指发病后病状、病症的统称。各种切花病害的症状有一定的特征,又有相对的稳定性,是诊断的主要依据之一。

7.1.1.1 病状类型

(1) 变色

植物病部细胞的叶绿素被破坏或受抑制,或者某种色素形成过多,从而出现褪绿、黄化、花叶及斑驳等不正常颜色。有的在果实上也表现出来。

(2) 坏死和腐烂

植物发病后受害细胞和组织死亡称为坏死。叶片上的坏死常表现为叶斑和叶枯。茎部和根部的坏死常表现为溃疡和疮痂。腐烂是植物组织较大面积的分解和破坏。根据腐烂发生部位可分为花腐、茎腐、根腐、果腐等。

(3) 萎蔫

植物因病表现为失水状态称萎蔫。它是植物根部的维管束组织受到病原物破坏而发生的凋萎现象。与可恢复性生理性萎蔫不同,这种萎蔫是不能恢复的。

(4) 畸形

生病植株的细胞组织生长过度或不足而变为畸形。常见的有矮化、丛生。个别器官也可发生畸形，如皱叶、卷叶、缩叶等。有的组织膨大成肿瘤，如菊花矮化病、月季根癌病等。

7.1.1.2 病症类型

(1) 霉状物
病原真菌可在寄生病部产生各种类型的霉病。如灰霉、黑霉、赤霉、烟霉等。

(2) 粉状物
病原真菌在感病部位产生各种颜色的粉状物，如凤仙花白粉病、金盏花黑粉病。

(3) 锈粉状物
病原真菌在病部产生的黄褐色锈状物，如月季锈病、贴梗海棠锈病等。

(4) 点状物
病原真菌在病部产生的散生或成轮纹状排列的黑色或褐色小点。如山茶炭疽病、月季黑斑病等。

(5) 线状物
病原真菌在病部产生的线状或颗粒状物。如茉莉白绢病、山茶花枯病等。

(6) 脓状物
病部出现的脓状黏液，干燥后为胶质颗粒。这是细菌性病害的病症。如马蹄莲细菌性软腐病等。

7.1.2 切花病害的侵染过程及侵染循环

7.1.2.1 病害的侵染过程

病害的侵染过程是指病原物在寄主植物的感染部位从接触开始，在适宜的环境条件下侵入寄主植物并在植物体内繁殖和扩展，然后发病的过程。它分为4个时期：接触期、侵入期、潜育期和发病期。

(1) 接触期
接触期是指病原物与植物接触到开始侵染活动之前的一段时期。接触期病原物的活动主要有两种方式：

被动活动 病原物从休眠场所依靠外部力量（气流、水流及介体）或人为传播，被传播到植物感病部位及其附近。

主动活动 是指土壤中的某些病原物受根部分泌物的影响，主动向种子或根系附近移动积聚的过程。

很多环境因素会影响接触期是否能顺利完成，如温度、湿度、光照、叶面温湿度及渗出物等，其中湿度影响最为关键。湿度高能促进真菌孢子的萌发，线虫和细菌也要在水膜中才能活动。若能创造不利于病原物与寄主植物接触和生长繁殖的生态条件可有效地防治病害。

(2) 侵入期
侵入期是指病原物从侵入寄主到与寄主建立寄生关系为止的一段时间。主要有3种途径：

伤口侵入 病原物从植物表面的伤口，如机械伤、病虫伤、自然伤口、人为伤口等处侵入。

自然孔口侵入 病原物从植物表面的自然伤口侵入。这些自然伤口包括气孔、皮孔、水孔、蜜腺等。

直接侵入 是指病原物依靠生长的机械压力或外生酶的分解能力而直接穿过植物的表皮或皮层组织。

不同病原物的侵入途径不同。如病毒只能通过新鲜的微细伤口入侵，细菌可以通过伤口和自然孔口入侵；真菌通过上述 3 种途径都可以侵入。

温度和湿度等环境条件会影响病原物的侵入。温度不仅影响病原物侵入速度，而且常决定某种病害发生的时间和季节。适宜的温度可以促进真菌孢子萌发，并缩短入侵所需的时间。高湿或水膜的存在促进大多数病原物的活动和萌发。同时，高湿导致寄主愈伤组织形成缓慢，气孔开张度大，植物组织柔软，抗入侵能力降低。

为了防止病原物的侵入，应采取恰当的栽培管理措施，如浇水适度、种植密度适当、合理修剪、改善通风透光条件、尽量避免机械损伤以及注意促进伤口愈合。

(3) 潜育期

潜育期是指病原物与寄主建立寄生关系到表现出症状为止的一段时间。潜育期是寄生关系进一步建立、病原物进一步繁殖和扩展的时期，也是寄主植物调动各种抗病因素积极抵抗病原危害的时期。根据病原物在植物体内扩展的范围，可分为局部侵染和系统性侵染。

局部侵染 病原物的扩展范围只限于侵入点的附近，或者只限于某些组织和器官，症状表现是局部的，所致病害称为点发性病害。大多数真菌和细菌病害都属于局部侵染。

系统性侵染 病原物入侵后，从侵染点向全株扩展，其病状表现往往是全株性的，所致病害称为散发性病害。大多数病毒病害都属于系统性侵染。

潜育期的长短与病原物的生物学特性、寄主的抗病性及环境条件有关。叶斑病的潜育期一般为 7~15 d，幼苗立枯病潜育期只有几个小时，枝干病害的潜育期为十几天到数十天。系统性侵染病害的潜育期较长。抗病品种及生长健壮的植株，潜育期长，将来发病也较轻。适温下潜育期最短，温度过高或过低都会延长潜育期。

人们可以通过加强对花卉的栽培管理增强花卉的抗病能力，或者通过调控环境条件延缓或中止潜育期的进程。

(4) 发病期

发病期是指从症状出现到病害进一步发展的一段时期。由于受到病原物的破坏，寄主在生理上、组织上发生一系列病理变化，出现各种病症。病原真菌在病部产生孢子和繁殖体，病原细菌在病部出现菌脓，病毒在寄主体内增殖和运转并开始表现该病毒的显著症状。病部新的繁殖体的出现，表明前一个侵染过程的完成，下一侵染过程即将开始。较高的温度条件会加速病害的流行。

7.1.2.2 病害的侵染循环

病害的侵染循环是指从上一个生长季节开始发病,到下一个生长季节再度发病的过程。它包括病原物的越冬和越夏、病原物的传播、初侵染和再侵染3个环节,切断其中的任何一个环节都能控制或防止病害的发生。

(1) 病原物的越冬和越夏

当寄主植物进入休眠阶段或者寄主植物收获后,病原物须以某种方式越冬或越夏,以度过寄主植物的休眠期和中断期,而成为一个生长季节的初侵染来源。病原物越冬或越夏的场所或载体主要有以下几种:

种苗及其他繁殖材料 病原菌可以在种子、鳞茎、块茎、根茎、块根、球茎、插穗、接穗、砧木等繁殖材料及幼苗上潜伏或附着,越冬或越夏。播种或栽植后,这些带病的繁殖材料成为初侵染来源、田间发病中心。因此,播种或栽培前对种子、种球及幼苗进行消毒处理,是防止病害发生和在田间扩展的重要措施。

田间病株 田间病株既是当年病原物的来源,也是病原物的越冬场所。另外,病原物还可以在野生寄主和转主寄主上越冬和越夏,成为寄主中断期的侵染来源。因此,清理病株、铲除野生寄主(如花圃周边的杂草)等都是消灭病原物的来源、防止发病的重要措施。

病株残体 病株残体包括寄主植物的枯枝、落叶、落花、落果、烂皮和死根等植物残体,大部分非专性寄生的真菌和细菌都能在病株残体上存活或以腐生方式生活一定时期,越冬或越夏。这些植物残体将成为下一个生长期开始时的初侵染来源。在切花栽培中,清洁花圃、处理病株残体是减少病原物来源的重要措施。

土壤和粪肥 土壤是许多病原物越冬或越夏的重要场所,这些病原物或者以休眠体的形式保存于土壤中,或者以腐生的方式在土壤中存活。在土壤中腐生的病原物又分为土壤寄居菌和土壤习居菌两类。前者能在土壤中病残体上腐生和休眠,当病残体分解腐烂后它们不能单独在土壤中存活;后者可独立的在土壤中长期存活并繁殖。深耕翻土、合理轮作、间作,改变环境条件和土壤消毒是消灭土壤中病原物的重要措施。

传毒介体 病毒的越冬越夏涉及传毒介体——昆虫。口针型病毒只存在于昆虫口针的前端,当传毒的蚜虫蜕化后,就丧失了传毒能力。循回型病毒经过昆虫口针吸食后,经过中肠和血淋巴到达唾液腺,再经过唾液的分泌传染病毒。此类病毒在昆虫体内不能增殖但能潜育。传毒介体蜕化后仍具有传毒能力。增殖型病毒能在介体(昆虫)内长期存活及增殖,使介体成为病原的初侵染来源。

(2) 病原物的传播

病原物从越冬或越夏场所转移到新的感病点,从一个病程到另一个病程,需要借助种种传播途径。主要的传播方式有如下两大类:

主动传播 病原物依靠自身的运动和扩展蔓延进行短距离的传播。例如,鞭毛菌亚门真菌和细菌均可借助鞭毛在水中游动传播,真菌外生菌丝或菌索在土壤中生长蔓延传播,某些真菌孢子主动弹射传播,线虫在土壤和寄主上蠕动传播。

被动传播 病原物通过自然中的气流、雨水、流水、昆虫、动物及人为载体进行被动传播。真菌孢子数量多，体小质轻，可以经过风（气流）进行远距离大面积传播。植物病残体随风飘扬时，也可将其上的细菌进行传播。媒介昆虫借气流远距离迁移后能远距离传播病毒。细菌和部分具有胶性孢子的真菌必须在雨水中溶解才能散出或随水滴的飞溅而传播。雨水可将病原物冲洗到植株的下部或土壤，雨滴的飞溅能将土壤中的病原物传播到距地面较近的植物下部叶片或茎秆上面。蚜虫、叶蝉、飞虱和木虱等刺吸式口器昆虫能以体内带毒或体外带毒的形式传播病毒、类病毒和植原体等病害。人们通过调运种子等繁殖材料有可能造成病害的远距离传播。在进行园艺操作时，配制基质、播种、栽植、灌溉、嫁接、修剪等活动都有可能传播病害。

(3) 初侵染与再侵染

植物开始一个新的生长季节后，越冬或越夏后的病原物对植株进行的第一个侵染过程称为初侵染。由初侵染所产生的病原物通过传播又侵染其他健康器官或健康植株的过程称为再侵染。有些病害一年只发生一次，即只有初侵染，没有再侵染；有些病害，既有初侵染，还有多次再侵染。对于前者，努力减少或消灭初侵染来源，能获得较好的病害防治效果；对于后者，必须采取有效措施既控制初侵染又控制再侵染，才能既遏制病害的发生又能控制病害的流行。

7.1.3 切花病害的防治原理和方法

花卉病害的防治应贯彻"预防为主，综合防治"的总方针，即在病害未发生之前，创造有利的环境条件，有效地预防病害的发生或减轻危害程度，减少病害所造成的损失。

7.1.3.1 植物检疫

植物检疫是伴随着植物引种而来的。随着国内外植物引种或交换日益频繁，一些在引入国或引入地内不存在的病、虫、杂草等危害物可能随植物材料的引入被传入，由于引入地缺乏相应的制约因子（如对应的天敌），一旦蔓延，会对整个生态系统带来巨大危害。

植物检疫是一种法规防治。由国家颁布法令，对植物及其产品特别是种子、幼苗和繁殖进行管理和控制，防止危险性病、虫、杂草等蔓延危害。其任务有3点：

①禁止危险性病、虫、杂草随着植物及其产品由国外输入或国内输出。

②将国内局部地区发生的危险性病、虫、杂草封锁在一定范围内，不让其传播到未发生的地区，在发病前采取各种措施逐步将它们消灭。

③当危险性病、虫、杂草侵入一个新地区时，及时采取措施，就地彻底肃清。

植物检疫分为对内检疫和对外检疫。对内检疫一般是经过调查划定疫区和保护区，对疫区要求逐步消灭检疫性病害，在疫区和保护区之间进行严格检疫制度。对外检疫又称国际检疫，由口岸动植物检疫部门负责实施，主要包括进境检疫、出境检疫、过境检疫、旅客携带物品检疫、国际邮包检疫等。

《中华人民共和国进出境动植物检疫法》规定的进出境植物检疫范围包括3个方面：
进出境的货物、物品和携带、邮寄进出境的物品 包括植物、植物产品及其他检疫物。如植物的种子、插条、砧木、接穗、块根、块茎、鳞茎、花粉、植物组织培养或细胞培养材料、试管苗、盆栽苗、裸根苗、带土苗等。

装载容器和包装物 包括植物材料等检疫物的货物装载容器，携带或邮寄包装物品。

运输工具 包括来自植物疫区的运输植物材料的轮船、飞机、火车、汽车等。

7.1.3.2 改进栽培制度

加强管理，改进栽培制度可以创造有利于花卉生长发育的环境条件，提高其抗病力，同时创造不利于病原物生存、繁殖和侵染的条件，减轻病害发生的程度，这是最经济、最基本的病害防治方法。

(1) 培育无病繁殖材料或幼苗

花卉病害常随种子、球茎、鳞茎、幼苗等繁殖材料而扩大传播。因此，选用无病的繁殖材料或栽植材料尤为重要，以免造成后患。许多切花采用脱病毒的种苗，获得较好的效果。如切花生产中应用脱毒香石竹苗、脱毒兰花苗等已非常普遍。球根花卉种球收获时要避免机械损伤，贮藏基质中加入杀菌剂等措施都可以有效地防止种球带病。

(2) 轮作或基质消毒

采用轮作方法，经常更换植物种类，在没有合适的寄主存在时，病原物就会逐渐死亡。同时还能改变根际微生物的种群，使它们对一些病原菌产生颉颃作用，起抑制或杀死的效果。例如，大棚生产百合切花，种了一茬百合后，若下一茬还种百合（连作）会产生严重的病害，但若换为种植宿根花卉，则会减少病害的发生。没有轮作条件时，可采用无土基质栽种切花，切花收获后对前一茬基质进行消毒（如利用 70~80℃ 蒸汽消毒），可以杀灭大部分病原菌，从而减少连作带来的病虫害泛滥。

(3) 注意温室及花圃卫生

包括拔除病株、摘除病叶、剪除病枝、深翻土壤、清扫病残叶、剪掉老枯叶等措施，以减少初侵染和再侵染来源。

(4) 加强栽培管理

精细的栽培管理，可为切花生产创造必要的环境条件。应根据花卉的不同特点，采取不同的管理措施，以增强其抗病力。在浇水、通风、透光等方面应根据不同花卉类型，实施不同的管理办法。例如，冬季大棚生产百合切花时，湿度高易产生灰霉病，注意掀膜放风可以减少灰霉病发生的机率。

7.1.3.3 生物防治

应用有益生物或生物产品防治植物病害的方法称生物防治。生物防治具有不污染环境，对植物无害，不破坏生态平衡的优点。其缺点是：作用速度慢，病害大发生时往往无法及时控制；防治效果受环境因子影响较大。生物防治主要作用机理是：通过生物间的竞争作用、抗菌作用、重寄生作用、交叉保护作用及诱发抗病性等，来抑制某些病原物的存活和活动。

(1) 颉颃作用

一种无害微生物的存在和发展能够限制另一种严重危害植物的微生物的生存和发展，这种现象称为颉颃作用。

(2) 竞争作用

某些微生物对植物不会产生病害，它们繁殖很快，能与病原物争夺营养、空间、水分、氧气等，从而抑制病原物的繁殖和侵染。例如，一些荧光假单孢杆菌和芽孢杆菌，施入土壤根际后，快速繁殖迅速布满根部表面，从而达到防治土传根部病害的效果。

(3) 重寄生作用和捕食作用

重寄生是指一种病原物被另一种微生物寄生后，该病原物失去致病力或死亡。重寄生有多种形式。如真菌对线虫的寄生，病毒和细菌对真菌的寄生。例如，鲁保1号是一种寄生在菟丝子上的炭疽病菌，对防治菟丝子有非常好的效果。

(4) 免疫作用

利用某些不致病、弱致病或侵染其他寄主同类组织的微生物，让它们与病原物竞争相同的营养，或诱导寄主产生抗体，从而达到防治效果。

7.1.3.4 化学防治

使用化学药剂杀死或抑制病原物，防止或减轻病害造成的损失的方法称化学防治。一般称防治植物病害的药剂为杀菌剂。

(1) 杀菌剂的主要类型

按杀菌剂对病原菌的作用方式可分为4种：保护性杀菌剂、治疗性杀菌剂、铲除性杀菌剂和钝化剂。其中以前两种类型最为常见，实际上有的杀菌剂兼有保护作用和治疗作用。

保护性杀菌剂 在病原物未侵入寄主植物以前施用这种化学药剂，可以在植物表面形成一层化学药膜，以杀死植物体表的病原物或抑制病原物真菌的孢子萌发，从而达到阻止病原物侵入植物体内的目的。这类杀菌剂不能进入植物体内，对已侵入的病原物无效，必须在病原物侵入前用药。保护性杀菌剂在下面两种情况下施用：一是在可能被侵染的植物表面施药，防止病原菌的侵入危害；二是在病原物来源的部位施药，处理病原物的越冬越夏场所、带菌的种子和繁殖材料、田间的发病中心等，以减少或消灭病原物的初侵染源。喷施保护剂，要求药剂散布均匀周到，在植物的表面形成有效的覆盖度，形成有效的保护。保护剂的持效期一般为5~7d，因此在病害侵害期间应每隔5~7d喷药1次才能收效显著。喷施时机不当，例如，首次用药时间过晚，或者两次喷药间隔时间太长，都可能造成病菌的侵入。

治疗性杀菌剂 在病原物已经侵入植物或植物已开始发病时使用该化学药剂。治疗性杀菌剂能进入植物体组织内部，杀死或抑制植物体内的病原物、抑制病菌致病毒素等有毒代谢产物形成，或改变病原物的致病过程，或增强寄主的抗病能力，使植物病情减轻或恢复健康。这类药剂一般具有内吸性能，可以在植物体内传导，故又称内吸性治疗剂。与保护剂相比，治疗性杀菌剂在时间上可以推迟用药，即在病菌侵入寄主的初始阶段或初现病症时喷药为宜。若病害已大面积或大范围发生，使用任何特效的治疗剂，也不能使病斑消失，植株也不能康复如初。

铲除性杀菌剂 常常通过直接与菌体接触、熏蒸或渗透植物表皮内发挥杀菌作用，对病原物有强烈的杀伤作用。铲除性杀菌剂能引起严重的植物药害，常于植物的休眠期使用，处理病原物的越冬、越夏场所。如石硫合剂常用于花圃或苗圃的冬季清园。

钝化剂 主要用于植物病毒的防治。有些金属盐类、维生素、植物生长调节素和抗菌素等能影响植物病毒的生物活性，钝化病毒，降低其侵染和增殖能力，减轻危害程度。如乙酸铜、盐酸吗啉胍、萜类蛋白多糖。

(2) 杀菌剂的施用方法

目前杀菌剂的施用方法有繁殖材料处理法、土壤处理法、喷粉法、喷雾法、熏烟法、局部施用法等。

繁殖材料处理法 利用杀菌剂对种子、种球、种苗的根系进行浸泡、浸根、拌种处理，使植物播种或栽植后免受病菌的危害，提高成活率，促进生长。

土壤处理法 将杀菌剂施入土壤来杀死土壤中的有害微生物。土壤处理法有多种形式：如将一定量粉剂与细土拌匀后施入播种沟或栽植沟的毒土法，将水溶性药剂按一定比例加水稀释后浇入土壤中或植株根部的浇灌法，将颗粒剂直接撒入播种沟、栽植沟和植物根际附近的施粒法等。

喷粉法 是利用人工气流，把低浓度的杀菌剂吹散后，经过较长时间的悬浮再沉积到植物上的方法。

喷雾法 是最常用的施用方法，将杀菌剂配成药液后，利用喷雾机或喷雾器以细雾滴形式喷施到植株上的方法。

熏烟法 是利用农药烟剂来防治病害的方法。熏烟法在大棚、温室等封闭的场所进行，最好在傍晚或清晨施用。

局部施用法 是采用注射或涂抹的手段对病原物危害的植物局部区域进行施药防治的方法。

(3) 常见杀菌剂

波尔多液 将石灰乳与硫酸铜水溶液混合，产生的一种天蓝色胶状悬浊液，有效成分为碱式硫酸铜，不溶于水，而且以微小颗粒悬浮在液体中。常用的配制方法包括：1%等量式（硫酸铜：石灰：水=1:1:100）、1%半量式（硫酸铜：石灰：水=1:0.5:100）、1%倍量式（硫酸铜：石灰：水=1:2:100）、0.5%等量式（硫酸铜：石灰：水=0.5:0.5:100）等。根据不同的植物选用不同的配比及剂量。

硫黄 具有杀菌和杀螨作用。硫黄悬浮剂简称硫悬浮剂，可防治多种病害，对白粉病有特效。防治白粉病的常用浓度为400~500倍。

代森锰锌 广谱性保护剂，常见剂型为65%粉剂，使用浓度为500~600倍；80%可湿性粉剂，使用浓度为800~1000倍。残效期约7d。可防治菊花褐斑病，玫瑰锈病等。

代森铵 保护剂，有保护和防治作用。常见剂型为40%水剂，使用浓度为600~800倍；80%水剂，使用浓度为800~1000倍。可用于防治锈病及叶斑病。

福美双 保护剂，抗菌广谱，主要用于防治种传病害、苗期土壤病害，对霜霉病、疫病、炭疽病等有良好的防治效果。常用剂型有50%、75%、80%可湿性粉剂。唐菖蒲种球种植前用50%可湿性粉剂70倍液浸泡球茎30min，可有效地防治唐菖蒲枯萎病和叶斑病。毒土法每667m²苗床撒施500g福美双能有效防治花卉的立枯病。

敌磺钠（又名敌克松） 保护剂，也具有一定的内吸渗透作用，是较好的种子和土壤处理杀菌剂，也可喷雾用。常见剂型有75%、95%可湿性粉剂。种子消毒可用种子重量的0.2%~1%的药剂拌种或喷洒于种子上。喷雾使用浓度为500~1000倍，最好在傍晚和阴天施用。

百菌清（又名达科宁） 保护剂，也具有一定的治疗作用。可防治真菌引起的多种叶部病害。剂型为75%可湿性粉剂，600~800倍喷洒。用于防治炭疽病、黑星病、霜霉病、黑痘病、黑斑病等多种花卉病害。

腐霉利（又名速克灵） 具有保护和治疗作用，并有较弱的内吸作用。对灰霉病、菌核病有特效。常用剂型为50%可湿性粉剂。防治十字花科、菊科、豆科等花卉菌核病时，可往田间中心病株喷洒1000倍液，间隔7~10d，共喷2~3次，重点喷洒植株中下部及地面。

克菌丹 保护剂，是一种广谱性杀菌剂。剂型有50%可湿性粉剂（使用浓度为400~500倍液）和5%粉剂。可用于防治各类植物的炭疽病、幼苗立枯病，但对白粉病效果差。

退菌特 广谱性保护剂。剂型有50%，80%可湿性粉剂，使用浓度为500~1000倍。可用于防治多种叶斑病。

乙磷铝 既有保护作用又有治疗作用。残效期长，一般21~30d。剂型为40%和90%可湿性粉剂，使用浓度分别为300~400倍和600~1000倍。可用于防治霜霉病等。

异菌脲（又名扑海因） 具有保护作用和一定的治疗作用，对病原菌的各个发育阶段均有影响，可抑制孢子的产生和萌发，也能抑制菌丝体的生长。常用剂型为50%可湿性粉剂。1000~1500倍液可用于防治花卉叶斑病、灰霉病、菌核病、根腐病等，于发病初期开始，每隔7~10d喷药1次，连续喷施2~3次。也可以采用800倍液对苗床土壤进行消毒。

苯来特（又名苯菌灵） 治疗剂，广谱性内吸杀菌剂。剂型为50%可湿性粉剂，使用浓度为1000~1500倍，可用于防治多种叶斑病，但对锈病无效，还可用于种子和土壤处理。百合基腐病可于种植前用500倍液浸15~30min，发病后及时用800倍液进行灌根。

多菌灵 治疗剂，广谱性内吸杀菌剂，具有保护和治疗作用，有明显向顶输导性。常用剂型为50%可湿性粉剂。500倍液常用于灌根，防治多种花卉的根腐病、茎腐病原菌、枯萎病、黄萎病等。600~1000倍液可用于防治多种叶斑病、白粉病、黑斑病等；每平方米用50%可湿性粉剂6~8g，配成毒土，可用于防治花卉幼苗期的立枯病、猝倒病、白绢病等。

甲基硫菌灵（又名甲基托布津） 治疗剂，但具有保护、治疗和内吸作用。在植物体内转化为多菌灵。剂型为70%可湿性粉剂，喷洒浓度为1000~1500倍。可用于防治多种花木白粉病、灰霉病、叶斑病等。

甲霜灵（又名瑞毒霉） 为新型内吸传导杀菌剂，具有很强的双向内吸传导的作用，可被根、茎、叶吸收，有保护和治疗作用。对霜霉病、疫霉病、腐霉病等有特效。常用剂型为 25% 可湿性粉剂。700~1000 倍液叶面喷雾可防治霜霉病。种子处理或灌根可防治多种花卉苗期猝倒病、疫病。可与杀虫剂、杀螨剂和杀菌剂混用，但应随配随用。

三唑酮（又名粉锈宁） 是内吸性很强的杀菌剂，具有保护和治疗作用。常用剂型为 20% 可湿性粉剂，使用浓度为 1000~2000 倍。可用于防治多种植物锈病、白粉病。

抗菌素类 防治植物病害具有高效、选择性强的特点，大部分具有内吸性，有治疗和保护作用。主要包括农用链霉素、四环素、放线菌酮、井岗霉素、农抗 120、武夷菌素、多抗霉素等，用于喷洒和注射，能防治多种病害，特别是细菌和类菌质体病害。其中农用链霉素常见剂型为 20% 可湿性粉剂，1000 倍液喷洒或浸泡，可防治软腐病、冠瘿病、细菌性叶斑病。

7.2 切花虫害及其防治

7.2.1 昆虫危害切花的方式

不同类型的害虫，其危害植物的方式不同。了解害虫危害，有助于化学防治中对症下药。常见的危害方式有 4 种。

(1) 食叶性

这类害虫长有咀嚼式口器，啃食花卉叶片，使被害叶片呈现孔洞、缺刻或仅留叶脉。有时也啃食一些嫩枝、茎。多采用胃毒剂进行防治。这类害虫主要有鳞翅目的夜蛾、刺蛾、袋蛾、毒蛾、天蛾、螟蛾、尺蛾、蝶类，有鞘翅目的叶甲、金龟子，膜翅目的叶蜂，双翅目的潜叶蝇，直翅目的蝗虫等。这类害虫多采用胃毒剂进行防治。

(2) 刺吸性

这类害虫长有刺吸式口器，通过此种口器刺吸植物的茎、叶、花和果实等器官汁液，植物遭侵害后表现出如下症状：叶片褪绿发黄、卷缩，枝梢萎蔫，生长不良等。常见的刺吸类害虫有同翅目的蚜虫、介壳虫、粉虱，鞘翅目的蝉类，半翅目的蝽类，缨翅目的蓟马及各种螨类等。这类害虫多采用内吸性杀虫剂进行防治。

(3) 钻柱性

这类害虫蛀食植物的茎、枝、干等造成蛀孔，使被害的植物枯萎而死亡。这类害虫主要有鞘翅目的天牛类、吉丁虫类、小蠹蛾类，鳞翅目的木蠹蛾、透翅蛾、卷叶蛾、螟蛾、夜蛾等，膜翅目的茎蜂、树蜂等。

(4) 食根性

害虫在土中以植物的根部为食。被害植物因根部被咬碎、咬断，影响养料的吸收与运输，全株枝叶枯黄，甚至死亡。常见食根性害虫包括蝼蛄、蛴螬、金针虫、地老虎、根蛆、蟋蟀等。

7.2.2 切花害虫的防治方法

切花害虫的防治法，根据其作用的原理和应用技术，可分为下列五大类：植物检疫，栽培管理防治，生物防治，物理及机械防治，化学防治。

7.2.2.1 植物检疫

根据国家法令，设立专门机构，采用各种检疫及其他措施，严禁危险性病虫的输入、输出传播，严格封锁和就地消灭新发现的害虫和病害。

7.2.2.2 栽培管理防治

优良的栽培管理技术不仅能保证花卉对生长发育所要求的适宜条件，同时还可以创造和经常保持抑制害虫大发生的条件，使害虫的危害降低到最低限度。冬季深翻改土或刨树盘，可以杀死大量在土中过冬的害虫。修剪、清园，一方面可以直接消灭枝梢上的害虫，又能抑制害虫的营养条件，抑制枝梢害虫的增殖，压低虫源。花圃内的枯枝落叶、僵果、翘皮等，都是害虫潜伏的场所，刮除翘皮、扫除落叶、摘掉僵果，可以消灭大量越冬害虫。害虫的发生与危害在相当程度与植物的抗逆能力有关。对生长势较弱的植株应及时施肥、浇水、松土锄草、加强光照与通风，提高植物自身的抗虫能力。

7.2.2.3 生物防治

应用有益生物或生物制品防治植物虫害的方法称生物防治。生物防治不污染环境，不破坏生态平衡，对植物无害，并能长期起作用。

(1) 以虫治虫

即利用天敌昆虫消灭害虫。天敌有两类。

肉食性天敌 此类天敌或者是用咀嚼式口器直接吞食害虫虫体的一部分或全部；或者是把刺吸式口器插入害虫的体内，同时放出一种毒素，使害虫很快麻痹，不能行动和反扑，然后吸食其体液，使害虫死亡。因这类天敌的食量较大，在自然界抑制害虫的作用十分显著。瓢虫、草蛉、胡蜂、蚂蚁、食蚜蝇、食虫虻、猎蝽、步行虫、蜘蛛及捕食螨等均为著名的肉食性天敌(捕食性天敌)。

寄生性天敌 此类天敌常常寄生于害虫体内，食用害虫体液和器官组织，致使害虫死亡。常见的寄生性天敌有寄生蜂和寄生蝇。

目前，北美已经商品化生产的天敌昆虫达到130种。我国对于天敌的利用起步晚，随着国内环境保护意识的增强，许多大城市开始减少杀虫剂的施用，开始利用天敌进行害虫的防治。例如，北京、天津、南京、青岛等城市的园林部门，已初步建立生物防治体系，掌握了一些昆虫天敌的规模化繁育技术，并已经大面积推广应用。

(2) 以菌治虫

以菌治虫即利用害虫的病原微生物(真菌、细菌、病毒)防治害虫。其优点是：繁殖快，用量少，不受作物生长限制，药效较长等。

真菌使昆虫致病的共同特征是：当昆虫被真菌感染后出现食欲剧减、体态萎靡，被真菌致死的昆虫尸体硬化、外型干枯，常称为硬化病或僵病。目前已调查发现有530种能使昆虫致病的真菌，已用于防治害虫的有白僵菌、绿僵菌、拟青霉菌、多毛菌、赤座菌和虫霉菌。其中白僵菌和绿僵菌已形成规模化生产，在防治害虫中应用较多。

细菌侵染昆虫后，昆虫虫体发软、血液有臭味。目前生产上应用得较多的是苏云金杆菌和乳状芽孢杆菌。苏云金杆菌通过口器进入昆虫消化道，然后在消化道内产生芽孢，同时产生有毒的伴胞晶体，使昆虫在数十分钟中毒死亡，多用于鳞翅目害虫的防治。乳状芽孢杆菌经昆虫口器进入，在昆虫体内大量繁殖，虫体充满芽孢而死，主要用于防治金龟子幼虫。

(3) 利用昆虫激素防治害虫

昆虫激素可分为内、外激素两种。

外激素 是昆虫分泌到体外的挥发性物质，用于寻找异性和发现食物等。外激素包括性外激素，追迹外激素及告警外激素等。其中性外激素在防治方法中利用得最多，一般是雌虫分泌性外激素，引诱雄虫进行交尾。人工防治一般是采取提取性外激素或使用合成性外激素类似物，对雄虫进行诱杀。

内激素 是分泌在体内的一种激素，用来调节昆虫的蜕皮和变态等，主要包括蜕皮激素、保幼激素及脑激素等种类。蜕皮激素可用于调节昆虫的蜕皮和变态，使昆虫发生反常现象而死亡。保幼激素能使昆虫保持幼期特性（保持蛹的状态），使之不能羽化为成虫进行危害。

7.2.2.4 物理防治

利用各种简单的机械或物理因素来防治虫害的方法称为物理防治方法。主要包括以下几种方法：

(1) 诱杀法

利用害虫的趋光性、趋化性等特点来引诱昆虫，然后集中消灭。

灯光诱杀 利用黑光灯、双色灯或高压汞灯，结合诱集箱、水盆或高压电网等诱集并消灭害虫。大多数害虫对波长 330~400 nm 紫外线特别敏感，具有较强的趋光性，可以诱集 15 目 100 多科的几百种昆虫。

色板诱杀 将黄色黏胶板设置于花卉栽培区域，利用某些害虫对颜色的趋性进行诱杀，可诱粘到大量有翅蚜、白粉虱、斑潜蝇等。这种方法在温室保护地内使用效果良好。

毒饵诱杀 利用某些害虫对食物气味的趋性，在饵料中加入一定量的杀虫剂，可诱杀害虫。

潜所诱杀 利用害虫在某一时期喜欢潜藏在某一特殊环境的习性，人为设置类似的环境进行集中诱杀的方法。

(2) 阻隔法

根据害虫的活动习性，人为设置某种障碍，切断害虫侵害或扩散途径，这种方法称阻隔法。

涂毒环、涂胶环 对于有上、下树习性的幼虫可在树干上涂毒环或涂胶环，阻隔和触杀幼虫。

架设防虫网 在温室或大棚外架设防虫网，能阻止多种害虫的入侵。例如，采用 40~60 目的纱网覆罩，可以隔绝蚜虫、叶蝉、粉虱、蓟马等害虫。

7.2.2.5 化学防治

化学防治是利用化学药剂的毒性防治害虫。化学防治具有效益高、速度快、广谱等优点，其效果十分显著。缺点是污染环境、伤害天敌、有可能产生抗药性。

(1) 杀虫剂的作用机理

农药的杀虫作用，因药剂种类而异，一般具有以下几种作用机理：

胃毒作用 害虫吃了喷过药剂的植物或药饵后，药剂随同食物进入害虫消化器官，从口腔进入前肠，继而进入中肠，被中肠肠壁细胞所吸收，引起中毒。

触杀作用 药剂与虫体直接或间接接触后，透过昆虫的体壁进入体内或封闭昆虫的气门，使昆虫中毒或窒息死亡。

内吸作用 具有内吸性的农药施到植物上或深施于土壤里，可以被枝叶或根部所吸收，而传导至植株的各个部分，害虫（主要是刺吸式口器害虫）吸取有毒的植物汁液中毒死亡。

熏蒸作用 药剂由液体或固体化为气体状态，通过害虫呼吸系统进入虫体，使之中毒死亡。

拒食作用和忌避作用 当害虫取食含毒植物后，正常生理机能遭到破坏，食欲减退，很快停止进食，这种引起害虫饥饿死亡的药剂称拒食剂，其杀虫作用称为拒食作用。另外，药剂分布于植物体后，害虫嗅到某种气味即避开，这种作用称为忌避作用。

不育作用 化学不育剂是作用于昆虫的生殖系统，使雄性、雌性（雄性不育或雌性不育）或雌雄两性不育。

(2) 杀虫剂的施药方法

杀虫剂常用的施药方式有喷雾法、喷粉法、烟熏法、土壤处理法、涂抹法、注射法等。其中喷雾法、喷粉法、烟熏法与前面讲的杀菌剂的施用方法相同，在此介绍其他几种方法。

土壤处理法 通过土壤喷雾处理，可直接杀死出土幼虫和蛹。将一定量杀虫剂与细土混匀后制成毒土，将毒土或杀虫剂的颗粒剂开沟条施或撒于地面，然后翻于土下20cm深度，可有效地防治地下害虫。

涂抹法 将药剂涂抹在害虫危害部位的防治方法。此种方法对靶性强、省药、药效长、受气候因素影响小。涂抹法包括胶环法、毒环法、包扎法等。胶环法是利用一种能长期维持黏性的胶状物质，在树干无裂缝处或树皮人工稍刮光后，将胶成环状粘涂在树干基部，阻止害虫上树危害。毒环法是将触杀性的杀虫剂配置成浓度较高的药液，加入适量胶黏物质，用毛刷等工具将药液涂在树干基部形成药环，使害虫沿树干向上爬行时，能充分接触到药剂而中毒死亡。包扎法是将含有杀虫剂的吸水性材料包裹在树干周围，再用防止蒸发的材料包扎好，药液通过树皮进入树干，将树木上的某些隐蔽性害虫杀死。

注射法 用注射器将药剂注入树干内、虫孔中，以杀死隐藏在枝条或树干内的害虫。

(3) 常用杀虫剂

敌敌畏 有滞留熏蒸及很高的触杀和胃毒作用。剂型有50%和80%乳油、80%乳油稀释1000～1500倍，杀虫广谱，对大多数害虫都有效。

敌百虫 胃毒和触杀作用。磷脂剂中唯一有胃毒作用的农药，对袋子虫（蓑蛾科害虫）有特效。

乐果 触杀、胃毒和内吸杀虫作用。可以有效地防治多种刺吸式口器的害虫，特别对蚜虫有特效。由于它有内吸作用，可用于防治潜叶类害虫。蔷薇科花卉对乐果敏感，易发生药害。

氧化乐果 是一种内吸杀虫杀螨剂，特别适合于防治刺吸式口器害虫，如螨类、蚜虫、粉虱、蓟马、介壳虫等。此外，对咀嚼式口器的鳞翅目的一些幼虫和甲虫等也具有高效防治效果。

马拉硫磷 具触杀、胃毒作用，能杀螨。主要防治对象有金龟子、粉虱、粉蚧、绵蚧、叶蝉、蚜虫、蓟马、盾蚧等。使用方法为50%乳油稀释1500倍喷雾。

辛硫磷 具有触杀、胃毒作用。杀虫范围相当广，对多数鳞翅目幼虫有很好效果，有的比敌百虫或杀螟松还好。对果蝇、白蚁、蚜虫、黑刺粉虱、蓟马、螨类、蜡蚧、龟蜡蚧、地下害虫、尺蠖等都有良好的效果。使用方法为50%辛硫磷乳油稀释1000～3000倍喷施。

速扑杀 广谱性、渗透性杀虫剂，具有触杀、胃毒、内吸作用。主要防治对象有介壳虫、蚜虫、蝇及鳞翅目害虫，为世界上销售最大的杀蚧剂40%乳油1500倍喷雾。

甲萘威（又名西维因） 具触杀、胃毒和微弱的内吸作用。可防治柑橘潜叶蛾、卷叶蛾、蓟马、蚜虫、叶蝉等害虫。使用方法为25%可湿性粉剂稀释200～400倍喷雾。

克百威（又名呋喃丹） 杀线虫剂，有胃毒、触杀和内吸作用。可防治叶蝉、蚜虫、潜叶蛾。残效期长，不怕雨水，适于防治水生花卉和盆栽花卉害虫。

涕灭威（又名铁灭克） 具有触杀、胃毒和内吸作用。能通过根系和种子的吸收而杀死刺吸式口器、咀嚼式口器害虫、螨类和线虫。常见剂型为15%颗粒剂，使用方法为沟施、穴施或追施，严禁对水喷雾。

甲氰菊酯（又名灭扫利） 具触杀、胃毒和一定的杀卵作用。可用于防治鳞翅目、鞘翅目、同翅目、双翅目、半翅目等害虫。常见剂型为20%乳油。

溴氰菊酯（又名敌杀死） 具有强触杀作用，兼具有胃毒和一定杀卵作用。触杀毒力大于其他杀虫剂，对蚜虫等害虫有特效，但对螨类（红蜘蛛）等无效。一般施用方法为2.5%乳油稀释2000～4000倍喷施。

联苯菊酯（又名天王星、虫螨克） 具有触杀、胃毒作用。可用于防治鳞翅目幼虫、蚜虫、叶蝉、粉虱、潜叶蛾、叶螨等。常见剂型为10%乳油。

三氟氯氰菊酯（功夫） 具有极强的触杀作用，并具胃毒和忌避作用。速效、杀虫广谱。对鳞翅目、半翅目、鞘翅目的害虫均有良好的防治效果。

三氯杀螨醇 接触性杀螨剂，毒性低，高效，残效期长。使用方法为40%乳油稀释1000～1500倍喷施。

克螨特 具有内吸、接触杀螨作用。不宜与其他杀虫剂混用。使用方法为73%乳油 1000~1500 倍喷施。

蚧螨灵 由一层油膜覆盖虫体进行杀虫，低毒。气温高时，杀虫力大。主要防治对象蜡蚧、球蚧、绵蚧、盾蚧、粉蚧、螨等。使用方法：加水稀释 30~100 倍，先用少量水搅匀，再加入剩下的水。萌芽、高温时停用。

青虫菌（又名苏云金杆菌或 Bt） 是细菌性杀虫剂，具有胃毒作用，杀虫作用比化学农药慢，但药效期可达 10d 以上。对害虫的毒效与气温有关，一般在 20℃ 以上时效果较好，晴天比阴天好，老龄幼虫比幼虫的效果好。对人、畜无毒，安全，但对家蚕有害。对多种鳞翅目食叶性幼虫有效。使用方法为一般每克活体孢子(100 亿以上)，加水 500~1000 倍。混入低浓度杀虫剂，如敌百虫、敌敌畏等有机磷农药 3000~4000 倍液，可提高药效。

杀虫素 系放线菌的衍生物，生物农药。对蚜、螨、蓟马、粉蝶、斜纹夜蛾有很好的防治效果。使用方法为 10% 的杀虫素稀释 3000 倍，喷雾。

米满 昆虫蜕皮加速剂，提前产生蜕皮反应，药后 6~8h 害虫死亡。对鳞翅目害虫有较好的防治效果。使用方法为 20% 水胶悬剂稀释 1000~2000 倍，喷雾。

抑太保 昆虫激素类农药，低毒，对鳞翅目害虫有很好的防治效果。使用方法为 1500 倍液喷雾。

小　结

本章介绍了切花病虫害的危害方式及其防治方法。介绍了切花病害的表现，病害的侵染过程及侵染循环以及病害的防治原理和具体的防治方法。

思考题

1. 切花病虫害防治应从哪几个方面入手？
2. 生物防治的优点是什么？

推荐阅读书目

1. 中国花卉病虫害原色图鉴(上册). 吕佩珂. 蓝天出版社, 2001.
2. 中国花卉病虫害原色图鉴(下册). 吕佩珂. 蓝天出版社, 2001.

8 切花采收、分级与包装运输

鲜切花作为一种观赏性的商品,应具有新鲜的质地、鲜艳的色彩和娇丽的姿态,这样才会有更强的市场优势。鲜切花的上市是由产地的植物粗产品,经采收、分级、包装、贮藏、保鲜、运输等环节,转化成为特殊的植物性商品。因此,采收和采后处理与采前管理同样重要,都直接影响着鲜切花的质量和销售价值。

8.1 切花采收和分级

8.1.1 切花采收

(1) 采收时期

商品切花的采收时期随花的种类、季节、环境条件、市场远近和某些特殊消费需求而定。过早或过迟采收都会缩短鲜切花的观赏寿命。

花蕾期采收是目前鲜切花生产的方向之一,在能保证花蕾正常开放、不影响品质的前提下,应尽可能在充分发育的花蕾期采切,便于采后处理和提高栽培土地及贮运空间的利用率,降低成本,且有利于切花的开放和发育的控制。花蕾期采切多用于菊花、香石竹、月季、鹤望兰、唐菖蒲、非洲菊、丝石竹、金鱼草、鸢尾等。花蕾期采切的切花须达到一定的标准,花蕾发育不充分不能采切。如香石竹花径达到 1.8~2.4cm,菊花花径达 5~10cm 时进行采收。

通常在能保证切花开花最优品质的前提下,以尽早采收为宜。对于距市场较远或需进行贮运的切花采切时期应比直接销售的早些。

不同种类切花采切的发育阶段不同。唐菖蒲以花序基部 1~2 朵小花初露色、花茎带 2~3 片叶时采切为优;香石竹以花朵中间花瓣可见时采切为宜;而兰花和大丽花等应在花朵充分开放时采切。不同品种切花采切阶段也有所不同。通常月季红色或粉红色品种以有 1~2 片花瓣展开时采切为宜,黄色品种可略早于红色品种,而白色品种则应略迟于红色品种;鲜切菊花中的大菊以中心小花褪绿时采切为宜,而多头菊在花盛开时采切为好。

(2) 采收时间

一天中采收最好的时间根据季节和切花种类有所不同。大部分切花宜在上午采收，尤其是距市场近可直接销售的切花和采切后易失水的切花种类（如月季等）在清晨采收，切花含水量高，外观鲜艳，销售效益好。像小苍兰、白兰花等清晨采收香气更浓，且不易萎蔫。清晨采收要注意在露水、雨水或其他水气干燥后进行，以减少病害侵染。对于需经贮运的切花应在水分含量较低的傍晚采收，便于包装和预处理，有利于保鲜贮运。若切花采后立即放在含糖的保鲜液中，那么采切的时间就显得不重要了。

(3) 采收方法

切花采收的工具一般用花剪；对于一些木本的切花，如梅花等可用果树枝剪；而草本的切花可用割刀采收。也有部分切花，如非洲菊等，可直接用手从花枝基部拔起。

采切花茎时应尽量使花茎长些。对一些基部木质化程度较高的切花，应选择靠近基部而木质化适中的部位采切，避免基部吸水能力低而缩短切花寿命。

切花采收时应轻拿轻放，尽量减少不应有的机械伤害，提高切花的观赏品质。剪切时应在剪口形成一斜面，以增加花茎的吸水面积，同时立即将切花基部插入装有保鲜液的容器中，避免日晒风吹造成切花衰老而失去观赏价值。

一些切花（一品红、桃花、水仙、芍药等）会在切口处分泌黏液、在切口处凝固，影响水分吸收，可在剪切花茎后立即将基部插入 85~90℃ 水中烫 60~90s，再插入水中保存。

8.1.2 切花分级

对成为商品的切花进行评估和分级是非常重要的，这项工作很大程度上是对切花质量等级的评定，直接关系到切花的价格和生产的效益。出售前的分级主要针对切花生长过程中产生的个体间的差异、大小混杂、成熟度不一、良莠不齐等问题。通过分级，有利于按级定价，同时便于包装、运输和销售。国际上一些大的花卉批发市场和拍卖行都建立了分级中心，统一对切花进行评估和分级，以保证切花材料的一致性和切花价格的合理。现国际上广泛使用的切花分级标准有欧洲经济委员会标准和美国标准。

8.1.2.1 切花检验项目

分级需要有一定的标准，同一产地、同一批次、同一品种、相同等级的产品作为一个检验批次，从中随机抽取检验的样本，样本数以大样本至少 30 枝、小样本至少 8 枝为准。然后对下列项目进行检测：

鲜切花品种 根据品种特性进行目测。

整体效果 根据花、茎、叶的完整性、均衡性、新鲜度和成熟度以及色、姿、香味等综合品质进行目测和感官评定。

花形 根据种和品种的花形特征和分级标准进行评定。

花色 按照色谱标准测定纯正度、是否有光泽、灯光下是否变色，进行目测评定。

花茎和花径 花茎长度和花径大小用直尺或卡尺测量，单位为厘米。对花茎粗细均匀程度和挺直程度进行目测。

叶 对其完整性、新鲜度、叶片清洁度、色泽进行目测。

病虫害 一般进行目测,必要时可培养检查。

缺损 通过目测评定(根据标准 GB/T 18247.1—2000)。

8.1.2.2 切花分级标准

(1)国际质量标准

切花分级至今缺乏统一的世界标准,只有欧洲经济委员会(The United Nations Economic Commission for Europe,ECE)标准和各个国家自定的标准。ECE 标准控制着欧洲国家之间及进入欧洲市场的花卉质量。这一标准适用于花束、插花或其他以装饰为目的的所有鲜切花、花蕾及切叶(表 8-1)。

表 8-1 一般外观的 ECE 切花分级标准

等级	要求
特级	切花具有最佳品质,无外来物质,发育适当,花茎粗壮而坚硬,具备该种或品种的所有特性,允许3%的切花有轻微的缺陷
一级	切花具有良好品质,花茎坚硬,其余要求同上,允许切花的5%有轻微缺陷
二级	在特级和一级中未被接受,但满足最低质量要求,可用于装饰,允许切花的10%有轻微的缺陷

(引自胡绪岚,1996)

(2)美国花商协会标准

美国花商协会(The Society of American Florist,SAF)以 ECE 标准为基础,对几种切花制定出推荐性的分级标准,仅用于花卉贸易中的自愿执行。此外,1986 年美国 Conover 提出新的切花质量分级标准,在该标准中,不论花朵大小,完全根据质量打分,质量最高的切花可以得到最高分 100 分,质量较差的切花从 4 个方面的品质进行评分后,按加权平均得分(表 8-2)。

表 8-2 切花质量百分制等级标准

评价项目	要求
状况(25分)	花朵和茎秆没有机械损伤、没有病虫害侵染(10分),外观新鲜、质量优良、无衰老征兆(15分)
外形(30分)	外形符合品种特征(10分),花朵开度适宜(5分),叶形一致(5分),花朵大小与茎秆长度和直径相称(10分)
颜色(25分)	色泽光亮、纯净(10分),颜色一致、符合品种特征(10分),无褪色、无喷洒残留物(5分)
茎秆和叶片(20分)	茎秆粗壮直立(10分),叶色正常、无失绿或坏死现象(5分),无残留物(5分)

(引自高俊平,2000)

(3) 荷兰标准

荷兰是世界花卉生产贸易中心，除了对花卉进行等级划分外，还进行了观赏期、运输特性等内在品质要素的研究和限定，是当今世界上花卉质量标准评价最彻底的国家。荷兰花卉产品质量标准是由花卉中介机构根据农产品质量法分别制定，由荷兰植物保护局、植物检验总局和国家新品种鉴定中心等机构执行。在花卉批发市场，有专门的检查员对产品质量检查，除病虫害外，还要检查保鲜剂的利用情况等。在荷兰，保鲜剂的使用有明确规定，有些是必须使用的，如香石竹，要求进入贮运前必须经过STS脉冲。有些是希望使用的。另外，观赏期也是一个重要指标。

(4) 中国标准

我国国家质量技术监督局2000年11月16日发布了主要花卉产品等级标准——国家标准(National Standards)。对观赏植物产品中鲜切花、盆花、盆栽观叶植物、种子、种苗、种球等的质量标准进行了严格规定。其中鲜切花质量标准针对13种切花制定，包括月季(表8-3)、菊花、香石竹、唐菖蒲、非洲菊、满天星、亚洲型百合、麝香百合、马蹄莲、花烛、鹤望兰、肾蕨、银芽柳。

此外，一些切花按特有的指标确定等级。如丝石竹在国际市场是以重量为单位，要求一枝花不轻于25g，10枝为一束。

表8-3 切花月季质量等级的国家标准

项目	级别		
	一级	二级	三级
花	花色纯正鲜艳、具光泽、无焦边，花形完整，花朵饱满，外层花瓣整齐，无损伤	花色纯正，鲜艳，无变色，花形完整，花朵饱满，外层花瓣较整齐，无损伤	花色良好，略有变色、焦边，花形完整，外层花瓣略有损伤
花茎	质地强健、挺直、有韧性、粗细均匀，无弯茎，长度要求为： 大花品种≥80cm； 中花品种≥55cm； 小花品种≥40cm	质地较强健、挺直、粗细较匀，无弯茎，长度要求为： 大花品种：65~79cm； 中花品种：45~54cm； 小花品种：35~39cm	质地较强健，略有弯曲，粗细不均，无弯茎，长度要求为： 大花品种：50~64cm； 中花品种：35~44cm； 小花品种：25~34cm
叶	叶片大小均匀，分布均匀；叶色鲜绿有光泽，无褪绿；叶面清洁、平展	叶片大小均匀，分布均匀；叶色鲜绿，无褪绿；叶面清洁、平展	叶片大小较均匀；叶色略有褪色；叶面略有污物
采收时期	花蕾有1~2个萼片向外翻卷至水平时		
装箱容量	每20枝捆为一扎，每扎中切花最长与最短的差别不超过1cm	每20枝捆为一扎，每扎中切花最长与最短的差别不超过3cm	每20枝捆为一扎，每扎中切花最长与最短的差别不超过5cm

注：形态特征：灌木，枝具皮刺。叶互生，奇数羽状复叶(小叶5~7枚)。花单生新梢顶部；花瓣多数，花色繁多，主要有白、黄、粉、红、橘红等色；花瓣多数，花型丰富多彩。

(引自高俊平，2002)

8.2 切花包装和运输

8.2.1 切花包装

包装的作用是保护切花产品免受机械损伤、水分丧失、环境条件急剧变化和其他因素的不良影响,以便在贮运和上市过程中保持切花的新鲜程度和延长贮存期限。包装还是一种贮运容器,有封闭产品和搬动装卸的工具作用。

8.2.1.1 包装方法

切花经分级后进行包装。在切花批量生产进行包装之前,应使用适宜的保鲜剂进行预处理,以控制呼吸强度和乙烯的产生,同时减少水分消耗,保鲜防衰老。美观、方便的包装,能提高切花的商品价值。

一般切花的包装是按一定数量扎成束(香石竹和月季等多20枝为一束),然后用一些包装材料包裹,置于包装箱内。也有部分切花如月季、非洲菊、花烛、菊花等常先将单枝花头包裹后按一定数量装入包装箱。装箱时应小心地把切花分层交替放置在包装箱内,各层之间放纸衬垫,直至放满,不可压伤切花。为了保护一些名贵切花免受冲击和保持湿度,在箱内放置碎湿纸。常在包装箱内放冰袋,以利降低温度保鲜。

目前国内的花卉经营者大多使用湿式包装,即在箱底固定放保鲜液的容器,切花垂直插入。月季、大丽花、非洲菊、丝石竹、飞燕草、小苍兰和混合花束等常用。湿式包装切花主要局限于公路运输。近年来,深圳农业科学研究中心对低温条件下干式包装进行探索,即将花卉包装在无水或无保鲜剂的包装箱(盒)内,结果发现大部分切花干式包装低温贮藏效果比湿式的好。

8.2.1.2 包裹材料

(1) 保鲜瓦楞纸箱

用于鲜切花的保鲜瓦楞纸箱材料主要有4种类型:

PE 夹层型　将 PE 保鲜膜夹在瓦楞纸板的内、外芯之间。

层压型　将保鲜物(剂)与镀铝膜压到纸板的内外芯纸上。

组合型　将塑料薄膜与瓦楞纸板组合使用。

混合型　将吸收乙烯气体的粉末在造纸过程中加入到纸浆中,再制成成型瓦楞纸箱。

(2) 功能性瓦楞纸箱

夹塑层瓦楞纸箱　在瓦楞纸原纸内夹入塑料薄膜,利用塑料薄膜层的阻气性,再加上切花的呼吸作用,保证了这种包装中的低氧、高湿和高浓度 CO_2 的 CA 条件,达到抑制鲜切花的呼吸,阻止水分蒸发的效果。它还可将乙烯和水分吸附剂涂到薄膜内层上,同时具有气调功能。

生物式保鲜纸箱　在瓦楞纸上涂覆抗菌剂、防腐剂、乙烯吸附剂、水分吸附剂等制成瓦楞纸板，具有良好的抗微生物、防腐、保鲜的功能。

混合型保鲜瓦楞纸箱 在制作瓦楞纸板的内芯纸或聚乙烯薄膜时将含有硅酸的矿物微粒、陶瓷微粒或聚苯乙烯、聚乙烯醇等微片混入其中，将得到的混合聚乙烯薄膜再贴合在瓦楞纸内制成包装箱，保鲜效果良好。

远红外保鲜纸箱 这种材料是把能发射远红外线波长（6~14μm）的陶瓷粉末涂覆在天然厚纸上，然后再与所需要的材料复合而成。它在常温下就能发射远红外线，使鲜切花中抗性分子活化，提高抵抗微生物的能力；或使酶活化，保持切花的鲜艳度。

泡沫板复合瓦楞纸箱 分为两种：一种是由瓦楞纸和服特殊泡沫板层叠而成，称为保鲜瓦楞纸箱；另一种是由瓦楞纸和聚乙烯泡沫板层叠而成，称为保鲜瓦楞纸L。它们具有隔热保冷效果和控制气体成分的作用，同样具有良好保鲜效果。

目前已研制出的复合蜂窝状包装纸箱，已有代替5层以上瓦楞纸箱的趋势，因此，保鲜复合蜂窝状包装结构也可以考虑运用于鲜切花保鲜包装，以达到一个全新的形象，更体现鲜切花包装的特色。

(3) 功能性保鲜膜

这一类薄膜可以和包装箱共同复合、混合使用，也可以单独使用，作为鲜切花的包装内袋，形成第一小空间环境。

吸附乙烯气体的薄膜 是一种将多孔性矿物（如绿凝灰石、沸石、方英石、二氧化硅等）粉末化，然后搅拌进塑料原料制成的薄膜。这些多孔性矿物质具有吸附乙烯的特性，一般含量大于5%。这种薄膜由于渗入多孔性物质，其透气性一般都比聚乙烯单体膜高。在使用中要从吸附性和透气性两方面综合考虑其配比。

防白雾及结露薄膜 是指在单体膜上涂布了一层脂肪酸等防白雾剂，或者掺入界面活性剂的薄膜。主要目的是保证包装形象和切花商品价值不受损害。

简易CA效果薄膜 在低温（除特殊情况外，均为0℃左右）环境下，可减少供氧量，增加二氧化碳供给，达到抑制水分蒸发、抑制切花在CA气体环境中呼吸，从而产生防衰老、保持新鲜度的效果。对于不同的切花品种，需要不同的工艺，包括切花采后时间、预处理、薄膜厚度、环境温度、环境湿度、贮存期的长短等。

抗菌性薄膜 是把银沸石填充到塑料中制作而成的。这种银沸石是以氧化铝和二氧化硅为床料合成多孔性沸石，再使沸石与银离子相结合的产物。试验表明含银2.5%的银沸石，其银离子浓度为10~50mg/L时就完全可以抑制微生物的生长。银沸石层合抗菌薄膜，是把含银沸石的薄膜紧贴在普通薄膜的胶合层进行共挤压而成的薄型复合型薄膜，其厚度仅约6μm。一般银沸石添加量为1%~2%，银离子浓度为250~730mg/L时，即具有了足够的抗菌能力。

8.2.1.3 包裹方法

(1) 内包装（inner package）

常见切花内包装的方式有两种，即成束包装和单枝散装。成束包装通常以10、12、15枝或更多枝捆扎成一束。在美国，月季和香石竹通常25枝一束，而菊、金鱼草、唐菖蒲、郁金香、水仙以及大多数切花10枝一束。花束捆扎不能太紧，以防受伤和滋生霉菌。切花花束可用耐湿纸、湿报纸或塑料套等材料包裹。包裹后置于包装箱内。鲜切花花束通常用发泡网或塑料套保护花朵，并用皮筋在花梗基部捆扎，然后放入厚纸板箱中冷藏或装运。

单枝切花(如鹤望兰和菊花)或成束切花(如小苍兰和郁金香)可用发泡网(或塑料套)保护花朵。有专门用于火鹤和非洲菊包装的纤维板箱，能保护花头，支撑茎保持垂直。单生花的兰花可包于碎聚酯纤维中，茎端放入盛满花卉保鲜液的玻璃小瓶中，瓶子用胶带粘在箱底上。

(2) 外包装(outer package)

普通的鲜切花外包装常用纤维板箱、木箱、加固胶合板箱、板条箱、纸箱、塑料袋、塑料盘和泡沫箱等，其中纤维板箱是目前运输中使用最广泛的包装材料。对于长距离运输的切花，最好采用双层套箱，材料用波纹纤维板。箱子应有良好的承载力，不易变形。其强度应达到在高湿度条件下能承受至少8个装满切花的箱子的压力水平。美国花卉栽培者协会(SAF)和产品上市协会(PMA)制定了用于切花的标准纤维板箱规格，以便更好地堆垛和使用标准的托盘(1016mm×1219mm)，提高工作效率，并方便装入标准的冷藏车内。强制空气冷却所用的包装箱应在两端留有通气道，大小为箱子一侧壁面积的4%~5%，这样可保证切花在运输期间保存良好。内用细刨花、泡沫塑料和软纸作为包装内填充物，以防止产品碰伤和擦伤。应小心地把切花分层交替放置于包装箱内，直至放满，但不可压伤切花。

8.2.1.4 包装方式

分干式包装和湿式包装。月季、百合、非洲菊、满天星、飞燕草等切花，可采用湿包装，防止上市后不能正常开花。切花的湿式包装主要用于陆路运输。空运快，历时短，大部分切花采用干式包装，但对低温伤害很敏感的热带切花应保证水分供给：将花茎基部置于盛水的塑料小瓶或球形橡胶容器中，固定盛水容器与花茎。也可将花茎末端放在水分饱和的吸水棉中，再用蜡纸或聚乙烯膜包好捆牢。对乙烯高度敏感的切花(如兰花)，在包装箱内通常放一含有高锰酸钾的洗涤瓶，以吸收乙烯。

8.2.2 切花运输

8.2.2.1 预处理液处理(pre-treatment)

为了防止运输过程中切花品质下降或腐烂，运输前须进行一些药剂处理。对灰霉菌病敏感的切花应在采前或采后立即喷杀菌剂，以防止运输过程中发生该病。用于干式包装的切花，宜在晴天中午稍有萎蔫时进行，或采后适当摊晾，保持表面干燥，使其在捆扎和包裹后不易腐烂。切花应无虫害和螨类。如果切花上有虫害，可用内吸式杀虫剂或杀螨剂处理。

在长途横跨大陆或越洋运输之前常进行切花脉冲处理。荷兰通常在海关用分光光度计检测乙烯敏感型切花的Ag^+浓度，发现未进行STS脉冲处理的切花，不允许出境。

8.2.2.2 预冷(pre-cooling)

除了对低温敏感的热带种类以外,所有切花在采切后应尽快预冷,然后置于最适低温下运输。预冷是指人工快速将切花降温的过程。切花贮运前预冷十分重要,它可使切花在整个运输期间保持适宜的低温,最大程度地减少损耗,并减轻冷藏车的能量负荷。

常用切花预冷方法有:

(1)冷库冷却

直接把切花放在冷库中,不进行包装或打开包装箱,使其温度降至所要求的范围。这一方法不需在冷库中安置另外的设备。冷库应有足够的制冷量,当冷空气以 60~120m/min 的流速循环时,预冷效果较好。冷库预冷需花费几个小时,切花占据较大空间。完成预冷的切花应在冷库中包装起来,以防切花温度回升。

(2)包装加冰

这是一种古老而简易的方法。把冰砖或冰块放在包装箱中,切花放在塑料袋中隔开。试验表明,要把植物材料从35℃降到2℃,需融化占产品重量38%的冰。在包装顶部加冰的方法效果较差,同时也增加了货载量,因此,常作为其他预冷措施的辅助手段。冰块也可用于切花预冷后,在无冷藏设备的卡车上运输,以维持低温。

(3)强制通风冷却

这是一种最常用的预冷方法,可使产品迅速预冷。使用接近0℃的空气直接通过切花,带走田间热,使切花迅速冷却。此法所用时间为冷库预冷法的1/10~1/4。

强制通风冷却适合于大部分切花预冷。图8-1为目前广泛使用的强制通风冷却机。把它置于冷库中,把切花包装箱堆码在冷却机后面,通过离心扇的作用使冷空气穿过包装箱,带走切花的田间热。每

图8-1 便携式强制空气冷却机
(引自胡绪岚,1996)

次可冷却8~10个箱子。如果冷库的冷却效率很高,在一个冷库中可同时放置几个小型冷却机。当有几种切花需要预冷,而它们要求不同的冷却时间时,使用这种装置非常方便。该套装置要求温度保持在0℃左右,相对湿度为95%~98%,并有足够的空气流通空间。这套小型强制通风冷却机每小时能预冷4~10箱切花。

(4)真空冷却

水的蒸发点随大气压的降低而下降,在低压容器中切花的水分很容易蒸发而使产品温度降低。当压力减小至4.6mm汞柱,水在0℃就可蒸发,产品可能蒸发冷却到0℃。利用这一原理,使切花快速预冷常采用真空冷却。这个系统主要设备包括一个真空容器、一个真空泵和一个冻结从切花中蒸发出来的水汽的冷凝器。由于切花在低压下也产生热量,其水分蒸发速度较快。不论切花数量多少,预冷时间均很短,仅20min左右。

切花可冷却至 -6℃。从开始的温度每降低 6℃，切花水分损失不超过 1%。真空冷却达到的低温和冷却速度与产品表面积和体积之比（比表面积），与产品组织失水难易程度和容器抽真空速度有关。切花与叶菜类蔬菜相似，比表面积很大，水分蒸发面积大且较容易，所以适合于真空预冷。为防止切花组织失水过多，可给真空容器预先加湿或设置喷雾装置。

8.2.2.3 运输环境条件

(1) 温度

产品温度往往在数小时内与环境温度持平，并且随产品温度上升，其呼吸强度也随之增强，产生更多的呼吸热，进一步提高产品的温度。因此，控制适宜低温（运输适温）对运输途中减少切花损耗非常重要。原产于温带的花卉运输适温相对较低，通常在 5℃ 以下；原产于热带的花卉则相对较高，通常在 14℃ 左右，而原产于亚热带的花卉则介于两者之间，如唐菖蒲为 5~8℃，一些常见鲜切花的运输适温见表 8-4。

表 8-4　常见鲜切花的运输适温度　　　　　　　　　　　　　℃

种　类	运输适温	种　类	运输适温
月季 (*Rosa hybrida*)	2~5	草原龙胆 (*Eustoma grandiflorum*)	5~10
菊花 (*Dendranthema morifolium*)	4~7	飞燕草 (*Delphinium grandiflorum*)	8~12
香石竹 (*Dianthus caryophyllus*)	2~5	满天星 (*Gypsophila paniculata*)	3~5
唐菖蒲 (*Gladiolus hybridus*)	5~8	补血草 (*Limonium sinuatum*)	4~7
非洲菊 (*Gerbera jamesonii*)	2~5	紫罗兰 (*Mathiola incana*)	5~8
亚洲百合 (*Asiatic hybridus*)	5~7	小苍兰 (*Freesia hybrida*)	2~4
郁金香 (*Tulipa gesneriana*)	4~6	卡特兰 (*Cattleya hybrida*)	13~15

另外，同一种类花的运输适温还随着栽培条件、运输距离的不同而变化。露地花卉的运输适温较保护地栽培的低；远距离运输的比近距离运输的相对要低。总的来说，相同的切花运输适温要低于其相应的贮藏适温，这是因为运输前后往往有较大的温度变化。

(2) 湿度

蒸腾是切花采后的一项正常生理活动，但因此导致产品水分的丧失和鲜度的下降，引起切花水分胁迫。降低蒸腾是鲜切花贮运中的首要任务之一。环境的相对湿度是影响植物产品蒸腾强弱的主要因子，因此，鲜切花对运输环境相对湿度的要求很高，通常在 85%~90%。在干运条件下，包装材料和环境温度共同影响了花材周围相对湿度的大小。采用瓦楞纸箱包装，密封不严时，箱内的相对湿度与外界环境达到平衡，产品蒸腾失水往往很旺盛，有条件时可用加湿装置、车箱内洒水或包装箱内加碎冰等方法保持高湿；采用有聚乙烯薄膜作内衬或作内包装的纸箱包装时，由于花材本身的蒸腾水分很快使周围微环境饱和，相对湿度易于满足要求，但同时还要注意过湿的问题。在绝对湿度相同时，相对湿度随着环境温度的上升而下降，反之随着环境温度的下降而上升。因此，运输途中的温度变化会通过相对湿度间接影响产品的蒸腾作用。

(3) 振动和冲击

运输途中的振动对园艺产品的影响是国内外保鲜工作者研究的热点之一。振动不但会对产品造成机械损伤，还带来生理伤害。不同频率和振幅对产品的影响不同。不同的运输途径、运输工具、行驶速度等都影响到振动强度和频率。公路运输比铁路运输振动强度大，铁路运输又比海路运输强度大。同一运输工具，行驶速度越快，振动越大。在同一种运输工具中产品所处部位不同，受到的振动不同。以卡车为例，车箱后部上端的振动最大，前端下部振动最小。

运输中应尽量减少振动。从采收后到预冷前的短途运输虽然运输时间短，但由于环境温度高、花材含水量大、包装材料简易，且多由容易引起振动的汽车运输，应特别注意减轻振动，以减弱呼吸强度的显著增强，保持观赏植物的产品质量。从产地到消费地的远距离运输，振动的累加效应对产品的影响往往更加严重，需要在包装材料的选择等各个方面力求减轻振动。在运输中除振动外，还有挤压，在装卸搬运过程中对产品的冲击和切割等，这些都应设法减轻。

(4) 微环境气体组成

基于气体组成对切花观赏寿命的影响，贮运中控制较高浓度的 CO_2，较低浓度的 O_2 和脱除乙烯对于降低切花的生理代谢活性、减少运输中的损耗是有利的。与贮藏的情况不同，运输时由于所需时间较短，对 O_2 的忍耐低限和对 CO_2 的忍耐高限都要超过贮藏条件。以月季切花为例，介绍模拟运输条件时的塑料薄膜包装自发气调的运输效果（高俊平等，1994）。将月季切花分别设置无包装、0.02mm 和 0.35mm 的塑料膜包装，每一包装都设有 8℃、15℃ 和 22℃（相当于空调火车室温）的温度处理，存放时间为 72h。在存放期间追踪测定包装袋内的 O_2 及 CO_2 浓度变化，存放结束后将切花插入瓶内进行瓶插观察。结果发现：在 22℃，0.35mm 塑料膜包装条件下切花瓶插寿命长于 8℃ 未经包装的切花，近似于 8℃ 下 0.02mm 塑料膜包装的结果。各种包装中 O_2 质量分数最高者达到 16%，由此可见，高浓度的 CO_2 有部分代替低温的效果，通过调节气体微环境达到节能运输的效果在理论和实践中都是很有意义的。

乙烯对切花的影响主要是引起衰老与伤害。对乙烯敏感的切花，通常在长途运输之前用含有乙烯作用抑制剂的预处液处理切花，运输途中包装容器内放置乙烯吸收剂，如活性炭或者高锰酸钾，清除乙烯。

8.2.2.4 切花运输的途径和工具

切花与其他花卉产品一样，消费需求千变万化，市场繁荣是解决供需矛盾的重要保证。而不同切花产品生产的地域性很强，为满足各地消费者，各种距离的运输是不可避免的。根据目的地的远近，切花运输采取不同的形式与工具。

(1) 卡车运输

对于短距离运输或运输时间不超过 20h 的切花，可使用无冷藏设备但隔热的卡车。在运前要把切花预冷至对该种最适宜的低温。预冷之后，包装箱上的通气孔应马上关闭，同时箱子在卡车内紧密摆放，防止在运输途中移动。对于长距离运输或运输时间超过 20h 至数天的切花，应使用有冷藏设备的卡车，这是陆上运输的主要运载方式。运输之前，包装箱上的通气孔应开放，让冷气流入箱内。由于在车内合理的装载对于控制切花在运输过程中的温度有明显影响，箱子摆放方式应有利于空气的循环，以保持切花稳定的低温。

图8-2所示为一种有利于空气循环的冷藏车。车内侧壁和后门应具肋状，在箱子和后门之间至少应留出10cm距离，并用支撑物防止装载向后移动而抵住后门，冷空气从制冷器沿车顶板和箱子之间的空隙流向卡车后部，然后从箱子底部沿地板流回冷却器。

图8-2 切花在冷藏卡车内的装载方式
（引自胡续岚，1996）

美国最近为冷藏长型卡车研制了一种不同的空气循环系统。来自冷却器的冷空气被向下压送至打孔的地板，再从地板向上经过箱子之间空隙回到车顶板的冷却器。这一方法可保护车内上层箱子中的切花免遭冻害。卡车运输常用到以下类型的集装箱：

冷藏拖车 用于公路运输和铁路运输。

长12m的拖车 最大载货量2.3×10^4kg，内部尺寸12m×2.26m×2.49m，可使用容积62m^3。

长13.7m的拖车 最大载货量2.3×10^4kg，内部尺寸13.84m×2.19m×2.36m，可使用容积66m^3。

长14m的拖车 最大载货量2.3×10^4kg，内部尺寸14.26m×2.45m×2.50m，可使用容积80m^3。

冷藏搬运集装箱 用于海运、铁路运输和公路运输。

长6m的集装箱 最大载货量1.9×10^4kg，内部尺寸5.29m×2.18m×2.02m，可使用容积23.84m^3。

长12m的集装箱 最大载货量2.1×10^4kg，内部尺寸11.33m×2.28m×2.19m。

长12m的集装箱 最大载货量2.1×10^4kg，内部尺寸10.89m×2.18m×2.32m，可使用容积58.14m^3。

出口的切叶类通常用冷藏集装箱运输，在适当预冷前提下，可忍受2~3周的长途运输。

（2）火车运输

火车运输振动较汽车小，物理损伤小，运输量大，运输距离长，运输成本低，是替代汽车长途运输的良好途径，但是火车运输具有通常要汽车做接应，发货时间不灵活等突出缺点，应用较少。

火车运输中用到两类保温方式：①冷藏集装箱具有机械制冷、空气循环的功能。可以取得理想的运输效果。②隔热车箱利用客车车箱或棚车改造而成。在切花充分预冷的基础上，采用隔热性能较好的材料如聚苯乙烯等作外包装材料，包装箱内放置预先制好的蓄冷剂（冰或干冰），或为了节约运输空间，不用或少用蓄冷剂，以聚乙烯膜包装自发气调以增强保温效果。

(3) 空运

空运在国内和国际切花贸易中起着越来越重要的作用。空运可将切花以最快速度提供给消费者。在空运过程中一般无法提供冷藏条件，因此应特别注意切花在运前的预冷处理，预冷后，箱子上所有的通气孔应关闭，由于在飞机场乙烯浓度高，所以在空运前切花应进行 STS 脉冲处理。

空运中切花包装箱一般用托盘整体装卸，最好使用塑料宽条带环绕整体包装，再用托盘网固定。有些切花也使用空运集装箱。空运集装箱有以下几种类型：

①冷藏集装箱　使用干冰(固体 CO_2)做冷却剂，有 LD3 型。LD3 型最大载货量为 1.4×10^3 kg，可装干冰 52kg，内部尺寸为 1.46m × 1.43m × 1.41m，可使用容积为 3.5m³，适用机型包括波音 747，707，DC-8，DC-10 和 L1011。

②隔热集装箱　型号为 LD3，最大载货量为 1.4×10^3 kg，内部尺寸 1.534m × 1.562m × 1.620 m，可使用容积 3.7m³，适用机型包括波音 747，767，DC-10，A300 和 A310。

③干集装箱(非隔热)　有 LD3 和 LD11 3 种型号。如 LD3 型最大载货量为 1.50t，内部尺寸 1.45m × 1.453m × 1.550 m，可使用容积为 4.3m³，适用机型包括波音 767，747，DC-10，A300 和 A310。

④纤维板空运箱(由运货者提供)　由于许多航空公司不允许把冰块放置于包装箱，允许使用冰块时，要求冰块密封于塑料袋中，空运箱不会漏水。纤维板箱要求用蜡渗透的塑料膜衬里。常用纤维板空运箱型号为：

EH 型　最大载货量 132kg，内部尺寸 92cm × 56cm × 56cm，能承受顶部最大货载压力 272kg，适用于所有机型。

E 型　最大载货量 218kg，内部尺寸 107cm × 74cm × 65cm，能承受顶部最大货载压力 272kg，适用于所有机型。

C08 型　最大载货量 866kg，内部尺寸 107cm × 147cm × 114cm，能承受顶部最大货载压力 272kg，适用机型包括波音 747，767，L1011，DC-10，A300 和 A310。

(4) 海运

由于空运的价格很高，而且价格仍在不断上扬，因此切花的长途海运逐渐受到青睐。切花海运最明显的缺点是延长了运输时间，例如，从以色列到德国的船运时间12～18d，从荷兰到美国，海运需 8～14d。为能在长时间运输过程中保持切花的优良品质，在整个航运期间，保证有效的空调是基本条件。切花在采切后应尽快用适当的花卉保鲜剂加以水合并快速预冷，然后装入冷藏集装箱内，再转运至海港。

据荷兰的 Harkema 研究，同样的花材海运，采用真空集装箱的切花失水 10%～16%，采用常规隔热或冷藏集装箱的切花失水约 7%，而空运切花仅失水 4% 左右。月季、菊花、香石竹、非洲菊、百合和小苍兰在航运过程中失水最多，而小花枝香石竹、郁金香、鸢尾和水仙损失水分最少。

真空集装箱运输抑制了切花花蕾和花的发育，因此，当切花到达目的地后，用真空集装箱运输的切花较用普通集装箱运输的切花处于较早的发育阶段。真空运输的主要缺点是切花损失水分过多。适合于 14d 海运的切花有标准型和小花枝的香石竹、非洲菊、微型月季、郁金香和革叶类蕨类。总之，在长时间海运中保持高质量切花的关键在于运前用适合的花卉保鲜剂硬化处理切花，切花不要感染灰霉病，并尽快预冷。在到达目的地后，切花应置于合适的保鲜液中予以恢复，贮存于低温条件下，直至出售。

小　结

本章介绍了切花采收时间、采收方法、切花分级的国际质量标准和我国质量标准。介绍了切花的包装方法和包装材料，冷藏运输过程中环境条件的调控、运输的途径和运输工具等。

思考题

1. 确定切花采收时期应考虑哪些因素？
2. 切花的运输方式有哪几种？

推荐阅读书目

1. 观赏植物采后生理与技术．高俊平．中国农业大学出版社，2002.
2. 鲜切花栽培和保鲜技术．吴少华，李房英．科学技术文献出版社，1999.

9 切花保鲜和贮藏

由于脱离母体，切花采切后生理生化活动发生了一些变化，生物生长性合成减少，分解速率加快，逐步趋于衰败。切花内部的状况和外部条件都对切花衰败的进程产生影响，通过了解这些因素能在一定程度上控制切花的衰败进程，达到保鲜效果。

9.1 切花品质及影响切花品质的因素

9.1.1 采前管理

鲜切花的衰老进程与切花采前的诸多因素密切相关。采前肥水管理水平直接影响切花的质量和衰老进程。矿质营养缺乏或失调会引起一些生理性伤害；缺氮会使切花叶片黄化，出现早衰；缺钾对切花采后新鲜度有很大的影响；缺钙的切花更容易失水，受到病菌的侵染。不同的切花种类，生长发育对矿质营养的需求量和平衡比例有不同的要求。通常观花和观果类切花应增加磷、钾的比例，以及硼和锌等微量元素的施用。而观叶切花可适当增加氮的施用量。在栽培过程中，过量施氮也会降低切花的瓶插寿命，一般在花蕾现色之前应少施或停施氮肥，适量施用钾肥，以提高切花品质和延长瓶插寿命。

近些年有研究表明，一些稀土元素对切花生长发育有一定的影响，如用硝酸稀土处理非洲菊能使花期延长、花色鲜艳。

切花生长期间气候条件不适也会促发一些生理性病害，影响切花的保鲜。如长期阴雨，光照不足，切花生长不充实，采后保鲜性能下降。切花生长期和贮运期间水分条件的失衡，都直接影响切花的质量。缺水会使花朵变小，切花易于衰老；而生长期水分过量，会使切花易于感病，不耐贮运。另外，采收期不当也会引发生理病害，加速衰老。

此外，采前农药和生长调节剂使用不当，会引起切花的各种病态反应，对采后保鲜不利。

9.1.2 采后环境

影响切花保鲜的因子很多,如水分条件、温度、光照等都对切花生理代谢产生作用,处理不当会加速切花的衰老进程。

通常一定范围内温度低,能减缓切花的衰老进程。理论上,在略高于细胞冻结点的低温环境中,保鲜效果最佳。但是,一些原产于热带和亚热带的切花即使在冰点以上的低温环境,也会出现冷害。冷害多表现为表面出现凹陷斑块、花枝和花朵组织变色,而后切花衰老变质腐烂。热带和亚热带切花大多在 8~12℃ 条件下贮藏保鲜为好。

高温季节采收的切花,放置在 30℃ 以上的环境中也会产生高温伤害,导致呼吸加强,衰老加速。环境中的水分和气体(乙烯、氧气、二氧化碳)条件对切花的贮藏和保鲜有很大的影响。

9.1.3 病虫害及机械伤害

病虫危害和机械伤害是影响切花保鲜质量的主要因子之一。许多病菌对采前完好无损的切花植株危害不大,但采收及以后各环节造成的种种机械伤,为病菌的危害和蔓延创造了条件。因此,控制和减轻病害是切花保鲜的重要技术内容,应采取采前控制和减少感染源,采收时尽量减少机械损伤,采后及时加强保鲜处理等措施。

9.2 切花的采后生理

9.2.1 呼吸作用及调控

呼吸作用是切花采后最主要的生理代谢过程,其强度对切花的品质和贮藏保鲜都有很大的影响。呼吸作用可分为有氧呼吸和无氧呼吸。反应式表示如下:有氧呼吸,$C_6H_{12}O_6 + 6O_2 \rightarrow 6O_2 + 6H_2O + 2870 \text{ J}$(能量);无氧呼吸,$C_6H_{12}O_6 \rightarrow 2C_2H_5OH + 2CO_2 + 226 \text{ J}$(能量)。

呼吸作用是消耗物质的反应,呼吸作用产生的热量称呼吸热,呼吸热会使环境温度升高,从而加速体内的代谢,加速衰老。有氧呼吸产生能量大于无氧呼吸,无氧呼吸产生酒精等物质会加速切花的衰败。因此,控制呼吸强度,同时防止无氧呼吸是切花保鲜的主要措施。影响切花呼吸作用的因素有温度、氧气含量、切花的成熟度和含水量,以及机械伤害等。

许多研究表明,呼吸强弱直接影响切花寿命的长短。例如,影响月季、香石竹、菊花呼吸强度的顺序从高到低,表现出月季寿命比香石竹短、香石竹寿命比菊花短。秋冬季节温度较低,呼吸强度较小,切花衰老进程较慢,故比夏季持久性好。

根据衰老过程中呼吸强度的变化,可将切花分为跃变型和非跃变型。呼吸跃变型的切花有香石竹、重瓣丝石竹、唐菖蒲、月季、蝴蝶兰、紫罗兰、香豌豆、金鱼草、风铃草等,这些切花的衰老与乙烯的代谢关系密切;非跃变型的切花有菊花、千日红等。

对切花呼吸作用的调控途径如下:

①温度过高或过低都会抑制切花的呼吸作用，通常在低温条件下，对切花进行采后处理，以减弱呼吸作用的强度。这也是低温保鲜的原理之一。

②控制 O_2 含量在 10% 以下，能明显抑制呼吸作用。但 O_2 过少会产生无氧呼吸，长时间的无氧呼吸会导致酒精中毒等生理性病害，造成切花衰败腐烂。

③环境中 CO_2 的浓度也对呼吸作用有很大影响。用塑料薄膜包装切花，使切花处于高浓度 CO_2 条件下，也能明显抑制呼吸作用。一般切花保鲜时 CO_2 浓度以 1%~5% 为宜。

④机械伤害和病虫害都会使呼吸强度提高。生产、采收、贮运等过程中应尽量减少机械伤害。

⑤植物激素或植物生长调节剂对呼吸作用亦有影响，如乙烯对呼吸作用有促进作用；细胞分裂素对呼吸作用有抑制作用，而萘乙酸在低浓度对呼吸有促进作用，高浓度则产生抑制作用。

此外，切花失水过多或湿度过高都会造成呼吸强度提高，应注意切花包装内的湿度。

9.2.2 水分代谢及调控

9.2.2.1 蒸腾失水

鲜切花只有在较高的水分含量条件下，才能维持坚挺鲜嫩的状态。切花的新鲜度很大程度是由水分状况所决定的，即水分亏缺是切花采收后失鲜的主要原因。蒸腾作用是切花水分散失的过程，与切花衰老和保鲜关系密切。蒸腾脱水过度，水分不足造成切花组织皱缩，失去光泽和新鲜状态，品质下降。蒸腾作用的强弱除了切花种类的差异外，还与周围的空气湿度、温度和光照等有关。

离开母体的切花依靠放在水中的切口和花茎的侧面进行吸水。切花采收后的失水、失重、失鲜往往是由蒸腾作用失水和切口的导管堵塞共同造成的。

可能导致切口导管堵塞的原因有：

①部分切花切口处分泌的乳液（如一品红等）或单宁等物质的积聚；

②切口导管的末端进入气泡；

③切口处微生物繁衍，产物积累；

④其他原因，如切花缺钾（导致导管小而少）吸水能力差等。

鲜切花在采收后的贮运过程中，因蒸腾作用失去了水分，导致失重、失鲜和萎蔫，同时还会产生一些不良反应。如会加强水解作用，易造成氨离子、氢离子等离子危害；使乙烯含量上升加速器官衰老；抗病性下降等。

蒸腾作用的强弱因切花种类、品种、成熟度等的不同有很大差别。生产上，在切花采收后，可通过以下措施对蒸腾失水加以调控：

①提高空气的相对湿度，对观叶和观花的切花，可通过喷雾等方法，使相对湿度保持在 95%~98%。但较高的湿度会助长病害的繁衍。

②减少空气流动，控制蒸腾失水速率。

③切花采收后,立即在冷库中进行采后处理,低温条件下抑制蒸腾失水。
④及时保证切口处吸水(保湿)。
⑤使用一些化学药剂,如适宜浓度的8-羟基喹啉硫酸盐(或8-羟基喹啉柠檬酸盐)等,控制气孔开张,降低蒸腾失水,延长切花寿命。
⑥切花采收后及时分级,并用气密性较好的材料,如塑料薄膜等进行包装,减少失水。

9.2.2.2 结露

在切花采后贮藏保鲜过程中,用塑料薄膜或其他材料进行包装,在包装材料上会出现水珠,这一现象称作结露或"出汗"。结露对切花的保鲜极为不利,为病害的发生提供了条件,易引起切花的腐烂变质。同时结露量大时,还会对纸箱包装的承受力产生影响。

切花贮藏保鲜过程中结露的原因有:
①切花贮藏前未经预冷处理,切花温度高,包装后遇低温环境,在切花的表面和包装的内侧,水汽凝结成水滴;
②切花及包装物的温度低于环境,在包装物的外表面水汽凝结成水滴;
③贮藏的温度变化大,冷热空气相遇,也会造成包装材料内外水汽凝结。

对切花贮藏前进行预冷、缩小温差和保持贮藏温度相对稳定是防止结露的有效方法。此外,低温保存的切花出库时应逐渐升温,防止结露。

9.2.3 乙烯的作用及调控

乙烯是一种与切花衰老有关的内源激素,切花衰老过程会产生乙烯,同时乙烯又有促进衰老的作用,加速衰老。切花除了主要由衰老组织产生乙烯外,机械损伤、病虫危害、呼吸作用等都可产生乙烯,如断梗落叶、枯萎残花都会产生大量的乙烯。乙烯在切花体内的合成途径为:蛋氨酸(MET)→S-腺苷蛋氨酸(SAM)→1-氨基环丙烷羧酸(ACC)→乙烯。不同切花对乙烯的敏感反应不一。如香石竹、水仙等对乙烯较为敏感;而菊花等较为不敏感。乙烯对切花衰老作用的表现也不尽一致,如在花期,乙烯对香石竹的伤害表现为花瓣边缘卷曲、褪色;月季和金鱼草表现为褪色并伴随花瓣早脱落、落叶;紫罗兰、水仙花色变劣,花瓣卷曲;兰花表现为萼片明显畸形;丝石竹则表现为花不开放。

切花病虫等危害直接影响到切花的生长,降低切花的品质和产量。切花的病虫害防治应通过抗病虫品种的选育、防病虫的栽培措施、土壤消毒和药物防治相结合的综合防治技术。研究和选育抗(耐)病虫的切花品种是防治病虫害的最佳途径,也是生物防治的主要方向之一。目前能在生产上应用的抗(耐)病虫的切花品种很少,如'五彩缤纷'、'玫瑰乐园'等耐月季黑斑病的品种;'墨菊'、'凌波仙子'等耐菊花斑枯病的品种,远远不能满足生产的需要。

综合防治技术是以减少病虫来源和提高切花植株的抗性为目的的栽培技术措施。加强花苗和繁殖材料的检疫,以防检疫性病虫的传播。在种植前对大棚温室等场地、土壤以及种子、花苗等进行消毒。如进行热蒸汽、暴晒或化学药剂(福尔马林、五氯硝基苯、托布津等)处理,减少大棚温室和土壤的病虫基数。对种子、花苗等进行消毒,防真菌可用0.1%升汞、0.1%多菌灵浸种或喷花苗;防细菌用400~700单位的链霉素处理30~60min;防病毒类可用70℃热水浸泡数分钟或用蒸汽处理;用乙烯合成抑制剂或颉颃剂来抑制乙烯合成或干扰乙烯的生理作用,延缓切花衰老。常用的乙烯合成抑制剂或颉颃剂有:AVG(氨乙基乙烯基甘氨酸)、MVG(甲氧基乙烯基甘氨酸)、AOA(氨基氧化乙酸)、2,5-NBD(2,5-降冰片二烯)、DNP(二硝基苯酚)、STS(硫代硫酸银)、Ag^+、二氧化碳、乙醇和糖等。

9.2.4 其他

切花采后的衰老过程还与一些生理生化代谢有关,如内源激素、酶以及蛋白质等的变化。了解和控制这些代谢活动在一定程度上能控制切花的衰老进程。

切花所含的内源激素种类、水平和消长变化与衰老关系密切。如赤霉素和玉米素含量较高,或脱落酸和乙烯含量较低的切花瓶插寿命较长;相反则寿命较短。细胞分裂素类激素有明显的抗衰老作用。同时,细胞分裂素与脱落酸有相互颉颃的作用,可通过平衡两者的含量控制切花的衰老进程。

(1) 酶活性变化

切花的衰老是一个复杂的酶反应过程,许多水解酶、过氧化物酶的活性直接影响切花的衰老进程。如淀粉酶、纤维素酶活性的增强会破坏细胞的正常结构,加速衰老;而过氧化物酶活性的提高会使生长素失去作用功能。

(2) 蛋白质和核酸的变化

切花的衰老也是一个复杂的降解过程,表现为蛋白质含量下降,其中膜蛋白含量下降尤为明显。在整个衰老过程中氨基酸的含量是在初期上升,而后呈下降的趋势。蛋白质水解使甲硫氨酸(MET)的含量增加,而甲硫氨酸是乙烯生物合成的前体。切花衰老过程中核酸(RNA)降解明显,含量急剧下降。

9.3 切花保鲜途径与方法

9.3.1 冷藏

(1) 预处理

切花包装前,用一些化学药剂在花茎基部进行短时间浸泡处理,称作预处理。预处理能改善切花品质,延长切花寿命,使蕾期采切的花枝正常开放,同时能提高贮运后切花的开放品质。预处理化学药剂主要有糖,以及STS(硫代硫酸银)和一些杀菌剂。预处理所用糖浓度一般数倍于瓶插液浓度,如香石竹、丝石竹、鹤望兰等为10%;月季、菊花等为2%~4%;唐菖蒲、非洲菊等为20%。

(2) 预冷

预冷是指切花在采收后、贮运前,将切花的温度迅速降低至贮藏温度的过程。对于冷藏贮运的切花，预冷是必不可少的环节。切花预冷处理的温度和时间直接影响保鲜的效果，冷却的速度愈快，对保鲜愈有利。一般预冷应在24h内完成。切花常用的预冷方法有真空预冷、风式预冷和冷室自然降温。

真空预冷 需要有真空罐和真空冷却装置。降温速度快，预冷效果好，但设备价格高，且技术难掌握。

风式预冷 利用通风设备，使切花水分蒸腾而降温。

冷室自然降温 方法最为简单，将不包装的花枝或未封闭的包装箱放于室内，使花枝散热降温。

(3) 冷藏库的管理

切花冷藏保鲜的效果与冷藏库的条件和管理有很大的关系。冷藏库的管理主要包括经预冷、包装的切花在冷藏库内的合理放置和冷藏库内温度、湿度、气体等条件的调控。不同切花贮藏温度条件也不一致，大多数切花可在4℃以下贮藏，而原产于热带的切花贮藏要求7~15℃。

冷藏库的温度变化应尽量小，每天（出入库）流动量以占总库容量的10%为宜。经预冷的切花每日的流动量可适当增加。在冷藏库内可安装鼓风装置，以利于库内空气流通和维持库内均匀低温，同时也能调节库内的湿度和空气。

9.3.2 气调贮藏

贮藏环境中的气体成分对切花的保鲜防衰老有很大的影响。因此，通过改变贮藏环境中的气体成分的比例，提高CO_2的浓度、降低O_2的浓度，以及充高浓度的氮气等，来减缓和控制切花的衰老，达到保鲜作用，这类保鲜方法称作调节气体贮藏，简称气调贮藏。气调贮藏常采用硅胶窗气调贮藏袋（帐）和气调贮藏库两类。

硅胶窗气调贮藏袋 是利用硅橡胶对CO_2，O_2等气体的选择透性，在贮藏袋（帐）上嵌上一定面积的硅橡胶，调节贮藏袋内的气体成分，达到保鲜作用。

气调贮藏库 是在密闭条件较好的贮藏库内，通过燃烧或分子吸附降低氧气的含量，提高CO_2的浓度，当CO_2浓度过高时可用一些化学物质（活性炭、消石灰、碳酸钾等）加以吸附排除，而对环境中的乙烯可用高锰酸钾等吸附排除，进行切花的保鲜。

保鲜所需要的最适的气体条件与温度有关。气调贮藏与冷藏或化学保鲜技术相结合，保鲜效果更佳。

9.3.3 贮运中的损伤

(1) 叶片褪绿变色

切花在贮运过程中叶片变色有两种，即变黑褐色和变黄。

叶片变褐（黑） 是由于叶片中酚类物质被氧化的结果。叶片变褐的速度与锌、锰等的含量有关，在一些山龙眼科花卉贮运中表现较为严重。切花插在保鲜液（2%~3%蔗糖+200mg/L 8-HQC），对控制叶片变褐有较好的效果。

叶片变黄 主要是由于叶片中叶绿素等成分的分解和破坏。切花采切后放在高温和黑暗条件下，叶片易变黄。细胞分裂素能有效地延迟叶片衰老变黄，在切花贮运前用低浓度浸叶片或高浓度喷叶面都能明显抑制菊花、补血草、唐菖蒲、山丹花等多种切花叶片变黄。将花枝基部浸于柠檬酸中，一定程度上也能抑制叶片变黄。

（2）花器脱落

由于高温、摇动、创伤，以及有害气体等的影响，月季、金鱼草、飞燕草以及兰花的一些种类的切花，在贮运中常发生花瓣或花芽脱落的现象。如高温、乙烯会促使月季等切花花瓣脱落。通过一些化学药剂处理可以减少花瓣或花芽脱落。如用 0.5mmol STS（硫代硫酸银）预处理花茎基部，可减少金鱼草、飞燕草等切花的花瓣或花芽脱落；用 30~50mg/L NAA 喷洒或浸花枝基部，可抑制牡丹、三角花、石斛兰等切花的花瓣或花芽脱落；用 50~100mg/L BA 可较好地控制月季的花瓣或花芽脱落；用 10~30mg/L 2,4-D 处理也能阻止花瓣或花芽脱落，但有时会引起花穗脱落。

（3）冷害

不同切花对冷藏的温度要求不同，大多数切花可在 4℃ 条件下贮藏，而原产于热带或亚热带的切花则要求在 7~15℃ 下贮藏为好，低于这一温度易遭受冷害。

（4）花枝（穗）弯曲

在切花的贮运过程中，由于受地心引力的影响，水平放置的切花花茎或花穗会发生弯曲，影响切花的品质，如唐菖蒲、金鱼草、非洲菊、郁金香、月季、飞燕草等，其中具有穗状花序的切花更为明显。防止花枝（穗）弯曲可采用以下措施：用特制容器将切花垂直放置；剪去花穗顶端 1~3 个芽；在运输前垂直放置冷藏 1d，可减少唐菖蒲、月季等切花的花枝（穗）弯曲；在非洲菊运输前用 0.5% 的矮壮素（CCC）处理 16h，能完全控制向地性弯曲。

（5）其他

切花在贮运过程中还可能发生一些问题。如朱顶红花茎基部易发生开裂，可用 1% CCC 处理，加以防止；郁金香花萼过长，可在采切后用生长素处理，控制其生长；月季花头下垂，可在采切后立即用保鲜剂浸泡花枝基部，加以控制。为防止香石竹发生软茎和弯曲现象，可在保鲜剂中加入钙盐和钾盐，加以防止。

9.4 切花的保鲜剂处理

利用化学药剂调控切花采后生理代谢和衰老过程，能有效地延长切花的保鲜期。化学保鲜是现代切花保鲜中广泛运用的技术，由于操作简便、效果明显、成本较低，深受切花生产、销售和消费者的普遍欢迎。通常将用于切花保鲜的化学药剂统称为保鲜剂。切花的保鲜剂包括一般保鲜液、水合液、(STS)脉冲液、花蕾开放液、瓶插保持液等。

9.4.1 保鲜剂的主要成分和作用

（1）糖分

外供糖源参与了延长切花瓶插寿命的生理过程。糖是最早用于切花保鲜的物质之一，大多数保鲜剂中都含有糖。最常用的是蔗糖，在一些配方中还采用了葡萄糖和果糖。不同用途的保鲜剂中，糖的浓度也不一样。如在花蕾开放液中，香石竹的最适糖浓度为8%~10%，而菊花叶片对糖浓度敏感，以1.4%~2.0%为宜。一般来说，对一种特定的切花，处理时间越长，糖的浓度应越低。一般情况下，糖的浓度为：脉冲液（较短时间处理）＞花蕾开放液＞瓶插液。

（2）乙烯抑制剂

有AVG（氨乙基乙烯基甘氨酸）、MVG（甲氧基乙烯基甘氨酸）、2,5-NBD（2,5-降冰片二烯）、DNP（二硝基苯酚）、STS（硫代硫酸银）、AOA（氨基氧化乙酸）、Ag^+、CO_2、乙醇等。

STS（硫代硫酸银） 是目前切花使用最广泛的乙烯抑制剂，在切花体内移动性较好，对切花内乙烯合成有高效抑制作用，并使切花对外源乙烯作用不敏感，用量小，保鲜效果较好。如用STS处理香石竹、百合等切花5min至20h，可明显延缓切花的衰老过程。STS溶液最好现配现用，暂时不用的应避光保存，STS溶液可在20~30℃黑暗条件下保存4d。

AVG（氨乙基乙烯基甘氨酸）和MVG（甲氧基乙烯基甘氨酸） 价格较为昂贵，尚未用于商业性切花保鲜剂中。

AOA（氨基氧化乙酸） 虽效果不如AVG和MVG，但价格便宜且易于获取，已用于商业性切花保鲜剂中。

（3）生长调节剂

生长调节剂指用于切花保鲜的生长调节剂，包括人工合成的生长激素和影响内源激素作用的化合物。细胞分裂素是最常用的保鲜剂成分，其主要作用有降低切花对乙烯的敏感性，抑制乙烯的产生；减缓叶绿素的分解，抑制叶片黄化；对脱落酸有颉颃作用，能延缓花瓣和叶片的脱落。细胞分裂素浓度与处理方法和时间有关，用于瓶插保持液和花蕾开放液（喷布）的浓度为10~100mg/L；较短时间的脉冲处理用浓度为100mg/L；花茎浸蘸2~5s可用250mg/L的浓度。细胞分裂素浓度过高，时间过长，也会产生不良影响。细胞分裂素常用于香石竹、月季、郁金香、鸢尾、花烛、非洲菊、水仙等切花的保鲜。

生长素和赤霉素较少用于花卉保鲜剂，因其作用不一致。生长素对一品红等切花有保鲜作用，而对香石竹会促进乙烯释放，加速其衰老。生长素若与细胞分裂素混合使用效果比单一使用好。赤霉素对紫罗兰、六出花、百合等切花有保鲜作用，而用赤霉素25~30mg/L会加速贮后香石竹和唐菖蒲切花的开放。

脱落酸、比久、矮壮素、马来酰肼对一些切花有保鲜作用，主要是调节切花的气孔关闭和增加切花对逆境的忍耐性，延迟萎蔫和衰老。如在月季保持液中加入1mg/L的脱落酸，有延长瓶插寿命的作用；加入比久的瓶插保持液对金鱼草（10~15mg/L）、紫罗兰（25mg/L）、香石竹和月季（500mg/L）有保鲜作用；50mg/L的马来酰肼对大丽花保鲜效果好，500mg/L的马来酰肼对金鱼草、月季等切花有保鲜作用。

（4）杀菌剂

在花瓶水中生长的微生物有细菌、真菌（酵母和霉菌），这些微生物大量繁殖后会缩短切花的瓶插寿命。通过在保鲜液中添加杀菌剂，可延长切花的保鲜期。常用的杀菌剂有 8-羟基喹啉硫酸盐(8-HQS)、8-羟基喹啉柠檬酸(8-HQC)、多菌灵、托布津、苯来特、三环唑、苯甲酸、水杨酸、青霉素、硝酸银、硫代硫酸银(STS)、硫酸铝等。

8-HQS 和 8-HQC 是切花保鲜中最常用的杀菌剂,使用浓度范围为 200~600mg/L。8-HQS 和 8-HQC 可使保鲜液酸化,有利花茎吸水,同时还可抑制月季和香石竹等切花组织中乙烯的产生,延长瓶插寿命。但 8-HQS 和 8-HQC 使用浓度过高,会对切花造成伤害。

银盐是一类效果良好的杀菌剂。硝酸银(10~100mg/L)等广泛用于切花的保鲜中。但这些银盐易受光氧化作用,或与水中的氯反应生成不溶性物质,而失去杀菌作用。硝酸银在花茎中移动性较差。硫代硫酸银有一定的杀菌作用,生理毒性比硝酸银小,在花茎中移动性好,可达到切花的花冠。硫代硫酸银(0.2~4mmol)可作为多种切花保鲜液中的杀菌剂,但硫代硫酸银对非洲菊有毒性,应谨慎使用。

硫酸铝(50~200mg/L)可用于唐菖蒲、月季、香石竹等切花的保鲜剂中,硫酸铝离子除有杀菌作用外,还有能保持保鲜液的酸化、稳定切花组织中的花色素苷等作用,能延长切花的瓶插寿命。但有时会引起菊花叶片的萎蔫。

(5) 盐类

一些盐类对切花也有保鲜作用。钾盐、钙盐、硼盐、铜盐、锌盐和镍盐等都对切花的瓶插寿命有影响。一些矿质盐类,主要是钾盐(KCl,KNO_3,K_2SO_4)以及钙盐[$Ca(NO_3)_2$]、铵盐(NH_4NO_3)等有类似糖的作用,可促进水分平衡,延缓衰老进程。锌和镍都是有效的杀菌剂,镍还是乙烯产生的抑制剂。人们很早就发现,放置在铜容器内的切花寿命较长,这是因为容器释放的少量铜离子有杀菌作用。硼砂或硼酸(浓度 100~1000mg/L)与糖混用,可引导糖进入花冠,延长切花采后寿命。硼可延长香石竹、石竹、铃兰、香豌豆、丁香等切花的采后寿命,但对唐菖蒲、金鱼草、菊花等切花有毒害作用,使用时应谨慎。

另外,一些有机盐类也对切花有保鲜作用,如苯甲酸钠(150~300mg/L)对香石竹、黄水仙等切花进行处理,可延长采后寿命。

(6) 有机酸

保鲜液的酸碱度对切花影响很大,低 pH 可抑制微生物的繁殖和促进花枝吸水,对切花保鲜有利。保鲜中最常用的有机酸是柠檬酸,对月季、香石竹、唐菖蒲、菊花、鹤望兰等有良好的保鲜作用。抗坏血酸等也用于香石竹、月季、金鱼草等切花的保鲜。

微酸性水对大多数切花的保鲜有利,在 pH 值较低的水中微生物活动受抑制,切花的吸水功能改善,水分平衡较好,能延长切花的瓶插寿命。据报道,用硫酸等酸化碱性水可延长月季、紫罗兰、香石竹等切花的瓶插寿命。

(7) 水

切花采后放置的水和配制保鲜剂的水,大多采用自来水,其水质情况(含化学物质、pH 值等)会直接影响切花保鲜液中化学成分的有效性,影响切花寿命。水中盐的含量会影响切花的寿命,不同切花对盐浓度反应不同。如水中盐含量在 700mg/L 以下,对唐菖蒲影响不大;而当盐浓度在 200mg/L 时,对香石竹、月季、菊花等切花瓶插寿命就有影响,同时还对花茎有伤害。

通常，切花保鲜用软水比用硬水好，但一些切花对水中的某些离子较为敏感。如含有较多钠离子的软水对月季、香石竹的危害大于含钙和镁的硬水；碳酸氢钠对月季的危害比氯化钠大，而对香石竹却影响不大；水中含12mg/L的铁离子对菊花有毒害作用，而对唐菖蒲影响不大；水中的氟离子对大部分切花都有毒害作用。

(8) 展着剂

在保鲜剂中加入一些展着剂类物质，使切花水合作用更好，有利于切花的吸水，如1mg/L的次氯酸钠，或0.01%~0.1%的吐温20或0.1%的漂白粉。

9.4.2 保鲜剂处理方法

9.4.2.1 吸水处理

切花采后处理及贮运过程中会出现不同程度的失水，影响切花的外观品质。用水分饱和方法使略有萎蔫的切花恢复细胞膨压，称吸水处理。用符合保鲜要求的水配制含有杀菌剂和柠檬酸（但不加糖）的溶液，pH 4.5~5.0，加入适量的吐温20（0.1%~0.5%），装入塑料容器中，加热至35~40℃，将切花茎呈斜面剪截浸入溶液中，溶液深10~15cm，浸泡切花茎基部数小时，再将溶液和切花一同移至冷室中过夜，失水现象即可消除。对于萎蔫较重的切花，可先将整个切花浸没在溶液中1h，然后再进行上述步骤处理。对于具有木质花茎的切花，如菊花、香石竹、紫丁香等，可将花茎末端在80~90℃热水中烫数秒钟，再放入冷水中浸泡，有利于细胞膨压的恢复。

9.4.2.2 脉冲处理

通常在切花贮运前，将花茎下部置于含有较高浓度（高出瓶插保持液糖含量的数倍）的糖和杀菌剂等溶液中浸数小时至数十小时。脉冲处理的目的是为切花补充糖分，以延长切花的整个货架寿命，同时能促进切花花蕾开放、花瓣大、花色更佳。脉冲处理对唐菖蒲、香石竹、菊花、月季、丝石竹、鹤望兰等大多数切花都有显著效果。因此，脉冲处理是切花采后处理的一个重要环节，脉冲处理可分为常规处理和STS处理。

(1) 常规脉冲处理

常规脉冲处理主要成分是高浓度的糖，其浓度高出瓶插保持液糖含量的数倍。不同种类切花脉冲处理的糖浓度也有所不同，如月季、菊花等用浓度为2%~5%的糖，香石竹、丝石竹、鹤望兰等用浓度为10%的糖，而唐菖蒲、非洲菊等需要20%或更高的糖浓度。

一般脉冲处理时间为12~24h。脉冲处理的时间和处理的条件（温度和光照）对脉冲效果影响很大。如香石竹脉冲处理时间12~20h，光照1000 lx左右，温度20~27℃，相对湿度40%~90%，能获得较好的效果。对于一些切花，在较高温度下进行处理，会引起开花，可在较高温度条件下处理短时间，尔后转入冷室低温处理。如月季可用15~20℃的温度，脉冲处理3~4h，后再转入冷室低温处理12~16h为好。糖浓度、处理时间和温度有相互作用，如糖浓度高或温度高，处理时间应短些；反之，糖浓度低或温度较低，处理时间应相对长些。

(2) STS 脉冲处理

用硫代硫酸银(STS)对切花进行脉冲处理,可有效抑制切花中乙烯的产生和作用。尤其是一些对乙烯敏感的切花,如香石竹、金鱼草、百合、六出花等效果最好。在国际上一些花卉拍卖行(西欧所有的花卉拍卖行),要求上市的香石竹、六出花等切花必须预先进行 STS 脉冲处理,以延长货架寿命,一旦抽查发现有样品未经 STS 脉冲处理,整批切花将被撤出拍卖场所。

STS 脉冲液的配制方法 先将 0.079g 硝酸银($AgNO_3$)溶解于 500mL 蒸馏水中,再将 0.462g 的硫代硫酸钠($Na_2S_2O_3 \cdot 5H_2O$)溶解于 500mL 蒸馏水中,然后将硝酸银溶液倒入硫代硫酸钠溶液,并不断搅拌,即配成银浓度为 0.463mmol 的 STS 脉冲液。STS 脉冲液最好现配现用,暂时不用的 STS 脉冲液可在 20~30℃ 黑暗条件下保存 4d。

STS 脉冲处理方法 先配制好 STS 溶液(银浓度范围为 0.2~4mmol),将切花茎端浸入,在 20℃ 条件下处理 20min。也可根据切花种类、品种和某些需要,调整 STS 脉冲处理的时间。

9.4.2.3 花蕾开放处理

花蕾开放处理是切花采后通过人工技术使花卉保鲜并促进花蕾开放的处理方法。目前花蕾期采切的切花有月季、微型和标准的香石竹、菊花、唐菖蒲、丝石竹、非洲菊、鹤望兰、金鱼草等。切花花蕾的继续发育需要外源营养的补充。

花蕾开放液的主要成分为:1.5%~2.0% 的蔗糖、200mg/L 的杀菌剂、75~100mg/L 的有机酸。在室温和高湿条件下,将花蕾切花放在花蕾开放液中处理数天,当花蕾开放时,再在较低温度条件下贮放。

花蕾期采切的切花,应掌握好花蕾发育最适宜的采切时期。否则,再好的花蕾开放液也无法使其开出高质量花。如采切的花蕾过小,即使使用花蕾开放液处理也不能开放或不能充分开放,达不到质量要求。

随着人们物质生活和精神生活水平的不断提高,越来越多的家庭开始摆放鲜花(瓶插鲜切花)和赏花。然而,如何使瓶插鲜切花经久耐看,是家庭赏花的一个重要问题。

9.4.3 常用切花的保鲜技术

切花生产(栽培)的许多环节,以及采收、分级、包装、运输、贮藏、销售、瓶插等,都与切花的保鲜有密切关系,只强调某一因素的作用,往往不能达到理想的保鲜效果。切花种类众多,生理代谢方式和强度不同,对保鲜处理的反应也不一致。下面介绍一些常用切花的保鲜技术。

(1) 菊花

菊花是比较耐贮藏的切花种类,经一般化学保鲜剂处理保鲜期可达 2 周,结合冷藏可保鲜 4~5 周,若经特殊处理可达到 6~8 周。

保鲜的切花菊应在离地面约 10cm 处采切,以免切到不易吸水的木质化组织,采切后将基部插入含有保鲜杀菌剂的溶液中。菊花最有效的保鲜杀菌剂是硝酸银,常用浓度为 25mg/L,也可在 100mg/L 的硝酸银溶液中速浸 10~90s 后,迅速插入清水中。

需要贮运的切花菊经预处理后，在-0.5~0℃温度下可干藏（花茎不插入水）4~6周，之后若将花茎的基部剪除一小段，在4~8℃下将基部浸入30℃的温水中，待吸足水分后，转入2~3℃条件下，可延长保鲜1~2周。

常见的菊花瓶插保鲜剂配方有：①20g/L 蔗糖+25mg/L 硝酸银+75mg/L 柠檬酸；②20g/L 蔗糖+200mg/L 8-HQS+25mg/L 硝酸银。

切花菊的催花环境以21~22℃为宜，在1100 lx的光照强度下处理22h，同时用2~5g/L 蔗糖+200mg/L 8-HQS 进行催花。

（2）月季

切花月季水分丧失较快，不耐贮运，常发生"弯颈"现象。保鲜期较短，一些品种（'Sonia'和'Belinda'等）对乙烯非常敏感。采切后应立即将花梗浸入水中，待吸足水分后取出，进行分级等。若不立即销售，应用硝酸银（500mg/L）处理后冷藏（1~2℃）。由于月季对糖较敏感，保鲜剂中糖的浓度应相对低些。冷藏中若能结合保鲜剂（液）进行湿贮，保鲜效果更好。

常见的月季瓶插保鲜剂配方有：①40g/L 蔗糖+50mg/L 8-HQS+100mg/L 异抗坏血酸；②20~60g/L 蔗糖+250mg/L 8-HQS+500mg/L 柠檬酸+25mg/L 硝酸银；③50g/L 蔗糖+200mg/L 8-HQS+50mg/L 硝酸银；④20g/L 蔗糖+300mg/L 8-HQS+250mg/L 硝酸钴。

（3）香石竹

香石竹花的寿命较长，经预冷（1~3℃）后用薄膜包装冷藏（0℃），可贮藏8~12周；蕾期采切可贮藏8~10周；特殊处理和条件下可贮藏20周以上。但香石竹对乙烯非常敏感，不能与月季、郁金香、紫罗兰，以及苹果等放在一起。经冷藏后的切花香石竹，在室温下可保鲜1~3周。贮藏香石竹应注意防治灰霉病，采切后把整个切花浸入杀菌剂溶液中数秒钟。同时，没有进行预冷处理或表面潮湿的切花香石竹，不应进行包装以防治病害发生。瓶插香石竹切花的保鲜可先用1mmol/L STS 浸茎10min 后再瓶插，可延长瓶插寿命5d 以上。

常见的香石竹瓶插保鲜剂配方有：①50g/L 蔗糖+200mg/L 8-HQS+50mg/L 硝酸银；②30g/L 蔗糖+300mg/L 8-HQS+500mg/L B_9+20mg/L 6-BA+10mg/L 青鲜素；③40g/L 蔗糖+0.1%明矾+0.02%尿素+0.02%氯化钾+0.02%氯化钠；④100g/L 蔗糖+20mg/L 6-BA+200mg/L 硝酸银。

常见的香石竹催花剂配方有：①50g/L 蔗糖+200mg/L 8-HQS+20~50mg/L IBA；②70g/L 蔗糖+200mg/L 8-HQS+25mg/L 硝酸银。

当5~6月与9~10月香石竹产大于销时，可在香石竹花苞露色、十字开口时将其剪下，用保鲜剂处理贮藏，以使淡季不淡，旺季不弃花。具体方法为：在1kg 蒸馏水中加入硝酸银50mg、硫代硫酸钠500mg、蔗糖70g，将溶液加热到40℃，剪去香石竹末端1~2cm，并立即插入溶液中，再在温度约10℃的黑暗冷库中放置20h 后取出，在0~1℃的温度下吸干水，再装入塑料薄膜袋中，贮藏在1℃的冷库中，可贮藏12~16周。从冷室中取出后，须在8~10℃的环境中放置2~3h，再拆包进行催花处理。

(4) 唐菖蒲

唐菖蒲切花较不耐贮运，在低温条件下易发生花蕾外瓣皱缩凋萎现象。将唐菖蒲在 4~6℃条件下冷藏，可保鲜 2 周。从冷藏库取出后，在室温下可保鲜 5~7d。唐菖蒲极性很强，贮藏时不宜横置时间过长，否则会使顶端弯曲生长，降低品质。将唐菖蒲采切后用 20% 的蔗糖溶液处理 24h（插入深度 10cm），而后在 0℃下贮藏 2 周，其观赏价值可与未经贮藏的鲜切花相媲美。

常见的唐菖蒲瓶插保鲜剂配方有：①40g/L 蔗糖 + 600mg/L 8-HQS；②20g/L 蔗糖 + 250mg/L 8-HQS + 300mg/L 硫酸铝；③40g/L 蔗糖 + 100mg/L 氯化钴 + 150mg/L 硼酸，pH 5.4；④1g/L 硝酸银处理 10min，再瓶插。

(5) 非洲菊

非洲菊不耐贮藏，在相对湿度 90%、温度 2~4℃ 的条件下，湿贮可保鲜 6~10d，只可干贮 2~4d。经冷藏后在室温条件下，可保鲜 5~7d。为保证花茎导管通畅，一般在插入保鲜液前，将花梗基部 3~6cm 呈红褐色部分剪除，再进行湿贮。在非洲菊贮藏前，应喷或浸沾杀菌剂，防治灰霉病。非洲菊切花的花梗较细弱，易发生折梗现象，可在瓶插前用 1000mg/L 的硝酸银、60mg/L 次氯酸钠，或 70mg/L 蔗糖 + 200mg/L 8-HQS + 25mg/L 硝酸银预处理 10min。

常见的非洲菊瓶插保鲜剂配方有：①25mg/L 硝酸银 + 150mg/L 柠檬酸 + 50mg/L 磷酸氢二钠；②30g/L 蔗糖 + 200mg/L 8-HQS + 150mg/L 柠檬酸 + 75mg/L 磷酸氢二钾；③10~50mg/L 矮壮素。

(6) 重瓣丝石竹

重瓣丝石竹分枝多，枝条细而散，保水性差，对乙烯和细菌性污染敏感，不耐贮运。本地上市的切花重瓣丝石竹以 80%~90% 花朵开放时采切为宜，而需贮藏保鲜的切花重瓣丝石竹以花蕾紧实阶段（花开放 5%~10%）采切为宜。采收时应备好水桶或其他盛水容器，剪切下花枝后，立即插入水中，防失水干枯。丝石竹在上市包装时，每枝花枝下端用浸有保鲜液的脱脂棉球包裹，以延长切花寿命。

重瓣丝石竹可先在含有 STS 和杀菌剂溶液中预处理 30min，再转至 20g/L 蔗糖 + 200mg/L 8-HQS，pH 3.5 的瓶插保鲜液中，可保鲜 2 周，并能使花蕾全部开放，花色雪白。也可用 100g/L 蔗糖 + 25mg/L 硝酸银催花后再瓶插。

(7) 郁金香

经预冷的切花郁金香，在 0~1℃ 的条件下冷藏，可保鲜 4~8 周。从冷藏库中取出后，置于室温下，可保鲜 1~2 周。

常见的郁金香瓶插保鲜剂配方有：①50g/L 蔗糖 + 30mg/L 8-HQS + 50mg/L 矮壮素；②25g/L 蔗糖 + 10mg/L 水杨酸 + 10mg/L 碳酸钙；③25g/L 蔗糖 + 10mg/L 水杨酸 + 10mg/L 碳酸钙。

(8) 金鱼草

金鱼草对乙烯和葡萄孢属真菌敏感，有落花现象，用 STS 处理可防止小花的脱落。凡贮藏保鲜 4d 以上，应先用杀菌剂处理，以抑制葡萄孢属真菌。在 5℃ 低温下，将花束基部浸入水中或保鲜剂中保湿，可贮藏 1~2 周。从冷库取出在室温下，可保鲜 3~

5d。为了保持金鱼草的直立性,在贮藏过程中应将金鱼草直立放置。

金鱼草预处理保鲜液为 1.5~2mg/L STS + 70g/L 蔗糖,处理 10h 以上,或用 1mmol/L STS 处理 20min。常见的金鱼草瓶插保鲜剂配方有:①15g/L 蔗糖 + 300mg/L 8-HQS + 50mg/L B;②40g/L 蔗糖 + 50mg/L 8-HQS + 1g/L 异抗坏血酸。

(9) 紫罗兰

紫罗兰对乙烯敏感,在 1~4℃ 的低温下,可贮藏 10d。用 0.5~1mmol/L STS 溶液预处理紫罗兰切花,可大大改善切花品质。紫罗兰瓶插保鲜剂配方为 50g/L 蔗糖 + 100mg/L 6-BA + 100mg/L 水杨酸。

(10) 小苍兰

小苍兰对乙烯、灰霉病和向地性弯曲敏感,同时应避免使用含氟的水。小苍兰切花在水养瓶插过程中有 30%~40% 的小花不能正常开放,采切后用 10%~30% 的蔗糖处理,可提高小花开放率,并延长瓶插保鲜期。小苍兰在冷藏前,先对切花枝基部预处理约 30min,再进行预冷,在 0~1℃ 条件下可贮藏 1~2 周。从冷藏库中取出后,置于室温下,可保鲜 2 周以上。小苍兰运输前,可用 20g/L 蔗糖 + 200mg/L 8-HQS 脉冲处理 24h,在温度 21℃,相对湿度 60% 下,可增大花径,促使更多的花蕾开放。

常见的小苍兰瓶插保鲜剂配方有:①60g/L 蔗糖 + 250mg/L 8-HQS + 50mg/L 硝酸银 + 70mg/L 矮壮素;②40g/L 蔗糖 + 150mg/L 硫酸铝 + 200mg/L 硫酸镁 + 1g/L 硫酸钾 + 500mg/L 青鲜素;③50g/L 蔗糖 + 0.1% 明矾 + 0.02% 尿素 + 0.02% 氯化钾 + 0.02% 氯化钠;④100g/L 蔗糖 + 300mg/L 8-HQS + 50mg/L 6-BA。

(11) 鸢尾

鸢尾从田间采切后,应在 38℃ 热水中进行水合处理。运输前应水合处理 12h,温度为 20℃,水合液为 20g/L 蔗糖 + 20mg/L 柠檬酸,以利于干运切花延长瓶插寿命和花蕾的发育,运输之后切花应置 40~45℃ 热水中 3h。STS 处理对鸢尾影响较小。鸢尾瓶插保鲜剂配方为 1mmol/L AVG。

(12) 百合

大部分百合切花对乙烯敏感,瓶插寿命 5~9d。将切花百合放入盛水的容器中,在 0~1℃ 条件下,可贮藏 4 周。百合瓶插前用 0.6mmol/L STS 或 1000mg/L 赤霉素等进行预处理。切花百合瓶插保鲜剂配方为 30g/L 蔗糖 + 200mg/L 8-HQS。

(13) 鹤望兰

鹤望兰采切时应带 3~5 片叶,采后花枝的基部立即放入预处理液约 4h。鹤望兰预处理液配方为 100g/L 蔗糖 + 250mg/L 8-HQS + 150mg/L 柠檬酸。鹤望兰瓶插保鲜剂配方为 50g/L 蔗糖 + 300mg/L 8-HQS。

(14) 花烛

花烛的预处理液为 300mg/L 硝酸银,处理 20min 后进行瓶插。瓶插保鲜剂配方为 50g/L 蔗糖 + 50mg/L 硝酸银 + 5g/L 磷酸氢二钾。

(15) 大丽花

切花大丽花一般于花朵开放时切取。大丽花瓶插保鲜剂与预处理剂同为 100g/L 蔗糖 + 200mg/L 8-HQS + 200mg/L 硝酸银。用 50mg/L 的马来酰肼处理,对大丽花的保鲜效果好。

(16) 牡丹

保鲜处理的切花牡丹宜在花蕾外瓣初开张时采切。简易保鲜可经 2~4mmol/L STS 处理后，用密封塑料袋包装，低温(2~3℃)冷藏 30d 花可正常开放。

常见的牡丹瓶插保鲜剂配方有：①30g/L 蔗糖 + 200mg/L 8-HQS + 50mg/L 氯化钴；②30g/L 蔗糖 + 200mg/L 8-HQS + 50mg/L B_9。

(17) 香豌豆

切花香豌豆一般在花开一半时采切为好。可用 4 mmol/L STS 处理香豌豆 6~8min，可延长切花寿命。常见的香豌豆瓶插保鲜剂配方有：①40g/L 蔗糖 + 4mmol/L STS；② 50g/L 蔗糖 + 300mg/L 8-HQS + 50mg/L B_9。

(18) 蜡梅

切花蜡梅一般在花蕾初开时采收，采后在 0~2℃冷藏条件下可保鲜贮藏 6~7 周。用保鲜剂处理可延长贮藏期。蜡梅采切后立即插入 50g/L 蔗糖 + 5mmol/L STS + 100mg/L 8-HQS + 15mg/L 6-BA 的预处理液中处理 4h。或直接插入 40g/L 蔗糖 + 100mg/L 8-HQS + 10mg/L 6-BA，也能较好地延长瓶插寿命。

(19) 肾蕨

切叶用肾蕨一般自叶片的基部采切。常见的肾蕨瓶插保鲜剂配方有：①20g/L 蔗糖 + 50mg/L 硝酸银 + 150mg/L 维生素 C；②20g/L 蔗糖 + 50mg/L 硝酸银 + 150mg/L VC + 50mg/L 赤霉素。

小 结

本章介绍了影响切花品质的因素、切花采后的生理、切花保鲜的途径与方法以及切花保鲜剂的处理方法等。

思考题

1. 切花保鲜剂包括哪些成分？
2. 什么叫吸水处理？
3. 脉冲处理的目的是什么？

推荐阅读书目

1. 观赏植物采后生理与技术．高俊平．中国农业大学出版社，2006．
2. 鲜切花栽培和保鲜技术．王诚吉，马惠玲．西北农林科技大学出版社，2004．
3. 鲜切花培育技术．夏宜平．上海科学技术出版社，2001．

10 切花应用与欣赏

10.1 切花应用与插花艺术

切花的用途十分广泛,既可供瓶插水养,也可用来制作花束、花篮、花圈、花环、壁花、胸饰花等,还可干制加工成美丽的干燥花及各种各样的工艺花卉。

10.1.1 插花艺术的类别

插花艺术的种类很多,常用的分类方法如下:

10.1.1.1 按所用花材性质分类

按所用花材的性质分为鲜花插花、干花插花和花艺。

(1)鲜花插花

这是指以鲜切花为材料的插花,作品鲜艳,自然美丽而富有生机。狭义的插花艺术即指鲜切花插花艺术。

(2)干花插花

干花插花是指以干花为材料的插花,其插花方法及原理与鲜花插花相同。使用的材料为经过脱水、加工后干燥的植物材料,固定材料为干花泥等。

(3)花艺

花艺指广泛运用各种不同性质的装饰材料与各种花材(鲜花或干花)进行艺术创作,可配置容器,也可不配置容器。花艺是广义的插花艺术,是现代插花发展的产物。它通过选用无生命的材料衬托有生命的材料,给插花增添了时代感和装饰美。

10.1.1.2 按使用目的分类

按使用目的不同分为礼仪插花及艺术插花。

(1)礼仪插花

用于各种社交、礼仪活动的插花称为礼仪插花。如各种庆典仪式、迎来送往、节日庆祝、生日寿庆、探亲访友、探视病人、婚丧嫁娶等，主要用以表达敬重、欢庆、祝愿、慰问、烘托气氛等。这类插花，一般都用较规则的造型，简洁整齐，花色鲜艳明快，通常形体较大，花材较多，大方而且稳重。在制作礼仪插花时，要特别注意用花习俗，根据用花目的，选择合适的花材和颜色，使之符合礼仪要求。

礼仪插花的形式很多，常用的有各种花篮、花束、花环、花圈、花钵、桌饰、花车、胸花、头花、新娘捧花等。礼仪插花作品更追求装饰美，而不突出材料本身所具有的自然美。

（2）艺术插花

用于美化、装饰环境或陈设在各种展览会上供艺术欣赏、活跃文化娱乐活动的插花，称为艺术插花。主要为装饰环境及艺术欣赏用，多用不规则的造型，比较灵活自然，耐人寻味，侧重于利用花材表现作者的愿望、情感和兴趣，较多感情投入。它不受商业要求的制约，形式多样、不拘一格、活泼多变，强调展现自然美感和活力，而不完全侧重作品本身的装饰效果。

艺术插花追求主题突出，强调作品的意境，在立意、选材、构思、造型等方面都具有更高的要求和标准。花材选用广泛，无论新鲜的、干枯的都可应用。嫩芽、鲜花、新叶固然有生机勃勃和清新之美，但残叶枯枝亦具秋意浓浓、生命不止的情趣。所以，艺术插花虽不过分要求花材的种类和数量的多寡，但十分强调每种花材的色调、姿态和神韵之美，主张以精取胜，主题突出，意境优美，整个作品充满诗情画意。因此，艺术插花在符合构图法则、顺乎自然的基础上，造型不拘泥形式，自由活泼、多姿多态，并充分表达作者的思想情感，这是艺术插花独具的特点，最易引起欣赏者的喜爱和遐想，是最具魅力的一种插花形式。

艺术插花在形式上有瓶插、盘插、篮插等。从风格上讲，有东方式艺术插花、西方式艺术插花、自由式艺术插花等。

10.1.1.3　按插花的艺术风格分类

按插花的艺术风格不同分为东方式插花、西方式插花及现代自由式插花。

（1）东方式插花

东方式插花以中国和日本的传统插花为代表，注重表现插花材料的神韵及线条美，讲究花材的含义及意境的表达，造型常用不对称造型，线条飘逸，自然用花量少。传统的东方式插花材料往往选择自然界的花、叶、果、枝，并以木本花材为主；其手法注重写意，往往是寥寥数枝，就表现出深刻的寓意；在造型上则以体现自然界的景色或植物在自然界中的状态为主，构图严谨。现代东方式插花受西方式插花的影响，插花材料更广泛，已不仅仅局限于以木本为主；讲究装饰性，注重色彩效果。东方式插花常多采用写实与写意相结合的艺术手法，作品形态自然，线条优美，布局如画，意境悠逸，情趣盎然。东方式插花不仅具一定装饰作用，而且更有陶冶性情、修身养性之功效。

（2）西方式插花

西方式插花以欧美的插花为代表，其特点是花多繁密，色彩华丽，构图规则，多为几何图案，有图案之美，富有装饰性。意在表现人工美和几何图案美，追求花材群体效果，即整体和色彩美，造型多为对称式几何或图案式结构，用花量多。西方式插花使用的花材多为草本，花朵丰满硕大，色彩艳丽浓烈，讲究花色整体调和，型样均衡；注重花材与花器、环境相称，花材与花器高度比例适宜等。

与东方式插花一样，西方式插花随着时代的变迁，其表现手法也有显著变化，可分为传统西方式插花与现代西方式插花。传统西方式插花构图符合标准几何图案形状，花材安排通常采用混合式及对称手法，并有共同的中心点。受东方式插花艺术的影响，现代西方式插花构图突破标准几何形状，较灵活，开始讲究线条美，花材安排多采用群聚手法，没有共同的中心点。

(3) 现代自由式插花

现代自由式插花结合了东西方插花的优点，在造型上不拘泥于固定的格式，不受传统固定规程的约束，任意挥洒，是作者依据自己的思想创造出的一些随心所欲的插花作品。其选择的花材范围广，不限花、叶、茎、根、皮、果，也不限鲜花、干花等，而且常将花材分解使用或重新组合以新的形态进入作品。有机玻璃、彩纸片、铁丝、电线等异质材料也可以配合，各种材料有机统一，新颖奇异，作品具浓郁的时代气息。自由式插花可以是单个图形或单个作品，也可以多个图形或多个作品组合，灵活多变，极富创意。

现代自由式插花将东、西方插花艺术的特点融会在一起，相互渗透，取长补短，既有西方式插花风格，把枝、叶作为前景衬托出作品的高度与静态，也有东方式插花表现的强烈的线条美感。通过花材的色彩、美态，并结合花器来体现主题，同时吸收了现代雕塑、工艺等的造型艺术的精髓，比传统插花更富有装饰性、更自由、更抽象、更具美感，也更富时代气息，与现代科技和现代人的生活方式紧密相关。

插花艺术除了以上3种常用的分类外，还可按所用器具不同分瓶花、盘花、盆花、篮花、钵花、壁花（贴墙的吊挂插花）等，以及按艺术表现手法不同分为写景式（盆景式）、写意式及抽象式（装饰性）插花。

10.1.2 常见的切花应用形式

(1) 花束

花束又叫手花，是根据实际场合，选择适宜的切花花材相聚成束，按照一定的形式设计捆扎，并经精心装饰包装出的一种手持的花卉装饰品。花束制作简便、造型多变，携带也很方便，目前已广泛用于日常各种礼仪社交活动中，成为迎送宾客、探亲访友、庆贺节日、庆典、颁奖、演出献花、馈赠情侣、探视病人时使用最普遍的礼仪用花，已成为表示感情、增进友谊的媒介。

花束形式多样，应在考虑应用场合、赠送对象及文化习俗的基础上，选择适宜的形式。花束从外形轮廓来分，有具四面观的圆形、圆锥形和单面观的长形、扇面形等；也有活泼多变的自由形及小品花束等。花束也可因选用花的色彩、质感及搭配包装纸、彩带等的差异而呈现不同风格。如有单一花色彩明艳或多种花色彩纷呈的缤纷浪漫型；有用花单一，用色清雅，以淡色或白色等冷色调为主的清新自然型；有造型端庄严谨，用花以一、二种为主，花、叶质感细致整齐，花色艳丽或淡雅的端庄型；也有用花色俏丽、花形独特，并配以造型、色泽奇特的叶片以产生富有特点、风格突出的独特型花束。

花束用花材除了切花月季等少数木本花材外，大多用草本花材，以便于造型处理。常用的有唐菖蒲、香石竹、菊花、郁金香、翠菊、金鱼草、百日草、非洲菊、百合、小苍兰、文竹、马蹄莲、水仙等。另外，还应注意根据花束收受者的国度、风俗习惯、民族特点以及个人爱好等选择花色和品种。一般拿到花材后先去除冗枝和过繁的叶片及皮刺，并对花或花序加以适当修整，花枝长度视花束造型一般保留 30~50cm。根据花材不同，可酌情选配衬叶。一般叶多的如月季、百合、菊花等可少用或不用衬叶；而香石竹、非洲菊、红掌等花枝上自身叶少或没有的，可多配些衬叶。花束不论造型如何，都要求保持花束上部花枝舒展，下部圆整紧密。应避免各枝排成扁平状或聚集成团，显得呆板、杂乱无章，缺乏立体感。各类花束的绑扎方法一般相同，即每一枝花都以"以右压左"的方式重叠在手中，各枝交叉在一点上，呈逆时针自右向左转螺旋，然后用绳扎紧交叉点。

（2）花篮

花篮也是切花应用的主要形式之一。把切花经过艺术构图和加工插作于篮子中而形成的装饰形式即为花篮。

花篮的制作步骤是：先用竹篾、柳枝、藤条等材料编扎成具有一定造型的精巧篮子，在篮内插上鲜艳瑰丽的切花，一般用花泥固定，再陪衬以碧翠绿叶，然后在篮子提手处饰美丽彩带，即成为一个精美的花篮。制作花篮宜选用花形丰满、颜色鲜艳的花朵，并使之花色浓淡相宜，花姿优美典雅，布局新颖别致，以充分体现花篮的整体美。适合花篮的花卉种类依据季节变化而定，春季有芍药、鸢尾、郁金香、月季等；夏季有唐菖蒲、晚香玉、萱草等；秋季有大丽花、菊花等；冬季有马蹄莲、叶子花、香石竹、非洲菊等。大型花篮常采用西式大堆头插法，插成色彩绚丽、气氛热烈的商业花篮；小型花篮可插成艺术花篮，精致美丽。

花篮按其商业用途，一般可分为礼仪花篮和庆典花篮。前者规格较小，高度在 50cm 左右。造型虽多以西方规则式的三角形、扇形、倒 T 字形为基本造型，但多加以改造，常用 L 形、弯月形、S 形、倾斜式、下垂形等以显得较为活泼，多用于探亲访友、探望病人、家庭居室布置及小规模的庆典活动，如庆贺生日、婚礼、迎送等。后者规格较大，高度多为 1~2m 的落地式，造型也较为端庄严谨，常用于商业性开业庆典、演出、寿诞活动等。其中尤以开张庆典花篮较高，一般在 1.5m 以上，而寿诞花篮多为 1~1.5m。

因花篮一般为柳、竹、藤编制，都可漏水。因此，在插制前，应先用各色的鲜花包装纸作为篮内壁衬垫，既能贮水又能兼顾装饰，再在其中放入大小适宜的吸足水的花泥。花泥应高出篮沿 2~3cm，以便插水平或下垂的花枝。插花时花篮中的花枝较多，应避免枝条相互交叉、重叠，出现凌乱。剪枝时应注意留枝不能太短，即在保证留枝达到造型高度同时，也需插入花泥一定深度，以利于吸水和固定。花枝的插作顺序一般为从后到前，从高到低，从中间到四周，花朵间保持一定的空隙，以便点缀填充花和配叶。

制作花篮时应注意，首先要突出花篮的特征，花叶不要把花篮全部掩盖；其次，要便于携带；第三，选择合适的花材。喜庆花篮应以红色或色彩艳丽、热烈欢快的花材为主，也可根据受赠者的爱好选择一些具有象征意义的花材；探望病人的花篮宜选用色彩鲜艳的花材，切忌选用色彩暗淡、苍白的花材；丧事花篮则应以黄、白等素色的花材进行插制。

(3) 盆（瓶）插花

盆（瓶）插花就是以各种盆、花瓶为容器运用艺术技巧进行插花，使之成为景观绮丽、多彩多姿、富有生命的艺术品。它对烘托和渲染环境气氛有着特殊的重要作用，尤其适合点缀会议室、客厅、书房、卧室等，显得清幽秀雅，赏心悦目。盆（瓶）插花可用于礼仪插花，也可用于艺术插花。

(4) 新娘捧花

新娘捧花是指专门用于婚庆时新娘手捧的花束。目前在国际上十分流行，备受现代年轻人的喜爱。常见的新娘捧花主要有圆形捧花、瀑布形捧花、束状捧花、新月形捧花等。具体在选用时应根据新娘的整体形象，如体型、脸形、服饰、个性和气质及个人喜好来决定。一般讲，身材娇小者宜选用圆形捧花；身材修长高挑者宜选用新月形捧花，以增添优雅、庄重的风采；身材矮小丰满者宜选用瀑布形捧花，以弥补体形不足。在捧花色彩的选用上，欧美人多喜用白色或其他淡雅色调，以代表纯洁高雅，我国的传统多喜欢用艳丽明快的色彩，以烘托热烈、欢快的喜庆气氛。另外，新娘捧花的色彩还应与新娘打扮、礼服颜色、婚礼形式等相配。花材多以月季、百合、郁金香等作为主花材。

捧花的制作分手工组合与花托插法两种。制作手工组合的捧花时，花、叶均需用细铅丝、绿胶带缠好再造型，制作较费时，技术也较复杂；花托插法则相对简单易掌握，也容易表现造型，且花托内有花泥，花枝易保鲜。

(5) 胸花

胸花也称襟花，是各种公众活动，如婚礼、重要会议、开业庆典、开幕剪彩、工程奠基、协议签约等活动中佩戴于胸前的装饰花。一般男士佩戴在西装口袋上侧或领片转角处，女士佩戴在上衣胸前。胸花体量不宜过大过繁，一般以1～3朵中型花做主花，配上适量衬花和配叶即可。多用别针别于左胸。

制作胸花的花材要求易保鲜，不易脱水萎蔫，不污染衣物。常以卡特兰、蝴蝶兰、石斛兰、红掌、月季、香石竹、彩色马蹄莲等作主花；以丝石竹、天门冬、肾蕨、文竹、补血草类等作衬花。可用一朵花加配叶制成，也可用2～5朵花制成三角形、圆形加配叶制成。一般情况下，主花、衬花和配叶按造型组合后，留6～8cm花柄，剪齐、绑扎，并缠上绿胶带，最后用饰带装饰即可。较讲究的做法是先将用花和配叶的柄剪去，并用细铁丝制成人工花柄，组合成胸花后，基部再用绿胶带包裹。这样的胸花柄部细巧，更为美观。常见的胸花造型有单花形、圆形、三角形、新月形等。

(6) 桌饰

用于会议桌、宴会餐桌等桌面摆放的装饰花称为桌饰。常插成平矮的规则图案，以不遮挡视线、整齐为好。如椭圆形、半球形、圆锥形等。常用的切花品种有月季、非洲菊、百合、热带兰、香石竹、丝石竹等，配叶可选文竹、天门冬等细小枝叶品种。桌饰的体量可大可小，要求四面观看时，由于采用对称构图插，忌呆板平整，没有感情色泽。如选用大红香石竹和月季相配，可把香石竹低插，月季插得稍高些，显出层次。体量大者可插大花型的百合、百子莲、大丽菊等。体量小，不需考虑四面效果，只要两面甚至单面观赏的，用花量宜少宜雅。演讲台桌饰，主要为单面观赏，色彩要求要鲜艳、热烈，常用的花材有唐菖蒲、香石竹、月季、百合、马蹄莲、天门冬、丝石竹等。

(7) 花圈与花环

花圈与花环是用软性枝蔓编制而成的圆盘和圆环。花圈多用于祭奠与悼念场合，应选择冷色为主的花材，暖色只作点缀；花材应选用菊花、香石竹、马蹄莲、龙柏、松枝等，花色以白、黄为主，花材绑扎在花圈上以松枝、黄杨、常青树枝叶作陪衬，同时配上挽联，以表示对死者的哀悼和崇敬。花环可悬挂于室内装饰门厅及墙面，可用鲜花或丝带、纱巾装饰。花环无吸水材料，制作时宜选用花期长、不易蒸发失水的材料，如松枝、热带兰、鸡蛋花、松果等，以保持较长的观赏期；选用干花制作可长期观赏。若用于圣诞节门上或壁画装饰，花材可选用月季、一品红、松果、柏枝等，花色以红黄为主，配上红色丝带和圣诞老人等装饰物，以表示庆贺。

用鲜花装饰的花环佩戴在脖子上，是一些国家迎送宾客和民俗活动中常用的花卉装饰形式，其形式及风格常具鲜明的民族特色。

(8) 趣味插花

趣味插花可称为插花小品，小品花构图简单，花材少，容器可选用酒瓶、茶杯、可乐罐、鸡蛋壳等。趣味插花要求构图均衡、色调和谐，适宜摆设在茶几、饭桌或书架上作小环境的点缀。

(9) 工艺鲜花

所谓工艺鲜花，就是根据各种特殊需求将花卉乔装打扮一番，使之更具独特个性。如把切花直接浸入特制的香液中，数秒钟后取出，可使之挥发出特有香气。另外，也可将石竹、百合、菊花等浅色品种插入专门的着色液中，2~4h后花瓣就染色，如白菊染成绿菊，白百合染成蓝百合等。

10.2 干燥花制作

鲜花虽美丽娇艳，却难以持久，观赏时期短。把鲜花制作成干燥花，既能保留植物的自然形态风貌，又具独特的质感和韵味，且使用管理方便。因此干燥花以其自然质朴和耐久性，越来越受到人们的青睐，日渐成为现代居室装饰的新宠。

10.2.1 干燥花的定义、类型和特点

10.2.1.1 干燥花的定义

干燥花是将植物材料通过物理或化学的方法，使其经过脱水、保色或漂白、染色、定型处理后制成的具有持久观赏性的植物制品。它着力表现花卉的自然风貌和韵味，具有独特的魅力，既有鲜花所不及的耐久性，也有比人造花更真实、自然的优点。至于它

的搭配变化，更是繁杂多样，可以和鲜花或人造花进行有机的组合，从而表现出无穷的情趣。

干燥花并不纯粹是指干燥后的植物花朵，而是泛指将各种植物材料，如花、叶、茎、果实、种子和根等器官，以物理或化学的方法进行干燥、保色和定形处理而得到的花材。为增强干燥花的装饰效果，在加工过程中还经常运用漂白和染色等技术手段。

10.2.1.2 干燥花的类型

干燥花包括平面干燥花和立体干燥花两大类。

(1) 平面干燥花

亦称"压花"（pressed-dried flower），是指将植物材料进行保色、压制、定形和干燥处理而成的平面形态的植物制品。常见的压花饰品有书签、贺卡、请柬、餐垫、干花画等。

(2) 立体干燥花

亦称"干花"（dried flower），是指对植物材料进行保色、保形或人工造型处理而制成的具有立体形态的植物制品。常见的干花饰品有花篮、花环、门饰、壁饰、花束、捧花、胸花、钟罩花、装饰盘、香花、人工干花琥珀等。

10.2.1.3 干燥花的特点

干燥花作为装饰品之所以能风靡全球，主要是由于干燥花具有其他装饰品无法替代的优点，使得干燥花装饰艺术成为一种独特的形式。

(1) 原料来源广泛

用于制作干燥花的植物种类非常丰富，既有人工栽培的植物，又有大量的野生植物。在人工栽培的植物中，有天然的干燥花材，如麦秆菊、千日红、补血草、兔尾草、星辰花等；有农作物，如小麦、玉米、高粱、棉花、芝麻等；也有观赏植物，如月季、三色堇、美女樱、福禄考、落新妇、酸浆等。还有大量的野生植物，如翠雀、毛茛、蓝盆花、溲疏等；常见的杂草，如葎草、画眉草、狗尾草、芒、荻、芦苇等以及各种蕨类、苔藓等。目前，世界各国经常使用的干燥花植物种类有3000多种。

(2) 姿态质朴自然

干燥花是由植物材料加工制作而成，不仅具有植物的自然风韵，而且保持了植物原有的色彩和形态，如麦秆菊、千日红、补血草、飞燕草等；也有一些干燥花，尽管无法体现植物原有的艳丽色彩，但仍能呈现出其质朴的色泽和自然形态，如月季、紫罗兰、小苍兰等。即使是那些经过吸色或漂白、染色处理的干燥花，以及各种创作花，也尽可能地保留了植物的自然形态和独特的质感。

(3) 使用管理方便

干燥花欣赏寿命长，对环境要求不高，使用管理简易方便。与鲜切花比较，不仅可在较长的时间里保持其形态和色彩，而且贮存、销售期长。只要保持清洁的环境和较低的相对湿度，可以随时取用。特别是在周年供应上比鲜花有更高的自由度和更稳定的供应。多数鲜切花通常的货架寿命较短，较长的也只有5~7d，而干燥花及其装饰品的货架寿命最少也可保持6个月。鲜切花在贮运过程中，一般要求较低的温度和较高的相对湿度，对环境要求较高；而干燥花的贮运只要求较低的相对湿度，即使在0℃以下也不会造成冻害损失，长时间在30℃以上的环境中也不会有加速萎蔫的问题。在一般条件下干燥花可贮藏2~3年，若经特殊包装处理则保存更久，甚至永久不变。

(4) 创作随意、应用范围广

与鲜花相比，干燥花不受"保鲜"条件的限制，因而在干燥花装饰品的创作手段上就更加灵活和方便。以干花插花为例，其所选用的载体和容器，既可用插制鲜切花的各种瓶、盘、钵，又可使用各种草、柳、藤、竹编制的各种造型的制品。同时，干燥花几乎可以在任何季节内应用在任何想装饰的地方。在西方国家，人们常在圣诞节前后，用干花做成花环等装饰于房门或院门上，不惧天寒风霜。应用压花不仅可以制作明信片、电报卡、贺卡、大型压花画，还可用来装饰灯罩、首饰盒、礼品盒、壁饰等。另外，某些植物的花和叶被干燥后，仍然保留着其原有的芳香，如玫瑰花、薰衣草、茉莉花等，将其干燥加工制成香袋、香盒等来装饰房间并净化室内空气。此外，在干燥花艺术品的创作手段上更加灵活和随意。应用漂白、染色技术还可以制作表现出自然界鲜花不具有的颜色，如金色、银色等金属色泽，同时保留了植物的自然形态；利用创作花的想象、设计、组合拼装等手段，还可以创作出自然界不存在的花卉，而不失其自然的风韵。

10.2.2 干燥花植物材料的采集和整理

10.2.2.1 采集容器和工具

(1) 采集容器

有塑料袋、标本箱、背篓、纸箱、塑料桶等。

(2) 采集工具

有枝剪、高枝剪、花铲、镰刀、绳索等。

10.2.2.2 压花植物材料的采集和整理

(1) 采集时期

采集压花植物材料，通常在植物的生长季进行，北方地区主要集中在春、夏、秋三季，并以春、秋两季为主；而在南方，只要避开雨季，随时可以采集。最好选择晴朗、干燥的日子采集，一天中最佳采集时间为7:30~10:30，采集过早花材带露水较多或压花植物的花未充分展开，会影响花材的压制质量。中午前后采集，花材易萎蔫、变形。对于下午花瓣充分展开的植物材料（如美女樱），其最佳采集时间应在傍晚前后。采后及时压制，否则盛于塑料袋中于5~9℃冰箱贮藏。

(2) 适合作压花材料的花和叶的特点

花材的选择 ①选择平面形态好的单瓣花、复瓣花或重瓣性少的花，如溲疏、太平花、毛茛、梅花草等。若其他条件适宜，虽花重瓣也可拆开压制应用。②选择花瓣厚薄适中，含水量少的花。桃花、杏花则太薄，荷花、睡莲、玉兰花则太厚，凤仙花、美人蕉等含水分过多，压后易变形或褪色，有时还会霉烂。③选择花朵强壮、无病虫害、刚刚盛开的新鲜花材，切忌选用凋谢枯萎的花。④选择颜色鲜艳且花色素较稳定，压后不易变色或退色的花。如罂粟、虞美人、杜鹃花、碧桃等花色素不稳定易分解。一般黄色、蓝色、紫色的花色素较稳定，白色、红色、粉色有时会褐变。⑤尽量选择花蕊数量少的花，如压花作品中需要花蕊多的花，可把花蕊摘下，分别压制，然后再与花重新组合。

叶材的选择 ①适宜压花用的叶材。通常草本植物与落叶树的叶子质地都比较薄，柔韧性好，挺而不脆，适宜作压花。应选造型优美、外形轮廓清晰、线条优美者。叶片的形状要有特色，叶片大小、厚度适中，叶片完整、无污染、无病虫害。②不适宜压花的叶材如常绿针、阔叶树的叶子，多为革质叶或叶面有极厚的角质、蜡质层；还有一些植物为肉质叶，叶片肥厚饱满，叶内含水量很高。这些叶片一般不适合用于压花，除非经特殊处理。

(3) 花、叶的采集方法

花 若只采花，从花的基部掐下；连花茎压制的，目测好长度，用剪刀剪断；准备吸色的，连同花枝、花茎一同剪下；如选中整株植物(只能是小型草本)，要从茎基剪断，连同花、叶、茎、花蕾，整体采下来。

叶 选择理想的叶片，从基部采取；若植物带蔓或带须蔓，选择造型好的部分，采叶片时将蔓须一同剪下。

(4) 压花植物材料的整理

去除残破的花材 压制之前，应仔细检查，去除那些破损和闭合的花朵。

疏除过密的花朵和花瓣 有些花材花瓣层数多、排列密集且表皮蜡质层较厚，这些花材在压制过程中干燥速度慢，易褐变甚至发霉腐烂，因此压制前应适当疏除部分花瓣。有些需进行着色的花材，在着色前最好将过密的花序疏除，以便染色均匀，并节省染料。

从花序上剪取花朵 压制之前，将花朵从花序上剪下，剪切时留适当长度的小花柄或花筒。有时还需压制一些花蕾和半开的花朵，剪切后应根据不同的姿态，将它们分别包装或及时压制。

叶材和花枝的整形 将整个花序作为压花花材时，在压制之前，需要用刀片削去茎的内侧或将茎从中劈开。若需要弯曲的形状，还要用手小心地弯折。对于禾本科的叶片，为了便于叶材快速干燥和保持或曲或直的形状，可用耐水性砂纸在其平行叶脉内侧轻擦，并将其展平。

分解花朵剪取花瓣 在制作压花饰品时，常需用一些植物的花瓣，压制前应将这些植物的花朵分解，选留形态完好的花瓣；还有些不易干燥又不易保持花形的植物材料，也需将其花朵全部分解，然后分别压制每朵花的花瓣、萼片。

(5) 花、叶干燥压制前的处理

叶片的压制前保色 一般常用的方法是用硫酸铜溶液将叶子进行煮沸处理。

花朵的活体吸色 有些白色的花压制后变为黄褐色，还有些红色的花压制后颜色变浅，为了增加压花作品花材的颜色，或加强原来的颜色，就需要将白色花进行染色及对原来的颜色进行保色。目前最好、最方便、最快捷的方法是活体吸色法。所谓吸色法，即根据所想要的颜色,将生物染料或食用色素配制成一定浓度的染液,然后将带有花茎和花束或花枝插入染液中,保持室温25℃约1h,染液就会均匀地吸收到花瓣中去。

花朵的发色处理　有些红色或粉红色的花在压制过程中易变色和褪色,如波斯菊、八仙花、美女樱等,可以利用酒石酸和枸橼酸等化学药品,使花材酸化而发色,其中酒石酸可以使花材发出美丽的红色,而枸橼酸则可发出漂亮的粉红色。

花朵压制前的处理方法　适合制作压花花材的鲜花,一般选用平面形态好的单瓣花朵,而平面花形差、重瓣,或花蕊较厚的花卉,一般不易压制,需做如下处理。

团状重瓣花卉的压制　如香石竹、月季、蔷薇等团状重瓣花卉,压制前,要用小刀从花的中间纵剖分开,将散落的花瓣一片片压制;花托较硬厚,也要像压制花瓣一样,施加重力压制平整;花茎不要扔掉,将花茎用小刀纵剖成两半,把中间含水分高的部分刮去,只留下枝茎的外皮,也要压成平面状态。

筒状花卉的压制　如水仙、一串红、铃铛花等筒状花卉,要用小刀将花朵从中纵剖,摊成平面再进行压制。而像百合、君子兰、倒挂金钟、耧斗菜等花瓣分开的筒状花卉,从中间纵剖后,可将2~3片花瓣压于正前方。

厚花蕊花卉的压制　月季、百合、小向日葵、非洲菊、雏菊等厚花蕊的花卉因其表面凹凸不平而不易压制,可在薄薄的PU板或平整的木板上在花的四周铺上吸水纸进行压制。

10.2.3　植物材料的干燥方法

10.2.3.1　干燥的器具、材料

处理工具　镊子、剪刀、小刀、细砂纸等。
吸水材料　吸水纸、硅胶等。
加压工具　重物、标本夹、压花器等。
加温设备　烘箱、微波炉、干花机等。
容器　用于强制干燥干花的用具,如干燥器等。
密封材料　胶带、凡士林等。

10.2.3.2　平面压花花材的干燥

花、叶采集、采摘下来,吸色或保色后,都要趁其新鲜、舒展、强壮时立即进行压制。这样压制出的花和叶,观赏效果才较好。常用的压花干燥方法为重压干燥法,即给植物材料以适当的压力,令其保持优美形态。

(1) 自然干燥压花法

主要使用标本夹或压花板。将排列好花、叶的吸水纸与几张没有夹花、叶的吸水纸交替码放在标本夹或压花板上,然后用绳子捆紧或金属夹子夹紧放在通风处进行干燥。

如果没有标本夹或压花板,可选择通风条件较好的平台处,交替码放好花材与吸水纸,最上面放一平直的木板,其上压上砖石等重物进行压制干燥。

(2) 电热干燥压花法

使用电器加热,缩短花材压平干燥时间。根据使用设备的不同,又可分为以下

2种：

电熨斗压花法 在熨衣板或桌面上放几本杂志，上面放上排列有花材的吸水纸，再盖上白布，将加热到140℃左右的电熨斗用力压上，经0.5~1min，将花材转移到标本夹内重压一个晚上，以固定花材的形状。电熨斗压熨时，不能水平方向移动，花材的摆放以不大于熨斗底部为宜。电熨斗压花法可使花材瞬间脱水，迅速干燥，压出的花、叶质量很好，但非所有的花材都适宜此法，所以，压制前先要试验一下。

电热干燥箱压花法 此法是前几种方法的优化组合，既能使花、叶瞬间脱水，迅速干燥，又能对叶片和花瓣加压。使用此法时，可将夹有花、叶的标本夹直接放入干燥箱内或直接在干燥箱中进行压制。干燥箱的温度可适当调低一些，以免材料烤焦或着火。压制时间控制在5h左右。

(3) 硅胶干燥压制法

将压有花、叶的标本夹放入盛有干燥硅胶的密封塑料容器内，3~4d后花材即可干燥。现已有专用的压花器，在各层干花之间加入适量吸湿剂（硅胶）作为间接干燥介质，以加快干燥速度。若配以电加热则效果更好。

10.2.3.3 立体干花的干燥方法

(1) 自然干燥法

自然干燥法又称空气干燥法，是指利用在空气中自然干燥达到花枝脱水的目的，是一种简便易行，最常用的干燥方法。多用于含纤维素多、含水量低、花型小、花茎较短的花材，一般野生材料更适合选择此法。自然干燥主要分为以下几种：

悬挂干燥法 将整理好的植物材料一小束一小束地扎好，花头向下悬挂于避雨、避光、干燥、通风场所，一段时间后，花材即可干燥。此种方法适用于枝干较柔软、花朵较大的植物材料，如月季、千日红、麦秆菊、鸡冠花、飞燕草、蓍草、卷翅菊、红千层等。

使用悬挂干燥法应注意：①选择易于空气干燥，悬挂起来不会折断的材料；②去掉枝茎下部的叶子和所有的刺及任何损坏的组织使捆扎部位成裸露的枝茎；③每束花材不宜过多，且捆扎时花头要交错开。

平放干燥法 适用于茎干较软，花穗较重的花材。如高粱、谷穗、稻子、豆荚、松果等，要求将花材平放在干燥通风的平台上，最好将植物材料放在有吸水能力的表面上（报纸、纸板等），自然散开，不要重叠。

竖立干燥法 又称直立干燥法。适用于枝茎较硬或过软、多花头的材料，或需要有下垂效果的植物材料。如千日红、麦秆菊等用此法制作比悬挂干燥法干燥速度快且花形美观。植物材料直立干燥有两种方法，较高的草类和果穗，像蒲苇、酸模、薰衣草、勿忘我、藜等，可直接插于容器中任其干燥；而对于花朵，如八仙花、含羞草、飞燕草、丝石竹等插在约5cm深的水中干燥较好。

金属网架干燥法 适用于花头大的植物，如球形洋蓟、玉米、洋葱、莲蓬等，将其单个置于金属网架上干燥。将金属网水平固定好，把每朵花的花梗直插到网眼中。

箱子干燥法 所有苔藓类均非常易于干燥，如泥炭藓、卷毛藓、地衣类、卷柏等，可采用箱子干燥法，在箱子里铺上皱报纸或放一个托盘，把苔藓铺成一层，就可以轻松地将其干燥。但不要紧密堆放苔藓，否则易腐烂。

喷涂干燥法 对一些禾本科植物的花穗，在干燥过程很容易脱落。干制时要在其成熟之前采摘，用发胶或其他固定剂进行全面喷涂，要确保喷涂充足。

(2) 加温干燥法

加温干燥法是给花材适当加温，以促进水分加速蒸发的干燥方法。目前常用的有烘箱干燥法、干花机干燥法、微波干燥法等。此法干燥速度快、干燥彻底、温度易控制，而且保色、保形效果好。适用于自然干燥的植物多数均可采用此法。但有些植物不适于在微波作用下干燥，如某些植物的色素不耐微波辐射，极易变色；有些材料具特殊物质和结构，在微波作用下易燃烧等。

(3) 低温干燥法

低温干燥法以 0~10℃ 干燥冷空气作为干燥介质。由于低温有很强的抑制酶活性的作用，所以制作的干花均能保存较好的色泽。但是水分蒸发较慢，需要良好的通风排湿设备，且处理时间较长。但不耐寒也不耐冷藏的植物不宜采用此法。由于该法条件要求高，耗时长，一般较少采用。

(4) 减压干燥法

减压干燥法是以减压空气为干燥介质的干燥方法。将植物材料放入抽成一定真空度的密闭容器中，使植物材料内水分迅速蒸发或升华，从而达到干燥的目的。这种方法干燥速度快，保色效果好，是新兴的干燥方法，对制作大型干燥花有良好效果。

(5) 埋没干燥法

对于含水量高，较难维持刚性效果的花材，用加温、低温或自然干燥法都会因材料出现收缩而难保持原有的形态，可采用埋没干燥法。埋没干燥法是用细粒状定型材料，将花材埋没起来再进行干燥的方法。适用于月季、芍药、牡丹等大型含水量高的花材。它可使花材保持优美形态，较一般的干燥法制作的干花品质更好。埋没干燥法的工作程序：将花材的花头剪下，在花梗切口处插入细铅丝或竹木等硬质细枝，放入容器中，再慢慢地小心倾入定型材料，将花材埋没，然后将容器置于干燥通风处，至花材干燥后即可取出。

常用的定型材料有河沙、食盐、珍珠岩等，定型材料使用时一定要干燥。

(6) 强制干燥法

亦称化学干燥法。指用吸水性极强的化学药品作为吸湿剂，使植物材料干燥的方法。这种方法干燥速度快，成品效果好，非常接近它新鲜时的原始形态和颜色，但费用较高。常用的干燥剂有变色硅胶和无水乙醇。以硅胶干燥法应用较广，干燥速度快、效果好。由于硅胶可反复使用，成本也较低。使用时应注意硅胶颗粒大小应以 $1mm^3$ 左右为宜，颗粒过大，吸湿面积小，单位时间内吸水量小；颗粒过小，会污染植物材料。强制干燥法的工作程序同埋没干燥法，但须使用密封的容器，经常检查硅胶晶体颜色的变化以确定是否需更换。乙醇法是以液体乙醇作为直接干燥介质制作干花的方法，干燥速度快，定型效果好。但此法费用高，且乙醇会破坏一些植物材料色素，故目前较少应用。此外，也可用粉末状的硼砂、明矾与干燥的细沙以 3∶2 混合进行干燥，干燥程序同硅胶干燥法。

（7）液剂干燥法

液剂干燥法是利用具有吸湿性、非挥发性的有机液剂处理植物材料的干燥方法。此法的应用原理是液剂对水分的替代和保持作用。液剂干燥法制成的干花，具有光泽和柔软的质感及独特的人工色彩，十分优雅美观。常用的液剂有甘油和福尔马林，也可两种混合使用，可使用瓶插法或浸泡法。液剂干燥法制作的干花避免了一般干花易碎易损的缺点，但在高湿环境中易出现液剂渗出和花材霉变，且只能制作色彩较暗的产品，此法适宜保存植物的枝叶。通常使用的液剂有甘油和福尔马林。以甘油干燥法较为常用，可分为瓶插法和浸泡法两种方法。甲醛法较甘油法干燥得快，但产品手感效果较甘油法差，且有一定刺激性气味。有时也可将两种液剂混合使用，称为混合液剂法。

10.2.4　干燥花植物材料的保色及干燥花的色彩还原

10.2.4.1　植物材料的保色方法

在植物材料的干制过程中，能否尽量保存其原有的色彩，达到理想的观赏效果，是干燥花制作技术的关键。从保色的途径上，可将保色的方法分为物理保色法和化学保色法两大类。

（1）物理保色法

利用控制温度、湿度、光和干燥介质中的氧含量等外界环境条件，保持植物材料鲜艳色泽的方法称物理保色法。

高温减压保色法　通常需要使用具有加热功能的减压箱，控制温度为 80～100℃，减压范围控制在 12 665.6～25 331.2Pa。此法适于含有热稳定性较强的类胡萝卜素、花青素为主要呈色因素的植物材料，如硫华菊、翠雀等。

低温减压保色法　通常使用具有制冷能力的减压箱，温控范围以 0～5℃ 为宜。此法适于对热稳定性较差的酚类色素和易发生非酶褐变的植物材料，如梨花等。

微波干燥保色法　需要使用微波炉等设备，以造成植物材料内温度高于外界温度的效果，使水分迅速蒸发。此法适用于含有热稳定性较强色素的植物材料。使用时应注意微波的强度及时间。

（2）化学保色法

通过化学药剂与植物材料的色素发生化学反应，使其保持或改变原有色素的化学结构和性质的方法称为化学保色法。

绿色枝叶的保色方法　主要利用酸处理的方法，将叶绿素分子结构中的金属镁离子解离出来并以铜离子取代。根据叶子的厚薄和数量、颜色的深浅，采用 5% 直至饱和的不同浓度的硫酸铜溶液煮制。将配好的溶液加热至 85℃ 或至沸后投入树叶，叶色由绿变褐再变绿，直至恢复原色。此时将叶子捞出，用清水冲洗，即可干制。亦可用 50% 醋酸溶液溶解醋酸铜作为原液，用时加 4 倍水，用同样方法煮制。此法处理的叶色更鲜绿，但刺激气味大，在没有通风设备条件下不宜采用。

花色的保色方法　主要是调整植物材料内酸碱度和用金属离子络合方法，以及用药剂促进细胞内胶体状态的生成，从而提高色素的稳定性。常用的药剂有酒石酸、柠檬酸、硫酸铝、明矾、氯化锌、氯化锡、氯化亚锡、蔗糖等。

药剂处理的方法 可分为内吸处理法和浸渍处理法。内吸处理法是将植物材料的茎浸泡在药剂中，使其通过输导组织内吸，处理时间为 5~15h。浸渍法多是将植物材料浸渍于药剂中，处理时间为 15~40min。不同种类的花处理时间不同，直到花朵色素有少量渗出为止，要灵活掌握。内吸法的优点是处理后干制较为便利，干燥速度也较快，但吸入往往不均匀。浸渍法可充分渗透到整个植物组织中，处理效果均匀，但处理后干燥速度慢，且给干制操作带来极大不便，还要注意把多余药剂用吸水纸擦掉，否则保色效果不均匀。

通常情况下，利用药剂处理的方法可以使许多易出现褐变、褪色现象的植物材料保持原有的色彩；基本保持花材的原色，色泽鲜艳，如鸡冠花、一串红、月季等。

10.2.4.2 干燥花的色彩还原

干燥花在贮藏和使用过程中，受到外界的影响往往会失去干制后的色彩。通过一些物理化学的处理手段，使干燥花恢复原有鲜艳色彩的方式称为干燥花的色彩还原，也称干燥花的发色。如波斯菊、八仙花、月季等，可以利用酒石酸和枸橼酸等化学药品，使花材酸化而发色，其中酒石酸可以使花材发出美丽的红色，而枸橼酸则可发出漂亮的粉红色。

10.2.5 干燥花的漂白与染色

干花材料可以经过漂白与染色，制成漂染干花，它是干花中十分重要的一大类，在国外已形成配套的工厂化生产。漂染干花应用十分广泛，目前世界市场的需求量还在不断增大，是很有前途的干花类型。

(1) 花材自然脱色

自然脱色就是利用自然界存在的因素，如水、氧、光等，破坏花材中的色素，使这些色素褪色或转化为易被漂白剂破坏的物质的过程。利用自然脱色，可以减少漂白药品的消耗。还有一些花材含有易被紫外线等条件破坏而不易被漂白剂破坏的物质，必须先将花材进行自然脱色方可进行漂白处理。

(2) 花材漂白

漂白在干花制作过程中，是十分重要的一道工序，直接影响其艺术效果，只有在漂白的基础上，才能进行染色、软化，制成一件工艺品。漂白的方法包括以下几种：

次氯酸盐漂白 次氯酸盐漂白是一类漂白方法，包括次氯酸钠、漂白粉、漂白精漂白等。其漂白的原理基本相同，在此以次氯酸钠为例，工艺流程如下：水洗（浸泡）→漂白→水洗→中和→水洗→晾晒。

常用药品有次氯酸钠、碱、酸。为稳定漂液的 pH 值，可用硅酸钠作为缓冲剂。漂白粉、漂粉精目前已不常用。漂液用碱调至弱碱性，漂白后用酸洗去残留的漂白剂，最后作整体的中和洗涤。漂白过程中适当加温。

亚氯酸钠漂白 亚氯酸钠是目前国内最广泛应用的干花漂白剂。其工艺流程如下：

水洗(浸泡)→漂白→水洗→中和脱氯→水洗→晾晒。

常用药品有亚氯酸钠、碱、酸。漂液可用酸调至弱酸性。最后用碱及双氧水中和脱氯。反应过程中宜适当加温。

过氧化氢漂白 工艺流程如下：水洗(浸泡)→漂白→水洗→中和除硅垢→水洗→晾晒。

药品主要有过氧化氢、碱、酸、硅酸钠等。为促进反应，调节pH值至弱碱性，并适当加温。

(3) 花材染色

漂白后的干花花材要经过着色处理才能有漂亮的色泽。干花的主要成分为纤维素纤维，通常纺织用染纤维物质的染料，尤其是染纤维素纤维的染料大多适用，由于干花对水洗牢度和日晒牢度的要求不如纺织品的要求高，且不如纺织品耐煮，故通常选用着色容易的染料来染制染色干花。

染色是用色料渗入花材组织中或附着于花材的表面，使花材着色的方法。色料透入花材内使其着色的方法称染料染色，通常说的染色一般即指这类方法。色料附着于花材表面的着色方法称涂料染色。

传统干花的染料有3种，即酸性染料(有天然色素、酚类及玫瑰红染料等)、碱性染料(如碱性偶氮染料、喹啉及丫啶染料等)、中性染料(如直接四偶氮染料等)。酸性染料不易着色，但着色后能保持较久；碱性染料易着色，色泽鲜艳，但不持久；中性染料性能居中。

用于干花着色的涂色料主要有4类：漆(有醇酸类漆、硝基漆、无光漆等多种)、金属色料(包括铜金粉和铝银浆)、水性颜料(包括广告颜料、水粉色等种类)和油性颜料，这些色料均不透明，所以用涂色法为干花着色可不必将花材先行漂白。

煮染法 工艺流程如下：调制染液→煮染→固色→水洗→烘干。

调制染液时应边调边试直至达到所要求的色彩后再进行染色。染色时间因材料而异，一般为15～30min。染色温度一般控制在70℃左右。染完后用稀醋酸溶液去浮色，然后用清水淋洗晾干即可。

浸染法 浸染法的工艺流程与煮染基本一致，只是没有加温过程。一般浸染法用天然色素等易被材料吸附的染料进行染色。由于浸染法不需加温，所以在干花的液剂制作法中可以与液剂干燥过程混合进行。通常用于染制叶材，染色牢度较差。

涂色法 是用涂色料对植物材料进行涂色覆盖，显示涂料的颜色。有涂漆法、水性色料涂色法、油性颜料涂色法和花材的彩色真空镀膜技术。尤其是真空镀膜技术，不但能使花材有金色和银色的效果，还能具有淡粉、淡蓝和淡绿的色彩，色彩高雅、柔和漂亮，给人一种高档次、高品质的感觉，是干花着色采用的最新、最先进的高科技手段，使花材有一种太空般的科幻感受。

10.3 切花鉴赏

切花鉴赏主要表现在对插花艺术的鉴赏。插花艺术是运用色彩和造型等手段，通过具体可见的形象，传达思想感情的艺术，它可以把人们引进幽雅、充满诗情画意的佳境中去。插花的品评鉴赏活动，是人们接触清新鲜美的花草，感受作品的自然美、艺术美的过程。人们从中不仅可以得到欢乐和美感，获取知识，而且还可以美化心灵，陶冶情操。

10.3.1 插花作品鉴赏条件

插花作品是生活美与自然美的结晶与升华。插花作品的鉴赏，既要有好作品、好环境，还要有好的欣赏者。插花作品鉴赏主要靠视觉产生直接的感染力。

(1) 作品

一件好的插花作品给人的第一印象应当是很美的，能给人愉悦与舒畅感。这种美和愉悦感是由作品整体形象的和谐美引起观赏者视觉感受的结果。整体形象包括造型的优美、花色的调和以及构图的合理得当等，是形式美的综合体现。而一件好的具有吸引力的插花作品不仅以它的形式美而诱人，更以其内涵美与意境美打动人，即主题思想的新颖深刻更令人赏心悦目、思绪万千、久久不能忘怀。

(2) 环境

任何艺术作品的欣赏，都要有一定的环境与氛围。欣赏插花艺术作品同样需要一个洁净的环境，才能舒心地领悟艺术的真谛。在插花艺术展览时，环境的布置十分重要。简洁素雅清净的陈设环境更能烘托出作品的清新艳丽、生机勃勃的神韵之美。环境布置不在于装潢修饰，而在于巧妙安排。桌上摆设视桌之大小，一桌3~7瓶，多则眉目不分，毫无艺术可言。几架垫座要有高有低，参差高下，互相照应，以气势联络。若同一高低，或一律前低后高，中高侧低，像成排列队，则过于呆板。要大中见小，小中见大，迂回曲折，有所变化，视觉才有新鲜感，不易疲劳。

(3) 欣赏者

有了好作品和好环境，还必须有好的欣赏者，才能很好地感悟插花作品之美。不认识花材，不懂色彩学知识，不明白花的象征意义，那只能是一种简单的知觉性的感受。插花是一门高雅艺术，欣赏者需要有一定的文化修养和丰富的想象力，要以热爱艺术、追求艺术美的心，去潜心品味艺术，才能深刻领悟艺术作品的内涵与美感，获得发自内心的感慨。只有充分理解插花艺术的本质，领悟其真谛，才会怀着美好的心态，以礼貌的言谈举止，来品评鉴赏插花作品。

10.3.2 插花作品的鉴赏评价标准

插花作品是属于造型艺术范畴的艺术品，所以其形式美和内容美都十分重要。

10.3.2.1 品评形式美的标准

(1) 整体效果

插花作品给予人的第一视觉效果，包括作品的造型尺寸是否合理，花材组合、容器的搭配是否优美，整体的效果是否和谐。

(2) 构图造型效果

造型是否优美生动、新颖，是否符合构图原理，花材组合是否得当，各种技巧应用是否合理娴熟。

(3) 设色效果

整体色彩的搭配是否调和，即花材之间的色彩搭配，花材与花器之间的色彩搭配，以及作品与周围环境色彩的关系，是否协调美观、符合色彩学原理。

(4) 技巧应用

构图的技巧（枝、叶、花的弯曲、捆绑、剪裁、包扎、固定、掩盖等）是否熟练、是否处理得干净利落、不露痕迹。

10.3.2.2 品评内容美的标准

① 主题思想表现是否突出、新颖，花材选用是否得当，是否具备形神兼备的特点。
② 意境是否含蓄深邃，有无诗情画意，能否引人回味遐想。
③ 命题是否贴切。
④ 构图是否合理。

一件具有优美造型的插花作品，在构图上应达到下述5个要求：

上轻下重　是指花色的深浅。浅者应在作品的外缘或上部，深者应在内部和下部，这样作品才有稳定感。

上散下聚　是指花朵小者、单薄者居作品的外部和上部，花朵大者、质地肥厚者居作品的中间和下部，这样作品才有均衡感。

高低错落　是指花枝的安排要有长有短、有高有低、相互错落，作品才会显得生动活泼。

疏密有致　指花朵或花枝之间的距离要有大有小，大则疏、小则密，不可等距离插作，这样才虚实相宜，有层次感。

俯仰呼应　指上下花朵或花枝的动势要集中，彼此相互关联。

⑤ 作品是否新颖、富有创意。

插花不只是依赖基本的插花原则生搬硬套，也不是单纯的表现自然界的和谐，更要体现的是现代社会、现代生活和个人的思想意愿。作品应主题鲜明、造型独具风韵，花器和花材的选择应不拘一格。

插花作品的创意要富于想象，命名需画龙点睛，力求把思想美与艺术美有机融合，起到鞭挞社会、启迪和净化心灵、愉悦情感的作用，担负起调节生活的社会功能。

依据上述各个方面，结合作品的整体效果、艺术感染力以及与周围环境的和谐性对插花作品进行品评鉴赏。

10.3.3　插花作品的鉴赏方法

欣赏插花艺术需要有恰当的方法，如同欣赏绘画、书法、雕刻等作品一样，是一种静态的欣赏，需要有一定时间的驻足停留，对每件作品细细欣赏，凝视静观整体造型以及每个花枝形姿色韵的美，进而揣摩回味其意境之美，领略作者的情感体验，从而引起自己的情感活动，获得深层次的美感。

(1) 要站在作品主视面前鉴赏作品(四面观赏的作品除外)

主视面即为作品的主要观赏面，是观赏的最佳部位，也是插花作者创作时所站的位置。这样才便于欣赏作品的原貌，了解和品味作品的真正意义，体会作者的情感。

(2) 应与作品保持最佳视距

观赏时，离作品太近或太远，都不易看清作品的原貌和技巧处理手法。通常根据作品的大小确定观赏的视距，一般以 1.5~3m 的距离为宜。

(3) 应从最佳视角鉴赏作品

视角的选择要根据作品的造型和摆放的位置而定，大多数作品以平视为主；部分下垂式造型作品则需摆放在视线以上的高处，仰视欣赏才能看到作品的最佳观赏面；另有部分水平式造型的作品，适宜摆放在视线以下的茶几上或其他低矮处，俯视欣赏才能获得最佳效果。

(4) 要抓住观赏时机

插花是短暂的临时性的艺术表现形式，花材寿命有限。作品完成后，在当天或一两天内欣赏品味最好。在此期间，花材最清新鲜美；如果时间过长，花材不新鲜，纵使再好的造型也会大大逊色。

此外，欣赏插花时，要保持环境的整洁和安静，不可喧哗嘈杂，更不能随意移动或触摸作品。

小 结

本章介绍了切花的应用与插花艺术，干燥花的定义、类型和特点，干燥花材料的采集和整理，干燥花材料的干燥方法，干燥花植物材料的保色及干燥花的色彩还原、漂白与染色的方法，干燥花的应用，切花的鉴赏等内容。

思考题

1. 简述插花艺术的类别及常见切花应用形式。
2. 植物材料的常用干燥方法有哪些？
3. 怎样鉴赏插花作品？

推荐阅读书目

1. 观赏园艺学(第 2 版). 陈发棣，郭维明. 中国农业出版社，2009.
2. 干燥花采集制作原理与技术(第 2 版). 何秀芬. 中国农业大学出版社，1999.
3. 插花花艺学. 王莲英，秦魁杰. 中国林业出版社，2009.

11 一、二年生切花栽培

一、二年生花卉在园林应用、家居装饰和插花创作中具有重要作用。

一年生花卉又称春播花卉,是指种子萌发、营养生长、开花结实和衰老死亡等过程在一年内完成的花卉。其生长周期短,一般春季播种,夏、秋季开花结实,冬前枯死。栽培管理容易,布置效果好,是夏、秋季切花和庭院花坛布置的重要材料。

一年生花卉依其对温度的要求分为3种类型,即耐寒性花卉、半耐寒性花卉和不耐寒性花卉。耐寒性花卉苗期耐轻霜冻,不仅不会受害,在低温下还可继续生长;半耐寒性花卉遇霜冻受害,以致死亡;不耐寒性花卉原产热带地区,遇霜冻立即死亡,生长期要求高温。

二年生花卉是指其营养生长和生殖生长分别在两个生长季节内完成,通常夏、秋季播种,播种后第一年仅形成营养器官,翌年开花结实而后死亡。二年生花卉耐寒性强,有的能耐0℃以下的低温,是冬、春季节花坛及庭院环境美化绿化的良好材料。此类花卉苗期要求短日照,成花阶段要求长日照,而长日照条件又必须紧接着低温春化阶段出现。它以幼苗越冬,严格要求低温春化,苗期要求有一个0~8℃的春化低温,开花在较高温度下完成。

在一、二年生花卉中有些本为多年生,但生产上多作为一、二年生花卉进行栽培。一、二年生花卉多由种子繁殖,具有繁殖系数大、从播种至开花所需时间短、经营周期快等优点,是良好的切花材料,近年来在市场上很受欢迎。

11.1 金鱼草

【学名】 *Antirrhinum majus*
【英名】 common snapdragon
【别名】 龙口花、龙头花、洋彩雀、狮子花
【科属】 玄参科金鱼草属

金鱼草原产地中海沿岸及北非,现世界各地广泛栽培。由地中海沿岸引至北欧和北

美，19世纪培育出各种花色、花型和株型的品种。原为多年生草本植物，生产上作一、二年生栽培。金鱼草因其花似金鱼而得名，在国际花卉市场上属后起之秀，由于生长期短，花色丰富，花期易于控制，耐寒、抗病性较强，产量高，销售量日趋增长，是近年来比较受欢迎的鲜切花品种之一。金鱼草切花通常在12月至翌年4月上市。

11.1.1 形态特征

图11-1 金鱼草

金鱼草为多年生直立草本花卉作一、二年生栽培。株高15~120cm，茎直立，微有茸毛，基部木质化。叶片对生，上部螺旋状互生，披针形或短圆状披针形，全缘。总状花序顶生，长达25cm以上。小花具短梗，花冠筒状唇形，外被茸毛，长3~5cm，基部膨大呈囊状，上唇二浅裂，下唇平展至浅裂；花有紫、红、粉、黄、橙、古铜、白及复色。花色与茎色相关，茎洒红晕者花为红、紫色，茎绿色者花为其他花色。花色鲜艳，花由花莛基部向上逐渐开放，花期长。自然花期5~7月，果期6~10月，蒴果卵形，孔裂，含多数细小种子，千粒重0.16g（图11-1）。

金鱼草株型挺拔，花色鲜艳丰富，花型奇特，适用于切花、花坛、花境、花台、种植钵、盆栽等。高型品种适于切花生产和花境的背景种植，矮型品种用作岩石园、盆栽或花坛边缘种植。切花品种花序长，水养时间持久，观赏价值较高。

11.1.2 生态习性

金鱼草性喜凉爽气候，较耐寒，稍耐半阴，不耐酷热及水涝。生长适温白天为15~18℃，夜间10℃左右，即使降到5~6℃，也无大碍。但在开始现蕾时，若遇到0℃左右的低温，则表现为"盲花"。金鱼草喜阳光充足的环境，为典型的长日照植物，但有些品种不受日照长短的影响。冬季开花的品种，若保持适宜的温度，则不受日照影响，花芽分化后，12月至翌年1月开花。但夏季开花的品种，仅在长日照条件下，才能分化花芽和开花。秋天播种，则翌年开花，短剪后，可至晚秋开花不绝。冬季作切花栽培的，常于夏末播种，露地培育，秋凉移入温室，秋、冬季温度保持白天22℃，夜间10℃以上，12月可陆续开花。喜肥沃、疏松、排水良好和富含有机质的中性或稍碱性的砂质壤土，pH 5.5~7.7。

11.1.3 种类与品种

金鱼草种类较多，优良品种应当属早生系，切花后能经常保持花色鲜艳；品质优良，耐寒性强，"盲花"数少；株高而粗，花茎硬，笔直生长。通常12月开始采收切花，翌年3~4月还能二次采花，二次切花的品质也较好。金鱼草常见品种数百种，适合切花的品种为高型种，株高90～120 cm，分枝少，花序长。目前利用杂种优势培育的第一代杂种，选育出许多适合温室栽培品种，有冬季和早春开花的品种、秋末初冬开花的品种、春末和秋季开花的品种以及夏季开花的品种，已成为商业切花栽培的主要品种，生产者可根据生产条件和用花需求选择适宜的品种。

一代杂种 '早乙女'(红色)、'红龙'(天鹅绒深红色)、'先驱'(深紫红色)、'红姬'(桃色)、'乙女'(鲜桃色)、'绵龙'(绯橙色)、'夕映'(绯橙色)、'王冠'(黄色)、'黄龙'(黄色)、'白龙'(白色)、'白岭'(白色)、'新雪'(白色)、'白光龙'(白色)。

原有种 '魔力'(浓桃色)、'白色奇迹'(纯白色)、'和平'(纯白色)、'降珠'(乳白色)等。

11.1.4 繁殖方法

金鱼草以播种繁殖为主，但也可扦插。对一些不易结实的优良品种或重瓣品种，通常采用扦插繁殖。扦插一般在6～7月进行。金鱼草种子细小，呈灰黑色，每克6300～8000粒，发芽率约为60%。播种基质应排水良好，通气性好，适当保湿。可用泥炭、沙、园土等按一定比例混合作为基质。播前基质应消毒，否则小苗易感染猝倒病。消毒方法是70～80℃蒸汽消毒30min。

秋播或春播，具体时间因需花要求而定。采用混沙撒播的方法，播后不盖土或覆盖一层非常薄的土。然后盖上透明塑料薄膜，保持潮润，但勿太湿。发芽适温为20℃。播后7～14d发芽，苗期易遭猝倒病侵染，应加强通风透光，降低空气湿度。自播种到开花需130～150d。在自然条件下秋播者3～6月开花。在人工控制温室条件下，促成栽培，7月播种，可在12月至翌年3月间开花；10月播种，翌年2～3月间开花；1月播种，5～6月间开花。

扦插繁殖一般在6～9月进行，半阴处2周可生根，生根后栽植即可成活。

11.1.5 栽培管理

(1) 土壤准备

金鱼草一般采用盆播或箱播，播种土用沙、泥炭、园土等按2:3:5的比例混合，消毒后备用。

(2) 移苗及定植

当小苗的第一对真叶发育完全时，将幼苗分栽到塑料钵或浅盘中，进行分苗，株行距为5cm×5cm，当苗高长到10～12cm时即可定植。

定植土壤以砂质壤土最佳。定植前，要施足基肥，可使用充分腐熟的农家肥或磷酸二铵，均匀翻入耕作层内。金鱼草的定植要适时，定植太迟，植株徒长且枝条僵硬老化，影响以后的生长，生长势弱，降低切花的品质；定植太早，植株太小不易成活。宜在苗高为10～12cm时定植。株行距因季节和栽培方式不同而有所差异：冬季约为15cm×15cm，夏季强光下为15cm×10cm；生长方式有两种，一种为单干生长，株行距为15cm×10cm，另一种为多干栽培，株行距多为20cm×20cm。切花金鱼草栽培需设支撑网以防倒伏，每一网眼栽种1株。幼苗定植初期应适当遮阴。在金鱼草整个生长过程中,一般架设3层网,防止花茎弯曲或倒伏。

(3) 肥水

金鱼草在整个生长过程中通常每周要追肥一次,若底肥充足,可每10d左右进行1次追肥。浇肥水时要避免从植株上方直接给水,这样一方面会造成花茎弯曲、倒伏;另一方面增加叶面湿度,使病菌容易侵入。金鱼草忌土壤积水,积水易造成根系腐烂,茎叶枯黄凋萎。但浇水不足,则影响其生长发育。应该经常保持土壤湿润,在两次灌水间宜稍干燥,干湿交替更有利于其生长发育。

(4) 光照

金鱼草在阳光充足环境下,植株生长整齐,高度一致,开花整齐,花色鲜艳。半阴条件下,植株生长偏高,花序伸长,花色较淡。金鱼草为长日照植物,但现在有很多品种对日照长短反应不敏感,属日中性。对这些日中性品种,在冬季进行4h补光,延长日照可以提早开花。

(5) 温度

温室条件下栽培,温度应保持夜温15℃,昼温20~24℃。温度过低,降至2~3℃时植株虽不受害,但花期延迟,盲花数增加,切花品质下降。

(6) 整形修剪

多干栽培法在定植后,苗高达20cm时进行摘心,摘去顶端3对叶片,通常保留4个健壮侧枝,其余较细弱的侧枝应尽早除去。摘心植株花期比不摘心的晚15~20d。金鱼草萌芽力特别强,在整个生长过程中,会不断从叶腋中长出小芽,均需及时摘除。

11.1.6 主要病虫害及其防治

(1) 茎腐病

金鱼草茎腐病又称疫病,是金鱼草重要的病害之一,主要危害茎和根部。发病初期,根茎部出现淡褐色的病斑,病斑水浸状,并溢缩、腐烂,严重时植株枯死。防治方法:①加强栽培管理,避免连作,采取轮作并对土壤消毒。及时拔除病株进行烧毁。雨天后及时排水,防止大水漫灌,栽培密度不宜太大,保持通风透光。②药物防治,发病初期,向发病部位喷施40%乙膦铝可湿性粉剂200~400倍液或25%甲霜灵可湿性粉剂1000~1500倍液,也可用50%敌菌丹可湿性粉剂1000倍液浇灌植株根茎部。

(2) 苗腐病

苗腐病是一种严重的苗期病害,种子发芽后至整个幼苗期均可感染此病。发病初期幼苗近土表的基部或根部呈水渍状,后渐变为褐色并溢缩,最后腐烂,以致全株倒伏或凋萎枯死。防治方法为:①加强管理,苗期控制浇水量,土壤不宜过湿;适时播种,不使幼苗受到不适温度的影响;幼苗不宜过密,应及时间苗;保持室内通风、透光,降低株间温度,控制发病条件。②土壤消毒,用70%五氯硝基苯粉剂对土壤进行消毒,用量为每平方米5~10g,与适量细砂土混匀后撒施。也可在播种前用1%~2%的福尔马林溶液对土壤消毒,发病时及时用敌克松800倍液浇灌根部土壤。③结合药物防治,发病初期,对幼苗嫩茎和附近的土壤及时喷洒50%多菌灵可湿性粉剂800倍液或75%百菌清可湿性粉剂800倍液,也可用25%甲霜灵可湿性粉剂1000倍液或40%乙膦铝可湿性粉剂 200~400 倍液。

(3) 锈病

主要危害叶片、嫩茎和花萼。叶片发黄，呈黄绿色的疱状斑，破裂后露出红褐色夏孢子堆，病斑周围的叶组织变为淡黄色。嫩茎和花萼处的症状与叶部相似。受害植株生长衰弱，严重时叶子焦枯。防治方法：①发现病叶及时摘除并烧毁，以消除传染源；②加强管理，生长期间要注意通风、透光，植株不宜栽植过密，浇水时不要将水滴在叶片上，以减少病菌的萌发和侵染；③药物防治，发病初期，可喷洒 15% 粉锈宁可湿性粉剂 2000 倍液或 65% 代森锌可湿性粉剂 500 倍液。

(4) 叶枯病

主要发生于叶部和茎部。叶片发病后，叶端或叶缘开始产生水渍状小斑点，后变成苍白色，逐渐扩大为圆形或不规则形的褐色病斑，病斑中央有褐色不规则轮纹，并散生很多小黑点。被感染的嫩叶发生扭曲变形，严重时叶片皱缩枯死。茎部病斑呈长条形或环绕茎部，水渍状，稍稍凹陷，中央灰白色，边缘呈黑褐色，病斑部位常发生干裂，并着生许多小黑点，小黑点有时呈同心轮纹状排列。苗期如茎部受害，常常引起幼苗倒伏。防治方法：①加强管理，及时去除叶或拔除发病植株，以减少传染源；注意通风、透光，保持室内空气通畅。②药物防治，可于发病初期，喷施等量式波尔多液、或 65% 代森锌可湿性粉剂 600 倍液或喷洒 50% 苯来特可湿性粉剂 2000~2500 倍液。

(5) 灰霉病

灰霉病是温室内栽培金鱼草的重要病害。植株的茎、叶和花皆可受害，以花为主。病菌通过衰弱的寄主组织侵入。叶部受害，常常先发生于叶尖或叶缘，发病初期，病部出现水渍状斑点，然后逐渐扩大，病组织变为黑褐色并腐烂。病菌侵入后还可引起花梗和茎部的感染，形成溃疡斑。当病斑环绕花梗或茎部时，可造成花穗枯萎。防治方法：①及时清除病株，同时加强管理，浇水适宜，控制室内温、湿度；合理施肥，适当增施磷、钾肥，增强植株的抗病能力。②药物防治，可选用 70% 甲基托布津可湿性粉剂 1000 倍液，或 50% 多菌灵可湿性粉剂 800 倍液喷雾防治。每隔 10~15d 喷 1 次，连喷 2~3 次。

(6) 虫害

金鱼草常见的虫害有蚜虫、红蜘蛛、白粉虱、蓟马等。防治方法：①可用 3% 天然除虫菊酯或 25% 鱼藤 800~1000 倍液，对蚜虫有特效。40% 三氯杀螨醇 1000 倍液，是专用杀螨剂。喷施 1000 倍液的 50% 杀螟硫磷等内吸剂与土壤内施用 3% 呋喃丹，对防治蓟马均有较好效果。②用黄色塑料板涂重油，可诱杀白粉虱成虫。

11.1.7 采收、贮藏与保鲜

(1) 切花采收

金鱼草切花采收的适宜时期依不同的销售方式而异。用于就地出售和短期贮藏的切花在 1/3~2/3 的小花开放时采收，花茎上有 10 朵以上小花开放。用于长距离运输和长期贮藏的切花，以花序下部第 1~2 朵小花开放时为采收适期。采收后，即去除花茎下部 1/4~1/3 的叶片，并放在清水或保鲜液中吸水。切花采收后，按花色、花茎长短、小花开放状态等进行分级,通常10枝一束,花穗部分用包装纸包裹,装箱上市或贮藏。

(2)贮藏

金鱼草切花干贮时应将花茎竖放,否则发生弯头现象,影响切花品质。金鱼草对乙烯与葡萄孢属的真菌敏感,有落花现象,要重视喷洒杀菌剂防治,用STS(硫代硫酸银)处理,可阻止小花脱落。在0~2℃低温条件下干贮期3~4d;湿贮期7~14d。用杀菌剂处理后,把切花贮于保鲜液中,0~2℃可贮藏4~8周。贮藏后最适宜的催花温度为20~23℃,湿度不低于75%~80%。

(3)保鲜

金鱼草切花在水中的瓶插寿命为5~8d。瓶插保鲜方法为1mmol/L STS 预处理20 min后瓶插或直接插于4%蔗糖+50% mg/L 8-HQS+1000 mg/L异抗坏血酸或1.5%蔗糖+300 mg/L 8-HQC+10 mg/L B_9 等瓶插液中,有助于延长瓶插寿命,防止小花脱落。但因品种和处理方法不同,STS的有效性不同。

11.2 紫罗兰

【学名】 *Matthiola incana*

【英名】 violet

【别名】 草紫罗兰、草桂花、四桃克、春桃

【科属】 十字花科紫罗兰属

紫罗兰原产欧洲南部及地中海沿岸。1952年发现有红、紫、白3种花色,1968年首次有重瓣品种的记载。1900年以前重瓣品种的育出率在50%以上,20世纪后,在品种改良方面有了很大的进展,有的切花品种花茎高达80cm,重瓣率达95%。紫罗兰的花序长,花色丰富,颜色鲜艳,且有香气,是欧美及日本等国家常用的重要切花材料。日本新培育的一些重瓣品种,生长期短,产花量高,花色鲜艳,经济效益明显。

11.2.1 形态特征

紫罗兰为一年生至多年生草本花卉,常作一、二年生栽培,株高30~90cm,全株被灰色星状柔毛,茎直立,基部稍木质化。叶互生,长圆形至倒披针形,先端钝圆,全缘。总状花序顶生,有粗壮的花梗,花瓣铺展为十字形,重瓣或单瓣,花色为紫红、紫蓝、淡红、淡黄、纯白或深粉红色等。自然花期4~5月,果熟期5~6月,角果呈长圆柱形,种子扁圆具翅(图11-2)。

11.2.2 生态习性

紫罗兰原产地中海沿岸,现各地普遍栽培。喜温

图11-2 紫罗兰

暖凉爽气候，在夏季高温高湿地区作一年生栽培，生长适温为白天15~18℃，夜间5~10℃。较耐寒冷，能耐1~2℃低温，短期耐0℃左右低温，但不耐霜冻。夏季忌酷热气候。生长期忌高温高湿，炎热多湿季节极易发枯萎病。喜疏松肥沃土壤，以土层深厚、排水良好的砂壤土为佳，不耐炎热和潮湿，喜通风良好，梅雨天气易发生病害。具有一定的耐旱能力，能耐轻度碱性环境，pH 6.5~7.0。喜阳光充足，也耐半阴，长日照促进开花。多数品种需要经过低温才能开花，在5~15℃低温条件下3周才能通过春化。

11.2.3 种类与品种

紫罗兰园艺品种很多，根据开花习性不同，大致可分为夏花、秋花和冬花3种类型。夏花紫罗兰又叫香紫罗兰，为典型的一年生品种，生长期为100~150d，花期6~8月，属春播品种。秋花紫罗兰是春花紫罗兰和冬花紫罗兰的杂交种，属中间类型，既可春播，也可秋播。春播的于秋季开花，花期8~9月；秋播的于翌年春天开花，花期5月。冬花紫罗兰为二年生品种，也可作多年生栽培，在南方地区可露地越冬。株型和叶形较大，于翌年春季开花，花期4~5月，其发育过程需经过春化阶段才能开花，因此多在秋季播种。

紫罗兰依株型特点，可分为两种：一种是无分枝系，植株高大，分枝少、花穗大，花色鲜艳，花朵大，重瓣率高，有红色、桃红色、蓝紫色、黄色等品种，适于温室、大棚内栽培，切花上市价格较高；另一种是分枝系，容易发生侧枝，通过摘心，可培育3~4枝花，但剥芽比较费工，适于温暖地区露地栽培，有红、桃红、白色和蓝紫色品种。

紫罗兰切花品种，以植株高大、花序长、花色鲜艳、重瓣率高、生长强健、易于栽培、生产成本低单枝株型最佳。目前单枝系的品种多为重瓣花，但重瓣花因多数花药瓣化，雌雄蕊发育不良，导致结实性差。在重瓣系的品种中会有一定比例的单瓣花出现，这些单瓣花能够结实，产生的后代中各有50%的单瓣与重瓣类型。单瓣花观赏性差，价格较低，在苗期应注意鉴别，及早淘汰单瓣植株。

常见无分枝系的品种有：

(1) 红色系

'美洲美人'，花深红色；'火焰岛1号'，花鲜红色，花期早；'幸运红色'，新品种，花大鲜红；'红愉快'，花鲜红色；'玫瑰美里'，花鲜玫红色；'球型红宝石8号'，花鲜红色。

(2) 粉红系

'球形桃红11号'，粉色，植株高大；'初恋'樱桃色，大花，早花品种；'幸运粉红色'，大花新品种；'粉圣诞'，花粉色；'粉美里'，花亮桃红色；'南之辉'，深桃色，花穗大。

(3) 紫色系

'紫心章'，鲜紫色，大花种；'暖流'，藤紫色，重瓣率高；'幸运薰衣草色'，大花新品种。

(4) 白色系

'幸运白色'新品种，花大，重瓣率高；'圣诞之雪'，单枝，茎高；'白圣诞'，单枝，茎高，花较大；'白愉快'，茎高，花穗长。

(5) 黄色系

'黄色奇迹'，花奶油色，植株高，花穗长；'安房黄金'，花大，白黄色。

常见有分枝系的品种有：

①红色系　'血红'、'火焰鸟3号'、'分枝红宝石'、'新菖蒲红'、'早川早生'等。

②桃色系　'淡红'、'嫩樱'、'玫瑰红'等。

③白色系　'白色巨人'、'早生爱斯特白'、'苏特'等。

④蓝色系　'厄里库斯'、'早生紫'等。

11.2.4　繁殖方法

以播种繁殖为主，也可扦插繁殖，切花生产中主要采用播种繁殖。播种时间常根据切花上市时间及当地的气候特点和栽培条件进行合理安排，从8月下旬至翌年4月中旬均可进行，生长期为4~6.5个月不等。

重瓣切花比单瓣观赏价值高，价格也较高。但重瓣品种不能利用种子进行繁殖，种子采自重瓣品系单瓣花的植株，播种后可出现50%的重瓣植株，因此播种时应加大播种量，从幼苗中选出重瓣株另行栽植。播种出苗后选择子叶为长椭圆形，淡绿色，真叶边缘波浪形，缺刻大而明显的幼苗，这种苗重瓣率高。另外，在播种时也可选择扁平的种子，扁平种子长出的幼苗，具有大量的重瓣植株。单瓣苗通常子叶短椭圆形，绿色，真叶叶缘缺刻较少。

紫罗兰通常以一年为一个生长周期，播种繁殖可在一年内进行两次，即春季播种或秋季播种。春季播种，夏、秋季开花；秋季播种，即8~10月播种，翌年春4~5月开花。无论春播还是秋播，均需肥沃、湿润的土壤，播种时将盆土浇足水，播后不宜直接浇水，如果土壤变白，可用喷壶喷洒或采用"浸盆法"补充水分。播种后，苗盘放在遮阴处，并覆盖遮阴物，待出苗后应逐渐撤去遮盖物，使其见光。温度保持15~20℃为宜，10~15d后发芽、出苗。出苗后保持一定的水分，但不可过多，一般在湿度为40%~60%、温度为15~20℃环境下，每隔三四天喷淋浇水一次；也可观察盆中土壤，待水分降到20%左右时，即为喷淋浇水的最佳时机。

紫罗兰的扦插繁殖多在每年4~6月(晚春至夏初)进行。以细沙做扦插基质，所用穴盘的规格可根据具体需要而定。通常采用长6~8 cm的茎尖作为插穗，插于放有细沙的穴盘中，深度为1 cm左右。扦插后，每天喷水保湿，约1个月，插穗长出繁茂的根系，然后进行分栽定植。紫罗兰扦插成活率很高，可以达到95%以上。

11.2.5　栽培管理

(1) 育苗

播种基质可用等量的河沙和腐叶土加少量草木灰混合配制，消毒后备用，采取撒播法播种。播后 3～4d 发芽，发芽 7d 后出现真叶，可进行假植，移植时要带土坨，忌伤根。定植距离为 (6～8)cm×(6～8)cm。浅植、浇水，遮阴 2d 左右，假植成活后，每 3d 浇一次水，不宜太湿。

整地作畦　选择排水良好，pH 值为 6.5 左右的肥沃壤土，整地作畦。播种前施入基肥，但不可过多，每 100m^2 施氮 1.9kg、磷 1.5～1.8kg、钾 1.9kg。畦宽 1.2m，高 20cm。播后 30～40d，植株具有 6～7 片真叶时即可定植，在晴天傍晚或是阴天进行。定植株行距为：无分枝品系品种为 12cm×12cm，有分枝系品种为 18cm×20cm。

(2) 定植后的管理

定植后 15～20d，植株长至 9～10 片叶子时进行第一次摘心。通常留 6～7 片叶，摘去顶芽，促发侧枝，留 3～4 个侧芽，其余除去。当植株长到 40cm 以上时，需设木架拉网，以防倒伏。

在植株生长过程中，随着花序增长，植株重量加大，植株容易倒伏，使切花品质下降，并造成施肥浇水困难，通透性差，易感染病害等。因此应在蕾期进行拉网，以防止植株倒伏。在适宜期注意中耕除草，以利于土壤中有益微生物的繁殖和活动，从而促进土壤中有机质的分解，促进根系对营养成分的吸收。夏季高温、高湿要防治病虫害的发生。

(3) 温度及水肥管理

在 10 月下旬前要注意通风降温，确保花芽分化的顺利进行，11 月下旬应注意加温、保温。为了促其提前开花，白天室温保持 15～18℃，夜间 10℃ 左右，同时加强光照。定植后应浇透水。在生长前期应控水蹲苗，保持土壤处于微潮湿或偏干状态，通常 3～4d 浇一次水。气温越低，浇水越少。环境温度升高后，可逐渐加大浇水量，否则植株矮小，影响切花的品质。紫罗兰要求中等肥力，肥过多易引起营养生长过旺。一般情况下，栽植时应施足基肥，生长前期视植株长势适当施肥。施肥不要太多，要薄肥勤施，否则易造成植株徒长，一般每隔 20～25d 追一次饼肥水，或复合化肥。到开花前 30d 左右，追施速效性磷钾肥，可追施 0.1%～0.2% KH_2PO_4 溶液，每周 1 次。

紫罗兰喜光，为长日照植物，为了切花提早上市，可通过补光处理促进开花。可在花芽分化的 10 月下旬至 11 月上中旬，用白炽灯在植株上部 1m 处进行补光，从始现花蕾到开花，在日落后补光 4～5h，或午夜加光 2～3h 可促进开花，开花期可提前 10～15d。另外，还可用赤霉素处理（用 50mg/L 的赤霉素喷射花芽处），促进开花，提早上市。

11.2.6　主要病虫害及其防治

(1) 叶斑病

叶斑病是由于连作、密植、通风不良及湿度过高等原因引起的。

防治方法：①及时清除病株残体，减少浸染源；②选用抗病品种，适当增施磷、钾肥，提高植株抗病性；③避免连作，实行轮作，减少土壤传染；④加强管理，沿土壤表面浇水，避免在植株上直接喷水；⑤采取药物防治，喷洒 1% 的波尔多液、25% 多菌灵可湿性粉剂 300~600 倍液或 80% 代森锰锌 400~600 倍液。

(2) 立枯病

立枯病为紫罗兰苗期常见病害之一，感病植株最初在靠近地面的茎基部产生水渍状斑点，随后逐渐扩大成不规则形状的大斑块，呈棕褐色，湿度大时可看的淡褐色蛛丝状霉，最后病部缢缩、腐烂，当病斑环绕茎部一周时，植株倒伏死亡。

防治方法：①加强栽培管理：选择土壤疏松肥沃、排水良好的地块种植，避免用黏土种植；施用充分腐熟的有机肥，注意补充磷、钾肥，加强植株间通风透气，及时摘除病叶。②药物防治：发病初期喷施 65% 敌克松 600~800 倍液或高锰酸钾 1000~1500 倍液；用多菌灵或五氯硝基苯对土壤进行消毒，5~6g/m^2。

(3) 猝倒病

猝倒病也是紫罗兰的苗期常见病害。主要是通过土壤和肥料传播，湿度过大，土温过高，播种过密，幼苗生长瘦弱等情况下易发生。受害部位在根颈，初呈褐色斑点，然后变为黄褐色，缢缩成线状，环境湿度大时，病斑处有白色絮状霉层，病苗容易倒伏，俗称"卡脖子"现象。

防治方法：①加强栽培管理：及时清除病株，减少传染源；播种前对土壤进行消毒；幼苗出土前适当控制浇水；及时通风降湿，若床土过湿，可撒施少量细干土或草木灰降低湿度。②药物防治：发病初期用 50% 代森铵水溶液 300~400 倍液或 70% 甲基托布津可湿性剂 1000 倍液浇灌；也可喷洒 75% 百菌清可湿性粉剂 800~1000 倍液或 65% 代森锰锌可湿性粉剂 600 倍、64% 杀毒矾可湿性粉剂 500 倍液。

(4) 炭疽病

炭疽病一般从植株下部开始发病，初期为水渍状的小斑点，后病斑周围变成淡红褐色。老病斑穿孔，茎部受害处变色，以后被害部位弯曲。

防治方法：①加强栽培管理：增施基肥，提高植株抗病力；及时摘除病叶，减少病源。②药物防治：发病前喷施 75% 百菌清可湿性粉剂 500~600 倍液或 40% 大富丹及 50% 克菌丹可湿性粉剂 400 倍液、50% 扑海因可湿性粉剂 1500 倍液、50% 速克灵可湿性粉剂 2000 倍液，每隔 7~10d 喷洒 1 次，连续防治 2~3 次。

(5) 黑斑病

黑斑病通常发生在秋季，主要危害叶片、叶柄。发病初期叶上出现褐色圆形病斑，2~20mm 大小不等，后期病斑中间变薄，呈浅灰色，易破裂穿孔，上面生有黑色小颗粒。

防治方法：①加强栽培管理：发现病株及时拔除并销毁；播种前用 50℃ 温水浸种 30 min 或用 3% 农抗 120 水剂浸种 15 min；避免连作，最好和其他作物进行 3 年以上轮作。②药物防治：发病初期用 77% 可杀得可湿性粉剂 500 倍液或 14% 络氨铜水剂 300 倍液喷施，每 10d 左右一次，连续喷 2~3 次。

(6) 根结线虫病

主要通过灌溉及农事操作进行传播，带菌土壤和残株病体是主要的浸染源。应采取土壤消毒和药剂处理相结合的方法进行防治。

(7) 虫害

主要是蚜虫，常聚集在叶、嫩芽及花蕾上，以刺吸式口器刺入植物组织吸取汁液，使受害部位呈现黄斑或黑斑，受害叶片皱缩、脱落，花蕾萎缩或生长畸形，严重时致使植株死亡。另外，蚜虫能分泌蜜露，造成细菌滋生，诱发煤烟病等病害。应及时清除附近杂草，减少虫源；喷施40%乐果或氧化乐果1000~1500倍液、杀灭菊酯2000~3000倍液或80%敌敌畏1000倍液等。

11.2.7 采收、贮藏与保鲜

(1) 切花采收

紫罗兰在花穗小花有4~5成开放时为适宜的采切期，通常于早晨或傍晚进行，此时植株体内细胞含水量较多，能使鲜花保鲜时间延长。从花枝基部剪切，使花梗更长。重瓣10枝一束，单瓣20枝一束。绑扎后将基部放入容器中，使其充分吸水，再用包装纸或塑料薄膜包裹，冷藏或装箱上市。

(2) 贮藏

紫罗兰切花应湿贮于水中或保鲜液中，4℃条件下可保持7d左右，干贮条件下2d左右。冷藏时间过久会丧失香味。贮藏条件保持黑暗，防止花径伸长。

(3) 保鲜

目前紫罗兰在国内多地已规模化种植生产，但由于其花序及叶片较大，易失水，且花茎在瓶插期间易出现"弯颈"现象，导致紫罗兰切花瓶插时间短，市场供应无法保障，因此对紫罗兰进行保鲜处理十分必要。紫罗兰是典型的乙烯敏感型花卉，乙烯是造成其切花迅速衰老萎蔫的主要因子。水杨酸(SA)具有抑制ACC氧化酶活性和乙烯生物合成作用，保鲜剂中加入一定的SA能明显抑制切花衰老。1% 蔗糖 + 200.0 mg/L 8-HQS + 10.0 mg/L $AgNO_3$ + 50.0 mg/L $Al_2(SO_4)_3$ + 25.0 mg/L SA 既能较好地延长紫罗兰切花的瓶插期，又能较好地保持其花瓣、叶片形态及色泽，抑制微生物生长及繁殖，对紫罗兰切花的保鲜效果明显。

11.3 翠菊

【学名】 *Callistephus chinensis*

【英名】 China aster

【别名】 蓝菊、江西腊、五月菊、七月菊

【科属】 菊科翠菊属

原产我国东北、华北及四川、云南；朝鲜和日本有分布。1728年传入法国，1731年被英国引种，以后世界各国相继引入，经过多年杂交选育，新品种不断涌现。翠菊品种多，花色鲜艳，花型多变，姿美，观赏效果可与菊花媲美。矮生种用于花坛、盆栽，中高型品种适于各种类型的园林布置。翠菊是一种良好的切花材料，花梗长且坚挺，水养时间长。

11.3.1 形态特征

为一、二年草本花卉。茎直立,株高30~90cm,有分枝,茎具白色糙毛。叶互生,阔卵形或三角状卵形,长可达8cm以上,叶缘具有不规则的粗锯齿。头状花序较大,单生枝顶,花色繁多,有桃红、橙红、绯红、粉红、浅粉、紫、墨紫、蓝、天蓝、雪青、白、乳白、乳黄、浅黄等颜色。花期7~10月。瘦果(种子)楔形,浅黄色,千粒重约2g(图11-3)。

图11-3 翠菊

11.3.2 生态习性

原产我国东北、华北及四川、云南。朝鲜和日本也有分布。翠菊喜凉爽,不耐寒,秋播最低越冬温度为2~3℃,夏季忌酷暑,炎热环境中花期延迟,或开花不良,故南方温暖地区栽培不多。喜阳,耐轻微遮阴。日照长短对开花影响很大。温度为10~15℃,每天16h的长日照促进营养生长,8h左右的短日照条件促进开花。根系较浅,喜肥沃、排水良好的土壤。能自播繁衍。忌连作。

11.3.3 种类与品种

翠菊属只有一个种,但栽培品种极为丰富,花有纯白、雪青、粉红、紫红、黄等色,近些年又培育出许多新品种。花形及花瓣形状变化多样。大部分品种为四倍体。

翠菊分类标准不统一,通常有以下几种分类方法。

按花瓣的形状分类 分为平瓣类及管瓣类两大类。

按植株的分枝习性分类 分为直立型、半直立型、丛生型及疏散型4类。

按植株的高度分类 分为高生种(50cm以上)、中生种(30~50cm)、矮生种(30cm以下)3类。

按开花习性分类 分为早花种、中花种及晚花种3类。

按花色分类 分为绯红、橙红、桃红、粉红、浅粉、紫色、墨紫、蓝、白、乳白、乳黄、浅黄等色。

11.3.4 繁殖方法

翠菊用播种法繁殖。种子发芽率在60%以上,有的品种可达95%以上,发芽率随种子贮藏期的延长而明显下降,因此生产中不宜长期保留种子,更不能使用陈旧种子。可于3月温室播种或于4月中旬露地直播,播种不宜过密,否则易造成幼苗徒长。如遇连续阴雨天或低温高湿环境也偶发猝倒病。翠菊种子千粒重约2g,每667m² 播种用量约160g。种子发芽适温为18~21℃,4~6d发芽。苗高10cm时可定植,幼苗期需要约1个月长日照。定植株距为20~30cm。翠菊耐移植,矮型品种开花时也可以移植,中高型品种应尽早移植。

11.3.5 栽培管理

翠菊幼苗极耐移植。移苗定植宜早，最好带土坨植于穴中，培土一半后浇水，然后再将穴土填平。如果是少雨天气，2~3d后再浇透水一次，然后转入正常的田间管理。经1~2次移植后，6月初定植于露地，株行距约30cm×30cm。翠菊属浅根性植物，既不耐表土干旱，又怕水涝，露地栽培应保持土壤适当湿润。土壤干旱，植株生长细弱、矮小、分枝少、开花小；水涝则会造成植株生长缓慢和黄叶。在冷凉条件下翠菊生长强健，夏季高温多雨季节，开花不良，头状花序易腐烂，导致整个植株茎叶枯萎而死亡。生长期间，如果土壤肥力不足，苗高30cm以内时，追施一次以磷、钾为主的液态肥。植株长至70cm时开始分枝，为了确保切花的品质，每株仅留5~6个花枝，其余去除。

翠菊喜阳光充足，亦稍耐阴，温室内栽培，应保证每天不低于6h的直射光照，同时注意环境通风良好。在花芽分化前，适当进行人工补光，以延长日照时间，促进花芽分化，提前花期。

翠菊喜环境温暖，怕低温，冬季生产应充分考虑植株对温度的要求。另外翠菊忌连着，应与其他作物轮作4~5年，也不宜与其他菊科作物连作。

翠菊周年生产日期安排为：9月播种，可于10月定植于温室内，11月上旬开始补充光照，11月下旬开始加温，翌年2月下旬停止光照，4月上中旬开花；11月下旬于温室内播种，则12月下旬定植，定植后开始加温，翌年5月上中旬开花；1月上旬温室播种，2月上中旬定植于不加温温室内，则翌年6月上中旬开花；2月下旬播种，4月上旬定植于露地，7月上中旬开花；3月底至4月上旬露地播种，5月上旬定植，可于8月上中旬开花；6月上旬露地直播，9月上中旬开花；6月上旬露地直播，7月中旬延长光照，9月中旬停止补光，10月中旬开花。

11.3.6 主要病虫害及其防治

(1) 立枯病

立枯病主要发生在苗期，发病部位在茎基部和根基部。病部凹陷缢缩，呈黑褐色，幼苗感病倒伏枯死，如茎基部组织木质化，植株不倒伏而表现出立枯病的症状。土壤湿度高时，在病株及附近土表常可见一层白色絮状丝状体。病菌在土壤内或病株残体上越冬，腐生性强，在土壤中存活多年，通过灌溉水和雨水传播，土壤湿度大，播种密，温度不适均会导致该病的发生，连作发病严重。此病一旦发生，很难防治，因此一般在播种前进行种子消毒和土壤消毒。

防治方法：①加强栽培管理：选择土壤疏松肥沃、排水良好的地块种植，避免用黏土种植；实行轮作；加强植株间通风透气，及时摘除病叶。②药物防治：播前对种子和土壤进行消毒，用40%五氯硝基苯拌种，用药量6~8 g/m^2，撒入播种土拌匀；发病初期喷施50%多菌灵可湿性粉剂500倍液；或75%百菌清可湿性粉剂600倍液喷施；或敌克松600~800倍液或高锰酸钾1000~1500倍液；7~10d用药一次，连续3次。

(2) 灰霉病

灰霉病主要危害翠菊的花、花梗和叶片。严重时花、叶均枯死，严重影响观赏。叶片受害时，开始出现水浸状黄绿色或深绿色病斑，后病斑逐渐扩大，环境湿度大时造成腐烂，其上有灰色粉状孢子层出现，病叶最终枯死。花瓣在芽中或开放后均可感病，最初花瓣边缘出现淡褐色水浸状，之后开始腐烂。

防治方法：①加强管理：主要温室通风透气，降低湿度，避免浇水不当；及时清除病株、病叶，消除传染源。②药物防治：发病期喷施50%速克灵可湿性粉剂1500倍液或50%扑海因1500倍液。

(3) 褐斑病

翠菊褐斑病为壳针孢属的一种真菌，病菌以菌丝体和分生孢子器在病株残体上越冬，翌年通过风雨传播，是翠菊的一种常见叶部病害，严重时，叶片枯黄，导致全株死亡。北方7~8月高温多雨，发病严重，植株植过密时，易于发病。初期在叶片上出现近圆形大小不一的紫褐色病斑，后变成黑色或黑褐色。后期病斑中心转浅灰色，再现细小黑点。叶上病斑较多时，全叶变黄干枯。一般从下部叶片开始，顺次向上逐渐枯死。

防治方法：①加强栽培管理：选择排水良好的地段种植，密度适当，选用抗病品种，发现病叶立即摘除，秋末收集感病落叶和病残体集中烧毁，消除传染源。②药物防治：喷施50%多菌灵可湿性粉剂1000倍液；或80%代森锌可湿性粉剂500~700倍液；或1%波尔多液，或75%百菌清500倍液防治，通常每隔7~10d喷施1次，连续2~3次。

(4) 锈病

锈病症状是叶片正面出现褪绿斑，相应背面可见有圆形淡黄色粉状孢子堆。在翠菊附近有转主寄主松属植物时，容易导致锈病的发生和流行。

防治方法：主要通过药物防治，发病初期，喷洒15%三唑酮（粉锈宁）可湿性粉剂1500倍液或12.5%速保利3000倍。

(5) 黄化病

翠菊黄化病是由类菌质体（MLO）侵染所致，类菌质体主要寄生在各种多年生寄主上，如雏菊、车前、天人菊等，通过叶蝉、菟丝子等传播，是翠菊的一种常见病害。感病植株矮小、萎缩，花小、变色。感病后，叶片呈淡黄色，常长出自始至终帚状丛枝，丛枝上花朵的颜色均有不同程度的减褪，花瓣通常为淡黄绿色。植株生长势弱，可继续传染邻近的植株。

防治方法：①加强管理：在温室内种植，隔离传染源；要经常清除翠菊周围的野生杂草，以减少传染源。②药物防治：喷施50%马拉松1000倍溶液或二嗪农等杀虫剂防治叶蝉，以减少叶蝉的传播。发病初期，喷洒医用四环素或土霉素4000倍液。

11.3.7 采收、贮藏与保鲜

(1) 切花采收

切花翠菊采收时间以70%的花朵欲放而未放时为佳。采收应在午前进行，从花枝基部剪下，按等级、颜色每10枝扎成1束，然后包装、运输、上市。

(2) 贮藏

翠菊鲜切花采后湿贮于水中，在0~4℃条件下，可贮藏1~2周。

(3) 保鲜

翠菊鲜切花的瓶插寿命一般为5~7d，若茎基部用1000mg/L硝酸银溶液浸蘸处理10min，显著延长瓶插寿命。另外可用蔗糖2%~5% + $AgNO_3$ 25mg/L + 柠檬酸70mg/L 预处理17h，也可将鲜切花直接插与以下保鲜液中：2%蔗糖 + 200mg/L 8 - 羟基喹啉(8 - HQ) + 75 mg/L 柠檬酸(CA) + 50 mg/L 氯化钴($CoCl_2$)。

11.4 麦秆菊

【学名】 *Helichrysum bracteatum*

【英名】 everlasting

【别名】 蜡菊、贝细工

【科属】 菊科蜡菊属

11.4.1 形态特征

麦秆菊为多年生草本植物，常作一、二年生栽培。株高40~100cm，全株被绒毛，茎粗硬直立。叶互生，长椭圆状披针形，基部渐狭成短柄，全缘，近无毛。头状花序单生于茎顶，花序直径3~6cm，总苞苞片多层，外层椭圆形，中层长椭圆形，复瓦状排列，内含硅酸而呈膜质、干燥具有光泽，形如花瓣，有白、黄、橙、褐、粉红及暗红等色。聚生在中心花盘上的黄色管状小花才是真正的花瓣。瘦果短，棒状，有直有弯，略成四棱形。花期7~9月，果熟期9~10月。瘦果光滑，冠有近羽状糙毛(图11-4)。

麦秆菊总苞为干膜质，似麦秆制成，故名麦秆菊。因其花瓣似有蜡纸、坚硬，触摸沙沙有声，又名蜡菊。其色彩艳丽鲜亮，干燥后花形、花色经久不变色，适宜做切花和干花，也可用于花境或丛植。

图11-4 麦秆菊

11.4.2 生态习性

麦秆菊原产澳大利亚，喜温暖，不耐寒，忌酷暑。喜阳光充足，阳光不足则生长不良或停止生长，致使开花不良或开花少。为相对性长日照植物，长日照条件下抽苔开花。喜疏松、肥沃、排水良好的土壤，黏质壤土也能生产，亦能耐贫瘠和干燥环境。

11.4.3 种类与品种

麦秆菊的栽培品种较多，目前世界上栽培最广泛的是其变种帝王贝细工

(*H. bracteatum* var. *monstrosum*)，花头稍长，花瓣状苞片较多，有高型(90~150cm)、中型(50~80cm)、矮型(30~40cm)等品种，另外还有大花型及特大花型的四倍体品种及小花型品种等。常见栽培并适宜作切花的有白色、浅红、浓红和紫红麦秆菊。

11.4.4 繁殖方法

麦秆菊采用播种法繁殖。春播或秋播均可。种子发芽适温15~20℃。种子喜光，播种后覆薄土，10d左右出苗，发芽整齐。

北方春季3月于温室或4月于露地床播，播种量约为160粒/m^2。浸种后撒播，覆土宜薄，3~6片真叶时进行间苗移栽，至苗高15~20 cm时可定植，定植株距20cm。

气候条件适宜地区亦可以秋播。若9月播种，翌年5~6月开花；11月播种，翌年6~7月开花。

11.4.5 栽培管理

选择排水良好、光照充足的地段种植。定植前需施足基肥，整地后做成60 cm宽的平畦，单行栽植，株距20 cm。约在6月初苗高15~20 cm进行定植。定植后浇透水。为使开花整齐，定植后新梢长出3片叶时应进行摘心，保持每株4~6个花枝，并随时去除多余侧枝。整个生长期摘心2~3次。单花期长达1个月，单株陆续开花可长达3~4个月。生长期一般可不追肥，因肥足虽花繁叶茂，但色泽反而不美，会降低切花品质。但在生长旺盛期15d可追施复合肥一次。浇水应适量，土壤应保持微潮偏干状态，切勿过湿，以免徒长。麦秆菊较耐旱，土壤过分潮湿，会影响植株正常生长。花期最忌连续阴雨天气，花瓣受雨水浸渍易霉烂或褪色，夏季多雨地区应特别注意。植株达到一定高度时，需在植株两旁顺畦的走向牵绳，以防止倒伏。采种宜选择深色艳丽的花朵，以保持和提高子代的品质。

11.4.6 主要病虫害及其防治

麦秆菊常见病虫害主要是立枯病和蚜虫。立枯病可用70%百菌清可湿性粉剂700倍液喷施，10~15d喷施1次，连续喷3~4次；蚜虫可用40%氧化乐果800~1000倍液进行防治。

11.4.7 采收、贮藏与保鲜

(1) 切花采收

麦秆菊切花于花颈硬化时采收。若盛开后采收，花瓣变干翻卷，则观赏价值下降。采后去除下部叶片，顶部放齐，10枝捆成一束，然后上市。

(2) 贮藏

麦秆菊切花不宜贮藏，必要时可存放于2~5℃条件下。

(3) 保鲜

麦秆菊瓶插寿命在7~10d。

11.5 飞燕草

【学名】 *Delphinium grandiflorum*
【英名】 delphinium
【别名】 千鸟草、翠雀
【科属】 毛茛科翠雀属

飞燕草原产南欧。现中国的河北、内蒙古及东北地区有分布。17 世纪起开始进行园艺驯化。其植株挺拔，叶细，花序较大，色彩明丽，为花境及切花的重要材料。

11.5.1 形态特征

飞燕草为一、二年生草本植物，株高 60~100cm，茎直立，上部疏生分枝，茎叶被柔毛。叶片呈掌状深裂至全裂，裂片线形。基部叶片有长柄，上部叶片无柄。顶生总状花序或穗状花序。花

图 11-5 飞燕草

左右对称，花形奇特，状似飞燕，故名飞燕草。萼片呈花瓣状，有蓝、紫、粉、白等颜色，下面的一片萼片伸长呈狭椭圆形，上萼片与上花瓣有距，雄蕊多数瓣化为重瓣。花瓣 2 枚合生。花色有蓝、翠蓝、紫红、粉红、粉黄、粉白、乳白等(图 11-5)。

11.5.2 生态习性

飞燕草较耐寒，喜凉爽的气候，怕高温，白天最适气温为 20~25℃，夜间温度为 13~15℃。喜阳光充足。耐旱，忌渍水。喜通风良好、排水通畅的生长环境，在肥沃富含腐殖质的砂质土壤中生长较好。

11.5.3 种类与品种

飞燕草品种繁多，花色、花期、植株高矮等性状差异较大，生产者可根据生产目的和栽培条件选择适宜品种。飞燕草有矮生种、高茎重瓣种、低茎重瓣种，切花栽培多用高茎品种，株高可达 1m 以上，且花多为重瓣。

矮生种 株高不超过 30cm，花型小，亮蓝色。
高茎重瓣种 株高 1m 以上，花重瓣。
低茎重瓣种 株高 40~60cm，花重瓣。

另外，本属现有许多杂交选育的品种，如美丽飞燕草、高飞燕草及大花飞燕草、裸茎翠雀等。

11.5.4 繁殖方法

飞燕草采用播种繁殖。春、秋季节均可播种，以秋播为好，播后 2 周左右发芽。若

温度过高,反而出苗不整齐。8月下旬到9月上旬先播入露地苗床,经过一次移栽,入冬前整丛囤入冷床或冷室越冬。也可在春节过后于温室内盆播,土温不能超过20℃,否则出苗稀疏不齐。

11.5.5 栽培管理

飞燕草为直根性花卉,以直播为好,不耐移植,如需移植应多带土球。飞燕草喜冷凉,在冷凉地区可露地栽培。于2月中旬阳畦播种,4月中下旬定植,待植株长到20cm左右时设支架拉网,随植株生长,提高网的高度,防止植株倒伏。夏季炎热地区,为防止高温对种子萌发的抑制作用,可进行露地秋播,8月下旬播种,10月中下旬待种子发芽长出2~4片真叶时,进行移植,移入阳畦管理。翌年3月当幼苗长出4~7片真叶时进行定植,这样可于5~7月开花。如8月下旬播种,9月下旬进行一次移植,10月中旬定植于温室栽培,12月至翌年2月进行加温补光,可使花期提早至3~5月开花,提前2~3个月开花。

飞燕草定植前要整地,以腐熟的堆肥作基肥,深翻30cm,然后进行土壤消毒,最后做成苗床。定植密度为25cm×20cm,定植10d内要进行遮光,待植株生长正常后,撤去遮光物,正常照光。生长期间白天保持温度为20~25℃,夜间13~15℃。在开花前要适量追施氮肥,开始开花后施用磷钾肥。通常生长期每半月施肥1次,花前增施2~3次磷、钾肥,并适当浇水,保持土壤湿润,可延长观花期。但飞燕草最怕浸水,因此雨天要注意排水。10月以后进行补光,可提早开花。

用作切花栽培的飞燕草花序高大,要注意防止植株倒伏,在植株高20cm左右时,设立支架拉网,通常搭1~2层,随着植株的生长,提高网的高度,防止倒伏。

由于飞燕草的果熟期不一致,且熟后自然开裂,种子容易散失,如需采种,应及时采收。

11.5.6 主要病虫害及其防治

飞燕草生长强健,病害不多,常见的病害有黑斑病、根颈腐烂病和菊花叶枯病,主要危害叶片、花芽和茎。可用30%托布津可湿性粉剂500倍液、50%多菌灵800~1000倍液、80%敌菌丹500倍液或80%代森锰锌500倍液喷洒防治。虫害主要是蚜虫和夜蛾,可使用10%除虫精乳油2000倍液、20%杀灭菊酯2000倍、40%氧化乐果800~1000倍或敌敌畏800~1000倍喷杀。

11.5.7 采收、贮藏与保鲜

(1) 切花采收

飞燕草切花在基本2~5朵花开放或1/3花朵开放时采收。大花飞燕草切花采收的最适时期因时间而异,1~2月切花,要求花穗上约90%的花朵开放;3~4月切花,要求有70%~80%小花开放;5~6月,要求有70%开放即可采收。切花采切后应立即插入水中,以防脱水。通常10~20枝一束,包装时要特别注意不可使花朵受伤。

(2) 贮藏

飞燕草切花一般湿贮于水中，4~5℃条件下保存1~2d。不宜干贮。贮藏时应垂直放置。飞燕草是乙烯敏感型花卉，切花切勿与水果、蔬菜等材料一起贮藏。

(3) 保鲜

飞燕草切花瓶插寿命一般6~8d，对乙烯高度敏感，用STS处理可有效延长瓶插寿命。将切花插入以下保鲜剂，3%蔗糖+300mg/L 8-HQS+0.5mmol/L STS或1%蔗糖+200mg/L 8-HQS+50mg/L $AgNO_3$+50mg/L $Al_2(SO_4)_3$可延长瓶插寿命到18~23d。

11.6 其他一、二年生切花

其他常见一、二年生切花见表11-1。

表11-1 其他一、二年生切花简介

中文名	学名	科属	自然花期(月)	主要习性	繁殖方法	切花采收
鸡冠花	Celosia argentea	苋科 青葙属	6~10	喜炎热，空气干燥环境，不耐寒，宜栽植于阳光充足、肥沃的砂质壤土	播种	采切部位为带梗花序，花序上的小花充分显色即可采收
矢车菊	Centaurea cyanus	菊科 矢车菊属	春末夏初	喜冷凉，较耐寒，忌炎热，要求光照充足，疏松肥沃之处	春播 秋播	采切部位为带梗的花序，当花朵基本开放时即可采收
桂竹香	Cheiranthus cheiri	十字花科 桂竹香属	4~5	较耐寒，喜光照充足环境，夏季忌酷热气候。喜疏松肥沃砂质壤土	播种 扦插	采切部位为带梗花序，花序上的小花蕾充分显色即可采收
波斯菊	Cosmos bipinnatus	菊科 秋英属	6~10	喜光，耐干旱瘠薄土壤，肥水过多往往造成茎叶徒长而开花量少，且易倒伏	播种	采切部位为带梗花序，花蕾半开至盛开时即可采收
松果菊	Echinacea prupurea	菊科 松果菊属	5~10	喜温暖向阳，耐寒，怕积水，宜疏松、肥沃及排水良好且富含有机质的微酸性土壤	播种	采收部位为带梗花序，花序上的舌状花完全展开充分显色时即可采收
黑心菊	Rudbeckia hybrida	菊科 金光菊属	5~9	耐寒性强，要求光照充足，砂质壤土较宜	播种	采切部位为带梗花序，当舌状花大部分展开后即可采收
五色菊	Brachycome iberidifolia	菊科 五色菊属	5~6	喜温暖，光照充足，砂质壤土	播种	采收部位为带梗花序，当舌状花大部分展开后即可采收
银苞菊	Ammobium alatum	菊科 银苞菊属	6~9	喜凉爽，环境，要求光照充足，喜肥沃壤土	播种	采收部位为带梗花序，当花序上小花蕾充分显色时即可采收
千日红	Gomphrena globosa	苋科 千日红属	6~11	喜炎热干燥气候，不耐寒，要求光照充足，轻松而肥沃壤土	播种 扦插	采收部位为带梗花序，充分显色时即可采收
矮生向日葵	Helianthus annuus	菊科 向日葵属	6~9	喜温暖，稍耐旱，要求光照充足，不耐阴，不耐寒	播种	采收部位为带梗花序，当花序上的舌状花完全展开时即可采收
香豌豆	Lathyrus cdoratus	豆科 香豌豆属	5~6	喜冬暖夏凉环境条件，夏季炎热生长不良。土层深厚、肥沃、排水良好的黏质壤土最佳	播种	采收部位为带梗花序，花序上1/2的小花开放时即可采收

小　结

本章介绍了几种常见一、二年生切花的形态特征、生态习性、种类与品种、繁殖方法、栽培管理、主要病虫害及其防治、采收、贮藏与保鲜等内容。

思考题

1. 什么叫一、二年生花卉？各有何特点？
2. 切花金鱼草的栽培管理技术要点是什么？
3. 在紫罗兰切花生产过程中如何提高其重瓣率？

推荐阅读书目

1. 花卉学(第3版). 包满珠. 中国农业出版社, 2011.
2. 园林花卉学(第3版). 刘燕. 中国林业出版社, 2016.
3. 鲜切花栽培学. 李枝林. 中国农业出版社, 2010.

12 宿根切花栽培

12.1 菊花

【学名】 *Dendranthema grandiflorum*(*Chrysanthemum morifolium*)

【英名】 chrysanthemum

【别名】 九华、寿客、治蔷、金蕊、黄花、节花、节华、帝女、秋菊

【科属】 菊科菊属

菊花原产我国,至今已有 3000 余年栽培历史,是中国传统十大名花之一。菊花的演化历史虽然还未获得全面的肯定和认同,目前经大量研究,初步认为是由原产于我国长江流域的野生种,如毛华菊(*D. wastitum*)、野菊(*D. indicum*)和紫花野菊(*D. zawadskii*)等经杂交和人类长期选择演化而来的。菊花约 12 世纪传入日本,17 世纪后传入欧洲,后经英国传入美洲。我国有 3000 多个菊花传统品种,花色、花型丰富多样,但由于栽培与应用方式的差异,我国传统菊花品种基本为适宜盆栽的秋花型品种。而菊花传入欧美以后,则较侧重适宜切花应用的品种选育。目前国内外切花菊品种多来自欧美国家和日本。目前在我国的江苏、上海、北京、辽宁、山东、浙江、福建等地区均已经建立了专业化、规模化的切花菊生产基地,以满足对日、韩等国出口和国内市场的需求。

图 12-1 菊 花

12.1.1 形态特征

茎基部半木质化,高 30~150cm,茎青绿至紫褐色,被柔毛;叶片大而具柄,互生,卵形至披针

形,羽状浅裂至深裂,边缘有粗大锯齿,叶基部楔形,托叶有或无。依品种不同叶形变化较大。头状花序单生或数个聚生茎顶,单瓣、复瓣或重瓣,具菊花香;边缘是舌状的雌花,中心花为管状花,两性,可结实,多为黄绿色,花色除蓝色系外几乎各色俱全。自然花期在10~12月,也有春、夏、冬以及四季开花等不同生态类型和品种系列;种子褐色细小,成熟期在12月下旬至翌年2月(图12-1)。

12.1.2　生态习性

菊花属于浅根性作物,要求土壤通透性和排水性良好,且具有较好的持肥保水能力以及少有病虫侵染。需水偏多,但忌积涝,土壤pH值适宜范围为6.3~7.8,以弱酸性最好;喜阳光,有的品种对日照尤其是日照长度特别敏感,如秋菊类品种属于典型的短日照植物。生长适宜温度15~25℃,较耐低温,10℃以上可以继续生长,5℃左右生长缓慢,低于0℃易受冻害(地上部分);作为宿根花卉,其根系可耐-10~5℃不被冻死。

(1) 柳叶头

菊株顶端长出一丛柳叶状的小叶,不能再进行花芽分化、开花的现象。

菊花正常栽培,在长日照条件下完成营养生长,秋后在短日照低温凉爽的条件下,茎顶生长点进行花芽分化,菊枝不再向上伸长,花梗顶部长出几片柳叶状小叶,花芽继续发育成花蕾而开花。但菊花在自然条件下,自春至秋,如任其放任生长,且菊株生长在长日照条件下,则枝条长到24~26片叶时,顶部停止生长,茎端生长点的花芽却不分化,即使花芽进行分化,也仅在顶部着生一个花蕾,不像短日照那样,顶部花蕾为侧部花蕾所包围,并且上部正常叶的叶腋萌发出的营养枝开始伸长,同时茎基部分蘖出脚芽,顶部的花芽由于不发育而萎缩。这样的花芽在其下部具有丛生柳状叶,因而称之为"柳叶头",以区别于正常发育的花芽。"柳叶头"实际上就是园艺学上的"盲花"。

在栽培中如果取苗不当、定植过早、肥水供应过分充足、生长过旺而没有采取摘心换头或摘心过早,以及菊花生长发育与环境条件不尽协调,而无法满足短日照的情况下都容易出现柳叶头。对于已发生柳叶头的植株应尽早从顶端下的1~2片正常叶处剪掉,以后叶腋萌发了侧枝再进行生长发育、花芽分化、孕蕾开花,但易造成茎秆弯曲、花头不端正、花径小、花期迟的缺陷。

(2) 束顶

在新株定植后长到一定高度时封顶,节间突然变短,叶片密集丛生的现象称为束顶,也称封顶。束顶现象的发生原因包括以下几点:①是品种自身遗传特性的表现;②是无性繁殖引起的退化,即连续多次采用分株繁殖或者是用宿根直接萌发而形成的菊株;③一些晚花品种定植过晚,菊株尚未完成营养生长阶段,而外界环境已转为适宜发育阶段的条件,以致生长受到抑制;④病毒病的发生会造成束顶现象。

12.1.3　种类与品种

菊花的品种分类若以自然花期与生态型分,包括春菊、夏菊、秋菊和寒菊;如果以花型、瓣形来分,则有平瓣类、匙瓣类、管瓣类、桂瓣类与畸瓣类等,其下一级再细分出30个型。欧美将菊花品种分为单瓣型(Single)、托桂型(白头翁型,Anemone)、重瓣型(Double)。切花菊的现代品种分类通常被划分为两大类群，即大花单朵标准菊(standard type)和小花多头菊(spray type)。菊花种类、品种繁多，不但色彩多变，且花型、花瓣变化无穷。花有大、中、小型之分；花瓣有管瓣、平瓣、匙瓣、龙爪瓣和桂瓣等多种类型；花期有早、中、晚3种。

切花菊与盆栽菊在品种上与观赏格调上有很大差别。切花菊一般选择平瓣内曲、花型丰满的莲座型和半莲座型的大中轮品种，要求茎长颈短、瓣质厚硬、茎秆粗壮挺拔、节间均匀，叶片肉厚平展、鲜绿有光泽，并适合长途运输和贮存，且2~3d内不易萎蔫，吸水后能挺拔复壮，浸泡后能够全开而耐久。从1985年起，我国作为切花菊栽培的品种大多都是从日本引进的，包括'日白'、'日黄'、'日橙'、'日本雪青'、'神马'、'秀芳白'、'秀芳黄'、'秀芳红'、'四季之光'、'精元'等。我国的'银荷'、'大荷仙子'、'惊涛拍浪'、'金碧辉煌'、'红楼醉白'、'绿水长流'等品种，也都符合切花菊的农艺性状。

12.1.4 繁殖方法

菊花常采用扦插、分株和组培繁殖。

(1) 扦插繁殖

温室条件下扦插繁殖不受时间限制，四季均可，但一般以4~5月为宜。将剪好的插穗暂放入水中，先用竹签在预先消毒的清洁疏松的苗床上打孔，株距为3cm，行距为5cm，再将插穗的1/3左右插入基质中，插后用手指轻压基部，使基质与插穗密切结合，用喷壶浇足水或以自动喷雾灌溉。扦插之后的前几天，每天需喷水(干净的自来水或井水)3~4次，后逐渐减少，至发根后每天浇水1~2次即可。一般15d左右可开始发根，20~25d根长1.5~2.0cm时，便可挖起进行定植。若在秋冬季节扦插育苗，必须进行电照补光，以便保持插穗的营养生长，避免过早进行花芽分化。

叶芽插 可供扦插的芽有脚芽和腋芽两种。秋冬季节用脚芽扦插，此时萌发的脚芽生长健壮，具有较强的生命力，不易退化，脚芽扦插可结合分株繁殖，非常适合珍稀、难繁类品种的繁殖，一般用于传统艺菊类如大立菊、独本菊、悬崖菊和案头菊等的栽培；由于腋芽的生长势弱，腋芽扦插应用很少，常用于稀有或母本植株少的品种繁育。

叶插 摘取健壮的叶片，将叶柄基部一节削平，连同叶片下半部斜埋入土中，叶片的上半部留在外面。用叶插繁殖成活率低，生长迟缓。芽插与叶插的管理工作，与枝插相同。

如要进行大量的切花生产以及连续供应，则宜自己建立母本采穗圃、繁殖采穗母株，进行可持续的采穗扦插育苗。

采穗母株的繁殖 采穗母株通常采用扦插进行繁殖，一般选用越冬后的脚芽进行扦插，扦插通常在采穗前的2~3个月内进行。扦插的方法与上述的扦插育苗方法相同。由于母株一般都进行多次采收插穗，所以母株的繁殖数量为计划生产用苗数量的1/30~1/20即可。在现代化的大规模生产上，采穗母株更多源自以组织培养方式生产的脱毒苗。

采穗母株定植的株行距通常为15cm×(15~20)cm。母株从摘心起直到采穗完毕期间如果处在短日照条件下仍须进行扦插繁殖，则必须在午夜进行人工加光。人工加光的方法与下述的人工加光推迟开花技术中介绍的方法相同。

采穗母株的管理 当母株长到12~15cm高时，用手摘心1次，摘去顶芽1~2cm，以促发分枝。摘心后的母株主枝会萌发出多个侧芽，抹去弱芽，留下健壮的侧芽形成第一级侧枝。当侧枝长到8~10cm时，就可以用手采插穗，插穗长5~6cm。第一次采穗后的母株，可留下培育，再继续采插穗。由于第一次采穗后每个侧枝（第一级侧枝）又会萌发出多个侧芽，留健壮的侧芽形成第二级侧枝，所以第二次的采穗数量要比第一次多1倍甚至更多。第二次采穗后的母株，还可留下培育再继续采穗，之后再培育再采穗，如此不断重复。一般第二次采穗后每个枝条再萌发的侧芽不多且较稳定，所以以后采穗的数量也比较稳定。

每次采穗时，如果用手不易摘下，表示已老化，会有开花不整齐的倾向，不宜选用。弱枝也不适合进行采穗。上述采穗的间隔时间为15~20d。一般母株采4~5批穗后即淘汰。如果要继续采穗，需要重新培育母株。

(2) 分株繁殖

分株也叫分根，是将母株根部周围萌发出的根蘖分割下来栽培成新植株的繁殖方法。这种根蘖幼苗本身带有多少不等的根和茎，从母株上分割下来就是一个独立的植株，容易成活，并能长成健壮的幼苗。菊花宿根越冬后，根际萌发许多分蘖芽，清明前后将母株的宿根掘起，把这些带根的蘖芽分开，进行移栽，浇透水，适当遮阴，缓苗后使之见光，施肥，以后成长为新的植株。用分株繁殖的菊株高大，多分枝，但繁殖数量不多，花朵较小，脚叶早脱，一般应用于培养早菊、大立菊和悬崖菊等。

(3) 组织培养

菊花的组织培养多用茎离体培养。组织培养的菊花幼苗在试管中得到充足的养分，所以植株生长健壮，发育良好，抗病力强，叶色浓绿，花朵肥大，并能保持原品种的性状，繁殖速度快，繁殖数量多。这种繁殖方法主要用于菊花切花的大规模工厂化生产。

12.1.5 栽培管理

(1) 定植

定植前土壤要进行消毒。定植最好选择早晚温度较低时进行。定植深度约2cm，用手按实，使种苗保持直立。单株栽培时定植密度一般为10.5cm×10.5cm，约2.5万株/667m^2；摘心栽培（单株每株分出3~4枝）时定植密度一般为10cm×30cm，定植1.3万株/667m^2。定植后立即浇定根水，灌水时必须确保每株根系周围都充分湿润，隔1d再浇1次透水，以保证植株成活且根系发育良好，使种苗整齐一致，3d以后视土壤干旱程度和种苗缓苗情况再定浇水次数。定植后的前3~5d中午10:00~14:00高温强光期间应进行遮阴处理，然后根据缓苗和天气情况决定是否撤掉遮阳网。定植后7d左右，植株开始生长，需喷一次杀菌剂（如代森锰锌500倍液），以后每月可定期打药3~4次，以预防病菌侵入。

(2) 土肥水管理

切花菊的肥水管理不同于盆栽艺菊，主要是促使菊花茎秆生长健壮，达到切花菊所需的高度，叶片生长均匀茂盛、花叶协调、花型大、花色艳。一般土壤保持一定的水分，不能过干或过湿，以迷雾喷灌和滴灌为好，不宜漫灌。切花菊因种植密度较大，消耗养分较多，除重施基肥外，还应经常结合浇水进行追肥。营养生长初期植株较小，生长缓慢，需肥量不大，随菊株长大，需肥量逐渐增加。在高温季节，施肥过多、浓度过大会引起烧根，损伤根系，造成脚叶枯黄、落叶。一般在现蕾前，以氮肥为主（N：200~400kg/hm^2），宜适当增施磷、钾肥；在花芽孕育和开花阶段，以施磷、钾肥为主（P：150~300 kg/hm^2，K：200~400 kg/hm^2）。切花菊的追肥应薄肥勤施，但要防止施肥过量，造成营养生长过旺及柳叶头的发生。秋凉后菊株生长迅速，可增加施肥次数，适当提高肥液浓度和施肥量。菊株转向生殖生长时，可暂时停肥，以利花芽分化，待现蕾后露色前，可重施追肥。追肥时应注意不要使肥液污染叶片，如有沾污应及时用清水淋洗，以免产生药害。另外，秋季每周可用0.1%~0.2%的尿素和0.2%~0.5%的磷酸二氢钾根外追肥1次，使叶色浓绿、花色鲜艳而有光泽。

(3) 拉网

菊花长到20cm之前要完成支撑网的铺挂工作，铺设的拉网网眼一般为四目，网格大小为10.5cm×10.5cm。网需平整，网眼一定要撑成正方形，以使菊苗保持茎秆直立。以后随着植株生长应随时提高拉网的高度。

(4) 抹芽疏蕾

菊花切花生产中，大花单朵标准型与多头型品种在生产栽培方面的最主要区别在于对植株腋芽侧蕾的保留与否。对大花单朵标准型切花菊，为保障单头花朵生长有足够的营养，确保切花质量，生长期间应持续不断地剪除腋芽；而现蕾后为保证花头直立，花头足够大，更需尽早去除侧蕾，以集中全株的营养供应单朵大花的生长成品。对于多头型切花生产，植株的腋芽及侧蕾就需保留，相应地，主茎与侧枝的顶芽（主芽）需要去除，以避免顶端优势的影响，促进腋芽、侧蕾的正常生长，获得高质量的多头菊切花产品。此外，冬季生产光照不足，可在温室后墙悬挂一层反光膜，以减弱温室内植株的向光生长，避免植株倾斜或花朵弯头。

(5) 温度管理

菊花生长的最适温度为15~25℃，当夜温低于5℃时，生长缓慢，需要加温；夏季温度高于35℃时应悬挂遮阳网或采取其他降温措施。

12.1.6 人工补光推迟开花

秋菊只有在短日照条件下（约12h以内）才能进行花芽分化和开花，在长日照下（日照17h以上，或连续黑暗7h以下）是不会进行花芽分化和开花的。根据这个原理，在秋季每天于黑夜（下午日落后至第二天日出前）期间，利用人工加灯光的方法，让田间秋菊处于连续黑暗7h以下，使日照由短日照变成长日照，从而抑制其花芽分化，推迟花期。

补光时期 以在广州地区生产为例，要推迟秋菊开花，开始加光的时间因品种而不同。为了安全起见，如'日本白'、'台湾三色黄'、'台湾三色粉红'与'桃红'通常在8月30日就开始加光，'黄秀凤'与'台黄'在9月7日开始加光。从停止人工加灯光开始

(进入短日照开始)一直到植株开花所需要的时间,与品种关系最大。如'黄秀凤'与'台黄'一般约需75d,'日本白'约需65d,'台湾三色黄'、'台湾三色粉红'、'桃红'约需60d。在生产上,即以上述时间作为主要依据来确定停止加光时间的。

例如,要控制'黄秀凤'在每年的元旦开花,则向前推75d即10月17日应开始停止加光(而9月7日~10月16日必须加光)。但是,从停止加光到开花期间的温度对所需的时间也有影响。如果期间温度比较低,到开花所需要的时间会延长一些;反之如果温度高些则时间短些。由于在露地或者在没有控温的设施内栽培时,具体的温度无法控制,而每年每月每日的温度又不一样,所以在实际生产中,为了确保'黄秀凤'1月1日有花开,通常把25%的植株在72d前(即10月20日)停止加光,50%的植株在75d前(即10月17日)停止加光,25%的植株在80d前(即10月12日)停止加光。

补光方法 每天人工加灯光,应当在半夜进行(即采用光中断的方法),使整个夜间分成两段暗期,每段暗期不超过7h。其中最好是在每天23:00~次日2:00进行加光,连续加光3h。

补光强度 菊花加光抑制花芽分化的光照强度以5~10 lx为下限。但在实际生产中,为安全起见,要用更强一些的光照,可达40lx以上。一般每畦上可挂一排60W以上的白炽灯,灯间隔1.5~2m,就能达到补光要求。电灯高度,以距植株90~100cm为宜。

另外还可在每畦上挂一排40W的白炽灯,相邻两灯间隔约2.5m,灯距地面1.5m左右,每667m^2用灯80个左右。

秋菊如果具备日照和温度两个条件,即使叶片在10片以下,株高10~15cm时,往往也会分化花芽。为了获得长度85cm以上的一级花枝,在花芽分化前(即停止加光前)植株必须进行营养生长至35~50cm高(这段时间必须处于长日照下)。长到高35~50cm所需的时间,因品种、季节、有无摘心而异。因此,在栽培电照菊时,扦插、定植与摘心的时间安排十分重要。

对于一般的秋菊品种,如果欲推迟开花,定植后又进行1次摘心,那么一般在停止加光前105~120d就必须进行扦插。其中,从扦插至适宜定植需20~25d,从定植至摘心需20~25d,从摘心至植株营养生长到35~50cm高需65~70d。此后停止加光让其自然生长至开花(具体时间因品种而不同)时,花枝总长就能够达到1m以上。

12.1.7 主要病虫害及其防治

(1) 枯萎病

发病初期下部叶片失绿发黄,失去光泽,接着叶片开始萎蔫下垂、变褐直至枯死,下部叶片也开始脱落,植株基部茎秆微肿变褐,表皮粗糙,间有裂缝,湿度大时可见白色霉状物;茎秆横切或纵切,可见维管束变褐色或黑褐色;将植株脱盆,可以看到被病菌侵染的根部变黑腐烂。可用25%苯莱特可湿性粉剂200~400倍液或50%代森铵乳剂800倍液淋灌根茎周围和喷洒植株,连续数次。

(2) 白粉病

感病初期,叶片上出现黄色透有小白粉斑点,以叶正面居多,主要危害叶片,叶柄和幼嫩的茎叶更易感染。严重时，发病的叶片褪绿、黄化；叶片和嫩梢卷曲、畸形、早衰和枯萎；茎秆弯曲，新梢停止生长，花朵少而小，植株矮化不育或不开花，甚至出现死亡现象。可用50%甲基硫菌灵与50%福美双(1:1)混合药剂600~700倍液喷洒盆土或苗床、土壤，可达杀菌效果。发病初期喷施50%加瑞农可湿性粉剂或75%十三吗啉乳剂1000倍液，隔10d喷1次，连喷3次可控制病害发生和蔓延。

(3) 灰霉病

主要危害菊花的叶、茎、花等部位。叶受害时在叶片边缘呈褐色病斑，表面略呈轮纹状波皱，叶柄和花柄先软化，然后外皮腐烂。可用65%代森锌300倍液浸根10~15min。发病初期可喷洒0.3~0.5°Be石硫合剂、代森锌、多菌灵等杀菌剂。

(4) 锈病

主要发生在叶片，也危害茎秆，菊花患病初期叶面产生淡黄色斑点，然后隆起呈淡褐色至铁锈色的疱疱状物，由白色逐渐变为黄褐色，而叶正面则为淡黄色斑点，且较微凹陷，不久疱疱突起开裂，在生长中后期的锈褐色粉(病菌、孢子堆)散出，散发出大量黄褐色粉末状孢子。严重时，菊叶上布满病斑、叶片卷曲，叶色黄褐，植株生长不良、衰弱，并且大量落叶。早春发芽前，喷3~4°Be石硫合剂。发病期间喷洒80%代森锰锌500倍液、25%粉锈宁可湿性粉剂1500倍液、20%萎锈灵乳油400倍液、25%甲霜灵可湿性粉剂800倍液、5%甲霜铜可湿性粉剂600倍液或75%百菌清可湿性粉剂500倍液，每7~10d喷1次，交替使用，连喷3~4次。

(5) 叶斑病

该病从植株的下部叶片发生，叶片上病斑散生。初为褪绿斑，而后变成褐色或黑色，病斑逐渐扩大成为圆形、椭圆形或不规则状，直径2~10mm。从植株下面向上蔓延，严重时病斑连合成片，叶枯下垂，倒挂于茎上，影响整个植株。可喷洒65%代森锌可湿性粉剂500倍液、75%百菌清可湿性粉剂500倍液或10%的波尔多液每隔7~10d喷1次，连喷3~4次即可控制病情。在发病前喷50%托布津1000倍液或50%多菌灵500倍液。

(6) 黑斑病(褐斑病、斑枯病)

主要危害菊花的叶片，病害从植株下部叶片开始，逐渐向上部叶片发展，感病的叶片最初在叶上出现圆形、椭圆形或不规则形大小不一的紫褐色病斑，后期变成黑褐色或黑色，直径2~10mm。感病部位与健康部位界限明显，病斑外围具有浅黄色晕圈，无明显轮纹，生有黑色霉层，为分生孢子梗和分生孢子。环境条件适宜时，病斑迅速扩展，连接成片，使整个叶片发黄变黑枯死，严重时只有顶部2~3片叶无病。病叶不马上脱落，吊挂在茎秆上。发病前喷保护剂29%石硫合剂水剂300倍液。发病初期用20%富士1号可湿性粉剂500~800倍液、50%扑海因可湿性粉剂500倍液或85%敌菌丹可湿性粉剂800倍液喷雾，10d喷1次，连喷2~3次。发病期用70%甲基托布津可湿性粉剂800倍液、50%代森锰锌1000倍液喷雾，7d喷1次，连喷3~4次。

(7) 霜霉病

主要危害叶片、嫩茎、花梗和花蕾。初病时叶褪绿，叶斑不规则，界限不清，后变为黄褐色，病叶皱缩。叶背面菌丝稀疏，先为白或黄白色，后变淡褐或深褐色。春季发病致幼苗弱或枯死，秋季染病整株枯死。发病初期喷洒58%瑞毒锰锌500倍液、25%瑞毒霉与65%代森锌按1∶2混合药剂500倍液，或75%百菌清可湿性粉剂600倍液。

(8) 病毒病

顶梢和嫩叶蜷缩内抱，中上部叶片出现明暗不一的淡黄斑块，又称花叶病。植株表现矮小，根系长势衰弱，叶片、花朵畸形，严重影响生长发育和观赏效果并遗传。病毒通过刺吸式口器昆虫、嫁接、机械损伤等途径传播。可用80%敌敌畏乳油800倍液或40%氧化乐果乳油1500倍液防治蚜虫；用40%乐斯本2000倍液或40%三氯杀螨醇乳油1000倍液防治螨类害虫。病害发病初期可喷洒1.5%植病灵乳剂1000倍液、20%病毒可湿性粉剂5000倍液或高锰酸钾1000倍液。

(9) 蚜虫

自幼苗期到花期结束均可发生，主要是淡茶褐色蚜虫和青绿色蚜虫。危害后可造成枝僵叶萎。生长期用40%乐果1500~2000倍液喷杀防治。

(10) 红蜘蛛

多发生在夏季高温干燥季节，潜伏于叶背，刺吸叶汁，使叶片干黄枯死。花期也危害花瓣，使花朵很快凋谢。发现红蜘蛛危害后，可用40%氧化乐果1000倍液、80%敌敌畏1000倍液，或40%三氯杀螨醇1000~1500倍液，均有显著效果；夏季高温干燥时期，常用清水喷雾也有一定防治作用。

(11) 潜叶蛾

在叶子上产卵，幼虫孵化后，即钻到叶肉里蛀食，把叶肉吃空，蛀成一条条曲折的干空隧道，严重时可使全叶干黄枯死。可用40%氧化乐果等内吸性杀虫剂喷雾防治。

(12) 粉虱

粉虱繁殖迅猛，常常重叠发生，导致叶片发黄变形。可用10%吡虫啉4000~6000倍液喷雾或用一般杀虫药加适量黏着剂，使粉虱着药不能再飞，即可除治。

(13) 线虫病

主要危害叶片，同时也能侵染花芽和花。一般植株下部叶片最先受害。受线虫侵染的叶片，侵入点处很快变褐。以后褐色斑逐渐扩大，受叶脉限制而形成多角形或不规则形褐色病斑。最后，叶片卷缩，凋萎下垂，造成大量落叶。花器受侵染后，花不发育，即使开花，也长得细小畸形。花芽、花蕾干枯或退化，有的花芽膨大而不能成蕾。发病严重植株，开花前即枯死。可用3%呋喃丹颗粒剂进行穴施，用量为45~75kg/hm^2。

(14) 菊天牛

又称菊虎、蛀心虫。钻入茎内产卵，孵化出的幼虫可钻入茎心，逐渐下移，在根内化成蛹过冬。5~7月危害严重，可使植株失水萎蔫，死亡。在危害期清晨进行人工捕杀，或以25%DDT 300倍液、40%氧化乐果800倍液喷杀，或由虫穴注入并封口的方法进行防治。

(15) 蛴螬

蛴螬是金龟子的幼虫，系常见地下害虫。在苗期可咬断嫩茎，7月中旬后危害根部，使植株萎蔫、枯黄，严重可造成死亡。危害期用敌百虫1000~1500倍液浇注。

(16) 尺蠖、木蠹蛾

尺蠖为绿色或褐色虫体，繁殖率高；木蠹蛾的虫体为红色，主要危害叶片。少量发生时可人工捕杀，大量时可用敌百虫 800 倍液进行喷杀。

(17) 棉铃虫

危害菊花的嫩叶、嫩梢，长大后即钻入嫩蕾、花朵中危害，严重时可大量毁坏花蕾，导致不能开花或形成残花。可采用佳多频振式杀虫灯灭成虫，可明显减少田间落卵量。也可用绿歌 1500 倍液、2000 倍的 20% 菊杀乳油或 1200 倍的 50% 辛硫磷乳油，杀初孵幼虫。

12.1.8 采收、贮藏与保鲜

切花菊采切的适期，应根据气温、贮藏时间、市场和转运地点等综合考虑。高温时期，远距离运输，贮藏时间长，可在花苞阶段（花开五六成），也即只有少数花瓣展开时剪花；反之，则在花开 8 成时采切为好。

采切菊花时，为了保护花朵不受伤，在采切前以薄纸包住花朵，应在离地面约 10cm 处切断，以避免切到不易吸水的木质组织。剪下的切花应摘去茎下部 1/3 处的叶片，尽快将茎放入含有杀菌剂的保鲜液中。在 −0.5℃ 的低温下，可贮 6~8 周；经贮后再切茎基部，在 4~8℃ 的环境中将花枝浸入 30℃ 的水中，使茎再吸足水，可在 2~3℃ 条件下继续贮藏，但不能超过 2 周。

菊花经分级处理后，每 10 枝扎成 1 束，然后用报纸或柔质塑料纸每 1~2 束 1 包，装于箱内贮藏或上市。

12.2 香石竹

【学名】 *Dianthus caryophyllus*
【英名】 carnation
【别名】 康乃馨、麝香石竹
【科属】 石竹科石竹属

全世界石竹属植物 300 余种，分布于欧洲、亚洲、北非和美洲；中国约产 16 种，南北皆有分布，多为庭园观赏或药用。本属中园艺化水平最高的是香石竹，原产南欧及印度。18 世纪以后，法国人达尔梅斯（M. Dalmais）将中国石竹（*D. chinensis*）与香石竹原种杂交后培育出大花、香气浓郁、四季开花的现代香石竹，此种也称为康乃馨，为传统的四大鲜切花之一。

12.2.1 形态特征

全株光滑微具白粉，茎基部常木质化，株高 30~100cm。叶对生，线状披针形，全缘，基部抱茎，灰绿色。花单生或多头簇生，花色以粉、红、白、黄、紫、复色为主；花具香气；苞片 2~3 层，紧贴萼筒；萼筒端部 5 裂，裂片广卵形；花瓣多数，倒广卵形，具爪；花期 5~7 月，设施栽培可四季有花，常以 1~2 月最盛（图 12-2）。

12.2.2 生态习性

性喜空气流通,干燥和阳光充足的生长环境。喜肥,要求排水良好、腐殖质丰富、保肥性强、微酸性的偏黏性土壤;喜凉爽,不耐炎热,可耐一定程度的低温;生长期适温 15~20℃,冬季夜间适温 7~10℃,不同品种对温度的要求有一定差异。

12.2.3 种类与品种

切花用香石竹品种通常划分为四季开花的单头标准型(standard type)和小花多头型(spray type)品种;若按花径大小进行分类,则可分为大花型(8~9cm)、中花型(5~8cm)、小花型(4~6cm)和微型花(2.5~3cm)4 类;按花色可分为纯色香石竹(Clove)、异色香石竹(Bizarre)、双色香石竹(Flake)和斑纹香石竹(Picotee)。按起源分主要

图 12-2 香石竹

有西姆系和地中海系两大类。目前国内市场所用品种以大红色的'达拉斯'('Dallas')最受欢迎,其他以欧洲育种公司的品种占据最多,如荷兰希维达公司的樱桃系列品种以及西班牙 B&B 公司的品种等;中国人习惯于单头标准型品种,而日本及欧洲更偏爱于多头型各类品种,因而,在安排种植计划时应充分考虑国内与国际市场的差异,选择合适的品种。

12.2.4 繁殖方法

香石竹常采用扦插和组培方法繁殖。

(1) 扦插繁殖

除夏季高温外,均可进行,在云贵高原冷凉地区一年四季都能进行。温室扦插内以 1~3 月和 9~10 月为宜,露地扦插以 4~6 月和 9~10 月为好。插床用苗床或塑料箱,基质以 40% 珍珠岩和 60% 泥炭土的混合物最好。也可全部使用珍珠岩在全光、保湿的环境下进行扦插育苗。插穗要选择植株中部的侧枝,取健壮而健康的枝条,以叶宽厚、色深而不卷、顶芽未开放的为佳。采插穗时,要与母株茎的对生叶形成直角,这样容易掰下而不伤及母株茎。掰下的侧枝立即浸入水中以防萎蔫。插条长 10cm 左右。插前先将插条基部 2 片叶去掉,留上部 2~4 片叶,并用 0.2% 吲哚丁酸浸泡基部 1~2s,生根效果显著;或用 BT 生根粉蘸后直接插入基质中。生根适温为 10~13℃,超过 32℃会损害插条和抑制生根。插后即浇一次透水,用 60%~70% 遮阳网遮光,插后 20~25d 生根。扦插用苗床应选择地势高燥,背风向阳,排灌方便,易于管理的地方。筑宽 100~120cm,深 20cm 的槽,长度根据需要而定,底部整平,安装电热丝,然后铺上 12~15cm 厚的炉渣或炉渣与珍珠岩(1:1)的混合基质,扦插前用 0.1% $KMnO_4$ 溶液、3% 呋喃丹颗粒剂或 50% 辛硫磷 1000~1500 倍液对基质消毒。扦插时先用与插穗粗细相当的竹签在基质上打洞,然后将插穗垂直插入。扦插深度为 1.5~2cm,株行距为 2cm ×

3cm，插后立即喷足水，以后注意保湿。一般2周开始生根，18~20d根系长至2cm左右即可定植。

香石竹扦插繁殖时，需要建立采穗圃专供采取插穗用，采穗圃的具体建立方法可参见菊花部分。扦插繁殖目前大量应用于规模化、专业化和产业化的种植生产上，在国内乃至亚洲地区遥居领先地位的云南省昆明市及其周边地区，已经形成相当可观的生产规模，其名声早已远播全球。

(2) 组织培养

近年来香石竹病毒病发生严重，用组培繁殖可得到脱毒种苗，常与扦插育苗结合应用，即由组培方法获得不带病菌、病毒的母本植株，用此建立采穗圃后，直接由脱毒母株采穗进行扦插扩繁，应用于大规模的生产种植中。

12.2.5 栽培管理

(1) 土壤准备

香石竹定植用土壤宜选择排水、通气、保肥性强的微酸性黏质壤土，若不符合要求，应全部更换或加入炉渣、有机肥等进行土壤改良。施足基肥，将地整平，筑90~100cm宽、25~30cm深的高畦备用。定植前两周用6%福尔马林溶液或敌克松600~800倍液对土壤进行消毒。

(2) 定植

香石竹定植株行距为15cm×(15~20)cm。定植深度以浅而不倒为宜，定植穴稍大点，使根系舒展开，栽后轻轻按压一下。定植完毕浇透定根水。5~9月间定植的香石竹，为确保成活、生长，需加盖50%遮阳网遮阴保湿。

(3) 定植后管理

水肥管理 缓苗期间经常喷雾，保持空气湿度，待土壤泛白再浇透水。缓苗后注意控水，进行2~3次"蹲苗"，促发新根。夏季浇水不易过多，防止茎腐病的发生。秋季植株进入盛长期，可增加浇水量。进入冬季后，因昼夜温差大，应控制浇水，否则，易发生裂萼。香石竹浇水宜采用土面滴灌，而不应采用位于植株上方的淋水或喷灌，以防叶片长期积水、诱发叶斑病。另外，如果水质较硬，长期使用易引起土壤碱化，可以在水中适当加入硫黄或$FeSO_4$改变水质。施肥以有机肥为主，无机肥为辅，在基肥施足的前提下，追肥要薄肥勤施。每半月浇灌1次麻酱渣和豆饼沤制的稀液，结合叶面喷施0.05%~0.1%尿素与0.1%~0.2% KH_2PO_4混合液，也可每周1次以0.2%~0.3% KNO_3水溶液浇灌或喷施。苗期以氮肥为主，开花期以磷、钾肥为主，但要注意磷肥施用量，施用过多易发生裂萼。

温度控制 香石竹生长发育适宜温度为15~20℃。定植后的缓苗期，加盖50%遮阳网遮阴、降温、保湿，有条件的可结合喷雾。夏季高温，生长期也需加盖30%遮阳网，遮去中午的强光，降低棚内温度。同时设法增加温室内的通风换气。冬季要有加温设施，并覆盖双层膜，或在大棚内套中棚保温(上海、昆明地区)，尽可能创造适合香石竹生长发育的最佳温度条件。

光照调节 香石竹是一种累积性长日照植物，长日照有利于香石竹生长发育。冬季日照时间短，需作辅助光照处理。香石竹是一种高光强植物，夏季只能轻度遮阴。同时要正确选用透光率高的薄膜，并经常给薄膜除尘，提高透光率。

摘心整枝 根据目标花期进行1~2次摘心，生产中常采用2次摘心或1次半摘心，保证每株有5~6个健壮侧芽，其余侧芽摘除。对预留侧枝，其上长出的侧芽或侧蕾要及时抹去，使养分集中供应主蕾。及时剪除病虫枝、细弱枝。多头型品种栽培时，则主要培育侧芽腋花，剔除顶生花芽、控制顶端优势，确保多头花朵的正常生长发育。

立秆拉网 停止摘心后，在距地面5~10cm高处张挂第一层尼龙网，以后随植株生长，每隔20~25cm铺设1层尼龙网，共张4层，并随时把枝条拢到网格内，防止植株倒伏。也可以在拉第一层网的同时装上能调节的第二、三、四层网，随着植株长高，顺次拉起其他层。

12.2.6 主要病虫害及其防治

香石竹极易感染叶斑病、菌核病、白绢病、枯萎病、斑驳病、立枯病、锈病、细菌性枯萎病、潜隐病毒病等病害。应及时清除病株残体，减少浸染源；选用抗病品种，适当增施磷、钾肥，提高植株抗病性；实行轮作；发现病虫危害症状，及时采取药物防治。喷洒1%的波尔多液、25%多菌灵可湿性粉剂300~600倍液、80%敌菌丹500倍液、50%甲基托布津800倍液或80%代森锰锌400~600倍液。

12.2.7 采收、贮藏与保鲜

采收时间一般以花蕾吐色1/3~1/2、花瓣尚未松开时为佳，从基部3~4节处剪下，去掉下部叶片，按颜色分类，按质量分级，每20枝1束。

采收时期对切花产品的品质和寿命影响极大。香石竹是典型的乙烯跃变型花卉。花蕾期无乙烯产生，花朵初开时，有少量乙烯生成，随花瓣的不断开放，乙烯生成量迅速增加并达到最高峰，当花瓣大量展开后，乙烯生成量开始迅速下降并保持一个稳定的低水平。因此，采收时期以花朵花瓣呈较紧状态时为宜。蕾期采收的香石竹还耐压耐磨，对机械伤害耐受性强，便于包装、运输和贮藏。采收时间最好在傍晚，此时花茎中积累了较多的糖分，质量较好。

香石竹适在相对湿度90%~95%，温度-0.5~0℃的黑暗条件下贮运，可延缓衰老。香石竹宜采用干藏干运的方式，即在贮运过程中，茎秆基部切断面不采取补水措施。将香石竹花用聚乙烯薄膜包装，既可减少水分蒸发，又能形成改良气体，从而降低呼吸速率，有利于延长切花寿命。在贮运前必须进行预冷处理，以除去田间热和呼吸热。简单经济的预冷方式是将分级后的香石竹切花在冷室中放置数小时，并将地面洒水以保持较高的空气湿度。在整个贮运过程中应始终保持低温条件，即形成流通冷链。

12.3 重瓣丝石竹

【学名】 *Gypsophila paniculata*

【英名】 babysbreath，panicle gypsophila

【别名】 满天星、霞草
【科属】 石竹科丝石竹属

重瓣丝石竹枝茎纤细，线条优美，分枝多，富有立体感，无数小白花着生在分枝上，似繁星闪烁，所以又叫满天星。花呈圆锥状聚伞花序，稀疏分散，花朵小而多，数量在百朵以上，白色略带有香味，具有素雅、圣洁、朦胧的美感，是著名的插花和配花材料。重瓣丝石竹切花在世界上有很大的消费市场，其与国际切花市场流行和发展的方向一致，即花型趋向小型、花色趋向浅色、花姿有立体感和朦胧感。重瓣丝石竹是欧洲十大名切花之一，欧美及东南亚地区都广泛种植。我国1987年从国外引进切花重瓣丝石竹试种。目前，上海、昆明已形成两个重瓣丝石竹生产基地，生产的重瓣丝石竹切花已销往中国香港等地。1995年以来，云南省的重瓣丝石竹产量一直位居全国首位。

12.3.1 形态特征

重瓣丝石竹是多年生宿根花卉。切花常作为一年生栽培。株高45~70cm，全株被白粉。分枝疏散开展，茎细而光滑，粉绿色。单叶对生，披针形。花序为疏松聚伞圆锥形，花朵繁茂，花小（直径0.5~1cm），花色有白、粉红、玫瑰红等，有的品种还有香气（图12-3）。

12.3.2 生态习性

重瓣丝石竹原产亚洲和欧洲，即小亚细亚至高加索地区。重瓣丝石竹耐寒性很强，能抗御0℃以下的低温；根属肉质直根，耐瘠薄和干旱，适应于疏松透气、中性或微碱性（pH 7~7.2）土壤。要求阳光充足而凉爽的环境，也相当耐热，但高温高湿容易受害，不耐移栽，不易露地栽培（怕雨），要严格遮雨栽培。适宜的生长温度为15~22℃，30℃以上的温度，使花茎生长受阻、变短，观赏性差。

图12-3 重瓣丝石竹

重瓣丝石竹在栽培中时常发生"莲座化"现象，表现为生长趋于停止，节间不伸长。莲座化一般发生在越夏的重瓣丝石竹植株上。

重瓣丝石竹属长日照植物，花芽分化需要13h以上的长日照条件。长日照条件下随日照长度增加，花芽分化速率加快。不同类型的重瓣丝石竹临界日照长度有差异，一般大花型品种比小花型品种对长日照更敏感。在自然生长情况下，一般秋季定植，翌年5~6月开花。

12.3.3 种类和品种

目前，世界切花市场上重瓣丝石竹主要有3个白花品种，'仙女'（'Bristol fairy'）、

'完美'('Perfect')、'钻石'('Diamond')和 2 个红花品种,'火烈鸟'('Flamingo')、'红海洋'('Red sea')。我国生产上大面积栽培的主要是'仙女'和'完美'两个品种。'仙女'是小花类型,适应性强、产量高,较易做到周年开花,是重瓣丝石竹的代表品种,约占重瓣丝石竹种植面积的 2/3;'完美'属大花品种,对光温反应敏感,栽培比较困难,但价格昂贵,在切花市场上大有后来者居上之势。

12.3.4 繁殖方法

重瓣丝石竹的种苗繁殖可采用扦插繁殖和组织培养。目前组织培养是重瓣丝石竹规模化生产中的主要方法。

(1)扦插繁殖

与香石竹等一些花卉相比,重瓣丝石竹的扦插生根难度较大,生根成活率直接受到插穗本身生理状态与环境条件的影响,如选取母株已进入生殖生长期的侧芽作为插穗,其生根率明显下降。

扦插繁殖宜在母株上花茎未伸长时选取叶片展开、已有 4~5 节的侧芽枝作插穗。若要在开花的母株上采插穗,选择合适的部位是非常重要的,以母株基部的 1/6~1/2 长度为理想插穗,因为 1/2 以上部分叶腋大多已形成花芽,生根困难。

去除插穗基部 2~3 对叶片,留上部 3~4 对叶,用 0.5g/L 的萘乙酸或 0.8~1g/L 的吲哚丁酸(或生根粉)浸蘸插穗下端 2~3s,在 1:1 的珍珠岩与稻壳熏灰(1:1 混合)为基质的苗床上进行扦插。扦插株行距为 3cm×3cm。

扦插后第 1 周要适当遮阴,并经常喷雾保持空气湿度,苗床上的基质湿度先湿后偏干些,有利于生根。注意通风,防止过湿引起小苗腐烂(疫病引起茎腐)。2 周可叶面喷施一次营养液,以减少黄叶现象。如果温度在 15~20℃,25~30d 即可生根,生根后应及时假植于育苗钵中。

(2)组织培养

应用组培快繁技术,不仅能供应小苗,而且采取茎尖培养方法,可大量生产出优质的无病毒苗。组培苗经过栽培所得的商品切花,具有幼苗起发快、病虫危害轻、开花早、花枝挺拔、色泽纯正的特点,深受广大花农欢迎。此外,有人用芽尖培养法繁殖重瓣丝石竹,比扦插法速度快、生根率高、无病、开花多而优,有利于较大规模的切花生产。

12.3.5 栽培管理

12.3.5.1 土壤准备与栽植

重瓣丝石竹极怕涝,因此宜选地势高、土质疏松、排水良好的地方种植。重瓣丝石竹根系主要分布在土层 20~30cm 处,若用水稻田栽培,必须开暗排水沟,且深耕,作高畦。如果进行连作,应用福尔马林和五氯硝基苯进行土壤消毒。

重瓣丝石竹是一种需肥较多的植物,每 100m² 需氮 10kg、磷(P_2O_5)7kg、钾(K_2O)14kg,基肥用量占总用肥量的 60%~70%。可在栽植前将腐熟的有机肥与一些石灰质肥料，如草木灰、过磷酸钙等，用中耕方法均匀地翻入耕层内，敲碎土块，按每只标准大棚作 4 畦，畦面宽 1m 左右，畦高 30cm。

重瓣丝石竹的定植密度约为 2000 株/667m²，一般夏季栽培株行距可宽一些，每畦种 2 行，株距 50cm；冬季栽培株距 40cm 左右，株距太大，易生侧枝而使切花品质降低。栽植前一天要充足灌水，最好选择阴天栽植，以浅栽为好，栽后浇足定根水。重瓣丝石竹的栽植时期，依采花期而定。

12.3.5.2 施肥

重瓣丝石竹施肥以有机基肥为主。基肥占全年施肥总量的 2/3，在定植前半个月一般施 200~300kg/667m² 腐熟的猪粪、牛粪、鸭粪等有机肥和 25kg 的复合肥。有条件时还可加适量的骨粉，均匀施入，深翻至表土 30cm 以下。如果基肥浮在表面，容易引起烧苗。

追肥占全年施肥总量的 1/3，在定植 30d 后，可以施追肥。前期以施豆饼水、尿素为主，10d 左右喷灌 1 次，要做到薄肥勤施；中、后期以磷、钾肥为主，氮肥过量会引起徒长，磷、钾肥能使茎秆挺拔，提高切花质量。开花前半个月要停止施肥，尤其是氮肥。若开花期施肥，重瓣丝石竹花梗虽碧绿，但茎秆变软，影响切花品质。如条件允许，追肥用营养液喷施最好。营养液的配方为：将尿素 19.4g、硝酸钾 56g、硝酸钙 48g、硫酸镁 12.3g、磷酸二氢钾 11.2g、硼酸 0.5g 溶于 100kg 水中。特别在重瓣丝石竹拔节抽穗时，使用营养液，可以收到很好的效果。

苗期施肥应当结合浇水进行，以薄肥为原则，第一次是在小苗定植后 2 周，当新的心叶长到 2~3cm 时，追施以氮为主的薄肥，以后每隔 10d 左右施 1 次。重瓣丝石竹苗期的根系发育是否良好，直接影响到开花的早迟与出花量。因比，苗期要经常松土、培土，以保证土壤疏松透气，利于根系正常伸展。同时，要及时进行除草，以防杂草危害。

抽苔期的肥水管理很关键。前期应重施肥水，以供给植株大量生长所需养分。减少氮肥比例，增加磷、钾肥用量，同时多施一些硝酸钙、硝酸钾、草木灰等速效肥。

12.3.5.3 灌水和避雨

灌溉方式以滴灌为好，不可采用沟灌和漫灌。重瓣丝石竹对水分的要求是宜干不宜湿，尤其怕涝。但重瓣丝石竹与其他花卉相比，生长发育初期需水量比较多，所以苗期应少量多次浇水。在土壤表面干燥后应立即浇水，尽量使其主花芽伸长。排水不良的土地，如果浇水过多，易发生根腐现象。但也不可过旱，产生莲座状的主要原因，往往是由于浇水不足所致。

重瓣丝石竹在露地栽培极怕下雨和水淹。连续两天下雨，就会造成重瓣丝石竹大批死亡。开花期若遇阴雨连绵，会使切花品质下降。选择地下水位低、排水良好的田地，在四周开深沟会好一些，但不能解决根本问题。因此，重瓣丝石竹必须要避雨栽培，在温室内栽培最好，没有温室，在塑料大棚内栽培效果也很好。

12.3.5.4 通气和遮光

炎热的夏季，如果大棚内不通风，雪白的小花马上变黄，失去商品价值。冬季更要注意通气，当白天棚内温度达到25℃以上时，把南北两头的门敞开，必要时要把两边的裙边升起来，保持通气，但时间不能太长。如果冬季大棚内长时间不通风，容易导致灰霉病，使切花质量受损。有条件的地方，在棚或温室顶头装上排风扇，特别在现蕾开花期，当棚内温度达到25℃时，要开启排风扇。

重瓣丝石竹是喜光性植物，需要充足的阳光。但是在夏季，受高温和直射强光的影响，重瓣丝石竹生长活性下降，会引起莲座化。如果开花期遇到高温，花会变黄。所以在夏日用黑色遮阳网遮光40%~60%，可以减轻夏季的高温影响。在秋冬季，弱光是诱导莲座化的主要因素之一，定植苗在自然生长条件下，生长初期的遮光率越高，遮光天数越长，开花率就越低。所以一入秋就要拆掉遮阳网。

12.3.5.5 其他管理

(1) 摘心

摘心除了能促进侧芽生长，还能控制重瓣丝石竹的生长和花期。具体方法：当小苗长到8~10节时，要把顶芽完全去掉，只留3~4节，摘心后的植株长得较快。当侧芽长到10cm左右时，要进行抹芽，把新枝下抽生的弱芽抹掉。每株保留4~5个分枝就够了。小苗定植1个月后叶片长到7~8对叶时可摘心。若使其早开花，则只进行一次摘心。若需增加每株枝数，可对生长较长的枝再进行1~2次摘心。摘心后2周会长出许多侧枝。当侧枝叶片伸展时，留3~7个侧枝（春季采收的留5~7个、秋季采收的留3~5个），其余抹掉。摘心后还应随时整枝，去除弱枝、弱芽。

(2) 苔期和花期管理

重瓣丝石竹生长发育过程中营养生长转向生殖生长的重要标志是茎的伸长，伸长量为1~2cm/d。这个过程在栽培学上称为抽薹。重瓣丝石竹抽薹后应及时绑扎。一般在每个抽薹主侧枝旁插一根长50~60cm的小竹竿，当薹抽到25cm时，及时绑在小竹竿上，以后再长30cm，可视情况再绑1次。抽薹后侧枝还能长出侧芽。为了保证切花质量，应及时去除茎部2~3个二级小侧芽，冬季花可不去除。

在重瓣丝石竹的栽培中很少采用激素处理，但是当6月定植的小苗到10月中旬还没有抽穗，就要用激素处理，否则无法长成冬季花。具体方法：用100~200mg/L的赤霉素溶液，喷在植株的茎顶上，每5d左右喷1次，直到重瓣丝石竹抽穗为止。赤霉素有打破重瓣丝石竹莲座化，促进开花的作用。

重瓣丝石竹开花期为防止枝条软弱，要严格控水，只是因土壤干燥而引起下部叶发生枯叶或萎蔫等现象时，再少量灌水。一般情况下不再进行根际施肥，可适当进行叶面施肥。

重瓣丝石竹是宿根性植物，收花后留在土壤中的宿根可用于再生产。因此，剪花后要及时清除残枝枯叶，并将主茎回剪到茎基部2~3cm处，让其开下一茬花。如在夏季，可让宿根留在土壤中自然越夏，也可将宿根掘起，冷藏到秋季定植，均可于春节前后开花。为保证切花出花数与质量，生产上往往1株苗开3~4茬花后就应更换新苗。

(3) 莲座化及防止

植物生长暂时停止和不进行节间伸长，同时也包含缓慢的生长和伸长（不完全停止的状态），称为莲座化。严格意义是指由植物本身的原因而停止生长和伸长，即使给予适宜的条件，也不能伸长的现象。

莲座化的成因　低温短日照条件是诱导重瓣丝石竹莲座化的主要环境因素，而夏季高温生长活性下降则是内在的主要因素。因此，生长活性低的植株在偏低温、短日照条件下莲座化，而生长活性高的植株在低温、短日照条件下或生长活性低的植株在高温、长日照条件下不表现为莲座化。

莲座化的防治方法　为了回避夏季高温造成植株活性下降，可在夏季将重瓣丝石竹开花后的宿根挖出，经冷藏到秋季栽植，供应冬、春季切花。宿根冷藏，不仅可以回避高温，还可提高植株活性，冷藏温度在 2~4℃，冷藏时间 2~6 个月。冷藏后的宿根栽植要注意避开持续在 25℃ 以上的高温期，因 10d 以上 25℃ 的高温，易使冷藏的宿根产生脱春化现象，致使低温处理无效。江南地区宜在 9 月中旬栽植。

12.3.6　花期控制

（1）电照补光

重瓣丝石竹在短日照条件下进行营养生长，在长日照条件下进行花芽分化和开花。重瓣丝石竹属于长日照植物，长日照是影响重瓣丝石竹开花的必要条件，日照时数越长，越能提早开花。重瓣丝石竹每天需要 16h 以上的光照，8h 日照的栽培条件下不能开花，日照不足 13h 是莲座化的诱发条件之一。为了避免秋季出现莲座化，促进生长发育、提早开花，普遍采用光照促成栽培的技术来弥补日照不足。一般在 10 月上旬开始补光，加 2~3 个月的光照，当重瓣丝石竹花蕾全部抽出时，则可停止补光。

常用补光的方法有 3 种：

延长光照　秋植栽培类型从日落前开始进行光照，一直延续 16h。也可以从凌晨 2:00 补光至清晨 6:00，同样延长 4h 光照而且还能提高大棚内的温度。因为凌晨是一天中最冷的时候，效果比傍晚补光更好。

中断光照　22:00 至翌日凌晨 2:00 连续光照 4h。效果较差。

间隙光照　从日落开始(18:00)，用自动控光装置，每隔 1h 光照 10min，一直延续到翌日早上 6:00。这种光照的效果最好，比傍晚补光 4h 要提早花期 30~50d。

用光照不仅可以减少莲座化的发生，还可增加切花长度，提前开花。但如果补光处理在 11 月中旬以后进行，还要考虑到加温措施。否则，光照效果不明显。人工补光应到现蕾为止，采花期一定不能补光。

光照强度一般控制在 50~100 lx。如果光照强度为 15~20 lx，则对重瓣丝石竹的生长无明显影响。光照度在 50 lx 以上，效果比较显著，能促进植株伸长，增加开花枝、小花数和切花重量，提高切花品质。每畦上拉一条电线，高度为 1.5m 以上，每隔 1.5~2m 挂一盏 60~100W 的白炽灯。或每畦拉一条电线，距株顶 1m，每隔 1m 挂一盏 40W 的白炽灯。白炽灯的效果要比荧光灯好。在塑料大棚内，一般要拉 3 条电线，使光照均匀，开花一致。如果只在中间拉 1 条电线，则靠棚边的两畦植株会出现抽穗不整齐的现象。

(2) 调节温度

低温是诱导重瓣丝石竹花芽分化的重要条件。在昼夜温度的影响中，尤以夜温更为重要。重瓣丝石竹生长的最适温度为15~25℃，30℃以上的高温和10℃以下的低温都易产生莲座状丛生，夜温如不低于10~12℃，并给予16h的光照就能做到周年供花。但重瓣丝石竹的生长发育特性，随着一年四季温度和日照的自然变化大不相同。在实际栽培中，根据重瓣丝石竹的花芽形成时所处的自然条件，可以把它分为3种类型：

春夏型 此类型是指小苗定植期从9月下旬到12月，经过冬春到初夏开花。9月下旬后的日照条件是短日照，夜温已低于10℃，很容易产生莲座化。生长活性提高后，即使在早春较低的温度下，也能缓慢生长。当生长到展叶12~13对、茎长15cm左右时，若夜温大于10℃，并在长日照条件下（春分后，日照逐渐变长）形成花芽，花茎迅速伸长（江南地区在3月25日至4月10日），经过30d左右的花蕾发育，在4月25日至5月20日开花。花期长短视气温而异，一般30~45d。这个阶段应是重瓣丝石竹的自然花期，除需覆盖一层薄膜进行避雨栽培外，无须任何其他辅助措施。如果冬季采用保温与加温措施，温度又达不到一定的临界值，夜温仍低于10℃，并缺乏光照，则易加速加重莲座化，则在5月底6月初才能开花。若冬季经过自然低温阶段管理得当，最早可在4月底开花。

夏秋型 此类型是指小苗定植期为3~6月初，经过夏天，在秋季8~10月开花。如果在不同时期定植，不摘心，在自然条件下栽培，定植越迟，开花越早。

秋冬型 此类型是指小苗定植期为6月底至8月5日，经过秋天，到冬天开花。秋季因处于低温短日照，最易产生莲座化，秋季一旦产生莲座化，则较难以打破，因为没有经历小于5℃的临界低温。所以，秋、冬季节重瓣丝石竹花茎伸长、开花所需要的温度和日照范围，明显比春季要狭窄得多。

(3) 冠根比和苗龄

重瓣丝石竹一般冠根比值越大，越易产生莲座化，开花越差；冠根比值越小，开花越好。地下根鲜重越重，地上部花茎伸长越好，产量越高。有人做过两组对比：单株平均根重100g（1年生根龄）为一组，70g（7个月根龄）为一组。结果发现，根重100g/株的一组，60d内100%抽花茎，株高均115cm左右；而根重70g/株的一组，在同一时间内只有部分花茎伸长，株高仅80~90cm。重瓣丝石竹早期的根系发育对开花是至关重要的，所以苗期管理中，要经常进行松土，以保持土壤的疏松、通气，利于根系早期发育好，并提早开花。

一般宿根性多年生花卉，苗龄越大越易提早开花，这与其他许多植物是相同的，但对重瓣丝石竹来说，这种情况只适用于春夏开花的类型，而秋冬开花型则可看到相反的情况，老苗往往不容易开花。主要原因是老苗不抗高温，易产生莲座化。冬季产花的类型，最好在4月底移出试管，炼苗1个月，然后移植到营养钵1个月，6月底7月初定植。

(4) 营养元素和化学控制

重瓣丝石竹在整个生育期需要较多的磷、钾肥，氮肥过多则对重瓣丝石竹开花不利，表现为枝条软弱、花期明显推迟。适宜的氮∶磷∶钾为1∶0.26∶1.06。氮肥中以硝态氮易被吸收利用。

化学控制是应用生长调节物质来调节重瓣丝石竹生长发育的一种新手段,赤霉素在花期控制上的效果最为显著。赤霉素能起到低温和长日照的作用,可打破重瓣丝石竹的莲座状丛生,诱导花茎抽出,并能使初夏开花型的花期提早半个月左右,而冬春开花型的花期提早1个月以上。

另可在重瓣丝石竹20%开花的情况下剪切,用催花液进行催花。最简单的催花液为硝酸银25mg/L+蔗糖50g/L,保持室内温度15℃以上。

(5) 宿根冷藏

这是世界上最近开发的一项栽培技术,由于冷藏后长出的芽条粗壮有力,能提前开花,节约种苗费用,这一技术越来越受到花农的重视。在日本用冷藏株进行栽培的占栽培总量的40%~50%,宿根冷藏的具体方法如下:

对于4~5月收花后的老株,割去离地20cm以上的枝条,清理下部的枯叶,进行1次喷药和施肥,以使植株生长健壮,防止病虫的危害。6月上下旬间,把宿根挖掘出来。在挖掘之前,须停浇水数天,如果土壤中水分太多,挖出的宿根在冷藏时容易引起腐烂,所以掘根要在土壤较干燥时进行。挖掘时,先把植株上的茎叶割去,然后把宿根掘起,不要碰伤宿根或弄断,剔除其中的弱株、病株、腐败株。

宿根掘出后,用清水把根部的泥土洗干净,然后放在甲基托布津1000倍液里浸泡30min。捞起后放在通风阴凉处吹干,用保鲜袋包起来,扎紧,放进防潮箱里,外面再用塑料薄膜覆盖,送至冷库冷藏。在湿式的冷库里,宿根容易受潮,在冷藏中亦容易腐败,所以宿根要阴干一些,包扎要紧一些;在干式冷库里,如果塑料薄膜严密些,水分的损失就少,宿根冷藏质量就高。

冷藏温度控制在2℃±1℃。冷藏中因为芽会萌动,冷藏时间以2~3个月为宜,正好避开炎热的夏季。定植时期迟的栽培类型可以延长冷藏期,一般不超过6个月。冷藏宿根出库后,放在甲基托布津1000倍液里浸泡30~60min,可在预防病害的同时,促进根株吸收水分。把宿根从药液里捞出后,在无风的阴凉处适应自然温度1~2d。在温暖地区,定植适期为9月中旬以后,如果定植过早,会由于高温引起脱春化作用,失去冷藏的意义。定植前,要把种植地浇透水;定植后,要在宿根的周围慢慢地浇水,使水渗透下去。如果在宿根上大量浇水,会引起宿根腐烂。

宿根冷藏不仅解决了夏季育苗难的问题,而且还带来了很好的经济效益。特别是在我国的广东和福建,一般是9月中旬定植,春节前开花,这时的经济效益最高。但是9月定植,7~8月要育苗,8月天气最炎热,育苗十分困难,成活率仅20%左右。用宿根冷藏的方法,顺利地解决了这一问题。

12.3.7 主要病虫害及其防治

重瓣丝石竹病虫害危害较轻,只要及时做好防治工作,不会造成病虫害流行。其主要病害是疫病和灰霉病,主要虫害有苗期的地老虎和生长期的红蜘蛛及蚜虫。

疫病 重瓣丝石竹的疫病相对比较突出,其主要症状是植株的茎部和根部发生软腐或立枯而死。其主要传播途径是土壤,在高温多雨季节易发生。药物防治较困难,主要防治方法为：定植前用福尔马林消毒土壤；严格避雨栽培，夏季暴雨后及时用500倍的百菌清防治，一旦发现病株及时拔除，防止健康植株被传染，并对该植株根际处的土壤用500倍敌百克消毒；及时清沟排除积水，降低地下水位，促进根系生长，提高植株抗御能力；选用脱毒的无菌组织培养苗。

灰霉病 灰霉病发生在高温高湿的梅雨季节，突出表现为花朵发黑带绿，叶片上能见到菌丝。加强通风降低空气湿度，及时去除基部老叶、枯叶。

地老虎 常见于重瓣丝石竹幼苗期，咬断重瓣丝石竹的茎基部。

红蜘蛛 危害高峰在高温干燥季节，江南地区在5月和8月有2次高峰。被侵染的植株下部叶片可看到白色小点，以后向上发展，严重时叶片失绿。

蚜虫 冬季切花的重瓣丝石竹，到了开花期，往往容易忽视对蚜虫的防治。严重被害植株枝条扭曲，枝叶、花上被蒙一层污黑物，花朵明显变小、变枯、发黑，严重影响商品价值。

12.3.8 采收、贮藏与保鲜

切花适期是50%左右的花已开放，此时若仔细观察，最后分化的小花呈花蕾状态。但因小花外观近乎满开，若推迟采收则先开的花会变色。重瓣丝石竹因花枝细、保水性较差，故剪花时最好提水桶到田间剪取。切花剪下后，应立即插入水桶中，让其充分吸水，以防失水干枯。

重瓣丝石竹的采切无固定标准，国际市场以重量为单位。一般1枝花要求不低于25g，也有在茎基部剪下为1枝，每250g为1束。以枝数为单位的，要求每枝花有3个分叉，但实际上受市场影响较大。市场紧缺时，花枝剪得较小；市场充足时，花枝剪得较大。一般以10枝为1束，以束为批发单位。在上市包装上，往往在每枝花的花枝下端用浸有保鲜液的脱脂棉花球裹住，或用直径1cm、长度约2cm的塑料杯，内盛保鲜液，套住每枝花的花枝下端，以在运输途中供给重瓣丝石竹切花的水分和养分，延长保鲜期。

12.4 非洲菊

【学名】 *Gebera jamesonii*
【英名】 gerbera
【别名】 扶郎花
【科属】 菊科大丁草属

原产非洲，1878年由雷曼(Rehman)首先在南非的德兰士瓦发现本种；同年布拉斯(Bolus)将该新种送至英国皇家植物园邱园，并以较早的发现者之一杰姆逊(Jameson)的名字命名。此后，英国、法国、日本等有关花卉专家对非洲菊展开了杂交育种研究。20世纪60年代，荷兰的几家公司开始了专门的切花新品种选育，经过20多年的努力繁育了许多的品种。Florist和Schreurs等荷兰的三大非洲菊专业育种公司每年都要推出数十个新品种。目前，在国际市场上，非洲菊是主要的切花种类之一，主要消费地区为日本、欧洲和美国。国内的非洲菊从 20 世纪 80 年代开始种植，当时品种较老且种植水平落后，花小梗软，品质较差，却因种植较少，价格昂贵。到了 20 世纪 90 年代，非洲菊被人们逐渐认识，近几年来，在云南、上海等地区大面积种植，切花品质得到大幅度提高，加上国内园艺企业与国外联系的日益密切，许多品种通过植物组织培养技术进入中国。

非洲菊周年不断开花，产量较高，市场风险相对较小，因而受到各国花农的青睐；同时，非洲菊花色艳丽、花朵大，在消费市场上受到极大的欢迎。国内部分科研单位如云南省农科院花卉所自 1997 年开始培育非洲菊新品种，通过不断引进国外品种资源，以杂交育种为主要手段，开展了艰苦的新品种选育工作，至今已培育出 10 多个具有自主知识产权的非洲菊新品种，并将相继进入国内外花卉市场；上海市林木花卉育种中心也已选育出数个非洲菊的新品种，其中既有切花类品种，也有部分盆栽和地栽用新品种。

12.4.1　形态特征

全株具细毛，株高 60cm 左右。叶基生，多数，具长柄，叶柄长 15～20cm，叶片长 15～25cm、宽 5～8cm，羽状浅裂至深裂，顶裂片大，裂片边缘有疏齿，圆钝或尖，基部渐狭，叶背具长毛。头状花序单生，花梗长，高出叶丛；舌状花大，倒披针或带形，端尖，3 齿裂，颜色多样；筒状花较小，常与舌状花同色，管端二唇状；冠毛丝状，乳黄色。周年开花，以 5～6 月和 9～10 月最盛（图 12－4）。

图 12－4　非洲菊

12.4.2　生态习性

非洲菊性喜温暖，要求阳光充足、通气良好的生长环境。生长期适温 15～25℃，冬季适温 12～15℃，低于 10℃则停止生长，但可忍受 0℃的短期低温；喜肥沃疏松、排水良好、富含腐殖质的砂质壤土，忌重黏土，宜微酸性土壤，在中性至微碱性土壤上也可生长，但碱性水土条件下叶片易产生缺铁症状。

12.4.3　种类和品种

非洲菊经世界各国广泛栽培和育种，新品种不断涌现，既有单瓣品种，也有很多的重瓣品种。花色类型丰富多彩，常见的颜色有橙色品系、粉红色品系、大红色品系、黄色品系等 12 个色系。根据花的大小有大花型和小花型之分，大花型品种一般花梗长 55～60cm，花径 11～15cm，每株产量 35～40 枝/年；小花型花径 6～8cm，花梗长 55～60cm，每株产量 70～80 枝/年。荷兰最新育出的新品种，其花瓣为管状，整个花盘成放射状,颇具特色,国内尚未引进。

12.4.4 繁殖方法

非洲菊常用组织培养、分株、扦插等方法进行繁殖。

分株繁殖 生长健壮的非洲菊成年植株可以采用分株繁殖,但繁殖系数低,易感染病虫害,分株繁殖代数高时,种苗退化,质量不稳定,降低商品率,一般较少采用。分株繁殖每年每株仅可分出 5~6 个新株,一般在 3~5 月进行。首先把一年生的母株挖出,再把地下茎分切成若干子株,每个子株必须带有根和芽,然后移植到苗床内或直接定植到大田。栽时不可过深,以根颈部略露出土为宜。

扦插繁殖 将健壮的植株挖起,截取根部粗大部分,去除叶片,切去生长点,保留根颈部,并将其种植在种植箱内。环境条件为温度 22~24℃,空气相对湿度 70%~80%。以后根颈部会陆续长出叶腋芽和不定芽形成插穗。一个母株上可反复采取插穗 3~4 次,一共可采插穗 10~20 个。插穗扦插后 3~4 周便可长根。扦插的时间最好在 3~4 月,这样产生的新株当年就可开花。

组织培养 是目前非洲菊繁殖的主要方式。通常使用花托和花梗作为外植体。芽分化的培养基配方为 MS+10mg/L 6-BA+0.5mg/L IAA。继代增殖培养的培养基为 MS+10mg/L KT。生根培养基为 1/2 MS+0.03mg/L NAA。非洲菊外植体诱导出芽后,需经过 4~5 个月的试管增殖。非洲菊最适合的大田移栽时期是 4 月,这时移栽的幼苗在 8 月就能大量产花。因而,愈伤组织分化出芽宜在 10 月中旬以前完成。第 1 次试管增殖在 10 月中旬至 11 月中旬,以后每月 1 次,到翌年 2 月中旬结束第 4 次增殖,然后进入为期 2 周的试管苗长根阶段;长根后移栽到苗床,养护 1 个月,再在 4 月初移至大田。

12.4.5 栽培管理

(1) 苗床准备

非洲菊根系发达,可纵横延伸分布在 1m 深的土层中。因此,种植非洲菊的苗床一定要选择有机质含量高、肥力高、通气性好、排水通畅的砂质壤土或复合土。土壤 pH 值宜为 6.0~6.5。苗床宜背风向阳,四周开阔,采用高畦栽植,畦宽 1.5m、高 10~20cm。定植前施入足量基肥(每平方米施用腐熟的垃圾肥或猪、牛粪 15kg;也可按体积比掺加 3%~5% 腐熟的食用菌渣、腐殖质等有机肥类)以改良土壤。另外再追施复合肥 1kg、碳铵 0.5kg 以及杀菌剂呋喃丹 5g 和多菌灵 3g,将其与土壤充分拌匀整平。表土层用 40% 的甲醛喷雾,再以塑料薄膜覆盖消毒。3d 后揭膜,即可移栽定植。

(2) 定植

定植最佳时期为 3 月下旬和 8 月下旬。为提高移栽成活率,苗床处理要符合规格;严格挑选种苗,采用组培苗,要求必须是经过炼苗阶段转绿后,已有 3~4 片叶的壮苗;种苗在栽植前要进行药剂处理,以减少病菌传播;栽植密度要合理,株行距为 30cm×40cm,即 7 株/m^2;栽后需浇透定根水。此外,北方地区冬季宜加温,夏季辅以适当遮阴;而华南一带,覆盖遮阳网的时期需延长。

一般地,单株非洲菊每隔 7~8d 就可产切花一枝。组培苗栽后 85~90d 现蕾,

110~120d 后开始产花，以后的产花规律类同分株苗。

(3) 定植后管理

定植 10d 内注意保持温度和湿度，晴天适当遮阴，温度超过 25℃ 时应及时通风降温，浇水要适宜，不可偏少或过多。2 周左右即可成活，4 周后长出新叶。一旦成活，即可喷施或滴灌施用淡薄的营养液，以加快其生根长叶。定植后 1 个月左右，即进入旺盛生长期，一般 7~10d 长一片新叶。若在春、秋生长适期，则应适当加大肥水促进生长；若已进入夏季高温或冬季低温，则应以保根促壮为主，适当控制浇水，控制氮肥，增施磷、钾肥，及时剥除老叶，注意防治病虫。

(4) 花期管理

定植后 5 个月左右即进入花期。一年生植株，单株叶片数达 30~40 枚，2~3 年生的植株叶片数达 50~60 枚时始花。肥水管理以促花为主，集中施用磷、钾肥，有限制地搭配施用氮肥。若叶片已经过多，应及时打去老叶，否则会造成"隐蕾"。要保证一个花蕾能正常发育开花，一般需 3~4 片叶给它提供光合产物。在此期间，还应注意及时摘除过多的幼蕾和花茎。

(5) 肥水管理

发育正常的非洲菊单株，2 年内可产花 50~65 枝，其营养的消耗量中，氮是磷的 3~4 倍，钾的消耗量是磷的 4~4.5 倍。从非洲菊的小苗阶段开始，随着其生长的加快，所需氮素增多；春夏季节，对成年植株应注意施足氮肥；进入晚秋和冬季，整个用肥量应减少，但钾肥的比例需要增加，氮的用量需降低。非洲菊为喜肥宿根花卉，对肥料需求大，施氮、磷、钾肥的比例为 15∶18∶25。追肥时应特别注意补充钾肥。一般可叶面喷施硝酸钾 2.5kg/667m^2，硝酸铵或磷酸铵 1.2kg，春秋季每 5~6d 一次，冬夏季每 10d 一次。若高温或偏低温引起植株半休眠状态，则停止施肥。

(6) 摘叶和疏蕾

整个生育期需要不断地合理摘叶及疏蕾。非洲菊的基生叶下部叶片易枯黄衰老，应及时清除，这样既有利于新叶与新花芽的萌生，又有利于通风，增强植株长势。摘除老叶、病叶和过密叶，改善通风透光条件，调整植株长势，可减少病虫害发生。幼苗进入初花期，对未达到 5 个以上较大功能叶片的植株，要及时摘除花蕾，促进形成较大营养体，为丰产优质打好基础。盛花期，应及时疏掉畸形蕾和弱小拥挤蕾，提高切花品质。

(7) 温度管理

非洲菊属于喜温花卉，其最适生长温度为 15~25℃，高于 25℃ 或低于 15℃ 则生长缓慢，在 30℃ 以上植株处于半休眠状态。在设施栽培条件下，应将温度控制在白天不高于 30℃，夜间不低于 15℃。据观察，非洲菊在大棚最低温达 0℃ 状态下 3~5d 内不致于受冻，但在 8℃ 以下持续超过 10d 将停止生长，且有部分茎叶受冻死亡；棚内温度处于 10~15℃ 时生长缓慢，开花很少。

12.4.6 主要病虫害及其防治

危害非洲菊的主要病害有非洲菊斑点病、非洲菊疫病等。

斑点病 主要危害叶片，初生紫褐色至茶褐色病斑，后扩展为圆形至近圆形病斑，直径2~10mm，边缘暗褐色至紫褐色，后期病斑上生出黑色小粒点。老病斑常开裂脱落，形成穿孔。发病初期喷洒75%的百菌清可湿性粉剂600倍液、50%多菌灵可湿性粉剂500倍液进行防治。

疫病 又称根腐病、根颈腐烂病。整个生育期均可发病，一般花期受害重。发病初期地上部失水卷曲，而后萎蔫，易拔起。病菌从近地面茎基部侵染，向下延伸到根部，使受害根变软，呈水渍状，变褐腐烂，皮层脱落，露出变色的中柱，具霉腥味。植株变为紫红色。发病初期可喷70%百菌清可湿性粉剂600倍液、40%甲霜酮700~800倍液或40%乙膦铝可湿性粉剂300倍液。对上述杀菌剂产生抗药性地区可改用60%灭克可湿性粉剂900倍液。

花叶病 叶呈花叶状，有时花瓣上也产生斑纹。可用10%磷酸三钠对切花剪刀等工具进行消毒。

疫霉病 又称根茎腐烂病，首先侵染植株的根茎部，受害植株叶片先变黄，后变灰褐色，至枯死，根茎部变黑腐烂。可用克菌丹0.1g/L+1%硫酸铜浇灌根际进行防治。

菌核病 病害从茎基部发生，使茎秆腐烂。初期，病部呈现水渍状软腐、褐色，逐渐向茎和叶柄处蔓延。后期在茎秆内外均可见到黑色鼠粪状的菌核。该病的典型症状是病部迅速发生软腐，并密生白色絮状物，或有黑色鼠粪状物发生。可用25%粉锈宁可湿性粉剂2500倍液、50%农利灵可湿性粉剂1000倍液或70%甲基托布津可湿性粉剂800~1000倍液喷雾防治。

螨虫 新叶展开后不久，便向背卷曲、变厚，叶色变得暗淡不鲜明，内部小叶皱缩、畸形。可喷洒40%三氯杀螨醇或40%的氧化乐果乳油1200~1500倍液，隔7d喷洒1次，连续喷2次即可杀灭虫体或采用20%三氯杀螨可湿性粉剂800~1000倍液喷洒防治。

12.4.7 采收、贮藏与保鲜

非洲菊切花最适宜在外围舌状花瓣平展，内围管状花开放2~3圈时采收。采切花的植株应株形挺拔、花茎直立、花朵开展，切忌在植株萎蔫或花朵半闭合状态时剪取。非洲菊切花在4℃条件下套袋湿藏，其保鲜时间和瓶插寿命最长。对于10d以内的短期贮藏，可在4~8℃的条件下冷藏。

12.5 花烛

【学名】 *Anthurium andraenum*

【英名】 common anthurium

【别名】 红掌、安祖花

【科属】 天南星科花烛属

花烛属植物原产南美洲，世界约有600种。用于观赏栽培的还有以盆栽为主的观花或观叶植物，如席氏花烛、水晶花烛、剑叶花烛、火鹤等。花烛于1853年在哥伦比亚南部热带雨林被发现后，1876年传入欧洲。1940年后，欧洲各国纷纷进行育种，荷兰已培育出许多优良的园艺新品种,并有专业公司进行生产。我国在 20 世纪 70 年代开始引种,目前已分别建立了切花与盆栽花烛的基地。

12.5.1 形态特征

花烛为天南星科花烛属常绿宿根草本。根茎肉质,节间短;无茎。叶长圆状心形或卵圆形,从根茎上直接抽出,具长柄。花由叶腋长出,高出叶片,切花由佛焰苞和肉穗花序组成,佛焰苞阔心脏形,直立开展,表面波状,革质,有光泽,现已育有多个颜色的品种,如朱红色、鲜红色、粉色、白色等;肉穗花序圆柱状直立,无柄,尖端黄色。终年开花不断(图 12-5)。

图 12-5 花 烛

12.5.2 生态习性

花烛原产美洲热带,喜温暖,不耐寒,生长适温为日温 25~28℃,夜温 20℃。夏季高于 35℃植株生长发育缓慢,冬季能忍耐 15℃的低温,18℃以下生长停止,13℃以下易发生寒害。喜多湿环境条件,但不耐土壤积水,适宜的相对空气湿度为 80%~85%。喜半阴,但冬季需充足光照,根系才能发育良好,植株健壮,适宜的光照强度为 $1.5×10^4$~$2×10^4$ lx。低于 $1.5×10^4$ lx 时,品质受影响,超过 $2×10^4$ lx 时,叶片会发生日灼现象。要求疏松、排水良好的腐殖质土。环境条件适宜可周年开花。

12.5.3 种类和品种

花烛现在已知有 8 个变种,园艺栽培品种有 100 个左右,分为切花栽培型与盆栽型两个栽培类型。主要栽培变种有可爱花烛(*A. andraeanum* var. *amoenum*),又名白尖灯台花,佛焰苞粉红色,肉穗花序白色,先端黄色;克氏花烛(*A. andraeanum* var. *closoniae*),又名白尖灯台花,佛焰苞大,心脏型,先端白色,中央淡红色;大苞花烛(*A. andraeanum* var. *grandiflorum*),又名大苞灯台花,佛焰苞宽大;粉绿花烛(*A. andraeanum* var. *rhodochlorum*),又名巨花花烛,株高达 1m,佛焰苞粉红色,中央为绿色,肉穗花序初开为黄色,后变为白色;莱氏花烛(*A. andraeanum* var. *lebaubyanum*),又名绿心灯台花,佛焰苞宽大,红色;光泽花烛(*A. andraeanum* var. *lucens*),佛焰苞血红色;单胚花烛(*A. andraeanum* var. *monarchicum*),又名黄白灯台花,佛焰苞血红色,肉穗花序黄色带白色。

近年来国内外主要栽培的切花品种有:

红色品种 '北京成功'、'红国王'、'大哥大'、'火焰'、'亚丽桑娜'、'热带红'、'俱乐部'、'内蒂'、'英格里特'、'克劳黛雅'、'巴西'等;

粉红色品种 '粉冠军'、'半月'、'莎娜塔'、'天蝎座'、'里底亚'等;

白色品种 '雅典'、'古巴'、'约西'、'Mangaretha'、'Menuet'等;

绿色品种　'米唐里'、'Twist'等；
红绿复色品种　'千里过'；
绿粉复色品种　'帕来迪沙'、'莱姆巴特'等；
深桃红色品种　'Aoenum'等。

12.5.4　繁殖方法

花烛常用分株法和组织培养法繁殖。切花种苗主要采用组织培养的方法获得。

花烛极难自然授粉结实，通常采用人工授粉，经8~9个月后果实成熟。种子要随采随播，在25℃下，约20d发芽，实生苗3~4年可开花。

分株法繁殖系数较低。一般在春、秋两季进行，分离子株，去掉老根。扦插插穗宜用较老的枝条，成活后一年即可开花。

组织培养是目前大量获得花烛幼苗的主要繁殖方法，常用幼嫩叶片或叶柄的组织作为外植体，接种在诱导培养基上扩繁。外殖体采用母株的叶片或幼嫩叶柄，接种在诱导培养基上(1/2MS+6-BA 1mg/L)，出现愈伤组织后每隔40d进行1次继代培养，再移入芽诱导生长培养基上(MS+6-BA 1mg/L)，芽伸长至1cm后，移入根诱导生长培养基中(1/2 MS + NAA 0.1mg/L)，形成完整植株。当苗长至2cm，就可进行试管苗的移栽。

12.5.5　栽培管理

(1) 栽植床准备

花烛为附生性的植物，根肉质。要求栽培基质具有丰富的有机质，保湿性能强，透气性与排水性能良好，土壤pH 5~5.5。在栽培床的40cm土层以下，要设排水层。栽植基质可用园土与蛭石、珍珠岩或腐熟后的木屑、稻壳、食用菌培养基残渣等与园土混合。也可在床底加石砾层等以保证床土的通透性与持水、保肥能力，促进根系发育。

(2) 定植

花烛茎短，但叶片高度可达1 m以上。通常栽植苗高度为30~40cm。栽植后1.5~2年进入开花期。幼苗定植间距为40cm×50cm，4株/m^2。温室栽培(包括道路、畦沟等)用苗量为2.4万~2.7万株/hm^2。

(3) 定植后管理

花烛原产热带雨林，性喜温热与空气湿度较高的半阴环境。生长最适温度昼温为25~28℃，夜间温度为20℃。气温高于35℃或低于18℃生长受阻，13℃以下会出现寒害，因而栽培温度应控制在15℃以上，35℃以下。空气相对湿度宜保持在80%左右，空气干燥时需要喷雾，增加湿度。栽培环境的荫蔽度，通常控制全日照光量的60%~80%，要求光照强度控制在1500~20 000 lx。光照强度低于5000 lx，切花品质受到影响，高于20 000 lx，叶面会出现灼伤现象。在密植情况下，为改善植株群体的通风透光性能，需要经常剪除老叶。一般情况下每株可留叶4片，有时也可留3片，对切花的产量与质量不会产生影响。

花烛切花栽培的切花期，一般可维持10年左右。出花叶位的叶片生长情况，直接影响花的大小、花茎长短等。由于切花栽培周期长，栽培基质的透水性强，因此肥料的补充应以速效性的追肥为主，用根灌或叶面施肥的方式进行，通常根据植株生长情况10d左右补充一次。有研究表明，花烛在开花期，每棵植株对氮、磷、钾的吸收量分别为128.7mg、30.1mg、167.8mg。钾有利于光合作用产物的转运，有利提高花的质量。钙、镁离子会影响切花品质，缺钙、缺镁时花的色泽会受影响，甚至出现苞片坏死的情况。因此，在使用化肥时要重视钙、镁肥及微量元素的供给。花烛要求有湿润的生态环境，栽植床不能缺水，同时要保持基质的酸度。生长中后期，由于主茎生长位置上移，每年需增添含有丰富养分的栽培基质，以稳固植株，并促进生长。

12.5.6　主要病虫害及其防治

花烛的病虫危害，主要有根腐病、炭疽病、花穗腐烂病与蓟马、螨、线虫、介壳虫等。种植时要注意基质消毒，栽培管理过程中要减少植株机械损伤，发现有病害的枝叶，应及时剪除销毁。在发病初期，对真菌性病害用800~1000倍的百菌清、甲基托布津、退菌特等喷雾防治；对细菌性病害用农用抗菌素、井冈霉素等防治；对蓟马、螨、介壳虫，分别用氧化乐果、三氯杀螨醇等灭杀；土壤使用呋喃丹可杀死地下害虫与线虫，用量为$4g/m^2$左右。

12.5.7　采收、贮藏与保鲜

花烛切花宜在肉穗花序上有半数小花开放时采收。此时佛焰苞片的颜色充分展示，肉穗花序下部有1/3~2/3部分黄色（或粉色）转为白色，花梗已硬化。可沿花梗基部剪取，一般要求花梗长度达到40cm左右，每株花烛年产切花量为6~12枝，年产花25~45枝/m^2。

切花采收后应在12h内将鲜花浸入清水或保鲜液中，佛焰苞不能完全摆放在盛水或瓶插液的塑料小瓶内。用170mg/L的$AgNO_3$处理10min，可延长切花采后寿命，通常在13℃条件下湿贮，可保鲜2~4周。

花烛作为切花品种花梗长度要大于30cm，按同一花色，同一花梗长度，3~4枝花一束。把佛焰苞用塑料膜包扎好，上下移动一下，使佛焰苞不完全摆放在同一平面上，然后剪齐花梗基部放入清水或保鲜液中，3~4束一箱。运输包装花烛，要将花固定。贮运期间苞片色泽出现暗化等品质问题，与栽培贮运期度温低于13℃而受冷害有关，苞片褪色也可能受植株生长期缺钙影响。另外苞片受到机械损伤会迅速变黑。切花在运抵目的地后，如出现萎蔫现象，可将苞片浮置于20~25℃温水水面，待1~2h后就能恢复新鲜状态。

12.6　鹤望兰

　　【学名】　*Strelitzia reginae*
　　【英名】　bird of paradise
　　【别名】　极乐鸟花、天堂鸟

【科属】 旅人蕉科鹤望兰属

鹤望兰原产南非，1773年英国植物学家班克斯将鹤望兰从南非引进到英国皇家植物园，开花时引起巨大轰动，后成为风行世界的名贵花卉。鹤望兰因花形宛若仙鹤昂首云天，展翅翱翔而得名。花的寿命极长，在秋、冬季花期可长达100d。切花水养2~3周不凋，象征吉祥、幸福、快乐、自由，是高档的礼仪花卉。鹤望兰因新西兰、意大利、日本、美国等地广泛栽培。我国从20世纪80年代开始从国外引进，现已在福建、广州、杭州、苏州等地建有鹤望兰生产基地。

12.6.1 形态特征

鹤望兰为旅人蕉科鹤望兰属多年生宿根草本。株高1~2m，根肉质粗壮，聚生于短茎下部，茎短不明显。叶大似旅人蕉叶，对生，两侧排列，长椭圆形或长椭圆状卵形，尖端钝，革质，长约40cm；具长柄，叶柄比叶片长2~3倍，有沟。一年生苗有5~6片叶，新生植株有5~10片叶，以后有老叶枯死，新叶发出，成年的植株每一个分蘖上有5~12片叶。花茎顶生或生于叶腋，花梗与叶近等长；佛焰苞的苞片长约15cm，绿色，边缘具暗红色晕，内有6~8朵花，开放时露出苞片之外，排列成蝎尾状；花萼3片，橙黄色，花瓣3片舌状，亮蓝色；柱头纯白色；花序形似仙鹤引颈遥望。一般3年生以上的植株可以开花。鹤望兰抽生花茎较慢，切花产量低(图12-6)。

图12-6 鹤望兰

12.6.2 生态习性

鹤望兰原产南非，喜温暖湿润，空气湿度要求较高，不耐寒，生长适温为25℃左右，冬季要求温度不低于10℃，在花芽发育时对温度很敏感，花芽发育初期温度不能超过27℃，在后期不能遇到低温。喜光，只有光照充足，才能形成花芽、生长健壮。在夏季要求半阴，适合的光照强度为30 000lx左右。鹤望兰的肉质根系能贮藏一定的水分，所以耐旱能力强，怕水湿。栽培用土以富含腐殖质的肥沃、疏松、排水透气性良好的土壤为宜。秋、冬季开花，如果温度适宜，栽培得当，其他季节也能开花。成熟的植株的每片叶的叶腋都可能产生花枝。从新叶出现到花萼出现约需2个月，花序出现到开花约60d。在同一佛焰苞中，第一朵花开放期为4~10d，第一朵花开放后2~4d第二朵花开放，以后间隔期逐渐延长，而开放期渐次缩短，总花期超过20d。

12.6.3 种类和品种

同属有5个种，分别为：尼克拉鹤望兰(*S. nicolaii*)，茎高5~7cm，叶基部心脏形，外花被片白色，内花被片蓝色；小叶鹤望兰(*S. parvifoliai*)，叶棒状，花深橙红、紫色；大叶鹤望兰(*S. augustai*)，茎高约10m，叶生茎顶，总苞深紫色，内外花被均为白色；白冠鹤望兰(*S. alba*)，花白色。

12.6.4　繁殖方法

繁殖方法有播种和分株法。鹤望兰是鸟媒植物，在原产地由蜂鸟传粉。花期可人工授粉，每个花序一般保留先开的2朵左右小花授粉，其余小花均及早摘除，以集中供应营养。每朵花可重复授粉2~3次，花粉的授粉量不宜过多。授粉后经过80~100d种子成熟。种子宜在果实初开裂时及时采收，并即采即播。点播在疏松土壤中，保持25~30℃的温度和适宜的湿度，约20d后可以发芽，经2个月后具2片叶时可移植，播种后经3~5年的精心管理，具9~10片叶时可开花。

分株繁殖更为常用，在早春把茂盛、分蘖多的植株挖起，用利刀从根茎空隙处劈开，每丛不少于3~5个芽，在伤口处沾上草木灰防腐，于阴处晾1~2h后种植，栽后放半阴处养护，当年秋、冬季就可开花。

12.6.5　栽培管理

(1) 定植

鹤望兰定植前要进行土壤消毒，重施基肥与土壤翻耕。由于鹤望兰的肉质根较深，因此要求翻耕深度达到50~80cm。地下水位高的地区，宜作高床栽培。定植期在春、秋两季均可。通常苗高30~40cm，地上部约有8枚叶，地下部具5~6条粗根，根长30cm时为适龄苗期。

定植株行距一般为50cm×70cm，约3株/m^2。栽植前宜开40~50cm的深穴，穴底可施高质量的缓效性基肥，以做1~2年后根系伸展后的肥料补充。栽植时必须防止肉质根的损伤。栽植深度以根颈部位在土表下2~3cm为度，栽植过浅易伤新芽，栽植过深影响芽的萌发与花芽分化。栽植后浇透水，以后连续2周左右，坚持每天叶面喷水以利植株恢复生长。

(2) 田间管理

温度管理　鹤望兰的温度管理对产花有重大意义。通常鹤望兰在40℃以上生长受阻，0℃以下遭受冻害，18~30℃范围内生长良好。冬季夜温不低于10℃、昼温不低于20℃时还能正常开花。在适温范围内鹤望兰的每个叶腋均可形成花芽。因而控制好栽培温度是提高鹤望兰产量的关键之一。

光照管理　鹤望兰要求每天光照时间不少于12h，同时要强调"冬不荫，夏不晒"的管理原则。冬季阳光充足有利增加产花量。

肥水管理　鹤望兰的肉质根怕积水，土壤过于潮湿、通气不良，易引起烂根。为提高空气湿度，地上部分要适时喷水。鹤望兰在生长旺盛期需要每10~15d左右补充一次追肥。

12.6.6　主要病虫害及其防治

鹤望兰栽植过密、设施内通风不良等原因常易引发细菌性立枯病与介壳虫的危害。

植株感染细菌性立枯病后,叶柄基部先受侵害,之后叶片开始变软干枯,最后叶基部呈现褐色腐烂,整株死亡。如防治不及时,会向周围植株蔓延。因此,要重视土壤消毒,合理密植,根茎不宜过深,及时剪除老叶,加强通风及营养管理,增加植株的生长势。发现病株后应立即拔除,并进行土壤局部消毒。生长期定期喷洒井冈霉素等杀菌剂以达到提早防治的目的。防治介壳虫的发生,同样要加强通风管理,并掌握在孵化期进行药物防治。

12.6.7 采收、贮藏与保鲜

鹤望兰采收一般在第一朵小花含苞或完全开放时进行,贮藏运输的切花可在花蕾现色前采切,花梗要求达到70cm以上。每棵单株年产花量为5~6枝。采后经水处理在7~8℃条件下能干贮1个月。长途运输切花浸水后在保湿箱内干运,适宜温度为7~8℃,低于7℃易引起低温伤害。贮藏期切花对灰霉病敏感,应在艘运前喷洒杀菌剂保护。

12.7 蝴蝶兰

【学名】 *Phalaenopsis amabilis*
【英名】 phalaenopsis, moth orchid
【别名】 蝶兰
【科属】 兰科蝴蝶兰属

蝴蝶兰花形似蝴蝶,花色柔美,花姿别致绰约,花期甚长(有的品种一枝花可开数月),是花束、捧花、胸花的极好材料,有"洋兰皇后"的美称,既可盆栽观赏,又是名贵切花,是热带兰中的珍品。

12.7.1 形态特征

蝴蝶兰为附生兰类,根系丛状、发达、扁平带状,在叶片脱落的干旱季节可进行光合作用制造养分。茎短;叶大肥厚,互生,叶腋生有两个上下排列的芽,上部较大的芽为花原体,下部较小的是叶原体。腋芽生长到一定程度进入休眠状态,当环境条件适合时,花原体,抽出花梗,此时花芽并未形成,当花梗伸长至5cm左右时,第一、二小花原体才开始分化,蝴蝶兰花茎一至数枚,拱形,花大蝶形(图12-7)。

图12-7 蝴蝶兰

12.7.2 生态习性

蝴蝶兰原产亚洲热带,分布于我国台湾以及菲律宾和爪哇等一带岛屿,喜热,耐阴。适生于温暖、多湿而通风的环境，常生长在热带湿地中、低海拔山林或滨海岛屿森林中，需要的光照约为全日照的40%，温度为白天25～28℃，夜间18～20℃，空气湿度要高，为70%～80%。蝴蝶兰由营养生长转向生殖生长的条件，除株高和叶片数要达到一定程度外，温度是主导因素。在25℃的昼温和20℃的夜温下，大部分种类20～25d内，均有花梗抽生。

12.7.3 种类与品种

(1) 常见种类

P. amabilis 原产菲律宾、印度尼西亚、巴布亚新几内亚和澳大利亚，附生于雨林树上。茎短；叶3～5片，长卵形，长可达50cm，宽约10cm，肉质；花序总状，长可达1m，有花5～10朵或更多，花白色，唇瓣尖端二叉状，基部有黄色斑纹。花期春、夏季。

P. aphrodite 原产我国台湾和菲律宾，附生于低海拔的热带或亚热带丛林中的树干上。茎短；叶3～4片或更多，上面绿色，背面常紫色，长卵圆形，长10～20cm，宽3～6cm，肉质；总状花序侧生于茎基部，长可达50cm，花5～10朵或更多，花白色，唇瓣尖端开叉，喉部有许多红色斑点。花期4～6月。

P. philippionensis 原产菲律宾，附生于低地雨林树上。茎短，叶3～7片，卵形，叶面绿色，背面紫红色，长10～30cm，宽3～8cm，肉质；花序小花可达100朵，花瓣白色，唇瓣基部黄色，喉部有红色斑点。花期春季。

P. celebensis 原产印度尼西亚苏拉威西岛，附生于近海滨的原始林中树上。茎短，叶2～5片，长卵形，叶面绿色间以灰绿色，长约17cm，宽约6cm，肉质；总状花序长可达40cm，有花10余朵，白色有黄点和红斑，唇瓣顶端圆钝。花期夏、秋季。

其他：*P. epuestsis*，*P. wilsoni*，*P. lobbiii*，*P. parishii*，*P. cornu-cervi*，*P. pantherina*，*P. cochlearis*，*P. viridis*，*P. gigantean*，*P. bstianii*，*P. fasciata*等。

(2) 常见栽培品种

蝴蝶兰由于种属间杂交，栽培品种非常复杂，按花色大体分为点花系、条花系、粉红色花系、黄色花系、白色花系5类。

①点花系品种 萼片与花瓣有大小疏密不等的红色或紫色斑点。唇瓣为鲜红色。多为中型或大型花，花径8～10 cm。花茎有分枝。常见品种有：

'完美'('Perfection') 花期由冬末至初春，花瓣肉质较厚，花寿命长，每花枝有花5～8朵，不超过10朵。生长强健，栽培容易。

'琼丽皇后'('Jungele Queen') 花期2～3月，花开放后，花瓣四周向后倾斜，中央部分显现凸起，每个花枝开花10朵左右，花径8cm。

②条花系品种 花萼与花瓣的底色为白色或黄色、红色，在上面布满枝丫状或珊瑚状的红色脉纹。许多品种为大型花，花径达9～11cm。常见品种有：

'塞布朵丽蝶兰'('Hanabusa') 为属间杂交种，花期2～3月，花瓣上有粉红条纹，唇瓣美丽，花径9cm，栽培容易，生长健壮。

'冬天的狂欢节'('Winter Carnival') 花瓣粉红色，质稍厚。花枝常有分枝。花期2~4月。生长健壮，容易栽培。

③粉红色花系品种　栽培较易。花色粉红或红。常见品种：

'桃姬'（'Tokki'）　花期2~3月，花径12cm。成年植株每株花枝可着花15朵。生长健壮，易栽培，适于大批量商品生产。

'粉流'（'Flowde Mate'）　花期2~4月，花型巨大，为粉红色花系中的姣姣者。花径12cm，每花枝着花15朵，着花性好，花瓣厚，花朵寿命长。

④黄色花系品种　多数花瓣与萼片的底色为黄色，上面有红色或暗红色的斑点或条纹。常见品种有：

'金丝雀'（'Canary'）　为黄色系中最有名的品种。花期3月。每一花枝着花3~4朵，花径8cm，叶片较硬。花瓣上布满红褐色细点，在花瓣基部处斑点粗大。为属间杂种。属于同一组合的品种还有'麦阿密'、'外交家'、'森林娇兰'、'浪花'等。

⑤白花系品种　花萼及两侧瓣洁白，无任何斑点与条纹，唇瓣白色，上有黄色或红色斑点及条纹，也有品种唇瓣为红色。白花蝴蝶兰销售量大，商品价值高。常见品种有：

'多里士'（'Doris'）　花洁白色，花形非常规整。花径在10cm左右。花枝在80cm以上，花排列整齐。1940年育成，是蝴蝶兰中最著名的杂交种，早期曾获奖14次以上，轰动一时。1950年在重复杂交的后代中发现六倍体，再反复杂交，又培育出许多优良品种。

'卡拉山'（'Mount Kaala'）　是1966年登记的白花系大花杂种。是以'多里士'为祖先的优良后代。花径达12~13cm，花期2~3月，花枝质硬，叶片极大，生长势强，易栽培，是日本商品栽培最多的杂交品种。

'冬至'（'Winter Down'）　白花系中著名品种。花期2~3月，花大型，花径可达13~14cm，多花，每一花枝可开花15朵左右。

12.7.4　繁殖方法

蝴蝶兰可用无菌培养基播种、分株或组织培养进行繁殖。

种子繁殖是经济快速的繁殖方法，春天开花授粉，4~6个月后采收种子，此时胚发育不全，只到球形胚的阶段，种子要在无菌培养基上进行培养，促进胚发育完全。一般到翌年春天幼苗可出瓶，再培养2~3年后，可进行切花生产。蝴蝶兰的分株繁殖在春季进行，从成熟的大植株上挖取带有2~3条根的小苗，另行栽植即可。

组织培养以幼嫩花梗的节间为外植体，可获得大量的原球体和完整小植株。培养适宜温度为18~25℃，小苗光照为500~1000 lx，成株为1500 lx。

12.7.5　栽培管理

(1) 栽植

蝴蝶兰为典型的热带附生植物，栽培时要求根部通气良好。生产上常用吊挂或盆栽方式栽植。

吊挂种植　用桫椤板固定植株。采用长30cm、宽20cm桫椤板块，选有4~5片叶的蝴蝶兰苗，用优质、洁净的水苔包裹根茎后，绑扎固定于桫椤板上。管理得当，1个月左右新根开始生长。在桫椤不易取得时，可用棕树木段或其他树皮较厚而粗糙的木段替代，但耐久性较差，当发现树皮开始腐烂松动时，及时更换，重新栽植。也有采用木框种植，透气、透水性良好，也可悬挂栽培。

盆栽 应选多孔的素烧泥盆。选用苔藓、桫椤屑、炭粒、砖砾、椰子壳、树皮块等排水与通气良好的材料为基质。台湾蝴蝶兰专业生产已用纺织下脚料制成人造盆栽基质。蝴蝶兰种苗种植时，以少量水苔包裹幼苗根茎，然后填入基质，苗根宜部分裸露在外，切勿深埋。盆栽蝴蝶兰栽培基质需每年更新一次，要严格保护根系，断根一般不再生长。基质更新期以开花后一个月或花茎抽出前2~3个月为宜。

蝴蝶兰单株寿命为5~15年。一般以苔藓为基质的材料需每年进行一次换盆。如基质老化、腐烂，透气性较差后，会使根系向外生长，严重时引起根系腐烂，植株生长势衰退，甚至死亡。蝴蝶兰的小苗期生长很快，根据植株发育也应及时换盆。一般春植试管苗，到夏季即应换盆，通常4~5个月从小盆翻换一次大盆。换盆时间成年植株最适期为春末夏初，花期过后，新根开始生长时进行，换盆时的适宜温度为20℃。

(2) 温度管理

蝴蝶兰主要分布在热带低海拔和沿海地区，栽培中对温度要求较高。蝴蝶兰生长适温为白天25~28℃，夜间18~20℃。幼苗生长适温为23℃；在35℃以上、15℃以下时生长停止，5℃以下会受寒害。幼苗在栽培条件下，保持20℃以上温度2个月，以后将夜间温度降到18℃以下，约1个半月即可形成花芽。花芽形成后，夜间温度保持18~20℃，经3~4个月就可开花。

(3) 湿度管理

蝴蝶兰原产地多在具有较高湿度的森林中，因此栽培环境要求保持较高的空气相对湿度。一般宜保持70%~80%的相对湿度。环境湿度较低时可在室内的地面、台架、墙壁及植物上喷水或增设喷雾装置。但温室栽培中，若室温低于18℃，空气湿度过高会引发病害，要注意防治。

(4) 光照管理

蝴蝶兰栽培忌强烈阳光直射。通常幼龄植株适宜的光照强度为10 000lx。开花植株为20 000~30 000lx。所以夏季遮阴量要达到60%以上，秋季遮阴达40%左右。

(5) 肥水管理

蝴蝶兰生长迅速，需肥量较大。一般应掌握淡肥勤施的原则。春天少施，开花期停施，开花后，新根与新芽迅速生长期要勤施，通常可以每周补充一次。

蝴蝶兰浇水一般要求生长旺盛期多浇，休眠期少浇，高温期多浇，低温时少浇，气温15℃以下，更要严格控制浇水。蝴蝶兰根部切忌积水，水分过多易发生烂根。一般浇水5~6h后，栽培基质内湿度仍很高，极易引起烂根。

12.7.6 主要病虫害及其防治

蝴蝶兰主要病害有灰霉病、软腐病、黄叶病、炭疽病等；虫害有粉介壳虫、红蜘蛛、小蜗牛、蛞蝓等。栽培过程中要重视环境的通风，室内温度应控制在15~30℃之间，施肥三要素要平衡，应对栽植材料进行消毒，以增强植株抗性等综合防治措施。用

50%甲基硫菌灵与50%福美双(1∶1)混合药剂600~700倍液喷洒盆土或苗床、土壤，可达杀菌效果。发病初期可喷施50%加瑞农可湿粉剂或75%十三吗啉乳剂1000倍液，隔10d喷1次，连喷3次可控制病害发生和蔓延。或喷洒0.32~0.5°Be的石硫合剂、代森锌、多菌灵等杀菌剂。也可用65%代森锌300倍液浸根10~15min。

12.7.7 采收、贮藏与保鲜

蝴蝶兰切花采收宜于花蕾开放后3~4d进行。蝴蝶兰的花梗具有再生能力，应在花梗下方距基部3~5个节处剪下，留下的节位还能再生花茎，再次开花。若管理得当，约10d又可发出花芽，2个月可以开花。将剪切后的花枝贮于清水或保鲜液中，在7~10℃条件下可贮存15d左右。蝴蝶兰在贮藏运输过程中对乙烯非常敏感，应特别注意。

蝴蝶兰运输过程中应将花茎插入盛水的玻璃瓶或塑料瓶中。蝴蝶兰常用的保鲜液为chrysal everbloom。

12.8 石斛类

【学名】 *Dendrobium* spp.
【英名】 dendrobium
【别名】 石斛、杜兰、石兰
【科属】 兰科石斛属

石斛属是兰科植物中最大的属之一，约有1500个原生种，主要分布于亚洲的热带和太平洋岛屿，东亚、东南亚及澳大利亚等地区；约60种石斛属植物原产我国，分布中心是云南、广西、广东、贵州和台湾等地区。石斛是我国古文献中最早记载的兰科植物之一。其花形优美，色彩艳丽丰富，种类繁多，花期长，而且多数种类具芳香，深受各国人民的喜爱。石斛也是优良的盆花和切花材料，在国际花卉市场上占有重要的地位，与卡特兰、蝴蝶兰和万带兰为观赏价值最高的四大观赏兰类。我国鲜切花市场上的石斛除依靠中国台湾与泰国进口外，在广东、海南已有石斛生产基地。云南也有引种成功的报道。

12.8.1 形态特征

石斛属植物可分为常绿性和落叶性两大类，切花石斛主要是常绿性的，多年生草本，茎丛生，直立，叶革质、矩圆形，总状花序，常从假鳞茎的顶部及附近的节上长出，有时一个假鳞茎可连续数年开花。作为切花用的石斛是以原产大洋洲的蝴蝶石斛后代为亲本杂交后选育出来的(图12-8)。

12.8.2 生态习性

石斛喜光，但忌阳光直射，在明亮半阴处生长良好。喜高温、高湿，宜在热带地区栽培。常绿石斛越冬要求温度高于15℃，且排水好。空气相对湿度约70%的清洁通风环境。若在花芽分化前，有一个干燥和约10℃的低温阶段，翌年开花多。短日照高温情况下，可周年开花，长日照抑制花芽的形成。

12.8.3 种类和品种

(1) 常见种类

有石斛(*D. nobile*)、细茎石斛(*D. moniliforme*)、樱石斛(*D. linawianum*)、美花石斛(*D. loddigesii*)、肿节石斛(*D. pendulum*)、兜唇石斛(*D. moschatum*)、流苏石斛(*D. fimbriatum*)、鼓槌石斛(*D. chrysotoxum*)、报春石斛(*D. primulium*)、束花石斛(*D. chrysanthum*)、蝴蝶石斛(*D. phalaenopsis*)、粗茎秋石斛(*D. bigibbum*)、毛药石斛(*D. lasianthera*)、大明石斛(*D. speciosum*)、羚羊石斛(*D. stratiotes*)等。石斛目前在国际切花市场上占有重要地位。泰国近年商品兰花中，石斛要占商品切花的92%。

图12-8 石斛兰

(2) 常见品种

切花用杂种石斛常见品种有：

'蓬皮杜夫人'('Madame Pompudoaur') 花紫红，色彩鲜艳，花期长，耐贮运，耐压，成束盒装，数天后取出仍可恢复原状。植株生长强健，花穗容易抽出，周年有花，鲜花产量高。一般30cm高的植株即开花，小苗1年采3~4枝花，大中苗可收10枝左右，每支花序着生12~15个小花。该品种于1934年在法国育成，1950年引种到泰国，在曼谷花市称为'石斛夫人'，切花生产量占石斛生产总量的80%。近年泰国在这个品种的基础上又培育出许多新品种，主要推广的有白花石斛、复色石斛、粉红色石斛等。

'沙敏'('Sabin No.1') 是泰国培育出的优秀品种。花浓烟脂红色，中心部分色较淡，花径6~8cm。一般花期在6~8月，也有在3~4月。花序由假鳞茎顶端抽出，每花序有10个小花，花形浑圆，质地厚实，每朵花可开1个月，每枝花序可开花2个月以上。植株生长健壮挺立，叶片厚挺。我国已引种栽培的品种还有'Sabin No.2'。

'大熊猫'('Panda No.1') 花序自假鳞茎顶部抽出，长30~40cm，小花5~12个，3枚萼片白色，2片侧瓣鲜红色，像大熊猫的两个眼眶，花径5~7cm，花期在4~11月，每朵花可开半月左右，一个花序可开花1个月，在泰国全年有花，我国已引种栽培。另外有品种'小熊猫'('Panda No.2')，性状近似，但花较小，花序较长，花朵数多。

12.8.4 繁殖方法

分株是石斛主要的繁殖方法。一般盆栽2年以上的石斛可结合换盆进行分株，宜在春天开花后，新芽尚未生长出来之前进行。首先将植株从盆中倒出，细心去掉旧的栽培材料，剪去腐朽老根，将植株分切成 2~3 丛，每丛最好保留 4 条假鳞茎，然后单独栽植。上盆后放在阴处，初期要控制浇水，可向叶面及栽培基质表面喷雾，以后随植株生长，再逐渐增加浇水和光照，并施肥。

12.8.5 栽培管理

切花石斛栽培与其他附生兰一样，以蕨根、苔藓、树皮块、碎砖等透气性强、保湿性良好的材料为基质。栽培容器四周宜多孔，盆钵规格根据苗的大小而定，宜小勿大。所有基质必须经过消毒和清洗干净，并在水中浸泡 1d 以上。种植时，植株的新芽放在盆中央，边上插小竹竿以支撑固定，再将碎蕨根或碎砖块混合物放在植株周围，并在盆边轻压。栽植时注意不要伤新芽、新根。

石斛在新芽开始萌发至新根形成这段时期，需谨慎管理，此时既要水分充足，又怕过于潮湿。生长旺盛时期通常是雨季，注意盆中不要积水，在天晴干热时要在植株四周喷水。冬季室温低，可减少浇水，但基质要保持湿润。

生长期间每周施 1 次追肥，用浓度低于 0.1% 的复合化肥或有机液肥。在冬季继续生长时仍要施肥。

在栽培中，宜在上午 10:00 前照射直射光，其余时间遮光 70%~80%，在春夏旺盛生长期光可少些；冬季光线要强些；在北方温室进行栽培冬季可不遮光或只遮去 20%~30%。

石斛除喜欢高湿高温外，对昼夜温差也较敏感，最好保持 10~15℃ 的昼夜温差，不可小于 4~5℃。

12.8.6 主要病虫害及其防治

石斛兰易感染烟草花叶病和黄瓜病毒病。要尽量选用无病毒苗及播种苗，注意环境用具的消毒，发现病株，要及时拔除焚毁。病害发病初期可喷洒 1.5% 植病灵乳剂 1000 倍液或 20% 病毒可湿性粉剂 5000 倍液或高锰酸钾 1000 倍液。可用 80% 敌敌畏乳油 800 倍液或 40% 氧化乐果乳油 1500 倍液防治蚜虫；用 40% 乐斯本 2000 倍液或 40% 三氯杀螨醇乳油 1000 倍液防治螨类害虫。

12.8.7 采收、贮藏与保鲜

在花朵充分开放时采收切花，并于 6~8℃ 冷藏室内贮藏保鲜，但时间不可超过 7d 以上。

12.9 大花蕙兰

【学名】 *Cymbidium hybrida*
【英名】 cymbidium
【别名】 虎头兰、西姆比兰

【科属】 兰科兰属

12.9.1 形态特征

大花蕙兰为兰属中的大花附生种类。假鳞茎粗壮肥大，椭圆形，直径8~10cm。每假鳞茎上有叶片7~8枚，花色各异，以黄色、紫色为多。目前世界各地栽培的大花蕙兰，均为多年杂交选育出来的品种，花大、色艳、花形丰满，生长健壮，花期长。近年来，我国也已大量引入并开始规模化生产(图12-9)。

12.9.2 种类和品种

常见大花蕙兰的原生种和变种有：虎头兰(*C. grandiflorum*)、小虎头兰(*C. erythraecum*)、黄蝉兰(*C. iridioides*)、纹瓣兰(*C. aloifolium*)、同色纹瓣兰(*C. aloifolium* var. *concolor*)、冬凤兰(*C. dayanum*)、多花兰(*C. floribundum*)、果香兰(*C. suavissimum*)、西藏虎头兰(*C. tracyanum*)、独占春(*C. eburneum*)等。

图12-9 大花蕙兰

常见栽培品种有：

'洁白独占春'('Album') 假鳞茎不明显，为鞘状叶包围。叶6~11枚，植株呈丛状，花葶近直立，高25~40cm，花径10cm，萼片和花瓣洁白色，唇瓣上无紫红色斑点。

'象牙白花兰'('Concolor') 叶片较多，花序直立或稍斜，有花2~3朵，花径10cm，唇瓣上有粗大的紫色斑点，花期通常在6~7月。

'素心长叶兰'('Susin') 假鳞茎卵形，叶5~11枚，花葶侧生，近直立或外弯，有花3~10朵，花径7~8cm，有香味，萼片与花瓣淡绿至暗绿色，唇瓣淡黄白色，有红褐色斑纹，花期10月至翌年1月。

'红蝉兰'('Hong Chan Lan') 假鳞茎椭圆形至狭卵形，花葶侧生，长40~70cm，近直立或斜上方伸展，顶部稍下垂，有花5~17朵，花径10cm，萼片及花瓣淡黄色，具浓密褐色脉纹，唇瓣淡黄色，有褐色斑纹，花期8月至翌年3月。

12.9.3 生态习性

大花蕙兰喜冷凉，不耐高温和寒冷，适宜的生长温度为10~25℃。较大的昼夜温差，有利于大花蕙兰的生长和花芽分化。喜湿润，稍喜阳光，过度遮阴会使植株生长细弱，开花少而小。大花蕙兰喜肥，因其植株大，生长旺盛，生长期应经常追施薄肥。

12.9.4 繁殖方法

大花蕙兰大多以分株繁殖和组培繁殖为主。

大花蕙兰的分株繁殖可与换盆同时进行。较适宜的时期是植株进入休眠期。多数在同一盆内连续开花2年以上的植株，假鳞茎和根系都十分拥挤，这时可结合换盆，进行分株。不同种类和品种的大花蕙兰，花期不同，应分别对待。早春开花的种或品种，应在开过花以后，生长势相对较弱时分株，这样可不影响开花，或在花芽尚未伸长之前的休眠期分株。根据植株长势和盆的大小，一盆可分成2~5株。夏季开花品种，最好在早春分株。操作时应小心，不要损伤花芽，分株后的植株长势较弱，应更加注意养护管理。

组培繁殖最佳时期是4~5月。6月以后进行组培繁殖，则外植体不容易分化，且天气热，潮湿，污染率升高。

12.9.5 栽培管理

大花蕙兰为附生植物，根系大部分裸露在空气中，盆栽以底部及四壁多孔的陶质花盆最好。盆栽基质为蕨根2份、苔藓1份、树皮块(直径1.5cm左右)1份。在花盆的底部应填充碎砖、木炭、炉渣等粒状物，以利排水透气。

大花蕙兰是典型的热带附生兰，性喜冬温夏凉的环境。生长适温为10~25℃，夜间为10~15℃，越冬温度应不低于5℃。花芽分化期为仲夏到深秋，在此期间要求昼夜温差大(白天温度25~28℃，夜间10~15℃)，有利于花芽的形成和发育。故在华北、华中地区，入冬后移入低温温室，掌握好越冬的温度是开花成败的关键。夜间温度在10℃左右，叶面则呈现正常绿色，花芽生长与发育正常，多在2~3月开花；若夜间温度过低，低于5℃时，叶片略呈黄色，花芽发育受阻，开花期可能推迟到4~5月，而且花梗不伸长，影响开花的质量；若夜间温度在15℃左右，叶片呈绿色并具光泽，花芽会迅速伸长，1~2月即开出大型花朵，但花梗软弱而不能直立；若夜间温度高至20℃，其叶丛生长甚为繁茂，花蕾会发生枯萎，不能开放。

大花蕙兰春夏季生长旺盛期要求有充足的水分和较高的空气湿度。湿度太低，植株生长发育不良，根系生长缓慢细长，叶片变厚而窄小，叶色偏黄。北方栽培大花蕙兰在干旱季节除正常浇水外，应在植株周围喷水，以增大空气湿度。冬季植株处于相对休眠期，气温也比较低，应少浇水。大花蕙兰对水质要求比较高，喜微酸性水，对水中的钙、镁离子比较敏感，所以用雨水或纯净水浇灌最为理想。

光照是影响大花蕙兰生长和发育的重要因素。光照充足有利于叶片生长，形成饱满的花蕾。但不宜放在阳光下暴晒，否则会造成叶片严重灼伤、枯死；过度遮阴，又会使植株生长纤弱，影响花芽的形成。故在盛夏季节，遮光50%~60%，秋季阳光可以稍多一些，有利于花芽的分化。冬季在温室内可不必遮光或少遮光，但到了3月中下旬，北方温室内阳光已十分强烈，除注意通风外，可稍遮光。

大花蕙兰植株高大，需肥量较多，尤其是磷、钾肥。在春夏生长旺盛期，隔10d施肥一次，肥料可用氮、磷、钾复合颗粒肥，每盆施入1~2g，埋入盆的边缘土中，或稀释成1%的溶液浇施(注意不要施在叶面上)。入秋之后应重视磷、钾肥的施入，可用磷酸二氢钾浇施或喷施，浓度为0.2%。钾肥对花芽分化和植株健壮以及提高抗旱抗寒能力有很大的作用。

12.9.6 主要病虫害及其防治

大花蕙兰的病害主要有叶枯病、藻斑病、叶斑病等,虫害有介壳虫、蜗牛等。应定期喷施药剂,清洁环境,改善通风,以控制大花蕙兰病虫害的发生和发展。

12.9.7 采收、贮藏与保鲜

大花蕙兰花开20%~30%为采收适期,可贮存在2~5℃冷藏室中。切花用软纸包装,放入纸箱或塑料箱后及时运输。

12.10 补血草类

【学名】 *Limonium* spp.
【英名】 limonium
【别名】 星辰花、干枝梅、勿忘我
【科属】 蓝雪科补血草属

补血草原产俄罗斯、保加利亚一带。其花枝坚韧,花朵含水量低,花姿花色持久,适于作干花材料。其中深波叶补血草近年来在市场上的价格平稳,需求量不断增长。

12.10.1 形态特征

补血草是多年生宿根花卉。全株被粗糙毛,株高60~110cm。叶丛生根际,呈莲座状,宽大,似萝卜叶,羽状裂。花枝高可达1m,花茎由波状翼形成扁平的三角棱,聚伞圆锥花序,分枝大、多,小花穗上着花3~5朵;小花花萼杯状,干膜质,其颜色依品种不同而有紫、淡紫、粉、蓝、红、白、黄等色(图12-10)。

图12-10 补血草

12.10.2 种类和品种

补血草属植物用于切花栽培的主要有3种:勿忘我(深波叶补血草)(*L. sinnatum*)、宽叶补血草(*L. latifolium*)和杂种补血草(*L. beltlaard*)。我国切花市场常见栽培品种有:

'蓝雾'('Misty Blue') 花桃青紫色。萼片银色。荧光灯下,花色鲜艳。

'蓝海洋'('Ocean Blue') 花青紫色,小花直径小于3.5mm,密布于小枝上,植株较矮,但花茎与花枝硬度较高。温度偏高时不会发生花枝变软现象,品质稳定,适宜周年生产。栽培适宜温度比'蓝雾'高2~3℃,冬季温度在13℃以上,均可栽培。定植早的植株栽植当年每株可采切花7~8枝,翌年可采10~12枝。

'白雾'('Misty White') 花纯白,由'蓝雾'枝条突变选出。

'粉雾'('Misty Pint') 花浅紫桃色,枝条挺直,花序开展度大,由'蓝雾'枝变选出。

另外,常栽品种有'倍尔托莱特'('Beltlaard')、'艾米利'('Emille')、'粉红艾米利'('Pint Emille')、'高艾米利'('Tall Emille')、'淡紫艾米利'('Lavendel Emille')等。

12.10.3 生态习性

补血草原产俄罗斯、保加利亚与高加索一带。均喜干燥凉爽气候,要求通风良好,喜强光照,喜石灰质排水性好的微碱性土壤。炎热潮湿会使切花茎秆变软,降低品质。补血草属植物为多年生草本,但在生产中常作一、二年生栽培。

12.10.4 繁殖方法

补血草可用播种方法和组织培养进行繁殖。播种繁殖是最方便和最常用的补血草繁殖方法。勿忘我千粒重2.2~2.8g,情人草的种子略小些。从9月到翌年1月进行播种,花期冬季到初夏,发芽适温为18~22℃,5~10d发芽。种子萌发后,要及时通风。第一片真叶出现后可分苗,具5片真叶时,便可移植。

补血草的组培苗健壮,而且整齐一致,近来发展很快。外殖体可采用幼嫩花梗、茎尖和幼叶,培养基一般用MS + 0.1~0.8mg/L 6-BA + 0.1~0.5mg/L NAA,培养环境相对湿度为70%,温度22~24℃。

12.10.5 栽培管理

补血草产花量大,所以生长期间要保证营养供应。在整地前要施足基肥,施入腐熟农家肥,用量为2~3g/m^2,除氮、磷、钾的供应外,还要增施硼肥(2g/m^2)。整地作高畦。

具5片真叶的小苗可进行定植,栽植不可过密,一般采用双行交叉种植,株行距40cm×40cm。栽植不要过深,稍高于根颈即可。

在栽培过程中,特别是保护地栽培,要注意通风透光,在抽薹和花序生长期要结合灌溉进行施肥保证充足的水肥供应,使花朵繁茂,花枝挺而长。补血草抽生的花枝数较多,为了保证切花质量,留3~5枝,其余适当疏剪。

在补血草的生长周期中,温度影响其生殖生长,需一定的低温周期才能通过春化阶段。勿忘我所需低温持续时间为45~60d。低温值因品种不同而异,如'蓝丝绒'、'海蓝'等蓝色品种需12℃左右,'蓝珍珠'、'亮粉'等紫色、粉色品种需15℃,白色、黄色品种则需较高的温度。进行花期调控时,可将吸过水的种子播种于箱中然后进行冷藏(温度为2℃,冷藏时间为1个月),进行种子春化处理,可提早开花。要注意处理后,环境温度不宜过高,应在22℃左右,否则易发生脱春化现象,而抵消了低温的效果。补血草生长适温白天为16~18℃,夜间10~13℃,生长期为90~150d。在气候适宜地区,9~10月播种,采花期从12月下旬至翌年4月上旬,11~12月播种,翌年5月至7月上旬开花;1月播种,3月下旬至5月采花。

12.10.6 主要病虫害及其防治

补血草常见的病虫害有炭疽病、叶斑病、颈腐病及疫病，虫害有地老虎、粉蚧、蓟马、螨类与黏虫等。应及时防治。

12.10.7 采收、贮藏与保鲜

补血草的采收适期为每个小花枝上花瓣开展达25%~30%时，采收时注意不要从植株基部剪切，而应在1片大叶以上剪取，否则会延缓腋芽的萌发。采收宜在早晨或傍晚进行，采后处理后，每500枝为一束进行包装。贮藏温度为2℃。

12.11 洋桔梗

【学名】 *Lisianthus russellianum*

【英名】 eustoma

【别名】 丽钵花、土耳其桔梗、德州蓝铃

【科属】 龙胆科草原龙胆属

1935年日本从美国引进紫花原生种洋桔梗进行育种改良，在1965年育出粉红、白等花色的切花品种，由于育种起步早，投入力量大，日本是洋桔梗新品种的大本营。洋桔梗切花于20世纪70年代在日本、朝鲜很流行。花形倒钟状，花色清新，切花吸水性强，在夏季瓶插寿命仍较长，单花可开数日，花色、花姿具有现代感，是一种有高贵感的优良花材，颇具发展潜力。台湾地区在70年代后期试种成功后，现已在台中、台南进行大规模生产。目前，我国内地已有引进，但还未大面积生产。

12.11.1 形态特征

洋桔梗为宿根草本花卉，多作一、二年生栽培。茎直立，分枝性强，株高为50~80cm。叶卵形至长椭圆形，全缘，基部抱茎、对生，灰(粉)绿色。花大呈漏斗状，径5~7cm；具长花梗，20~40朵排列成圆锥花序，花枝长为50~75cm；花瓣5~6枚，瓣缘顶端稍波状向外反卷，基本花色有紫、白及粉红等(图12-11)。

12.11.2 生态特性

洋桔梗原产北美内布拉斯加至德州一带，年降水为300~800mm，所以，洋桔梗忌湿涝。生育初期对温度相当敏感，特别是夜温的高低影响生育时间和切花品质，且在5℃左右或

图12-11 洋桔梗

25℃以上容易引起莲座化现象,即植株节间短缩,叶片密集丛生。生育中期,逐渐对日照长度反应敏感,长日照(16h)可促进茎节伸长和提早开花,一般在第八节上开始着生花蕾,花期主要在春、夏季。

12.11.3 种类和品种

洋桔梗有矮生盆栽品种与高生切花品种两个基本类型。也可按单色、双色,单瓣、重瓣、早生、中生等性状分类。但在种子生产与经销方面按杂交品系分类。切花栽培都用杂交 F_1 代的种子播种繁殖。目前常见的切花有 5 个品系:

共鸣系列(Echo Series) 早生型,重瓣花,株高70cm,花梗强壮,能支持其大轮花,不使花茎下弯。品种有蓝、紫、粉红、黄、白、复色等9个品种。

凯迪系列(Heidi Series) 早生型,单瓣品种。有粉红、紫红、玫瑰红、天蓝、白、黄、蓝白双色等12个品种。

舞曲系列(Flamenco Series) 中生型,单瓣花品种,花期比共鸣系列与凯迪系列晚2周,但花型比凯迪系列更大,更饱满,能在温暖的长日照下生长。有蓝、蓝白双色、粉白双色、桃红、白、黄等8个品种。

提洛系列(Tyrol Series) 早生型,单瓣品种,花型中等,花径4~5cm,花期和共鸣系列与凯迪系列相似。有蓝、蓝白双色、桃红、深桃红、白色5个品种。

婚礼系列(Bridal Series) 花期为中间型,单瓣品种,花径6~7cm,株高80~90cm。有白红边、白深紫边、白浅紫边3个品种。

12.11.4 繁殖方法

可用播种繁殖和扦插繁殖。洋桔梗的育苗期长,而且需要很高的育苗和栽培技术,才能防止植株发生簇叶化,有利于花期调节和提高切花品质。洋桔梗种子细小,每克有2.2粒种子,播前进行拌种,用湿细沙和种子拌匀。基质要保湿性好且通气透水。由于洋桔梗幼苗生长期长,易发生猝倒病,所以基质和操作工具(如花铲、育苗盘等)要消毒后才能使用。用撒播法,播后不覆土,保持温度在25℃左右,播后约10d,种子萌发,出芽不整齐。因播种期不同,从萌发到第一次移植约需10周,当出现2片真叶,苗高约2.5cm时,就可进行移植,并注意保护幼根,移植株行距为2.5cm×5cm,移植初期要适当遮阴和保持环境湿润,约1个月后,当洋桔梗的幼苗第3~4节间开始伸长,也就是第4~5对真叶长出时,则要进行最后的定植。此时苗高7~8cm。在花芽分化前的苗期,最好在16~18℃的低温和短日照下培育,可延迟花芽形成,增加茎的长度,提高切花的品质。长日照和高温促进提早开花,如果在播种时,温度为20℃,约5个月后即可产花,但切花质量较差,所以初夏切花质量要好于秋冬切花。

洋桔梗还可用扦插繁殖,扦插时用吲哚乙酸(2000mg/L)处理插穗,可促进生根。环境适宜情况下,约半个月可生根。但扦插苗顶芽易干枯。

12.11.5 栽培管理

洋桔梗定植土壤以肥沃的砂质土壤为好。耕作层20cm以上,种植前施足基肥,施用充分腐熟的牛粪，用量为 7.5kg/m²。土壤保持弱酸性，pH 6.5 左右。整地成高畦，种植前畦面上铺 15cm×15cm 的尼龙网，定植密度约 3 万株/667m²。在欧美生长的洋桔梗，在定植初期要用 1~2 层铁网进行支撑，根系未完全恢复时，要注意灌水，防止土壤干燥，否则即使是短时干燥，也会影响植株的生长。

定植初期的管理是关键环节，要注意温度、光照、水分、营养等各方面的问题。洋桔梗在短日照、弱光、干燥的环境下也容易发生簇叶现象。定植 1 个月后进行追肥，氮∶磷∶钾施用比例以 2.5∶2∶2.5 为宜。

定植后是否摘心，要根据具体情况而定。摘心后花期延迟 15~30d，产量增加，但品质会有所下降。摘心一般在第三节和第四节之间进行。生产高品质的切花，一般不摘心。

12.11.6　主要病虫害及其防治

洋桔梗在栽培管理不当和高温高湿环境下易发生根腐病和茎枯病，常见病害还有灰霉病和病毒病。常见害虫有蚜虫、红蜘蛛、潜叶蝇、白粉虱等。应及时防治。

12.11.7　采收、贮藏与保鲜

第一侧枝花蕾打开时就要采收，尽量靠近植株基部剪取。及时放入保鲜液中，于 3~5℃冷藏室中贮藏保鲜。采花后，植株基部会萌发新芽，可在 2~3 月内生产第二批花。

12.12　芍药

【学名】　*Paeonia lactiflora*
【英名】　common peony
【别名】　没骨花、将离、可离、婪尾春、殿春、余容、梨食、绰约
【科属】　芍药科芍药属

芍药原产我国，是我国最古老的传统名花之一。西汉时司马迁在《史记》中记有"绣山其草多芍药、条谷之山多芍药、句柿之山其草多芍药，洞庭之山其草多芍药"。作为观赏栽培的最早记载见于晋朝。唐宋时已盛，有多种花型和花色的品种记载，当时主要栽培集中在江苏、安徽等地，以扬州为最盛。明代李时珍在《本草纲目》中重点介绍了芍药栽培技术。王象晋《群芳谱》中记有"春分分芍药，到老不开花，以其津脉发散在外也"，一直传流至今。清代以后自扬州引到北京丰台一带。1949 年以后，山东菏泽、安徽亳县、河南洛阳也成为盛产地。

欧洲栽培芍药始于引入我国品种。1805 年引至英国邱园，1870 年选出了切花用品种。美国自 1806 年开始有芍药记载，以后不断引进并选育了一些品种，到 19 世纪末开发了冷藏切花的技术。日本有关芍药的记载最早是 1445 年，以后发展很快，培育了不同花色、花型、株高等适用于花坛和切花的品种，到 1932 年有品种 700 余个，近代发展了促成和抑制栽培技术，大体上可以周年产花。

12.12.1 形态特征

芍药为多年生宿根草本。具粗大肉质根,茎簇生于根颈,初生茎叶褐红色,株高60~120cm。叶为二回三出羽状复叶,枝梢部分成单叶状,小叶椭圆形至披针形,叶端长而尖,全缘微波状。花1~3朵生于枝顶或于枝上部腋生,单瓣或重瓣,萼片5枚,宿存,花色多样,有白、绿、黄、粉、紫及混合色;雄蕊多数,金黄色,离生心皮4~5个,内含黑色大粒球形种子数枚。花期4~5月,果实9月成熟(图12-12)。

图 12-12 芍药

12.12.2 种类与品种

芍药同属植物约23种,我国有11种。该种在全世界目前有1000余个品种,园艺上常按花型、花色、花期、用途等方式进行分类。以下按花型进行分类。

按花型分类的依据主要是雌、雄蕊的瓣化程度,花瓣的数量以及重台花叠生的状态等。雄蕊瓣化过程为:花药扩大,花丝加长加粗,进而药隔变宽,药室只留下金黄色的痕迹,进而花药形态消失,成为长形和宽大的花瓣。雌蕊的瓣化使花瓣数量增加,形成重瓣花的内层花瓣。当两朵花上下重叠着生时,雌、雄蕊瓣化后出现芍药特殊的台阁花型。故芍药依花型可分为:

(1) 单瓣类

花瓣1~3轮、瓣宽大,雌、雄蕊发育正常。

单瓣型 性状如上述,如'紫双玉'、'紫蝶献金'等。

(2) 千层类

花瓣多轮、瓣宽大,内层花瓣与外层花瓣无明显区别。

荷花型 花瓣3~5轮,瓣宽大,雌、雄蕊发育正常,如'荷花红'、'大叶粉'等。

菊花型 花瓣6轮以上,外轮花瓣宽大,内轮花瓣渐小,雄蕊数减少,雌蕊退化变小,如'朱砂盘'、'红云映日'等。

蔷薇型 花瓣数量增加很多,内轮花瓣明显比外轮小,雌蕊或雄蕊消失,如'大富贵'、'白玉冰'、'杨妃出浴'等。

(3) 楼子类

外轮大型花瓣1~3轮,花心由雄蕊瓣化而成,雌蕊部分瓣化或正常。

金蕊型 外瓣正常,花蕊变大,花丝伸长,如'大紫'、'金楼'等。

托桂型 外瓣正常,雄蕊瓣化成细长花瓣,雌蕊正常,如'粉银针'、'池砚漾波'、

'白发狮子'等。

金环型 外瓣正常，接近花心部的雄蕊瓣化，远离花心部的雄蕊未瓣化，形成一个金黄色的环，如'金环'、'紫袍金带'、'金带圈'等。

皇冠型 外瓣正常，多数雄蕊瓣化成宽大花瓣，内层花瓣高起，并散存着部分未瓣化的雄蕊，如'大红袍'、'西施粉'、'墨紫楼'、'花香殿'等。

绣球型 外瓣正常，雄蕊瓣化程度高，花瓣宽大，内外层花瓣无大区别，全花呈球形，如'红花重楼'、'平顶红'。

(4) 台阁类

全花分上下两层，中间由退化雌蕊或雄蕊瓣隔开，如'山河红'、'粉绣球'等。

常见栽培品种有：'锦巾红'、'高杆红'、'紫燕飞霜'、'长茎红'、'紫燕飞霜'、'万寿红'、'朱砂判'、'鲁西红'、'庆生红'、'红罗汉'、'红绣球'、'满堂红'、'红岩'、'红茶花'、'五花龙云'、'玫瑰飘香'、'火炬'、'朝阳红'、'大富贵'、'大红赤金'、'秋菊'、'金帝国'等。

12.12.3 生物学特性

12.12.3.1 生育习性

芍药适应性强，耐寒，我国各地均可露地越冬，忌夏季炎热酷暑，喜阳光充足，也耐半阴，要求土层深厚、肥沃而又排水良好的砂壤土，忌盐碱和低湿洼地。一般于3月底至4月初萌芽，经20d左右生长后现蕾，5月中旬前后开花，开花后期地下根颈处形成新芽，夏季不断分化叶原基，9~10月间茎尖花芽分化。10月底至11月初经霜后地上部枯死，地下部进入休眠。

12.12.3.2 花芽分化的条件

芍药花芽在越冬期需接受一定量的低温方能正常开花，故促成栽培需采取人工冷藏法，在2℃下贮藏25~50d。早花品种需冷量低，晚花品种需冷量高。细致的肥水管理促使植株生长健壮，花芽分化早；反之分化则晚。8月底以前提前剪去地上部也可推迟花芽分化。

12.12.4 繁殖方法

芍药可用分株、扦插及播种方法进行繁殖，通常以分株繁殖为主。

(1) 分株繁殖

芍药分株常于9月初至10月下旬进行，此时地温比气温高，有利于伤口愈合及新根萌生。分株过早，当年可能萌芽出土；分株过晚，不能萌发新根，降低越冬能力。春季分株，严重损伤根系，对开花极为不利。分株时每株丛需带2~5个芽，顺自然纹理切开，在伤口处涂以草木灰、硫黄粉或含硫黄粉、随磷酸钙的泥浆，放背阴处稍阴干待栽。

分株繁殖的新植株隔年能开花。为不影响开花观赏，可不将母株全部挖起，只在母株一侧挖去土壤，切割部分根芽，如此原株仍可照常开花。

(2) 扦插繁殖

扦插繁殖系数比分株法大，但新株达到开花的年限较长，常需 4~5 年方可开花。根插与分株季节相同，将根分成 5~10cm 的切段，种于苗圃，覆土 5~10cm，浇透水，翌年萌发新株。枝插于春季开花前两周、新枝成熟时进行。切取枝中部充实部分，每枝段带两个芽，埋于沙床中，遮阴、保湿，经 30~45d 可发生新根并形成休眠芽，翌年春萌芽后植于苗圃或种于大田。

12.12.5 栽培管理

(1) 定植

秋季定植后于肉质根上发生大量须根。宜选阳光充足、土壤疏松、土层深厚、富含有机质、排水通畅的场地栽植。切花栽培宜用高畦或垄栽，花坛栽培时，筑成花台更有利于排水。定植前深耕 25~30cm，施足基肥。种植时芽顶端与土面平齐，田间栽培株行距 50m×50cm，园林种植可用 50cm×100cm 间距，视配置要求及保留年限而定。

(2) 其他管理

芍药喜肥，每年追肥 2~3 次。第一次在展叶现蕾期；第二次于花后；第三次在地上部枝叶枯黄前后，可结合刈割、清理进行，此次可将有机肥与无机肥混合施用。芍药除茎端形成花蕾外，在上部叶腋内也能形成数个花蕾。为保证顶花发育，常于 4 月下旬现蕾期将侧蕾摘除。若不留种子，花后应立即剪去残花或果实，以减少养分消耗。高型品种作切花栽培易倒伏，需设支架或拉网支撑。夏季酷热宜用遮阳网降温，有利于增进花色。早霜后需及时剪除枯枝。

切花栽培在定植的第一年重点是培养植株，可将花头剪去。第二年植株已养成，每株可留 2~3 枝花。第三年以后生长旺盛，产花枝增加，但仍应适当疏、间花枝，以维持生长势。

(3) 开花调节

芍药促成栽培可于冬季和早春开花，抑制栽培可于夏、秋季开花。在自然低温下完成休眠后可进行促成栽培。9 月中旬掘起植株，栽于箱或盆中，放置在户外令其接受自然低温，12 月下旬移入温室，保持温度 15℃，使其生长，可于翌年 2 月中旬或稍晚开花。过早移入温室，会因接受低温不足而致花芽不能发育，入室时用 10mg/L 赤霉素喷淋，可提高开花率。要使芍药于冬季开花，需采用人工冷藏以满足其对低温的要求。注意冷藏开始期必须在 8 月下旬花芽开始分化之后，只有已开始形态分化的花芽才能有效接受低温诱导，在冷藏的低温条件下得以进一步发育。冷藏的温度为 0~2℃，所需时间早花品种 25~30d，中晚花品种 40~50d。早花品种于 9 月上旬挖起，经冷藏后栽种，在温室中培育，可于 60~70d 后开花；晚花品种冷藏时间长，到开花所需时间也长，12 月到翌年 2 月间开花。

抑制栽培的方法是于早春芽萌动之前挖起植株，贮藏在 0℃ 及湿润条件下抑制萌芽，于适宜时期定植，经 30~50d 后开花。贮藏植株需加强肥水管理，保持根系湿润，不受损害。

12.12.6　主要病虫害及其防治

芍药常见病害有立枯病、根腐病、叶霉病、轮斑病、疫病、菌核病等。可用百菌清或多菌灵 800~1000 倍液、50% 甲基托布津 500 倍液进行防治。

常见虫害有蛴螬、红蜘蛛和蚜虫等。用敌敌畏乳油 800~1000 倍液或用 2% 的乐果水溶液喷杀。

12.12.7　采收、贮藏与保鲜

作为商品出售的肉质根株丛，应于秋季休眠期挖起，贮藏在 0~2℃ 冷库中，用潮湿的泥炭或其他吸湿材料包裹保护。切花芍药于花蕾未开放时剪切，切后水养在 0℃ 条件下可贮藏 2~6 周，已松散初开的花蕾可贮藏 3 周。切花的等级按花枝长度、茎秆硬度、茎秆挺直与弯曲程度等标准分级，特级花茎长 80cm 以上，一级 75~80cm，二级 65cm 以上。

小　结

本章主要介绍了 12 种宿根切花的生物学习性、繁殖方法、栽培要点以及采后贮藏和保鲜技术等。

思考题

1. 宿根花卉指的是什么？有哪些类型？
2. 宿根切花具有哪些生态习性？
3. 宿根切花的繁殖栽培要点有哪些？

推荐阅读书目

1. 园林花卉．陈俊愉，刘师汉．上海科学技术出版社，1980.
2. 园林花卉学(第 3 版)．刘燕．中国林业出版社，2016.
3. 宿根花草 150 种．薛聪贤．河南科学技术出版社，2000.

13 球根切花栽培

13.1 唐菖蒲

【学名】 *Gladiolus hybridus*
【英名】 gladioli
【别名】 剑兰、菖兰、什样锦、扁竹莲、流星花、福兰等
【科属】 鸢尾科唐菖蒲属

唐菖蒲花形别致,花色丰富,常称为"什样锦";其花期长,花朵在花序上依次向上开放,时间长达1个半月之久,还有"步步高升""长寿"之意;更因其线形花姿优秀优美,易与其他类型的花材搭配使用,用途甚广,使它成为价值较高的观赏植物,被列为传统的世界四大鲜切花之一。但近年来其栽培面积不断缩小,市场份额持续降低,已成为全球性的发展趋势。据估计,时至今日,唐菖蒲已被百合与非洲菊替代而退出传统的四大切花之列。此外,它还具有抗二氧化硫污染的能力,对氟敏感,是优良的环保检测植物,因此依然被广泛栽培应用于世界各地。

13.1.1 形态特征

地下部分具球茎,扁圆形,外被膜质鳞片,属于球根花卉类中的球茎类花卉。株高60~150cm;茎粗壮而直立,无分枝或稀有分枝。叶剑形,全缘,基部抱茎互生,嵌迭为二列状,灰绿至绿色。蝎尾状聚伞花序顶生,着花12~24朵,通常排成二列,侧向一边;每朵花生于草质佛焰苞内,无

图13-1 唐菖蒲

梗；花大型，左右对称；花冠筒漏斗状，花色丰富，以粉、红、白、黄、紫、蓝色或复色为主，或具斑点、条纹或呈波状、褶皱状；夏、秋季开花(图13-1)。

13.1.2 生态习性

唐菖蒲属于喜光的典型长日照植物，长日照有利于花芽分化，光照不足会减少开花数。喜温暖、怕寒冻、不耐涝、不耐过度炎热，尤忌闷热。以冬季温暖、夏季凉爽的气候最为适宜。其球茎在4~5℃时萌动；生育适宜温度白天为20~25℃，夜间为10~15℃；生长临界低温为3℃。我国大部分地区均可栽培。唐菖蒲喜排水良好的砂质壤土，不宜在黏重土和低洼积水处生长，土壤pH值以5.6~6.5为佳，高于7.5时易引起缺铁症。

唐菖蒲球茎的寿命为1年，每年进行一次更新演替，即母球在抽叶开花过程中便在茎的基部膨大形成新球，继而下部的原母球逐渐干缩死亡，同时在新球底部形成小子球，而后新球与小子球逐渐与母球自然分离。子球生于新球周围，数量依品种、土质及栽种深度而异，通常生有3~15粒。

13.1.3 种类与品种

中国沈阳园林科学研究所依花色将唐菖蒲分为9个色系，即白色系、黄色系、橙色系、粉色系、红色系、浅紫色系、蓝色系和烟色系，新近又培育出绿色系品种；北美唐菖蒲协会根据花径大小将其分为5级，但一般习惯分为3级，即小花种(直径小于8cm)、中花种(直径在8~10cm之间)和大花种(直径大于10cm)；依据生育期(主要依据发芽至开花这段生长期的长短)将其分为早花类(生长期60~65d)、中花类(生长期70~90d)、晚花类(生长期90~120d)；依生态习性则可分为春花与夏花两类。

13.1.4 繁殖方法

唐菖蒲的繁殖以分球为主，亦可采用切球、播种和组织培养方法繁殖。

(1) 种子繁殖

多在进行杂交培养新品种时采用。当唐菖蒲花盛开时，选择性状优良的父本和母本，摘去母本花雄蕊后，进行人工授粉杂交。授粉时间要避开夏季，因唐菖蒲怕热，以免高温条件下授粉不育。蒴果成熟时会自行开裂，要及时采收种子。种子采收后应及时播种，播种前种子用温水泡5~6h容易出芽。植株当年地下即可长出小球茎，秋后挖出阴干保存，翌年再种后即可开花。注意应从中留优弃劣再种，第二次开花后，再一次留优弃劣，待第三次开花后，其性状基本稳定，即育成一个新品种。

(2) 种球繁殖

唐菖蒲的开花球茎种植一季后，每个球茎可生出数十个至上百个小子球，这些小子球经2年栽培后，即可成为开花球。第一年首先将小子球培养成直径1.5~2.5cm的子球，第二年即可达到开花球的大小(3.0~5.0cm)。小子球挖出后，去掉泥土，并用杀菌剂浸泡30min，以防真菌侵害。栽种前精心筛选，挑出感病子球，并在24~32℃下贮存8周，处理前2d用32℃温水浸泡以软化外部硬皮，同时将浮于上面的劣质小球剔除。种前处理：用 800 倍甲基托布津和多菌灵混合液或 40% 的百菌清 800 倍液浸种 30min，然后将尼龙网袋投入自来水中冲洗约 10min，将小子球平铺于灭菌的盘中晾干，放于 2~4℃条件下贮藏直至定植。

小子球种植时应采用垄栽，一般垄宽距 10~13cm，垄间距 60cm，播种深度 5cm，栽培密度约为 130 个/m^2。定植前应精心翻耕土地，施足底肥，一般每 667m^2 施 3000~3500kg 有机肥，定植后应浇 1 次透水，以利出苗整齐。部分小子球可能会抽出花茎，此时应及时切除花茎，使养分集中于子球。

在生产种球的栽培中应注意：①随时摘除茎轴上的花蕾，以避免空耗养分，使球茎长得更大、更充实。②随时剔除混杂的球和感病的植株，以保持品种纯度和球茎健康。一般方法是，检查茎轴最下面一朵小花，当这朵花刚开放时，即可根据花色等判断其品种，然后摘掉花穗，如发现不属于同一品种，即将植株拔去。③收获前 2~3 周，应停止浇水，以防球茎腐烂和便于清除球表面的泥土。④收获的种球在挖出后 2d 内用杀菌剂浸泡以防感病，并迅速置于荫凉通风处，在晾干过程中不断翻动，挑出有病斑的球茎。

(3) 组织培养法

用花茎或球茎上的侧芽作为外植体进行组织培养，可获得无菌球茎。可用组培方法进行唐菖蒲的脱毒、复壮繁殖。

13.1.5 栽培管理

13.1.5.1 选购种球

唐菖蒲分为早花品种、中花品种和晚花品种，开花时间分别为 60~65d，70~90d 和 90~120d。国外品种具有花大、色艳、花梗长、花苞多等特点，但也存在着花色少、抗病性和适应性差等弱点。就种球形状而言，较圆的为优质种球，较扁的种球退化严重，开花质量差。因此，选购种球时应根据花期选择优质种球。

13.1.5.2 种球消毒和种植

唐菖蒲在广州地区可四季栽植。经过休眠的大球茎（球周径在 8cm 以上），每隔 15~20d 栽植一批，便可四季有切花供应。唐菖蒲种性容易退化，需轮作；做好种球的消毒工作，每 100L 温水（46℃）中加入 0.1kg 多菌灵、0.18 kg 克菌丹，然后放入种球，浸泡 30min 用清水冲洗；用湿润粗沙催根，使根尖长出后再种较好。由于唐菖蒲种球长在地下，根系深生、脆嫩，断根后不再长出新的根系，种植后不能移植和中耕松土，所以要求选用地下水位低、土层深厚、土质肥沃的土壤，种植之前施足有机肥。畦高 30cm，畦宽 100~120cm，畦长无限制，每畦种两行，行距 60cm，株距 20cm。挖好种植沟，沟深相当于球根高的 4 倍，沟里施入相当于球根高 1 倍的经过充分腐熟的鸡粪（腐熟过程中分别加入 1% 过磷酸钙和石灰一起堆沤 1 个月），与土壤拌均匀，再填入一层土，然后把经过消毒长出根尖的种球芽眼向上种植，再覆相当于球根高 3 倍的土，种完后浇足水。

13.1.5.3 选择种植地

根据唐菖蒲的生态习性，应选择气候温暖，阳光充足，地势较高和通风良好的环境，要求土层深厚、肥沃、排水良好、富含腐殖质的砂质壤土，pH 6.0~7.0 之间，避免连作，忌碱性水土和含有氟、氯等的空气环境。

13.1.5.4 栽培管理

(1) 种植

北方露地栽培一般在 4~5 月。种植前，先将圃地进行彻底消毒，并浇一遍透水，然后进行深翻，并施入腐熟的粪肥和复合肥，用量为腐熟粪 6000~75 000 kg/hm^2 和磷酸二铵 300kg/hm^2。整细耙平，按 (10~15) cm × (15~20) cm 的株行距点播，种植深度一般为 5~10cm，覆土厚度以种球直径的 2 倍为宜。

(2) 肥水及其他管理

唐菖蒲为喜肥花卉，生长期一般追肥 3 次。第一次在 2 片叶展开后，施以氮肥为主的肥料，以促进茎叶生长。第一次在长出 3~4 片叶至茎伸长孕蕾时进行，施以磷、钾为主的复合肥，以促进花茎粗壮、花大色艳。第二次在开花后进行，仍以施磷钾肥为主的复合肥，以促进子球的发育增大。唐菖蒲在花芽分化和发育阶段是水分供应的关键时期，水分不足会导致花芽败育或发育不足，所以在植株出现 2~7 片叶这段时期内，一定要保持土壤湿润，一般需浇水 2~3 次，花后要减少浇水次数，挖球前 20d 左右停止浇水，以利于种球的充分成熟。唐菖蒲栽培采用漫灌，易造成抽出的花穗出现"弯头"，这主要是由于水分状况剧烈波动而引起的。

唐菖蒲栽培过程中还应注意设施内的通风透气，否则容易引起病菌的滋生。但通风不可造成温室大棚内温度、湿度变化波动太大。因为剧烈的温、湿度波动会引起唐菖蒲叶片出现"烧尖"现象。

(3) 花期调控

唐菖蒲可通过一定的栽培措施（设施栽培和露地栽培相结合）调控花期，使唐菖蒲的供花期从 6 月中旬持续到 11 月上旬。唐菖蒲花期由品种、种植期、温度决定，不能通过摘心来调控花期。早花种生长 60d，6~7 片叶时开花；中花种生长 70~75d，7~8 片叶时开花；晚花种生长 80~90d，8~9 片叶时开花。同一品种同一种植期，生长期长短由温度决定的，温度高，生长期缩短，反之，则延长。日本研究者用 15 个唐菖蒲品种进行研究，结果表明，从萌芽到开花的积温，4~5 月栽植者为 1600℃左右，6~7 月上旬栽植者为 1500℃左右，7 月 25 日栽植者则为 1200℃左右。生长期的温度越高，栽培周期越短。若平均温度为 12℃，从栽植至开花需 110~120d；若为 15℃，需 90~100d；若为 20℃，需 70~80d；若为 25℃，需 60~70d。

唐菖蒲是喜光花卉，可通过增加白天光照强度和延长光照长度进行补光处理。①增加光照强度。冬季生产时，常因光照强度不够而产生"盲蕾"现象，尤其是在花芽分化至花完成发育的期间，累计日照强度不应少于 1000J/(d·m^2)。否则"盲蕾"将明显增加。简易补光方法为每 4~6m^2 安装一盏 100W 白炽灯，在阴天或下雨时，每日补光 8h

即可;②延长日照长度。采用白炽灯或荧光灯,每平方米安装一盏100W的灯泡,光源距植株60~80cm,22:00至翌日2:00加光,每天补光4~5h。

通过生长调节剂处理,可调控花期,如种植前,用50 mg/L 6-BA浸泡球茎12~18h;栽后1周,球茎可发芽生长,两次开花。

13.1.6　主要病虫害及其防治

唐菖蒲的主要病害有条斑病、灰霉病、花叶病、青霉病、枯萎病、叶斑病等;虫害主要有蜗牛、螨类和蛴螬等。应采取措施及时防治。

13.1.7　采收、贮藏与保鲜

唐菖蒲最适宜的采切时期为穗基部有1~2个小花显露颜色、欲放未放时。过早采切,植株自身糖分低,影响切花质量,致使全株小花不能从下而上全部开放;过迟,花已开放,影响贮藏运输,也影响观赏寿命。一天中,以上午10:00前采切为宜。为了养球,切后要保留2~3片完好叶片。采切后的花枝按品种、颜色和等级标准进行分级包装,10枝或12枝一束,再用纸箱包装后上市。在运输前用4%的蔗糖溶液处理24h,或用硝酸银处理10min,以增加花枝自身的糖分积累和控制乙烯的产生。瓶插保鲜通常用蔗糖、8-羟基喹啉柠檬酸盐、硝酸银、硫酸铝的混合液。

13.2　百合类

【学名】　*Lilium* spp.

【英名】　lily

【别名】　百合花、百合蒜、重迈、中庭、喇叭花、六瓣花等

【科属】　百合科百合属

百合作为世界名花,在西方象征着圣洁。白百合在欧洲代表少女的纯洁,因此被视为圣母玛丽亚的象征。在中国由于百合寓意"百事合意""百年好合"等吉祥内涵,自古就有用百合花表示纯洁与吉庆的风俗。白色百合象征着纯洁,红色百合洋溢浓郁的喜庆与欢快的气氛,黄色百合展示出辉煌灿烂的色彩,而复色百合显现娇媚柔和的风采。百合花冠大,花形多姿多态,颜色艳丽,单枝花序上多朵花依次由下而上开放,花期长,无论单枝瓶插或者与其他花卉搭配,都达到极好的观赏效果,属高档花卉。

13.2.1　形态特征

球根花卉类,多年生草本,株高30~120cm,根据应用目的不同可以育成株高差异很大的品种。茎直立,不分枝,草绿色,茎秆基部带红色或紫褐色斑点。地下部由鳞茎、子鳞茎、茎根、基生根组成。鳞茎由阔卵形或披针形,白色、淡黄色或红褐色,长4~8cm、宽1~4cm不等的肉质鳞片抱合而成,外有膜质层。多数须根生于鳞茎球的基部。单叶,互生,狭线形至长卵形,无叶柄,直接抱生于茎秆上,叶脉平行。有的品种在叶腋间生出紫色或绿色颗粒状珠芽,该珠芽可繁殖成小子球并成长为植株。花着生于

茎秆顶端，呈总状花序，簇生或单生，花冠大，花筒长，呈漏斗形喇叭状或碗状，六裂，无萼片。有的品种因茎秆纤细，花朵硕大，开放时常下垂或平伸；花色因品种不同而色彩多样，多为白、粉红、黄、橙红色，有的具紫色或黑褐色斑点，也有一朵花具多种颜色呈现复色(图13-2)。

13.2.2 生态习性

性喜凉爽、湿润的气候条件，要求光照充足，肥沃、富含腐殖质、土层深厚、排水性良好的砂质土壤，多数品种宜在微酸性至中性土壤中生长。

13.2.3 种类与品种

全世界共有野生百合约100种，主要原产北半球的温带至寒带，热带极少分布，南半球没有野生种的分布。亚洲分布59种，北美分布25种，欧洲分布12种。在我国分布有55种，其中观赏价值较高的麝香百合、台湾百合、干百合、药百合、青岛

图13-2 百 合

百合、卷丹、白花百合、川百合、湖北百合、大理百合、宝兴百合等数10种。我国是世界上观赏百合遗传资源最丰富的产地之一。目前世界百合切花中的东方百合、亚洲百合和铁跑百合三大系列品种中全部含有中国百合的血脉。

百合的原种、杂种和园艺品种繁多，分类较为复杂，很难有一个统一的品种分类系统。目前通用的、由美国俄勒冈州球根花卉农场制订的、已被英国皇家园艺学会及北美百合协会所承认的品种分类方案，分为以下9组，组下再分若干亚组：

亚洲百合杂种系 Asiatic Hybrids 原种或亲本起源于亚洲。其亲本大多属于抗寒性较强的种或杂种，包括以中国卷丹(*L. lancifolium*)与荷兰杂种(具有毛百合 *L. dahuricum* 与渥丹 *L. concolor* 的种质)百合杂交育成的著名切花系列，如中世纪杂种系 Mid-century Hybrids。

欧洲(头巾、星叶)百合杂种系 Martagon Hybrids 由头巾百合(*L. martagon*)与竹叶百合(*L. hanson*)杂交后代组成。

纯白百合杂种系 Candidum Hybrids 原始亲本有白花百合(*L. candidum*)、加尔西顿百合(*L. chalcedonicum*)及其杂种或品种以及其他欧洲种衍生的品种系列。

美洲百合杂种系 American Hybrids 全部原产美洲大陆。

麝香百合杂种系 Longiflorum Hybrids 又称铁炮百合杂种系，来源于麝香百合(*L. longiflorum*)与台湾百合(*L. formosanum*)的杂种后代。

喇叭与奥列莲杂种系 Trumpet and Aurelian Hybrids 起源于通江百合(*L. sargentiae*)与湖北百合(*L. henryi*)杂交育成的奥列莲杂种系以及岷江百合(*L. regale*)与通江百合杂交育成的帝王杂种系列 Imperial Hybrids。

东方百合杂种系 Oriental Hybrids 起源于湖北百合育成的各类及由日本天香百合（*L. auratum*）、鹿子百合（*L. speciosa*）、日本百合（*L. japonicum*）、红花百合（*L. rubellum*）杂交育成的各种类型。

其他杂种系 Miscellaneous Hybrids

原种百合 Lily Species

尽管百合品种被划分为以上9个杂种系列，但生产上常用、市场上常见的主要是东方、亚洲、铁炮、喇叭及奥列莲杂种系，以及最新发展的、由原有各杂种系之间杂交选育而成的新杂种，如 LA，LO，OT，OA 等。

全球百合种球生产的主要国家是荷兰、法国、美国、日本、以色列、智利、南非和新西兰。荷兰是全球花卉产业发达国家，是百合育种与种球生产强国和全球中心，也是球根花卉种球的最大生产和出口国。全球百合种球的72%由荷兰或荷兰控制的公司生产；而荷兰控制的种球生产遍及法国南部、智利和新西兰等地。有20多家专门从事百合育种的公司，其中有部分是由其他的花卉育种转型而来的；每年约有100个新品种问世，生产百合种球约25亿个，产值超过12亿美元。在知识产权即植物新品种权方面，荷兰申请的百合新品种权（新品种专利）占据了全球百合新品种的绝大部分，这种优势一直保持至今，如2005年荷兰的百合新品种权申请达到了134个。荷兰百合育种上的突破和种球生产技术的重大改进，极大地促进了荷兰百合产业的发展，使其长期处于世界领先地位。荷兰百合育种之所以取得重大突破，关键是收集保存了丰富的百合种质资源（超过1000份，其中包括许多原产中国的种），特别是建立了一套高效的种间杂交技术体系，其关键技术包括离体授粉、授精（in vitro pollination）和胚挽救（embryo rescue）技术等。

13.2.4 繁殖方法

(1) 播种繁殖

利用百合成熟的种子播种，可在短期内获得大量的百合子球，供种球生产和鲜切花栽培用。适于播种繁殖的百合种类主要是一些用于食用或药用的野生种、铁炮杂种系以及杂交选育时所获得的 F_1 代等。百合种子发芽有子叶出土和子叶留土两种类型，前者播种后15~30d子叶顶端露出土表，如野生种王百合、川百合及麝香百合等；后者种子在土中形成越冬小鳞茎，至翌年春天才由小鳞茎内长出第一片地上部的真叶。露地生产上，播种用土可用2份园土、2份粗沙和1份泥炭配制，同时加入少量的磷肥；温室种植时，播种基质可选用细沙、蛭石或泥炭与河沙的混合物。子叶出土类百合播种时间以3~4月为好，覆土厚度为1~2cm，部分品种6个月后即可开花；子叶留土发芽的种类，以秋播为好，至11月即可抽出胚根，翌年2~3月便可出土第一片真叶，3~4年后方能开花。百合幼苗移栽宜在子叶刚出土表至子叶伸直时进行。种子育苗是繁殖百合的最好方法，能够获得健壮的无病植株，通过实生苗选择还可得到新的品种类型，因而成为食用、药用百合以及铁炮系百合的常用繁殖方法；而在杂交新品种的选育中，播种繁殖是不可缺少的一个基本环节。凡能得到正常种子的种类，均可用播种法培育子球。

(2) 茎生小球繁殖

对不易获得种子的百合种类，可用其茎生子球繁殖。即利用植株地上茎基部及埋于土中茎节处长出的鳞茎进行繁殖。先适当深埋母球，待地上茎端出现花蕾时，及早除蕾，促进子球增多变大；也可在植株开花后，将地上茎切成小段，平埋于湿沙中，露出叶片，约经月余，在叶腋处也能长出子球。一般10月收取子球栽种，行距25cm、株距6~7cm，覆盖火烧土4~5cm，覆草保湿，翌年即可生长重40~50g的商品种球。

(3) 珠芽繁殖

叶腋能产生珠芽的百合种类，如卷丹及其他杂种百合等，可用珠芽繁殖。珠芽的大小与品种和母株的营养状况有关，大的珠芽直径只有0.2~0.3cm。待珠芽在茎上生长成熟，略显紫色，手一触即落时，采收珠芽，将其播种于砂土中，覆土以刚能掩没珠芽为准，搭棚遮阴，保持湿润，只喷水不浇水，1~2周即可生根，20~30d出苗，出苗一周后即可将其移栽于苗床上，注意日常遮阴。冬季保持床土不结冰，次年即可长成能开花的商品种球。对不能形成珠芽的品种，可切取其带单节或双节的茎段，带叶扦插，也能诱导叶腋处长出珠芽。

(4) 叶插繁殖

有些百合种类，如麝香百合等，还可用植株的茎生叶片扦插来获得小鳞茎。其方法是：将叶片自茎上揭下，插入适度湿润的基质中，保持20℃左右，每日给予16~17h的光照，经3~4周后，即可在其基部产生愈伤组织，并形成小鳞茎，1个半月后，小鳞茎生发新根，即成为新的植株。

(5) 鳞片扦插繁殖

这种方法繁殖系数高，较为常用。目前荷兰的大规模种球生产上采用此法。待鳞茎充分成熟后掘起，选肥大无病虫害的种球，用利刀或徒手把鳞片自基部切割、掰下，随即撒播于铺砂壤土的苗床或者蛭石基质中。播时基部朝下，各片距离3cm，上盖细沙厚约6cm，床土保持温度20~24℃，湿度80%~90%，培养15d，在鳞片的切口处会长出米粒大小的鳞茎体，30d后长叶，60~70d即可长成直径1.5cm左右的小子球。把子球移植到大田培育1~2年，就可按鳞茎大小分别供生产用种。一个健壮的百合鳞茎，可繁殖出100~200棵百合苗。用鳞片繁殖法要选无病健壮植株，经过35℃以上高温7d的越夏处理，才能发芽快而整齐。

(6) 切剖鳞茎繁殖

对野生分布的野百合或其他种球大的品种，种球少又希望在进行繁殖的同时能及早开花观赏，可用切剖鳞茎法繁殖。即在秋季掘起大鳞茎，将其切成4~5块，再用干净的砂土栽培，翌年即可形成较多的小苗，再行分栽培育。

13.2.5 栽培管理

13.2.5.1 栽前准备

种植东方百合要选用通透性良好的疏松土壤，在定植前，根据土壤的肥力以及黏度，施用基肥。基肥以有机肥为主，主要施用完全腐熟的动物粪肥，如牛粪、鸡粪、猪粪等，根据土壤肥力状况酌施基肥。一般施入腐熟牛粪堆肥 1.5kg/m² 和草炭 1.5~3 kg/m²，然后通过深翻与土壤混匀。施入的底肥氮、磷、钾含量至少分别达到 19.5g/m²，30g/m²，30g/m²。以排水性良好、保湿性强、有机质丰富的砂质土壤为宜，pH 5.5~6.5。对偏碱性的土壤，应以充分腐熟的畜禽粪肥、堆肥、药渣、谷壳、木屑等材料结合深翻进行改土；对于偏酸性土壤可用草木灰、石灰等中和以改善土壤；对孔隙较小、透水透气差的土壤可加入一些惰性材料，如沙子、珍珠岩、炉渣等改良土壤。土壤深度宜在 35cm 以上。

栽植前在每 667m² 土壤中撒入 40% 甲醛 260L，65% 代森锌可湿性粉剂 10kg，或 50% 多菌灵可湿性粉剂 6.5kg，并与土壤混匀，然后封盖塑料薄膜，关闭温室，约 3d 后打开通风，待药味挥发掉后即可种植。

13.2.5.2 种植时间

种植时间宜选在上午或傍晚。栽植深度以 10~20cm 为宜。栽植深度根据种球的大小而定，种球越大栽植越深。种球周径 18cm 以上，栽植深度为 20cm；种球周径 14~16cm，栽植深度为 15cm；种球周径为 12~14cm，栽植深度为 10~12cm。夏天种植深度为 8~10cm，冬天种植深度为 6~8cm，对于种球周径在 18cm 以上或易产生叶烧的品种可适当深植 2cm。种球种植时要摆放端正，芽尖向上，覆土过程中不能使种球倾斜，同时不宜压得太紧，并整平畦面。株行距 15cm×20cm。种球大栽植要稀，种球小种植要密；在低温弱光条件下栽植密度要稀，在高温强光条件下栽植要密。东方百合种植密度 1.8 万~2.5 万球/hm²。常见百合类型种植密度见表 13-1。

表 13-1 种植密度　　　　　　　　　　　　　　　　　　球/m²

品种类型	周径(cm)				
	9~10	10~12	12~14	14~16	16~18
亚洲百合类型	65~85	60~70	55~65	50~60	40~50
东方百合类型	55~65	55~65	45~55	40~50	40~50
麝香百合类型	55~65	55~65	45~55	40~50	35~45

13.2.5.3 定植后的管理

种植后可用稻杆等覆盖物均匀覆盖畦面，厚度约 2cm。根据东方百合的种芽萌发条件要求，在定植后 1 周内不需要浇水，只要保持地表及周围环境潮湿即可。为防止土壤板结，可以采取加盖地膜或草帘的方式，1 周后待种芽拱土长出地面后再浇一次透水。如果浇水过早，容易造成烂球现象。

(1) 生长期的管理

适宜的光照强度范围为 1.5×10^4~2.5×10^4 lx，夏季以遮阴为主，宜遮去 50%~70% 的光照；秋季中午遮光，早晚打开遮阳网充分利用自然光；冬春季一般不需遮光，特殊情况下可短暂遮光。

东方百合在营养生长期，喜湿润的土壤，但忌土壤积水，否则容易沤根烂种，因此要采用小水勤浇的方式供水,如果有条件,可以采用微喷灌的方式。施肥也要采取薄肥勤施的方式,可以随水施稀肥,一般百合在高度15cm以下时,基本不追肥。在营养生长期忌中耕,以避免根系损伤。适量补充微量元素防止因缺铁造成的叶片黄化。补充铁的方式有两种,一种是土壤追施硫酸亚铁,另一种是叶面补充螯合铁,10~12d喷施一次。三大杂种系百合不同发育阶段的基本温度要求见表13-2。

表13-2 三大杂种系百合不同发育阶段的基本温度要求　　　　　　　　℃

杂种系	最低温度	生根最佳温度	生长最佳温度	花芽分化最佳温度	开花温度	最高温度
亚洲型	8	12~13	15~17	白天:18 夜间:10	白天:22~25 夜间:12	25
东方型	11	12~13	14~15	白天:20 夜间:15	白天:23~25 夜间:15	28
麝香型	13	12~13	16~18	白天:27 夜间:18	白天:25~28 夜间:18~20	32

(2)拉网

由于东方百合花枝密,头重脚轻,拉网防倒伏是不可缺少的技术环节。在百合长到40~50cm时开始拉网。首先在畦两边钉好立桩,用6号线拉直,5~6m钉一根立桩,用百合专用网拉平,拉网高度在花序下10cm,拉网的高度随植株的生长不断上调。

(3)摘蕾

及时摘除侧蕾和定花蕾以保证百合的良好商品性。在栽培的中后期做好疏蕾工作,在第五个花蕾长到0.3~0.5cm时根据植株的生长势及时摘除上面的侧蕾,确定保留的4~5个花蕾,以保证花枝的美观和营养的充分供应,使花朵大小有致,花枝整齐,提高商品性。

(4)打破休眠

百合切花栽培中首先要解决的技术问题是,避免因球茎的休眠而导致发芽率不高及盲花。同一圃场出产的球根,其休眠状态各种各样,尤其休眠深的球茎,仅靠贮藏无法打破休眠。促成栽培打破休眠的实用方法有:

冷藏 13~15℃预冷,3~5℃冷藏6~7周,于11月定植。抑制栽培可以泥炭等填装装有球茎的冷藏箱,以1℃预冷6~8周,提高其渗透压后,以-2℃的温度贮藏14~15个月,然后以10~15℃的温度逐渐解冻,而后定植。但长期贮藏将使切花品质下降。填充材料应先浸水以保持一定湿度。

温水浸泡 浸入足够量的温水中,使球茎心部的温度均匀。开始于48℃左右的温水中每隔2~3min提起再浸入,如此反复2~3次,则容易均匀,然后在45℃温水中浸泡1h。注意应严格掌握水温,接近50℃高温,即使是短时间,也易感病。温水浸泡对防治根螨有极好的效果,也能加强植株生长势。

激素处理 采用100 mg/L赤霉素(GA$_3$)溶液浸泡处理,为避免发根受阻,可先将球茎倒置浸泡上半部,而后恢复正常位置予以静置。

13.2.6　主要病虫害及防治

百合主要病害有叶枯病、潜隐花叶病、斑点病、软腐病、立枯病、叶斑病、疫病、病毒病等；主要虫害有蚜虫、红蜘蛛、介壳虫、白粉虱、蚜虫、蛴螬、蝼蛄、蟋蟀、小地老虎等。应及时防治。

13.2.7　采收、贮藏与保鲜

收获切花的适期在第一朵花开花前 2~3d，花苞开始着色时进行采收。切取花茎，将下部 15~20cm 的叶片除去，并按照规格分类，每 10 枝为 1 束。

当基部第一朵花蕾完全显色但未开放时期为采收时期。采收时把花茎从距地面 3~5cm 处切断，轻采轻放。分品种做好记录，随时装桶（桶内清水深度约 5cm）并及时运至包装车间，防止人为损伤切花，尽量避开太阳直射。在百合花切下运入包装车间 30min 内，去除切花基部 10~20cm 的叶片，将同品种、同花蕾数、同一等级、同一枝长的切花按每 10 枝 1 束用橡皮筋在切花基部进行捆扎，捆扎时切花花蕾头部对齐，基部尽量剪齐，其长短误差不超过 2cm。将捆好的切花用大小适当的塑料袋套上，保护花蕾和叶片。套上塑料套后，贴上标签，标签应正贴于塑料套上部距边缘 10cm 处。放在 5℃ 低温下吸水处理 3h，用 5℃ 的冷藏车运往消费市场。不能及时分级包装的，应统一插于清水桶中，入冷库保存，库温保持在 2~4℃。

13.3　郁金香

【学名】　*Tulipa gesneriana*

【英名】　tulip

【别名】　洋荷花、草麝香

【科属】　百合科郁金香属

Busbeguius 于 1554 年在土耳其发现栽培的郁金香，当地居民用土耳其语称之为 Tul-band，因此产生了 Tulipa 的植物名。Busbeguius 将郁金香的球茎及种子带回维也纳，对 1572 年以后郁金香的种植起到了很大的作用。1753 年植物学家林奈将郁金香定名为 *Tulipa gesneriana*。郁金香自引入欧洲后，得到了广泛的栽培。随之传入荷兰，很快又传至英国、法国等。到 17 世纪栽培手段已经十分发达，1634—1637 年成为栽培的高潮期。重瓣郁金香于 1665 年出现，进入 18 世纪更为盛行，1733—1734 年又出现了第二次高潮。19 世纪，在各地相继发现了许多野生种，大大增长了郁金香分类学知识，丰富了园艺栽培品种。到了 70 年代以后，出现许多新的郁金香系统，如达尔文系、孟德尔系、达尔文杂交系等，大大推动了郁金香的发展。郁金香为国际上著名的球根花卉，在世界各国广泛栽培。目前主要栽培的国家有荷兰、英国、日本、德国、丹麦等，据统计，12 个国家的栽培面积近 1000 hm^2，其中荷兰占 50% 以上，为世界栽培中心，郁金香生产已成为荷兰的农业支柱产业之一。

13.3.1 形态特征

郁金香为百合科多年生球根花卉,全属约150种,鳞茎偏圆锥形,鳞茎外被膜质鳞片或纤维状鳞片残余,内有肉质鳞片2~5枚。茎叶光滑,被白粉。叶片通常2~4枚,少数品种为1枚或5~6枚。叶片披针形或长卵状披针形,全缘并成波状,常有毛,有的种最下面一枚叶片基部具抱茎的鞘状长柄,其余的在茎上互生。郁金香茎直立,光滑被白粉,颜色呈翠绿色。花单生茎顶,大型,直立杯状或碗形等其他形状,颜色有红色、黄色、紫红色,基部常有墨紫斑,有单瓣、半重瓣、重瓣之分;花被片6枚,排列为2轮,离生,倒卵状长圆形;雄蕊6,等长或3长3短,着生于花被片基部;子房长椭圆形,3室;柱头3裂,反卷,具多数胚珠。花期3~5月,白天开放,夜间及阴雨天闭合。硕果,长3~5cm,椭圆形或近球形,因种类不同而异,每个心室有种子多数,种子扁平三角形,种皮褐灰色。种子的成熟期多在6月。

图13-3 郁金香

郁金香的根系随年龄的增长和鳞茎体积的增大而增多,成年鳞茎根系有100~150条。根系的长度受土壤条件影响较大,一般长15~30cm,根幅25~35cm,呈圆锥状分布于土壤中(图13-3)。

13.3.2 生态习性

郁金香原产地中海沿岸及中亚细亚、土耳其等地,主要分布在北纬33°~48°,我国西部至欧洲地中海沿岸的广大地区。受自然环境条件的影响,郁金香性喜冬季温暖,夏季凉爽干燥,避风,向阳或半阴的环境。耐寒性较强,地下鳞茎可最低忍受-35℃低温。在我国长春、哈尔滨等地均能露地栽培,适应性极广。

郁金香在其自然生长条件下为秋植球根,即秋末开始萌发,早春开花,初夏开始进入休眠。种植后根系首先伸长,其生长适温为9~13℃,5℃以下伸长几乎停止。种植后出现第一次生长高峰,次年年初为第二次高峰,但全部伸长量的60%~70%在当年进行。开花前三周为茎叶生长旺盛时期,最适温度为15~18℃,至开花期茎叶停止生长。休眠期进行花芽分化,分化适温以20~23℃为宜。鳞茎寿命1年,即新老球每年演替一次,母球在当年开花并形成新球及子球,此后便干枯消失。通常1个母球能生成1~3个新球及4~6个子球,新球个数因品种和栽培条件而异,栽培条件优越时,子球数增多。

郁金香喜富含腐殖质、肥沃而排水良好的砂质壤土。目前广为栽培的郁金香品种是经过长期杂交栽培所培育出来的,其生长习性与野生郁金香之间存在着很大的差异,荷兰的栽培品种群最具代表性。

13.3.3 种类和品种

现在栽培的品种达 6000 个以上，由栽培变种、种间杂种以及芽变选育而来，亲缘关系极为复杂。1963 年荷兰皇家球根种植者协会(The Royal General Bulb Grower's Society)根据花期、花形、花色等性状，将栽培郁金香分为 16 群，曾为世界通用。1976 年国际郁金香分类会议根据花形与亲缘关系将郁金香分为早花单瓣系、晚花单瓣系、胜利(成功)系、百合花系、达尔文系等 15 个系统。其中与郁金香切花品种相关的主要类型有：

达尔文杂种系(DH系) 花大，高脚杯形，多数品种花茎长达 70 cm，有许多著名切花品种，生活力、适应性与繁殖力强。花期主要为中花型，易于早春进行促成栽培。荷兰销售的商品种球有 26 个左右。

胜利系(TR系) 又称凯旋系、成功系、欢呼系。花高脚杯形，大而艳丽，花茎长 40~70cm。花期主要中花型，繁殖力强，有许多适宜作切花的品种。在现代郁金香的栽培品种中这一系约占主要商品品种的 28%，目前可提供的栽培品种有 80 余个。

早花单瓣系(SE系) 多数花茎高度中等，花期为早花型，切花栽培中可利用开花较早的特点选择花茎长的品种进行栽培。

晚花单瓣系(SL系) 植株中等或高大，花茎长度多数达 50~70 cm，大部分花型较大。有优良的切花品种，花期为晚花型。

郁金香主要切花品种见表 13-3。

表 13-3 郁金香主要切花品种

品种名称	中文译名	系统	花色	花期	株高(cm)	花径(cm)
'My Lady'	'贵夫人'	DH	橙色	中	60~65	8~8.5
'Fantasy'	'幻想曲'	PR	紫红	晚	55~60	8~10
'Oxford'	'牛津'	DH	红	中早	60~65	9~11
'Oxiford Elite'	'牛津精华'	DH	黄、红	中早	60~70	9~11
'Diplomat'	'外交家'	DH	鲜红	早	60~75	11~12
'Cassini'	'卡斯尼'	TR	红	早	60~65	8~9
'Beauty of Apeldoorn'	'美丽阿普顿'	DH	红条、金黄	晚早	60~65	9~10
'Queen of Night'	'夜皇后'	SE	深黑紫	早	70~75	7~8
'Burgundy Lakb'	'法国酒'	FR	玫瑰红	中早	57~60	6.5~7.5
'Garden Party'	'公园聚会'	TR	纯白	中早	45~60	6~7
'Blenda'	'布林达'	TR	紫红/白	早	55~60	7.5~8
'Golden Apeldoorn'	'金色阿普顿'	DH	金黄	早	67~75	9~10
'Apeldoorn'	'阿普顿'	DH	红	早	60~65	9~10
'Apeldoorn's Elit'	'阿普顿精华'	DH	红条/橘红	早	60~65	9~11
'London'	'伦敦'	DH	亮红	早	65~70	8
'Lustige Witwe'	'露西维'	TR	白边/鲜红	中早	50~60	8~9
'Red Shine'	'晴天'	LY	鲜红	晚	55~65	6~7

(续)

品种名称	中文译名	系　统	花　色	花　期	株高(cm)	花径(cm)
'Kees nelis'	'吉斯尼'	TR	红/黄	中晚	45~55	8~9
'Yokohama'	'横滨'	SE	黄	中早	30~40	8~9
'Gander'	'雄鹅'	SL	紫粉	晚	60~70	8~10
'Christmas marvel'	'圣诞奇迹'	SE	粉	中	35~45	8~9
'King Blood'	'帝王血'	SL	红	晚	60~70	7~9
'Negrita'	'小黑人'	TR	紫黑	中晚	45~55	6~7
'Don quichotte'	'唐吉诃德'	TR	粉	中晚	45~55	8~10
'Red Matador'	'红斗牛士'	DH	深红	早	60~65	7~9

注：DH. 达尔文系，TR. 胜利系，DE. 早花复瓣系，SL. 晚花单瓣系，PR. 鹦鹉系，FR. 龙胆系，SE. 早花单瓣系，LY. 百合花系。

13.3.4 繁殖方法

用分球和播种繁殖，主要以分球繁殖为主。

每个母球可产 1~3 个较大的新球和 4~6 个子球。应掌握子球栽植的时间，不宜过早或过迟。若过早分栽，在寒冷季节前抽发的叶片易遭冻害；过迟分栽，因根系发育不良，影响抗寒力。一般华东地区 9~10 月进行分球栽植，华北地区 9 月中下旬至 10 月中旬分球较为适宜。发育成熟的大球翌春即能开花，较大的新球茎 1~2 年、小鳞茎需培育 3~4 年形成大球，才能开花。

播种育苗，一般秋播，选用疏松富含腐殖质的土壤，播种后保持土壤湿润，可加盖遮阳网等保湿。种子经 7~10℃ 的低温，40~60d 即可萌发，发芽率 80% 以上。播种当年即可形成小鳞茎，初生苗经 4~5 年的培育，地下才发育成大球，播种法通常用于杂交育种。

13.3.5 栽培管理

(1) 栽前准备

种球分级　郁金香种球大小与成花球的生产率相关。因此将种球分级播种，不仅方便田间管理，也有利于提高成花球的产量。通常将鳞茎周径超过 10cm 的种球作商品种球销售或用做切花生产外，其余种球分为三级。一级球，周径为 7~9cm。这类种球种植后第二年大都能够形成开花的商品球。二级球，周径为 4~6cm。这批球管理良好，部分可以达到商品种球标准。三级球，周径在 4cm 以下。一般萌芽后只长出 1 片单叶，栽植后获得的新球，需要再培养 1 年，才能形成切花栽培种球。

土壤准备　郁金香种球生产必须严格实行轮作制度，种球播种前要进行土壤消毒，施足基肥，尤应重视钾肥的供给，土壤翻耕深度应达到 40cm 左右标准。

种球消毒　用百菌清、可杀得等广谱性杀菌剂浸种消毒，药液浓度为 800~1000 倍，种球浸种 10~15min 后，捞起晾干，浸种时尽量保护好种球外层的干鳞片。

打破休眠与种植　6 月地上部分枯萎，地下鳞茎进入休眠期，鳞茎内部顶芽在 25℃ 左右开始花芽分化，一般在 7 月底 8 月初，花芽分化完成。然后需要经过一个低温期才能打破休眠生长开花。长江流域秋季露地栽植后，冬前发根，1月底2月初发芽，3月下旬至4月上旬开花。为了促进郁金香提早开花，争取元旦、春节期间供应鲜花，种球在完成花芽分化后，需经过人工低温处理才能进行促成栽培。经过5℃低温处理的称为"5℃球"，经9℃处理的称"9℃球"，未经处理的称"普通球"或"常温球""自然球"。"5℃球""9℃球"的种球在球根花卉销售商出售前已经完成低温处理。种球播种大体在10月下旬至11月期间，同样要求入冬前能够发根，开春后发芽。播种行距为15～20cm，株距为4～6cm。三级种球可条播，小球间距为3～4cm，种植后的覆土深度为4～5cm。

(2) 种植后管理

肥水管理 要保持土壤的湿润与通气，作高畦，防止栽培床积水。初春萌芽后，重点追施一次氮肥，并注意钙的补充。视植株生长情况，在花蕾出现前共追肥2～3次。3月下旬，种球周径在5cm以上的植株都会现蕾开花，此时应及早摘除花蕾，以集中养分保证新鳞茎发育。此后在高温期到来前有30～40d的生长期，这是鳞茎生长的主要时期，可以追肥2～3次，重视钾肥补充，也可用磷酸二氢钾进行根外追肥。纬度较高地区，昼夜温差大，日照充足有利于鳞茎的发育，在长江流域一带由于后期气温较高，花后的生长期较短，对鳞茎发育有一定影响，因此早春利用薄膜覆盖或小拱棚保护，可以促使鳞茎提早萌芽，增加早期的生长时间。4月后可架设遮阳网降温，尽量延长后期的生长时间。

促进栽培 当植株茎叶开始转黄时，可以采掘新球，收球宜在晴天土壤干燥时进行。收获后将鳞茎晾干，及时剥除老根及母鳞茎的残留鳞片。然后按商品成花球规格与子球分级标准分级，并进行鳞茎消毒，在通风阴凉条件下贮藏。收获后用于切花生产的成花球，先在20～25℃的较高温度下贮藏8～10周，以促进完成花芽分化。8月上旬，当鳞茎内花芽分化完成后，纵剖解茎，肉眼可见花芽，在解剖镜下可见到雌雄蕊分化已完成。此时供促成栽培的种球开始进行低温处理，低温处理的时间与温度根据品种性状与栽培时期而定。通常可以在花芽分化完成后在17℃条件下预冷处理2～3周，然后用5℃低温处理8～12周；用9℃处理4～6周后的种球，种植前要再经过5℃处理6周左右或让种球栽植后经过自然低温期。种球运输期间温度要保持在15℃以下，相对湿度60%～70%。在高温贮藏与低温处理阶段，种球的堆放必须保证空气流通，贮藏室的湿度，不能高于80%。

郁金香的切花促成栽培分地栽与箱栽两种方式。切花规模生产，利用箱栽方式能有效控制温度与花期，并可缩短设施内的生产周期，提高设施的利用率，提高单位面积产量，获取优质切花与较高利润。通常经低温处理的郁金香种球，种植后经50～60d就能开花。促成栽培的供花期可提前到12月至翌年3月，达到分批定植，分批上市，满足圣诞节、元旦、春节、情人节等节日用花。促成栽培的种球，多数供应商在出售前已进行5℃或9℃的低温处理。

13.3.6 主要病虫害及其防治

(1) 叶斑病

叶脉间产生浅色条纹，全叶逐渐变黄绿色，叶缘呈波状弯曲。花被片上产生白、黄或红色的斑纹。应防治蚜虫，及时拔除病株，同时喷洒 600~800 倍 75% 百菌清可湿性粉剂，每隔 7d 喷药 1 次，喷药次数视病情发展情况而定。

(2) 灰色腐烂病

鳞茎内部由白色变为灰色或红灰色，在外部或鳞片间产生多数菌核或布满灰白色的菌丝层，使鳞茎逐渐干腐。郁金香灰色腐烂病发生时，应烧除病株。染病较轻的病株，可喷洒退菌特 200 倍液或 5°Be 石硫合剂。用 40% 福美砷 50~100 倍液涂抹病斑或喷雾，或者用 3~5°Be 的石硫合剂或 50% 退菌特 500~1000 倍液喷施，防治效果也很好。

(3) 菌核病

鳞片上产生黄色或褐色略凸起的圆形斑点，内部略凹处产生菌核。叶片上发生浅色斑点并沿叶脉扩大呈灰白色。花色减退产生白色斑点，后渐皱缩干枯。茎部受侵则发生长椭圆形病斑。

(4) 根虱

侵食鳞茎内部，使鳞茎生长不良或易于腐烂。可用 2°Be 的石硫合剂洗涤鳞茎或用二硫化碳熏两昼夜杀除。

13.3.7 采收、贮藏与保鲜

郁金香应在花蕾露色、花瓣未展开前采切。采后可进行短期干藏和湿藏。在郁金香的湿式贮藏过程中，要使切花处于垂直的位置；1℃ 低温干式贮藏时，水平方向放置只能贮藏 1d，直立方向放置可以贮藏 5d。如果将切花水平放置，容易造成花茎弯曲。如果发生花茎弯曲，可以用打湿的纸巾卷起，再用报纸包裹起来在凉爽的地方放置 2~3h 就可以将花茎扳直。郁金香切花质量等级划分标准见表 13-4。

表 13-4 郁金香质量等级划分标准

项目	一级品	二级品	三级品
花	花色纯正、鲜艳具光泽，无褪色；花形完整，花瓣紧闭	花色纯正、鲜艳；花形完整，花瓣紧闭	花色一般，略有褪色；花瓣微开
花茎	挺直、强健、有韧性，粗细均匀，长度≥50cm	挺直，粗细较均匀；长度为 30~49cm	弯曲，较细软，粗细不均；长度为 25~29cm
叶	亮绿、有光泽、完好整齐	亮绿、有光泽、较完好整齐	稍有退色、叶有折痕
采收时期	花朵已七八成转色	花朵已七八成转色	花朵已七八成转色
装箱容量	每 10 枝捆为一扎，每扎中切花最长花枝与最短花枝的差别不超过 1cm	每 10 枝捆为一扎，每扎中最长花枝与最短花枝的差别不超过 3cm	每 10 枝为 1 扎，每扎中最长花枝与最短花枝的差别不超过 5cm

对于花期很短的品种，在3℃湿式贮藏下可以冷藏3d，在0~1℃下可以保藏6d；对于花期很长的品种，在0~3℃低温下贮藏可以延长3d。一般的品种在花蕾着色之前采收，在0~0.5℃的低温下可以贮藏2~3周。冷藏的适宜温度为0.6~1.7℃，相对湿度为90%。

运送时采用干燥的运输箱，温度保持在1℃，长距离运输时最好将切花直立放置，为防止切花损伤，包装不要过紧，以防 CO_2 浓度过量积累。

13.4　马蹄莲

【学名】　*Zantedeschia aethiopica*
【英名】　calla lily
【别名】　水芋、观音莲、慈姑花
【科属】　天南星科马蹄莲属

马蹄莲是天南星科马蹄莲属多年生球根花卉，其花型独特、姿态优美、强健挺拔，花大色艳，是纯洁、友爱、永恒、幸福的象征，寓意着"圣法虔诚，永结同心，吉祥如意"。马蹄莲是制作插花的极好材料，近几年大量应用于新娘的捧花制作中。

13.4.1　形态特征

株高30~80cm，具有肥大的褐色肉质根茎，在块茎节上，向上长茎叶，向下生根。叶基部楔形，叶片呈心脏状箭形或三角状箭形，先端锐尖，全缘，具长叶柄，平行脉，有光泽。花梗生于叶腋，与叶基本等长，顶端着生一肉穗花序，佛焰苞呈短漏斗状，形似马蹄，肉穗花序黄色，短于佛焰苞，呈圆柱形；雄花着生于花序上部，雌花着生在下部，雌花上有数枚退化的雌蕊。花开时有清香味，果实为浆果。子房1~3室，每室含4粒种子。原产非洲南部，现世界各地广泛栽培（图13-4）。

13.4.2　生态习性

性喜温暖湿润气候，喜光也略耐阴。马蹄莲在生长的不同时期，对光照的要求也有所不同。生长初期要求适当遮阴，生长旺盛期和花期要求光照充足。生长期最适温度为15~24℃，超过28℃便停止生长，30℃以上进入休眠状态，夏季遇25℃以上高温，会出现盲花或花枯萎现象，或中途停止发育。可耐4℃低温，开花需要10℃以上，并且需要阳光，否则其佛焰苞带绿色。适宜栽植于疏松、肥沃、湿润、富含腐殖

图13-4　马蹄莲

质、排水良好的壤土或黏质壤土。夏季高温或冬季低温，会造成植株枯萎。在冬不冷、夏不干热的亚热带地区，全年不休眠。

13.4.3 种类和品种

园艺变种有小马蹄莲，较原种低矮，多花性，四季均能开花，耐寒性较强。

目前国内主要栽培的马蹄莲有白色和彩色两种类型，其中切花马蹄莲多为白花品种，主要品种有：

青柄类 地下块茎肥大，植株较为高大健壮。花梗粗而长，花呈白色略带黄，佛焰苞长大于宽，即喇叭口大、平展，且基部有较明显的皱褶。开花较迟，产量较低，上海及江浙一带较多种植。

白柄类 地下块茎较小，1~2cm 的小块茎即可开花。植株较矮小，花纯白色，佛焰苞较宽而圆，但喇叭口往往抱紧、展开度小。开花期早，抽生花枝多，产量较高，昆明等地较多种植。

红柄类 植株生长较高大健壮，叶柄基部稍带紫红晕。佛焰苞较圆，花色洁白，花期略晚于白柄类。

彩色马蹄莲的常见栽培种包括：

银星马蹄莲（*Zantedeschia albo-maculata*） 又称斑叶马蹄莲，株高 60cm 左右，叶片大，上有白色斑点，佛焰苞黄色或乳白色，自然花期 7~8 月。

黄花马蹄莲（*Zantedeschia elliottiana*） 株高 90cm 左右，叶片呈广卵状心脏形，鲜绿色，上有白色半透明斑点，佛焰苞大型，深黄色，肉穗花序不外露，自然花期 7~8 月。

红花马蹄莲（*Zantedeschia rehmannii*） 植株较矮小，高约 30cm，叶呈披针形，佛焰苞较小，粉红或红色，自然花期 7~8 月。

黑心黄马蹄莲（*Zantedeschia tropicalis*） 花深黄色，喉部有黑色斑点，花色有丰富的变化，有淡黄色、杏黄色和粉色，叶箭形，有白色斑点。

13.4.4 繁殖方法

主要采用分球繁殖法，也可采用播种法，近几年也常采用组织培养法。

分球可在植株休眠时进行，将块茎四周形成的小球或小萌芽，另行栽植。若块茎较大，可将较大的块茎切成每块带 2~3 个芽点的小块，切口处用草木灰或其他防腐杀菌剂涂后晾干 1~2d，种植于沙床育苗或直接栽植，种植 1~2 年即可开花。

马蹄莲的播种繁殖最好在 8 月上旬进行。播种前可进行催芽处理，方法是：用 50℃ 左右的温水浸泡种子 24~36h，待种子吸足水分后，倒掉凉水。将种子放于垫有 3~4 层纱布的盆中，上面覆盖几层纱布，放置于温暖处，每天用温水喷洒 1 次，保持纱布湿润，15~20d 种子即能发芽。播种的基质可采用腐叶土 3 份、山泥土 3 份、河沙 2 份、田园土 2 份，充分混合，消毒处理后可直接用于播种。播种时，苗床底部铺一层河沙，培养土的厚度为 15~20cm，将种子均匀撒于苗床内，覆土要盖过种子，浇透水，在苗床上加盖遮阳网以防水分蒸发。

13.4.5 栽培管理

栽种马蹄莲的土壤宜选择深厚、肥沃、富含腐殖质、排水良好的壤土或黏质壤土，土壤pH值以6.0~6.5为宜。

切花生产中，要选择健壮无病、色泽光亮、芽眼饱满的种球。球茎大小以直径1~2cm为宜，种球太小则开花少或不开花。马蹄莲的种球经赤霉素处理，可促进开花，增加切花产量。一般在种植前使用浓度为20~40mg/kg的赤霉素溶液浸泡10~15min。时间过长，浓度过大，易产生畸形花。

一般3~4cm的种球种植深度为10cm；超过5cm的种球，栽植深度15cm。栽种时定植密度为40cm×60cm。种植后浇透水，在地面上覆盖上秸秆等，以提高湿度，促进种球的萌发和生根。

马蹄莲有水芋之称，土壤短时间积水也能生长茂盛。在大水大肥的条件下，植株强健，叶柄直立挺拔；叶片大而肥厚，叶色翠绿光亮；花莛粗壮、花色艳丽。马蹄莲生长期要注意保持土壤湿润。为增加空气湿度以利于植株的生长，要经常向叶面、土壤喷水，同时应当注意保持叶面清洁。浇水时不要将肥水浇入株心、叶柄内和采花后的伤口上，否则易导致软腐病和黄叶。

马蹄莲较喜肥，栽种时应在盆底施入适量骨粉、厩肥、过磷酸钙，还可混入20%腐熟的干粪，但注意氮肥不宜过多，花期应缩短施肥的间隔，休眠期要避免施肥。

在生长旺盛及开花时节，夜间最低温度不能低于12℃；冬季的温度不能低于4℃，夏季不高于26℃，否则植株易产生休眠。在生产中应用较多的越夏方法是，7月收球，带部分土壤一起挖出，另行栽植于准备好的土壤中，不浇水、不施肥，立秋后，浇透水，即可萌芽。温度偏高生长开花迅速，但花茎变短；温度较低，会影响其营养生长。如果冬季温度不低于10℃，夏季温度控制在26℃以下可全年开花。

马蹄莲喜阳光充足的环境，但在不同生长时期对光照的要求有所不同。忌夏季阳光直射，一般在夏季应遮阴30%左右；冬季可不遮光，要注意保暖。

马蹄莲在生长开花旺盛时，植株过于繁茂，叶片数量较多，易出现拥挤现象，应注意及时疏叶，将枯老叶、大叶自基部剪除，以保证植株良好的通风环境，促进花茎的不断萌发。

13.4.6 主要病虫害及其防治

软腐病 细菌侵染性病害。首先叶柄部分受害，然后向上侵染叶片，向下危害块茎。叶片先端变成暗绿色，水浸状变黑，有时产生斑点，然后全叶失绿，软化脱落。块茎变褐色、腐败而软化。可用200倍福尔马林消毒土壤或用75%的百菌清800倍液喷洒。

灰霉病 受害叶片往往在叶缘或叶尖处出现暗绿色水渍状病斑，并不断向叶片中心扩展，湿度大时造成褐色腐烂，其上长满灰色霉状物。可采用600~800倍液的75%的百菌清和50%的多菌灵交替使用。

叶斑病 感病初期叶片产生淡褐色病斑，多呈圆形、椭圆及不规则形，后生黑色小点状霉状物。发现病叶后，应及时清除病残体，喷洒50%多菌灵800倍液，15d 1次，连喷3次。

红蜘蛛 在室内通风不良、干燥、高温的环境下，最容易发生。受害植物叶片黄萎，应用三硫磷3000倍液喷洒。

此外，还有介壳虫、叶蛾、卷叶虫、蚜虫等危害，应及时防治。

13.4.7 采收、贮藏与保鲜

在马蹄莲佛焰苞已伸长至最大、卷曲且张开时，即可采切。采切应在早晨或傍晚温度较低时，采用拔取的方法进行；对于花枝较长的品种，也可采用切花方式。采花后可用1000倍的农用链霉素喷施，杀菌消毒。切花工具要注意消毒，以避免不同植株间病毒的传染。对于采下的花枝应尽快放入保鲜剂或3~5℃清水中浸泡，然后包装上市出售。

种球收获的最佳时间为地上叶片枯黄以后。先将种球从土中挖出，将泥土清除干净，不要强行将根剥离，让其自然脱落，放在通风处。有条件时应将晾干的种球消毒，放入冷库贮藏，贮藏适宜温度为8~10℃，贮藏3个月即可播种。

13.5 香雪兰

【学名】 *Freesia refracta*
【英名】 freesia
【别名】 小苍兰、小葛兰
【科属】 鸢尾科香雪兰属

香雪兰于1815年传入欧洲，经英国、意大利和美国等国家育种改良，花色已由原种的绿黄色变为多种花色，有白、黄、粉、红及混色等，大量用于切花生产。1945年后荷兰、美国等国家育出四倍体品种，花硕大、生长健壮、花色艳丽，适于切花生产和促成栽培。后来丹麦首先育出播种繁殖的香雪兰品种，可以像露地二年生花卉一样栽培，秋天播种，翌年春天即能开花，花茎高，适于切花生产。在欧美，特别是欧洲栽培十分普遍。

13.5.1 形态特征

香雪兰球茎呈圆锥形，外被棕褐色纤维质皮膜；球径2~4cm。叶基生，线状箭形，全缘，质较硬，每株叶片5~8片。花茎细长，从叶丛中央抽出，单一或有分枝，30~50cm长；花穗呈直角横折，穗状花序排列，由下向上开放；小花偏生上侧，呈漏斗状，直立着生；花色丰富，有纯白、鲜红、紫红、淡黄等色，具芳香。

图13-5　香雪兰

蒴果近圆形，种子黑褐色。花期冬、春季。原产南非好望角一带(图 13-5)。

13.5.2　生态习性

为秋植球根花卉，冬春开花，夏季休眠。短日照条件下可促进花芽的分化，球茎经春化处理后可提前开花，春化处理后 25℃ 以上的高温能解除春化作用。性喜凉爽湿润、光照充足的环境，宜栽于肥沃、疏松、湿润而排水良好的砂质壤土，对温度和土壤的变化非常敏感。耐寒性较差，我国大部分地区需在温室中栽培。冬季最低温度为 3~5℃，生长适温为 15~20℃，冬季以 14~16℃ 为宜。对二氧化硫抗性较弱。

13.5.3　种类和品种

香雪兰是由黄白香雪兰和红紫香雪兰杂交而来的。常见栽培品种有：

蓝色系　'Amadeus'，'Blue Lady'，'Caracelle'，'Cata Cina'，'Silvia'，'Fortune'。

橙色系　'Oberon'。

红色系　'Red lion'，'Figarov'，'Rossini'，'Tango'，'Lorelei'。

白色系　'Athene'，'Elegance'，'Moya'，'White Swan'，'Snow White'，'Diana'。

黄色系　'Himalaya'，'Aladdin'，'Meteor'，'Brown Yellow'，'Graced'。

粉色系　'Bloemfontein'，'Rossini'，'Elanv'，'Light Pink'，'Venus'。

13.5.4　繁殖方法

常用播种和分球繁殖，以分球繁殖为主。种子一般在 5~6 月成熟，采收后放于通风处，7~8 月可播于冷床中。播种基质以草炭与珍珠岩各半，播种后用蛭石覆盖，发芽适温为 15~20℃，苗高 5~6cm 时定植，从播种到开花需 2~3 年时间。

待植株进入休眠后，取出球茎，此时老球茎已枯死，在老球的上部产生 1~3 个新球茎，每个新球茎下又有数个小球茎，分别剥下，分级贮藏于凉爽通风处。新球茎直径达 1cm，栽植后可以开花；小的球茎则需培养 1 年后才能形成开花球；子球通常经 1~2 年栽培后也可以开花。

13.5.5　栽培管理

栽培基质以肥沃、疏松、排水良好的砂质壤土为宜，栽种前需要对土壤进行消毒，pH 6.5~7.0。种植前栽培基质可用五氯硝基苯 6~10g/m^2，溴甲烷 50~70g/m^2 消毒。施药后，隔 5~7d 即可播种。栽植床的畦高，干旱地区为 5cm 左右；土壤湿度大，不易排水的床面，畦面宽 20~25cm。

栽培用种球应选直径为 1cm 以上的大球。为减轻病毒感染可选用组培球，或由种子、子球培育的新球。种植前需进行消毒，种球消毒可用 500~800 倍多菌灵或甲基托布津等浸球 1~2h，捞起阴干即可。因香雪兰种球的自然休眠期很长，所以应进行打破休眠、促进发根等预处理。通常打破种球休眠的方法是高温处理与烟熏相结合。具体的方法是：球根在 30℃ 高温下处理 4 周后，再用烟熏处理。烟熏时间以 5h/d 左右为宜，如此重复 2~3 次，效果更好。烟熏时间超过 20h 后，时间越长效果越差。烟熏处理后的种球应在 20~25℃下贮藏 3 周，如观察到球根底部有小凸起，则表明已打破休眠。隔 2~3 周后，在 8~10℃的环境条件下处理 30~40d，进行低温春化处理。

普通栽培定植期在 9~10 月，通过保护设施越冬，主要花期在 3~4 月。因香雪兰植株地下部分具有上根和下根，栽植时宜深些，覆土深度为 2.5cm 左右较为适宜。为保证发芽迅速整齐，土壤不可过湿，常栽种时覆土 1cm，待真叶 3~4 枚时再填土至 2.5cm 左右。

栽植后至出芽前必须保持土壤湿润。现蕾后应适当逐步减少浇水量，尽量保持土表干燥，以利降低空气湿度，预防病害。香雪兰自定植到开花时间较短，栽植前施入的有机肥和复合肥，基本可以满足生长需要，但如果植株生长较弱，在 2~4 片叶时，可追施 1 次硝酸铵、尿素与硫酸钾。

温度管理对香雪兰切花生产很重要。一般栽后 6 周左右花序已完全分化，较小的球茎会推迟 2~3 周。在花芽分化期要避免 25℃以上的高温和 10℃以下的低温。从 4 叶期起保证有 4 周以上时间维持温度 13~14℃，以顺利诱导 4~6 叶期间的花原基分化，这有利切花产量与质量的提高。花蕾出现后适当提高环境温度，以促进开花；但为延长花期，当第一朵花开放后，可将温度降低到 15℃左右。大棚与温室管理需注意：室温 25℃以上要通风，10℃以下要加覆盖物保温或加温。

香雪兰喜光，但也应避免强光直射，光照过强时可遮光 30%。日照长度与花芽的发育的关系密切。虽然香雪兰是日中性植物，但在短日照下能够促进其花芽的分化；在长日照和光照较强的条件下促进其营养生长。在弱光条件下，花芽形成、发育所需时间长，开花延迟，且花朵的数量减少。当光照长度超过 27 000 lx 时，植株和花朵品质最好。

13.5.6　主要病虫害及其防治

软腐病　由细菌寄生侵染产生。球茎发芽后，地际部位发生褐变，最终球茎枯死。栽植前用链霉素 350~700 单位/mL 浸泡 30~60min，或用 75% 酒精消毒后再使用，以防传染。

根腐病　在生长期染病后，叶片开始变枯而死亡。在球茎贮藏期发病，球茎腐败变得干硬。可用 50% 代森锌 300~500 倍液或 70% 甲基托布津 700~800 倍液浇灌。

花叶病　叶子产生花叶或形成褪绿的斑纹，植株矮小，生长衰弱，种球退化。可用 40% 氧化乐果 1000 倍液或 2.5% 氯菊酯 3000 倍液喷洒，同时及时销毁病株。

菌核病　球茎和植株地际部位发生病变，叶鞘呈淡褐或淡黄色，植株营养不良而死。可用 70% 甲基托布津 800 倍液或 50% 多菌灵 800 倍液。

13.5.7　采收、贮藏与保鲜

香雪兰主花枝上第一朵小花展开时为采收适期。需进行远距离运输或贮藏时，要在第一朵小花露色或半开时剪切。剪切工具应用 75% 的酒精消毒，以防传染病害。剪切位置一般在植株主花枝基部，以使主花枝以下节位的侧花枝能继续第二次或第三次采收。在 1~2℃的温度与 90% 相对湿度条件下干贮或湿贮可保鲜 7d。外运用纸箱包装。

每箱300~500枝。最后一次切花剪切至少保留2片叶,以利地下部分球茎发育。一般在叶发黄后收球。

13.6 晚香玉

【学名】 *Polianthes tuberosa*
【英名】 tuberose
【别名】 夜来香、月下香
【科属】 石蒜科晚香玉属

13.6.1 形态特征

晚香玉地下部分为圆锥状的鳞块茎,圆形似洋葱,上端抽生茎叶,下端生根。叶基生,带状披针形,互生,全缘,淡绿色。花茎从叶丛中央抽出,株高80~120cm。穗状花序对生,每穗着花18~32朵,自下而上依次开放。花白色,漏斗状,端部5裂,筒部细长,雄蕊6枚着生于花筒中部;子房3个;具浓香,夜晚香气更浓,故又名晚香玉。花期7~11月上旬,盛花期在8~9月。蒴果球形;种子黑色,扁锥形(图13-6)。晚香玉原产墨西哥、南美洲,现世界各地广泛栽培。

图13-6 晚香玉

13.6.2 生态习性

晚香玉在原产地为常绿性草本,气温适宜则终年生长,四季开花,以夏季最盛。因我国大部分地区冬季严寒,无法正常生长,故仅做春植球根花卉。因雌蕊晚于雄蕊成熟,自然结实率较低。性喜温暖、湿润,阳光充足的环境,不耐寒,不耐水淹,忌重茬。生长适温为25~30℃,夜间温度不能低于2℃,日温须在14℃以上。对土壤要求不严,较耐盐碱。对土壤湿度反应较敏感,干旱时,叶边上卷,花蕾皱缩,难以开放。

13.6.3 种类和品种

(1) 单瓣种

单瓣品种开花较早,花茎较细。常见品种有'Albino','Mexican Early Bloom','Sprinkle'等。

(2) 重瓣种

重瓣种花茎粗壮,开花较单瓣种稍晚,花香气不如单瓣浓烈。常见品种有'Pearl',

'Tall Double'，'Double Affrica'，'Double Italian'等。

13.6.4　繁殖方法

主要通过分球繁殖，也可播种。秋季地上部枯萎后，挖起地下茎，将子球与枯萎老球剥离，中部块茎在阳光下晒 3~4d 并用百菌清 800 倍液消毒后，晾干贮藏在阴凉通风、干燥处。母球自然增殖率很高，通常一母球能分生 10~25 个子球。稍大些的子球，当年就可以开花，小子球需培养 2~3 年后方能开花。

播种繁殖常用于培养新品种。一般在 8 月下旬至翌年 4 月进行，不能在高温高湿期进行。基质可采用等量的河沙和腐叶土加少量草木灰混合配制。采用撒播法。种子千粒重约 9.5g；发芽率 75% 以上；发芽适温为 24~28℃，播后稍遮阴，一周即可发芽。

13.6.5　栽培管理

栽种的土壤宜选择排水良好、肥沃、向阳开阔、具有良好保湿能力的土壤，土壤 pH 6.5~7.5 最为适宜，种植前施足基肥。

种植前将贮藏的球茎用百菌清 1000 倍液或多菌灵浸泡 1h 再种植或将球茎放在 25~30℃ 环境条件下经过 10~15d 处理后再栽植，可提前 7d 萌芽。

种植时，应将大小球分开栽植，特别是做切花栽培的开花球应尽量把种球周围的小球除掉，以利于集中营养，保证抽出质量好的花枝。大球株行距 20cm×25cm；小球则为 10cm×15cm 或更密。栽植的深度应较其他球根花卉稍浅，但应视栽培目的、土壤性质及球的大小而有所不同。

晚香玉出苗缓慢，但苗后生长较快，因此种植前期因苗小、叶少，灌水不必过多，待花茎即将抽出和开花前期应充分灌水并保持土壤湿润。花后要加强肥水管理，以利于球茎的膨大。在收获种球前 10d 左右控制浇水，以利于种球收获后的贮藏。晚香玉较喜肥，生长期追肥 3~4 次。叶片长到 3~5cm 时应施以氮肥为主的肥料；叶片 7~10cm 时施氮、磷、钾复合肥；抽茎后以磷、钾肥为主。一般栽植后 1 个月施 1 次，开花前施 1 次，以后每 1 个半月或 2 个月施 1 次。雨季要注意排水和花茎倒伏。

作为切花栽培的晚香玉在花茎抽出前应拉一层网，随着花枝抽长而拉高。晚香玉花枝高达 1m 时开花，花大、穗大，特别是重瓣品种，花枝重达 800~1000g/枝，而根系入土浅，为 10~15cm，易被风吹倒，使植株呈倒伏状，花朵朝一侧生长，呈梳子状，影响切花质量。

晚香玉的促成栽培较为简便，要求 3~4 月开花，可在 11 月中旬选取较大的种球栽种在温室内，室温保持 18~25℃，保持土壤湿润，肥水管理精细即能开花；要求 5~6 月开花的，2 月在温室内栽种，温度保持 18~25℃ 即可；冬季用花，秋季将球茎种在盆内，温度低时移入温室中栽培，除了基本的肥水管理外，还需人工补光才能开花；露地用花，3 月下旬至 4 月初种植，从 7 月起至 11 月中旬开花不断。

晚香玉切花质量等级划分标准见表 13-5。

表 13-5　晚香玉切花质量等级划分标准

项目	一级品	二级品	三级品
花	花色纯正，洁白或乳白，具光泽；花形完整、均匀；香味浓烈；花序丰满。小花数量：重瓣品种≥42朵，单瓣品种≥36朵	花色良好，具光泽；花形完整、均匀；香味浓；花序丰满或较丰满。小花数量：重瓣品种≥34朵，单瓣品种≥30朵	花色一般；花形较完整；香味正常；花序较丰满。小花数量：重瓣品种≥24朵，单瓣品种≥22朵
花茎	挺直、强健，有韧性，粗壮，粗细均匀一致。长度：重瓣品种≥85cm，单瓣品种≥100cm	略有弯曲，强健，粗壮，粗细均匀一致。长度：重瓣品种75~84cm，单瓣品种90~99cm	略有弯曲，较强健，较细弱、粗细均匀。长度：重瓣品种65~74cm，单瓣品种78~89cm
叶	鲜绿，有光泽，无褪色；叶片完好整齐，无干尖；叶面清洁，平展	鲜绿，无褪色；叶片完好整齐，无干尖；叶面清洁，平展	叶色一般，略有褪色；叶片较完好，有干尖；叶面略有污物
采收时期	第一对小花开放	第一对小花开放	第一对小花开放
装箱容量	每10枝为1扎，每扎中最长花枝与最短花枝之差不超过1cm	每10枝为1扎，每扎中最长花枝与最短花枝之差不超过3cm	每10枝为1扎，每扎中最长花枝与最短花枝之差不超过5cm

13.6.6　主要病虫害及其防治

灰霉病　常在高温多湿的环境条件下发生，感病后出现近圆形褐色病斑，后叶片或茎部长出灰霉，最后病部腐烂。可用50%的代森锌500~800倍液防治。同时应注意通风透光，不宜过多施氮肥，要及时排水，及时清除病叶和病株，并销毁。

叶斑病　主要由某些真菌侵染，少数由细菌、线虫危害所致。发病初期，叶片正面出现褐色小斑点，逐渐扩展成为圆形、近圆形或不规则形病斑。可采用50%代森锌可湿性粉剂500倍液、50%多菌灵可湿性粉剂500~800倍液防治。

白粉病　发病初期，病叶上有褪绿黄斑，逐渐扩大，边缘不太明显。叶背病斑处着生一层白色粉状物。叶柄及嫩梢染病时，叶片黄化、皱缩、脱落。当老叶脱落后，新生叶片会继续受害，致使植株衰弱。病菌的菌丝在病芽、病枝或落叶上过冬。在栽培中，氮肥过多，湿度大，栽植过密，光照不足，通风不良，可加重白粉病的发生。可采用70%的甲基托布津可湿性粉剂800倍液或50%多菌灵可湿性粉剂500~1000倍液防治。

根瘤线虫　幼虫危害根部，产生串珠状根瘤，使植株发育不良、矮小和黄化。忌连作，栽前应对土壤进行消毒，发病时可采用1%丁基加保扶粉剂防治。

13.6.7　采收、贮藏与保鲜

晚香玉切花一般在花穗基部有2~4朵花开放、其余花蕾显色时采切。采切后按大小分级，中小型20枝1束，大型10枝或12枝1束，用玻璃纸包扎，再装箱上市。晚香玉切花的贮藏适温为6~10℃，贮温过低，花蕾不开放。长期冷藏会减少花的香味。切花可干贮3~4d。用50~200mg/L 6-BA喷施花序，可延长切花的瓶插寿命，并减少顶端小花蕾黄化。

13.7 蛇鞭菊

【学名】 *Liatris spicata*
【英名】 liatris，blazing star，gayfeather
【别名】 香根菊、穗花合蓟、马尾菊、麒麟菊、猫尾花
【科属】 菊科蛇鞭菊属

13.7.1 形态特征

蛇鞭菊为多年生块根草本花卉。株高 30～150cm，全身无毛或具短柔毛，地下常具黑色块根。叶线性，全缘，互生，叶色浓绿，基生叶长 30～40cm。头状花序密穗状排列于花葶上，管状花，每个花葶由 300 个左右小花组成，目前仅有紫色和白色品种，花葶高度最高可达 90cm，自上而下开放。花期 6～9 月，果熟期 8～9 月(图 13-7)。

图 13-7 蛇鞭菊

13.7.2 生态习性

蛇鞭菊原产于北美洲，在林地、草原、旱地、湿地均有生长。对土壤适应性较强，性耐寒，喜光照，也耐半阴，世界各地均有栽培，是国内外新兴切花品种之一。

13.7.3 种类与品种

L. pycnostachya 株高 1.5m。线性叶，基生叶长 10～30cm，长度越接近顶部越短。花葶高 45cm，冠幅 45cm，浅紫色，花蕾长度 1cm，花期 8～9 月。

L. scariosa 株高 0.6～1.2cm，冠幅 45cm。基生叶长 25cm。花葶高 45cm；花粉紫色，花蕾长 2.5cm，花期初秋。主要栽培品种有'九月辉煌'('September Glory')，花深紫色，株高约 130cm。

L. spicata 株高最高可达 1.5cm，冠幅 45cm，基生叶长 30～40cm，叶片较细，花葶高 45～70cm，花期较长，花粉紫色或白色，花蕾长约 1cm，花期夏末至初秋。主要栽培品种有'蓝鸟'('Blue Bird')，花蓝紫色，株高约 150cm；'弗洛瑞斯坦怀斯'('Floristan Weiss')，花白色，株高约 90cm；'小丑'('Goblin')，花深紫色，株高 40～50cm；'白雪皇后'('Snow Queen')，花白色，株高 70cm。

13.7.4 繁殖方式

用分株繁殖的方法进行繁殖，可以在春秋进行，此时块根发育比较成熟。栽培前需

要 5~6℃ 低温贮藏 60~90d 打破休眠。栽培前可用高锰酸钾进行消毒处理。采用播种繁殖需在当年秋天播种于冷床中，翌年春天分苗栽植。

13.7.5 栽培管理

蛇鞭菊抗性较强，但其在砂质壤土生长情况较好，在排水不良的黏质土壤中易得白绢病，且块根易腐烂。株行距为 (9~10) cm×15cm，表层覆土 3~4cm。

定植前将土壤深翻，可以磷矿粉为基肥，用量约 1kg/m²，定植后需浇透水，并保持土壤湿润。孕蕾期须施加液体追肥，保证水分供应，否则影响切花品质。

蛇鞭菊喜光，也喜凉爽，忌高温。所以要在夏季做好降温工作，一般在 15~25℃ 条件下生长良好，超过 30℃ 则导致蛇鞭菊进入休眠状态。夏季尽量保持通风，但由于蛇鞭菊易倒伏，风力不能过大。

由于蛇鞭菊易倒伏，可以在定植出苗之后株高达到 30cm 时拉网，并随着生长逐渐提高网的高度。在营养生长时期，需要定期松土保持土壤墒情，促进根系生长。

13.7.6 主要病虫害及其防治

蛇鞭菊易遭受蛞蝓、蜗牛等软体动物的啃噬，且由于其块茎含有丰富的淀粉，所以易遭鼠害。此外，由于其不耐高温，在夏季高温季节容易患白绢病。这是一种齐整小菌核菌所导致的病害，发生时可施用 70% 的五氯硝基苯粉剂进行防治，施用量为 50g/m²。

13.7.7 采收、贮藏与保鲜

在花葶上部 2~3cm 小花刚开放时进行切花采收。切花长度一般为 80~100cm，分级之后，每 10 枝为 1 捆。如有花蕾开放液处理可在 3~4 朵小花开放时进行采收。切花需要用 5% 的蔗糖溶液作为脉冲处理液进行 24~72h 的脉冲处理。经过脉冲处理的切花 0~2℃ 低温贮藏，湿贮可达 1 周，干贮约 5d。对于长途运输的切花，可以在到达目的地之后，可用 1000mg/L 8-HQC 和 5g 蔗糖开放液进行处理。由于切花对灰霉病敏感，所以要保持通风。

13.8 花毛茛

【学名】 *Ranunculus asiaticus*
【英名】 persian buttercup
【别名】 波斯毛茛、陆莲花、芹菜花、赛牡丹、罂粟白头翁
【科属】 毛茛科毛茛属

13.8.1 形态特征

花毛茛为多年生草本植物，全球范围内广泛分布，共有 400 多种，在我国分布有 90 种。花毛茛地下部具肥大黑色块茎，呈多腿状，长约 2cm，粗约 0.5cm，多数聚生于

短缩的根颈上，顶部具白色茸毛包裹幼芽。株高20～60cm；茎中空，单生或稀有分枝，具毛。基生叶卵形或椭圆形、三裂，叶缘具钝齿，具柄。茎生叶呈羽状细裂，裂片5～6枚，叶缘齿状，形似芹菜，近无柄。叶纸质，绿色。花茎中空，高度为40～50cm，原种为单瓣，单花着生枝顶或数朵着生于叶腋抽生的花茎上，呈聚伞状排列，花朵中心具球状雌蕊。萼片绿色，较花瓣短且早落。花径6～13cm，花具光泽，花色极为丰富，有白、黄、红、水红、大红、蓝、紫、橙、褐、复色等。自然花期4月下旬至5月上旬，花后结成由瘦果紧密排列而成的聚合果，呈圆柱状。瘦果扁平近圆形，直径5mm左右，种皮被一层膜质包裹，呈扁平状，每克种子约1800粒(图13-8)。

图13-8 花毛茛

13.8.2 生态习性

花毛茛原产于欧洲东南部及亚洲西南部，由于原生地区夏季高温干燥，从秋季到翌春低温多雨，因此花毛茛具有从秋季开始生长发育，并于翌春开花结实的习性。花毛茛性喜凉爽及半阴环境，秋冬栽培应在阳光充足处，怕强光暴晒。喜湿、怕干、忌积水，要求疏松、肥沃、排水良好的砂质壤土，pH6.8～7.0。忌炎热，较耐寒，能耐冬季-5℃的低温，江淮流域稍加保护可露地栽培越冬，北方地区需在塑料大棚或低温温室内栽培。30℃以上高温，植株地上部分自然枯萎，地下块根开始休眠越夏。

13.8.3 种类与品种

由于毛茛属的大多数野生种的植株矮小、花朵小，观赏价值较差，所以不能用做观赏植物栽培。花毛茛于12～13世纪传到欧洲，但是由于栽培困难没有普及，之后在1596年于意大利栽培成功。1648—1687年，土耳其将其引种成功。19世纪初，英国的James采用种子繁殖，得到多个新品种。

目前花毛茛主要有以下4个品系：

波斯花毛茛(Persicus) 本系由原始的基本种改良而来，是一类重要的栽培品系。花朵小型，单瓣或重瓣开放，色彩丰富，但花期较晚。

塔班花毛茛(Turban Ranunculus) 栽培历史最为古老的一个品系之一，叶宽大，边缘浅缺刻，大部分品种为重瓣，花瓣波状，内曲抱花心呈半球形。与波斯花毛茛相比，植株矮小、早花，更容易栽培。

法国花毛茛(French Ranunculus) 1875年自法国改良的品系，以后经过法国和荷兰育种者继续改良，并培育出许多新品种。本体系的部分花瓣为半重瓣，花朵的中心部有黑色色斑，开花较迟。

牡丹花毛茛(Paeonia Ranunculus) 20 世纪意大利发展而成的品系，1925 年传入荷兰，该品系的花朵数量比法国花毛茛多，植株也更高大。部分花瓣为双瓣，花朵较大，花期长，具芳香。

虽然目前将花毛茛分为以上 4 种品系，但是，由于近年来品种间的杂交，培育出多种现代栽培品种，所以品种的遗传背景及其复杂，在形态上已经很难分辨品系之间的差异。目前主要的栽培品种有以下 7 个品系：

复兴品系(Renaissance) 植株生长旺盛，高大，健壮，常用作切花品种。主要栽培品种有'复兴白'('Renaissance White')、'复兴粉'('Renaissance Pink')、'复兴黄'('Renaissance Yellow')、'复兴红'('Renaissance Red')。

梦幻品系(Dream) 植株高大，花朵超大型，适宜做切花或盆花。主要栽培品种有'梦幻红'('Dream Red')、'梦幻粉'('Dream Pink')、'梦幻黄'('Dream Yellow')、'梦幻白'('Dream White')。

超大花品系(Super-jumbo) 由日本育种工作者选育出来，生产周期约 5 个月，可耐 -5℃ 低温，植株高度 35~40cm，株型紧凑，花莛坚挺，重瓣花，花径为 15~16cm，适宜作切花和盆花。主要栽培品种有'超级粉'('Super-jumbo Rose-pink')、超级黄('Super-jumbo Golden')、超级白('Super-jumbo White')。

维多利亚品系(Victoria) 花茎粗壮，株形美丽，适宜作于促成栽培，低温感应强，花茎多，产量高，大花型。主要栽培品种有'维多利亚红'('Victoria Red')、'维多利亚橙'('Victoria Orange')、'维多利亚黄'('Victoria Golden')、'维多利亚玫瑰'('Victoria Rose')等。

Fukukaen 品系 花朵重瓣率高，花瓣多数，色彩鲜明，花大型，适宜做切花和盆花。颜色多样。

幻想品系(Fantasia) 植株较低矮，花色各异，适用于切花和盆花。

新乐园和新贵品系 产于中国江苏。花瓣分别为圆边和皱边，植株较低矮，大花重瓣，生育期 150d。株高 25~30cm。花径 9~12cm；花色丰富，有白、墨红、朱红、橙红、桃红、粉红、紫、黄、金黄、复色等。

13.8.4 繁殖方式

花毛茛常采用播种、分株和组培方法进行繁殖。

(1) 播种繁殖

花毛茛种子发芽适温是 10~15℃，温度高于 20℃ 或低于 5℃ 都不能发芽，一般需 2~3 周才可发芽。9 月下旬至 10 月上旬播种，可播种于苗床、木箱。如将播种期提前至 8 月，此时气温高，不利种子发芽，则需经低温催芽处理。即将种子用纱布包好，放入冷水中浸 24h 后，置于 8~10℃ 的恒温箱或冰箱保鲜柜内。每天早晚取出，用冷水冲洗后，甩干余水，保持种子湿润，约 10d，种子萌动露白后，立即播种。

(2) 分株繁殖

花毛茛的块根在贮藏过程中需要进行干燥处理，所以在栽培之前需要进行吸水处理。但如果吸水过快，块根容易腐烂，所以需要在 5℃ 以下低温进行缓慢吸水处理。吸水之后，用1%的高锰酸钾溶液浸泡3~5min消毒灭菌，并用硫黄粉或草木灰涂抹切口，晾干后即可定植。

13.8.5　栽培管理

选择通透性良好，有机质含量较多的酸性砂质壤土进行栽培。如果是连作栽培则需要对土壤进行消毒处理，通常每立方土加入40%多菌灵40g，3%呋喃丹100g，待有毒气体散去后，施入腐熟的有机肥并充分拌匀，通常按园土、腐叶土、腐熟有机肥4∶2∶1的比例配制。栽培床根据地下水位高低做成高度不同的高垄，垄间距一般为30cm，定植两行，行间距为25~35cm，株距为15cm。

花毛茛喜湿，忌水涝，较耐旱，但过度干旱也会影响生长。定植后要保持土壤湿润，不干不浇水；如浇水太多，块根易腐烂。为保证植株越冬前的营养生长，土壤不能缺水，否则将导致植株矮小、分蘖少、根系不发达，影响花芽形成；土壤过湿导致植株生长不良，造成烂根和病害。春季生长旺盛期至抽生花茎初期，需水量达到最大，应经常浇水；干旱将导致开花少、花小、重瓣率低。现蕾至开花期，浇水要适量均衡，保持土壤湿润；缺水将影响开花，致使花期短、色彩不艳，叶片黄化。生长后期过度干旱，植株被迫休眠，块根生长时间短，质量差。移栽缓苗后或长出新叶时开始追肥，常用0.3%的液态复合肥或尿素与KH_2PO_4（1∶1）混合液喷施或浇灌，每15d左右1次，以保证植株越冬前的营养生长。翌春花茎开始伸长，植株进入旺盛生长期，要增大肥水的供应，一般10d左右施1次追肥。进入孕蕾开花期，加施0.2% KH_2PO_4的次数，促进开花，延长花期。花后追施1~2次以钾为主的液肥，促进块根增大、种子发育充实。

花毛茛对日照长度反应非常敏感。在播种繁殖培养块根的情况下，如果遇到长日照，则会造成植株提前开花，种球生长不良。花毛茛喜半阴条件，冬季要给予充分的光照。春季气温升高，光线增强时，适当遮阴并注意通风，不仅可以促进生长，延长花期，而且可以防治病害的发生。花毛茛为相对长日照植物，长日照条件能促进花芽分化，提前开花，停止营养生长并开始形成块根。虽然长日照能促进开花，但花茎细弱，在短日照下花茎增多，但短日条件开花延迟。因此，秋季尽可能早播使其在春天长日照到来之前，充分进行营养生长来保证切花质量。另外，花毛茛经过低温处理可以促进开花，有效的处理温度为2~8℃，需要处理3~5周。在栽培过程中，一般将夜温控制在5~10℃，昼温控制在15~20℃。

每月松土1次有利于植株根系更好地生长。及时修剪，当小苗10cm左右时摘心1次，以促进分枝。但是由于花毛茛顶芽易转变成花芽，所以花蕾较多，易出现一茎多花现象。为保证切花质量，促进花的发育，使花朵增大，提高观赏效果，在现蕾初期要及时疏蕾，一般每株保留4~5个健壮花蕾。

13.8.6　主要病虫害及其防治

灰霉病　一般由种植密度过大，氮肥施用过多，通风不良等因素引起。多在叶柄、花朵和花梗上发病。病原菌为一种不完全菌类。发病初期，在晴天将温室窗户全部打开，充分通风，同时喷洒75%百菌清、64%杀毒矾、65%代森锰锌可湿性粉剂600~

1000 倍液，或 75% 甲基托布津、灰霉速克 1000 倍液，每隔 8~12d 喷药 1 次。喷施 1000 倍的异菌脲也可有效防治。

白绢病 主要在茎部发生，被侵染部位首先变成褐色，患病部位萎蔫，变成白色，产生白霉。病情严重时形成黑色菌核。如发现病株应及时拔除销毁。避免连作，如果前茬作物发生过病害，则要利用氯化苦进行土壤消毒。

根腐病 土壤黏重、碱性大或生长期遇有低温、土壤水分过多，且持续时间长等不利条件易引发病菌，导致根系变黑腐烂，枝叶逐渐萎蔫变黄，植株枯死。为控制病害扩展，种植前培养土和块根要用 1% 的 $KMnO_4$ 溶液消毒；生长期注意适时浇水，增加光照。发病初期用 40% 增效瑞毒霉可湿性粉剂 600 倍液、75% 百菌清可湿性粉剂 500 倍液或 50% 苯莱特可湿性粉剂 1000 倍液灌根。

病毒病 如发现植株矮化萎缩，叶片皱缩不平、变小，呈现花叶褪绿斑，花朵扭曲、畸形变小、不开花，要将病毒株及时拔除，集中烧毁。

毛茛潜叶蝇 国外分布在北欧、加拿大，国内分布在吉林、安徽、上海和贵州。危害经济植物尚属首次发现。该虫危害花毛茛叶片，成虫以产卵管鞘刺伤叶片造成众多白色刻点；幼虫在叶表皮下潜食叶肉，形成线状虫道。严重时植株被害率达 100%，叶片受害率 90% 以上。被害株开花少而小，严重影响其观赏价值。在成虫出现时可以每隔 7~10d 喷洒 MEP、DEP、氧化乐果、菊酯类杀虫剂等。

白粉虱 发生初期用 1.8% 阿维菌素乳油 3500 倍液，50% 抗蚜威、20% 灭扫利乳油、10% 吡虫啉可湿性粉剂 2000 倍液喷雾防治。

13.8.7 采收、贮藏与保鲜

在国际花卉市场，要求切花长度一般在 50cm 以上。由于其花梗吸水性较差，所以一般在盛花前开始采收。花毛茛切花采收以清晨为宜，采后立即放入清水中吸水。采收成熟度要求外部花瓣完全显色但不开放，提前或延迟采收对切花观赏价值都有一定的影响。为防止基部感病、种球腐烂，枝剪采切须保留地面以上 2cm 左右的茎秆。包扎时淘汰花苞畸形及带有病虫斑的花枝，根据长度、粗度、花苞大小等进行分级。采收后充分吸水，每 10 枝为 1 束，每箱 100 枝。5℃ 可贮存 2 周。

13.9 球根鸢尾

【学名】 *Iris hollandica*
【英名】 bulbous irises
【科属】 鸢尾科鸢尾属

13.9.1 形态特征

球根鸢尾属秋植球根花卉，花期因地区不同，一般在早春至仲夏。株高 5~90cm。花径 3~10cm；内花被直立，呈倒披针形，长 3~7cm；外花被先端稍窄，呈倒长卵形，宽度 1~4cm。叶片线性，管状或扁平，长度随品种变化较大（图 13-9）。

13.9.2 生态习性

球根鸢尾的亲本主要分布在北温带，冬季温暖湿润，夏季干燥。其生育温度范围较广，喜光照，喜凉爽气候，大部分品种对土壤要求不严，但不耐水湿。其中一些栽培品种不耐低温，不耐贫瘠。

13.9.3 种类与品种

球根鸢尾为鸢尾科鸢尾属植物，是世界上重要的切花种类。英国皇家园艺学会将球根鸢尾分为三大类，分别是 Reticulata 鸢尾、Juno 鸢尾和 Xiphium 鸢尾，其中 Xiphium 鸢尾为主要的切花品系。

① Reticulata(Hermodactyloides)鸢尾　是球根鸢尾中最矮的一类，株高 5~15cm。球根外有一层网状薄膜。叶片圆柱形或三角形，花期叶片变化较大，花期之后叶片可达 30cm 或更长。花期冬末至初春；花径 3~8cm，花色主要有蓝色、白色、紫红色；产花数较少，一般 1 株仅产 1~2 枝。

② Juno(Scorpiris)鸢尾　球根较脆，叶片管状或扁平。株高 5~45cm。花期早春；多花，花大，花径 5~10cm；外花被一般颜色亮丽，内花被较小。某些种如 *I. bucharica* 是优良的庭院植物，而 *I. magnifica* 是良好的花境边缘植物。

③ Xiphium 鸢尾　包括荷兰鸢尾、英国鸢尾、西班牙鸢尾，主要由荷兰育成，目前我国普遍栽培。叶片管状或线性。株高 25~90cm。花径 7~9cm，花色有蓝色、黄色、白色、淡紫色。其中英国鸢尾较喜肥沃土壤。Xiphium 鸢尾广泛应用于庭院绿化，是切花的主要品种。而其中原产非洲的一些品种不耐寒。目前主要的切花品种有：

图 13-9　球根鸢尾

'Apollo'('阿波罗')　株高 65cm，较耐寒，外花被黄色，内花被奶油色，后期变为蓝色，该种在 9℃ 条件下贮藏 8 周即可完成春化作用。

'Blue Diamond'('蓝宝石')　株高 65cm 左右，花深紫色，外花被上有柠檬黄色大斑点。是促成栽培主要品种。

'Blue Magic'('蓝魔幻')　株高 65cm，外花被深紫色，内花被浅紫色。8℃ 下需要贮存 9~10 周方可完成春化作用。

'Bronze Queen'('黄铜女王')　原产荷兰，株高 65cm，花黄铜色。

'Golden Harvest'('金色丰收')　原产荷兰，株高 70cm，花黄色。

其他常见品种还有'Aristocrat'，'Duchess of York'，'Mont Blanc'，'Queen of the Blues'等。

13.9.4 繁殖方式

不同地区可以根据当地情况选择栽培时间，主要采用分株即球茎繁殖，栽植前需要用2000倍的退菌特浸泡30min，注意栽植过程中不要弄伤球茎，以防止球根腐烂。

13.9.5 栽培管理

球根鸢尾的亲本是鸢尾科的代表植物，主要分布在北温带地区，这里冬季温暖湿润，夏季干燥少雨。球根鸢尾对于低温的耐受力较强，0℃可以继续生长。我国大部分地区与原生境条件正好相反，即冬季寒冷干燥，夏季高温多雨，所以可以选择高海拔地区进行栽培。

在球根鸢尾栽培过程中需要较多的土壤水分，因此要选用保水力强、透气性好的土壤。如果土壤排水不良，球根易腐烂，且易感病。栽植球根鸢尾忌连作，如果情况不允许只能连作，在栽植之前用氯化苦进行土壤消毒，有条件的可以用高温蒸汽消毒。栽植前两周，每平方米施用氮肥15g，钾肥15g和磷肥19.5g，并通过深耕与土壤混合均匀。另外定植4~5d前播撒19.5~30g/m^{2}的PCNB与土壤混合，预防白绢病。栽培床宽度为120cm，高度为15cm，覆土厚度为5cm，定植距离一般为9cm×9cm或10cm×8cm，栽植过密会引起切花品质下降，而且易致白绢病等真菌性病害。

定植过后需要浇足水，平时管理时要间干间湿，如遇到雨季水分过多，要注意排水，防止根茎腐烂。当花茎伸长时要控制水量，防止茎叶柔弱和花芽败育。但不要过干，土壤水分过干会导致花蕾枯萎。当植株长到3cm左右时，追施尿素一次，施用量为10~15g/m^2。当花莛显露后，每周追施0.1%的KH_2PO_4液体肥料一次，以促进植株更好开花，同时也有利于球根生长。

早熟品种对于低温的感应能力很强，一般处理4~5周，就可以正常发芽。中熟品种要处理8~9周。由于球根鸢尾对于日照长度没有反应，所以在冬季只要保持一定温度即可进行切花生产。定植以后的温度管理上限为25℃，在这个温度范围内，温度越高，开花期越短，但植株越矮。因此，在天气温暖的地区，要随时对温度进行监控，保证做到随时通风降温。秋季如果定植种球的时间较早，气温较高，则要在出苗前1~2周，借减少光照来降低环境温度。另外，要保持通风，以提高光合作用，防止真菌性病害。

每月松土两次有助于植物根系生长，但是要注意不要碰伤根系；同时要及时拔除杂草。

13.9.6 主要病虫害及其防治

青霉病 是球根花卉的主要病害，一般在球茎表面产生青色的菌丝。往往也会侵染茎部，在球茎的内皮发生腐烂并形成青色霉菌。被害严重的球茎定植后不发芽，即使发芽，其生长发育也不良，叶芽弯曲，或者形成青色霉菌而枯死。病发时，将发病球茎及时拔除集中烧毁。将栽培种球用1%克菌丹处理进行防治。

软腐病 病症首先发生在茎基部，初期出现水渍状斑点，不久开始全株腐烂。病原菌为一种细菌，存在于土壤中，并且能够寄生于各种农作物。潮湿条件下极容易发病。应避免与萝卜、胡萝卜、郁金香等根茎类植物连作。去除土壤中的植物残体；在已提前处理好的土壤中种植；种植时避免碰伤根尖；温室内种植时温度保持在适宜的范围内，避免高温；清晨适量浇水；防止土壤熟化。这种病原菌的生命力极强，很难杀死，所以要与其他大田作物进行轮作，避免病原菌积累过多。

镰孢性基腐病 这种病最初发生在球根基部，随后向上侵染至鳞茎。受侵染组织与健康组织区别明显。染病部分组织变软，灰褐色，内抽，有时被覆白色织状物。染病种球栽种后，不能开花。在温室中如植株早期受侵染，地上部分变软，秆弱，叶子从叶尖开始变黄，不久植株死亡。若后期染病，则生长停滞，花芽干枯，采收时花色仍显苍白。深入球根内部的花茎基部长期不发育，表皮皱褶。

病毒病 发病时整株植物均可染病，主要表现为叶片花斑，花朵畸形，生长不良。发病时要将植株拔除集中烧毁。另外，要防止蚜虫等刺吸式口器的昆虫大面积发生。

根瘤线虫 植株被根瘤线虫危害后，地上部分生长不良，地下部形成多个根瘤，并诱发根腐。定植前要仔细挑选无根瘤的健康种球，定植前用氯化苦等进行土壤熏蒸消毒。栽培之后发现要及时拔除，集中烧毁。

球腐线虫 此类病害多见于欧美和日本，在进口球根时要注意检疫。

其他常见虫害有蚜虫、蜗牛、蛞蝓等，应及时防治。

13.9.7 采收、贮藏与保鲜

由于球根鸢尾切花从蕾期到开放，对温度十分敏感，开放较快，所以适时采收对荷兰鸢尾尤为重要。若采切过早，花未发育完全，则影响花型、花色和花朵大小等观赏品质；若采切过迟即露色太多，从蕾期到开放的时间较短，不利于切花的贮藏、运输和销售。采收时一般连同球茎一起拔除，在球茎上部1cm处切断。湿贮于水中，0~1℃可以保存1周；也可干贮于保湿包装箱中，在-0.5~0℃条件下贮存1周。贮存期过长花蕾不易开放。切花运输前先用2g/L的柠檬酸和2g/L的蔗糖溶液处理12h，温度20℃，有利于延长花蕾寿命。运输之后，切花应用40~50℃热水处理3h，可以采用花卉保鲜剂。球根鸢尾采收标准见表13-6。

表13-6 球根鸢尾采收标准

规格	枝数（枝）	束（枝）	植株高度（cm）	质量（kg）	品质	叶片形态
3L	200	20	60~65	特别粗壮者9以上	花蕾和植株完全无异常者	大小适中完全无异常
2L	200	20	55~60	特别粗壮者8以上	花蕾和植株完全无异常者	大小适中完全无异常
L	200	20	50~55	粗壮者为7~8	花蕾和植株无异常者	大小适中无异常
M	200	20	45~50	较细者为6~7	花蕾和植株稍有异常者	大小适中基本无异常

小　结

本章介绍了9种常用球根切花的形态特征、生态习性、种类与品种、繁殖方法、栽培管理、主要病虫害及其防治、切花采收、贮藏与保鲜等内容。

思考题

1. 什么叫球根切花？有哪些类型？
2. 球根切花的繁殖栽培要点有哪些？
3. 举出5种球根切花并说明它们的主要生态习性、栽培要点和采后贮藏方法。

推荐阅读书目

1. 鲜切花栽培学．李枝林．中国农业出版社，2010.
2. 园林花卉学(第3版)．刘燕．中国林业出版社，2016.
3. 球根花卉栽培指南．王意成．江苏科学技术出版社，2007.

14 木本切花栽培

在世界上种类繁多的切花中,木本类切花比草本类少,但不少木本植物也很适合做切花。如月季、梅花、蜡梅、牡丹等已广泛应用。

14.1 月季

【学名】 *Rosa* spp.

【英名】 rose

【别名】 月季花、玫瑰、蔷薇

【科属】 蔷薇科蔷薇属

月季是世界最古老的花卉之一,是我国的传统名花,也是世界的四大切花之一,深受世界消费者的青睐,已发展成为全球情人节(Valentine's Day)的代表性花卉。从植物分类学意义上来说,月季、玫瑰和蔷薇三者均属于蔷薇属(*Rosa*)150 余个种中的 3 个不同种,但在西方国家把这 3 个不同种统称为 Roses,被译为"玫瑰"。月季(*Rosa chinensis*)在我国栽培历史悠久,也为世界月季育种做出了不少贡献,尤其是一年多次开花的现代月季均有中国月季的血统。玫瑰(*Rosa rugosa*)是蔷薇属的一种,因其香味浓郁,易于加工,主要用做香料工业原料,生产玫瑰香精、玫瑰油或食品添加剂等,也可应用于园林配置、栽培观赏。蔷薇则是蔷薇属(*Rosa*)植物的泛称,侧重于野生原种,如野蔷薇(*R. multiflora*)、峨眉蔷薇(*R. omeiensis*)等。我们现在见到的月季,绝大多数是 1867 年之后利用中国的月季花、法国的玫瑰以及其他国家的蔷薇,经反复杂交以后育成的可以四季开花的一个观赏类群,国际上称之为现代月季(Morden Rose)。

14.1.1 形态特征

直立灌木,株高 60~100cm。枝条开展,多数被覆皮刺、针刺或刺毛,稀无刺,有毛、无毛或有腺毛。叶互生,奇数羽状复叶,稀单叶;小叶边缘具锯齿,托叶贴生或着生于叶柄上,稀无托叶。花单生或成伞房状,稀复伞房状或圆锥花序;萼筒(花托)球

图 14-1 月 季

形、坛形至杯形；萼片 5，稀 4，开展，覆瓦状排列，有时呈羽状分裂；花瓣 5，稀 4，开展，覆瓦状排列，除了蓝色和紫色至今尚无，其他各色系列几乎全部具备；雄蕊多数、分为数轮，着生在花盘周围；心皮多数，稀少数，着生在萼筒内，无柄，极稀有柄，离生；花柱顶生至侧生，外伸，离生或上部合生；胚珠单生，下垂。瘦果木质，多数，稀少数，单生在肉质萼筒内，形成蔷薇果；种子下垂。花期四季常开（图 14-1）。

14.1.2 生态习性

月季性喜温暖，要求阳光充足、通气良好的生长环境。生长期适温 15～25℃，冬季适温 12～15℃，低于 10℃则停止生长。若在露地种植，北方冬季落叶，可忍受 0℃ 以下的低温；在华南地区表现为常绿习性，四季均可露地生产切花，冬季无须加温也可花开不断，但夏季生长不佳。喜肥沃疏松、排水良好、富含腐殖质的砂质壤土，忌重黏土，在微酸性土壤、中性至微碱性土壤上均可生长良好；因其周年花开不断，对肥分的要求较高，必须保证充足的肥料供应。

14.1.3 种类与品种

现代月季的创造过程：自 18 世纪末至 19 世纪初，中国的月季花和香水月季的 4 个品种开始传入欧洲，从此打开了创造现代月季的大门，开创了月季育种的技术革命。一般可将欧洲月季品种的发展历程分为两个阶段，即 1800 年以前和 1800 年之后。前者可称为法国蔷薇组阶段，主要有法国蔷薇(*R. gallica*)、突厥蔷薇(*R. damascena*)和百叶蔷薇(*R. centifolia*)。19 世纪初，欧洲人开始用来自中国的月季花、香水月季品种与欧洲及西亚蔷薇种与品种反复杂交，1837 年育成了杂种长春月季系统 HP(Hybrid Perpetual Roses)的两个品种'海伦公主'('Princess Helen')与'阿尔贝王子'('Prince Albert')；随后于 1867 年首次育成杂种香水月季系统的第一个品种'天地开'('La France')。

根据现代月季的杂交亲本来源与生育性状，国际上进行了系统分类，共分为 6 个品种群：

杂种香水月季(Hybrid Tea Roses) 简称 HT 系。是四季开花的单花月季。一般花径在 10 cm 以上，最大可达 15cm，生长势旺盛。是切花月季的主要栽培种群。

聚花月季(Floribunda Roses) 简称 FL 系或 F 系。为四季开花的中型多花月季。生长强健。花枝顶芽能分化多个花蕾，可成团成簇开放，花径一般为 5～10cm。为切花月季栽培种群之一。

壮花月季（Grandiflora Roses） 简称 GR 系。是现代月季中较有前途的月季，能四季开花。花单生或数朵聚生，花形多重瓣，多数花瓣在 60 个以上。生长势强，常作切花栽培。

藤本月季（Climbing Roses） 简称 Cl 系。这类月季枝条粗长，一般当年抽生的新枝可长达 5~6m。有四季开花品种或春季开一次花的单季花品种。

微型月季（Miniature Roses） 简称 Min 系。是月季的小花型品种，植株矮小，株高 15~30cm，花朵直径 1~3cm。

灌木月季（Shrub Roses） 是一个庞杂的类群。几乎包括了前 5 类所不能列入的各种月季。有半栽培原种、老月季品种，也有新近育成的灌木月季品种。大多非常耐寒，生长特别繁茂。花单瓣或重瓣，花色丰富。

14.1.4 繁殖方法

主要以扦插繁殖为主。

硬枝扦插 结合冬季修剪，选择粗壮的当年生枝条，剪取长 15cm 左右、带有 2~3 个叶芽的枝段作为插穗，要求上下切口平剪，上剪口距第一个饱满芽 1cm。扦插时插穗下端 2~3cm 处速蘸 500μg/g 浓度的 NAA，400μg/g 的 IBA 或 ABT 生根粉。北方地区于 12 月上旬扦插在小拱棚或地窖内的插床上，床面低于地平面 40cm 左右，插床铺细河沙，厚 20cm，株行距 5cm×8cm，插深 14cm 左右，露出上端 1 个芽。插后浇透水，覆塑膜越冬。翌春 4 月上中旬，气温升高，开始萌芽，下端切口愈合，皮部开始生出不定根，进行第二次灌水，结合灌水施用淡水肥，并打开塑膜露地培育。6 月上旬根系木质化时，即可移植于育苗圃培育，生根成活率可达 90% 以上。

嫩枝扦插 5~9 月下旬，选择生长充实、腋芽饱满、开花后的半木质化枝条做插穗，穗长 12~15cm，保留上部 2~4 枚叶，插穗下端速蘸 400~500μg/g 的 NAA 或 300μg/g 的 IBA，也可速蘸 ABT 原液。扦插于窖棚内插床或全光自动间歇喷雾的插床上即可。扦插的株行距为 5cm×10cm，插深 3~4cm，插后随即喷透水。此后转为正常管理阶段，晴热天气为防棚内温度升高，11:00~15:00 喷水 1~2 次降温，保持棚内温度 25~31℃ 左右。全光自动间歇喷雾扦插，晴热天可整日进行喷雾。一般扦插后 15~20d 开始生根，成活率可达 85%~95%。

嫁接育苗 部分稀有、珍贵优良的品种因其插穗较少，扦插难度较大，为节省插穗，确保繁殖成活率，可采用嫁接法繁殖。砧木可选用十姐妹、粉团蔷薇等，考虑到嫁接的便利和快速性，切花月季常选用无刺或皮刺极少的蔷薇类种或品种作砧木，欧洲常用狗蔷薇（R. canina）做砧木，国内则多用引自日本的无刺类蔷薇做砧木。春、夏、秋 3 季均可扦插砧木，插穗长 12~15cm，插入施足基肥的苗床上，株行距 15cm×30cm，插入时露出上端 1 个芽。春、夏季扦插的砧木，翌春即可进行月季枝接；春季嫁接时间短，但嫁接苗质量好。生长季节砧木和接穗离皮时进行"T"字形或方块形芽皮接，以夏季伏天成活率最高。嫁接时最好选在晴天进行，气温高细胞分生力强，愈合快，成活率高。雨天不宜嫁接，以免雨水流进接口引起腐烂影响成活。嫁接的接穗与砧木贴合后及时用薄塑膜条绑紧绑严，使接芽与砧木紧密结合，切口包严，既可防止水分蒸发有利接芽成活，又可防止雨水渗入。嫁接后在距接芽上端 10cm 处折弯砧木枝条，但不要折断或剪掉（可折断枝条的木质部而使韧皮部保持不断），以保留砧木上端适量的叶片进行光合作用，促进接口愈合和辅养接芽。一般嫁接后 7~10d 即能愈合，15d 左右解除绑缚。春季枝接气温低，愈合慢，解绑时间可适当延长。接芽萌发时解绑，过早解开会影响愈合与成活，过晚影响接芽正常生长。注意经常、及时地抹除砧木萌芽，以防砧芽争夺养分、水分，影响接芽生长。剪砧时间不可过早，接芽萌发生长至 15cm 以上、生出 4~6 枚复叶时进行，剪砧过早新生接条细弱影响成苗甚至死亡。为保证幼苗正常生长，获得优质嫁接苗，必须及时进行追肥、充足灌水和松土除草。一般嫁接成活率在 80%~95%。

切花月季除了上述方法外，还可通过组织培养和播种繁殖，前者主要用于极稀有品种的扩繁或种质资源保存，后者则基本用于杂交育种的种苗繁育。

14.1.5 栽培管理

(1) 品种选择

切花月季应具有花形优美、呈典型杯状花型、花枝粗长而挺直、花色鲜艳带有绒质感、生长健壮、抗逆性强、产量较高且能周年生产等特点。大面积种植时应注意花色品种的比例，若以供应国内市场为主，最好以红色系品种为主，兼有黄色、白色、粉色等，一般红色 50%，粉色 20%，黄色 20%，白色 10%。

(2) 定植后管理

小苗定植后有条件的可每天用喷灌设施往叶面喷水，因为此时新根还未生长，不具备吸水能力，为防止过量蒸发造成植株萎蔫，喷水应持续 2~3 周，直至植株长出新根。喷水次数根据天气状况而定，原则是保证叶片湿润而无水滴下落。小苗定植成活后，将长出的花蕾在其透色时摘除，以保证营养集中于植株的长成。

(3) 生长期管理

(弯枝) 拱形栽培法 (Arching Culture) 在切花月季的栽培生产中，一些盲长枝和不够粗壮、不够长度的花枝需要朝过道方向折下，折枝时应做到折而不断。对于容易折断的品种，应在下午植株体内水分较少时操作。修剪的植株生长一段时间后，有些枝条自然老化而枯死，还有些枝条有病虫害发生，应予剪除，以增加通风透光，并防止病虫害传播。而对于所有绿色枝条，原则上一律不剪，因为这种枝条还能进行光合作用，辅养产花枝，这是提高切花月季质量及产量的要素之一。"拱形栽培法"由日本、韩国传入。其原理就是充分利用月季植株的所有正常枝条叶片进行光合作用，尽可能多地积累养分，以保证切花生产对植株养分的大量需求，提高切花产品质量、增加产花量。较之国内早期传统的"一剪了之"要科学、合理得多。目前已在各地大为推广应用，值得大力提倡。

采切花枝 第一茬花以后的剪花过程实际上也是一种修剪过程。剪花依据花枝强壮程度而定，粗壮枝条可适当提高剪花部位，从基部起留 4 片复叶；较细枝条最多留 2 片复叶。如此操作 3~5 次后，可适当回剪，保证剪花部位距畦面 30~60cm，便于生产操作。注意，回剪要分期分批操作，不要一次做完，以免引起切花产量的大波动，不利于销售。

肥水管理 定植初期的水分管理以见干见湿为主，肥料以氮肥为主，薄肥勤施，促发新根，尽快形成强大的根系，使植株快速成形。抽梢、孕蕾、开花期需充足水分；修剪前适度停水，控制生长；修剪后为促进芽的抽动，需及时浇水；孕蕾开花期，肥水需要量增大，土壤应经常保持湿润状态，施肥次数和施肥量都增多，以磷、钾肥为主。

光照管理 切花月季喜光照充足，露地栽培的切花月季，整个生长季光照均能满足植株生长发育的要求。但在温室栽培中，冬季日照时间短，又有防寒物的遮挡，还经常出现阴天和下雪，日照明显不足。这时最好采用白炽灯或荧光灯进行补光，提高切花的产量和质量。夏季光照往往过强，而且强光照能够引起高温，对月季生长不利，所以应适当遮阴。

温度管理 温室栽培昼温 20~21℃，夜温 15℃。温度高于 30℃，花朵变小，瓣数减少，茎秆软弱，质量下降；温度低于 5℃，生长速度急剧下降，产量明显降低，花朵畸形，花色变浅。

摘心与整枝

浅摘心（幼枝摘心） 主要用于定植初期，为了培养采花主枝，促使植株基部发出较多的基枝。定植后萌发的枝条在茎尖开始形成花蕾时，将枝条先端摘除。

深摘心（熟枝摘心） 主要是培养采花枝，当新梢先端部的花蕾达到黄豆大小时，枝条已经变得挺拔坚硬，这时可以在枝条的下部往上数第五片或第六片叶片的上方进行摘心。去除顶端优势后就会从最上端的侧芽萌发出新的枝条，而这个枝条就可以培养成切花枝。

花枝摘心（开花后摘心） 在顶花盛开后，花瓣将要开始下落之时，留下枝条下部具有充实腋芽的 5 枚叶片剪枝摘心。这种做法主要用于多年生的成熟植株，在剪枝之后可以减少摘心次数，防止植株过高，对于定植不久或者改植后不久的植株则不能使用。

夏季修剪 盛夏形成的花蕾，因气温较高花蕾没有发育完全就会开花，无商品价值。所以无论幼苗或成年树都应该控制夏蕾，以节省养分供给花枝发育，使其开好秋花。这对枝条比较细弱、生长势较弱的品种尤为重要。夏季对月季的强度短截回缩会对树体伤害过度，不利于秋季恢复生长，还会影响秋季产量，所以现在常采用捻枝和折枝方法。捻枝是将枝条扭曲下弯，不伤木质部；折枝是将枝条部分折伤下弯，但不折离树体。

14.1.6 主要病虫害及其防治

危害月季的病虫害，主要有白粉病、黑斑病、灰霉病、霜霉病、炭疽病、根癌病、花叶病、花腐病、叶枯病、枝枯病和绿瓣病等病害以及橘刺粉虱、蚜虫、红蜘蛛、介壳虫、黄胸蓟马、朱砂叶螨、蔷薇三节叶蜂、刺蛾、蚀夜蛾、同型巴蜗牛、六星点豹蠹蛾、金龟子、叶蜂等虫害。可根据其危害特点采取相应的防治方法。

14.1.7 采收、贮藏与保鲜

切花月季采收过早易引起花茎弯曲,使花蕾下垂,致使花朵不能开放;采收过迟,会缩短瓶插寿命。采收部位是保留5片小叶的两个节位。剪口的高低会影响芽的萌发与下一茬成花时间,在主枝剪切与花枝留1枚5小叶节位剪切,花期前后相差3~5d,如果提高到第3枚5小叶节位剪取,花期可提高7d左右。月季花枝采收后应立即放入清水中,使其吸足水分,放入4~6℃温室冷藏,并进行分级和包装处理。一般按照花色、花枝长短、花蕾开放程度等进行分级包装,每10或25枝为1扎。不要将叶子插入水中,以免增加水中溶解的多元酚;月季对糖敏感,单独使用糖液会明显降低瓶插寿命;月季切花的保鲜期短,不耐长时期运输,因而低温冷库贮藏时间也不宜过长。

14.2 蜡梅

【学名】 *Chimonanthus praecox*
【英名】 winter-sweet
【别名】 腊梅、黄梅花、寒梅、蜡木、香木
【科属】 蜡梅科蜡梅属

蜡梅原产我国,野生蜡梅分布于河南、陕西、湖北、四川、湖南、云南、浙江等地,其中以湖北、四川与陕西交界地区为分布中心。主要生于海拔200~800m 的次生林中,以海拔400~600m 分布最为集中,成片分布最大者逾67hm^2。

蜡梅在我国有1000多年的观赏栽培历史。唐代以前,蜡梅与梅花常混淆在一起。经北宋文人黄庭坚及苏轼定名以后,蜡梅才与梅花区别开。北宋时无论在江南或在黄河流域均有蜡梅栽培,尤其在寺院僧舍更为普遍。南宋时期,浙西、浙东、苏南等地蜡梅栽培日益增多。范成大在《梅谱》中经有'狗绳梅'、'磬口梅'、'檀香梅'等品种名称及形态描述等。河南鄢陵有始于宋代栽培蜡梅的记载,并盛于明、清,有"鄢陵蜡梅冠天下"之称,鄢陵蜡梅还作为贡品,被皇帝誉为"天下第一花"。《群芳谱》《花镜》中记载了蜡梅栽培技术和品种。1611—1628年,蜡梅经朝鲜传入日本,1776年传至欧洲,后再传入美国。

蜡梅适应性比较强,植株不高,正值百花凋零的冬季盛开,其花色独特,风姿秀美,芳香诱人,深受人们喜爱,作为园林观赏植物得到广泛应用。如今大江南北(即北京以南,衡阳以北,上海以西、四川以东等地),处处都有蜡梅,其中苏、浙、鄂、豫、皖、陕、川、沪等地是我国蜡梅的主要栽培地区。蜡梅还可用做盆栽,也是制作盆景的良好材料,可培养成疙瘩梅、悬枝梅、屏扇梅等各种造型奇特的景桩。

蜡梅花期长,还适合做切花,是冬季装点厅室的上佳花材。近年来,国内对切花蜡梅品种的筛选、栽培技术、切花采后生理及贮藏保鲜技术等的研究日益增多,切花产业化开发前景看好。

14.2.1 形态特征

落叶或半常绿灌木,高可达 5m。枝粗,树干丛生,形成多干丛生状,黄褐色,皮孔明显。根颈部发达,常形成肥大的"疙瘩",也称"蜡盘"。小枝呈四棱形,老枝近圆柱形。叶对生,近革质,长椭圆形,全缘,表面绿色而粗糙,背面灰色而光滑,具短柄。花单生于叶腋内,花色以蜡黄、紫红色为主,偶见淡绿和奶白;花先叶开放,芳香,直径 2~4cm;花被多数,内层较小,中层较大,最外层由细小鳞片组成;心皮离生,着生在一中空的花托内,成熟时花托发育成葫芦状、倒卵形或椭圆形,口部收缩。果实内含瘦果数粒,成熟瘦果茶褐色,有光泽(图 14-2)。

图 14-2 蜡 梅

14.2.2 生态习性

蜡梅喜光、略耐阴,较耐寒,冬季气温不低于 -15℃能在露地安全越冬。但花期如遇到 -10℃低温,开放的花朵常受冻害。喜疏松、深厚、排水良好的中性或微酸性砂质壤土,忌黏土和盐碱土。喜干旱,忌水湿,有"旱不死的蜡梅"之说,但夏季酷热时仍然要注意补充水分,否则叶片会形成枯干发白的块斑,同时影响花芽的形成。怕风,如不注意防风,叶片会出现锈斑;花期受风,花瓣会出现舒展不开的现象。生长势旺,发枝力强,耐修剪,有"砍不死的蜡梅"之说。根颈处易生旺盛的萌蘖枝,有"蜡梅不缺枝"的谚语。花期长,自 11 月至翌年 3 月,单花开 15~25d。果期 6~8 月。树体寿命较长,产地 500~600 年古树颇多。

14.2.3 种类与品种

对于我国特产的蜡梅属,目前多数专家认为有 6 个种:蜡梅、西南蜡梅($C.\ companulatus$)、柳叶蜡梅($C.\ salicifolius$)、突托蜡梅($C.\ gramonatus$)、亮叶蜡梅($C.\ nitens$)与浙江蜡梅($C.\ zhejiangensis$)。全国有 350 余个蜡梅类型和品种材料。

长期以来,大部分相关书籍均简单地将蜡梅栽培品种及变种分为四大类群:磬口蜡梅、素心蜡梅、红心蜡梅与小花蜡梅。根据花期早晚,可分早花品种(10 月上旬至 12 月上旬开花)、中花品种(12 月上旬至翌年 2 月下旬开花)及晚花品种(2 月至 4 月中旬开花),其中以中花品种最多,早花和晚花品种类极少。根据花径大小可分为 3 级,花径在 4cm 以上称为大花类,1~4cm 为中花类,1cm 以下为小花类。根据花朵开放时的形状,分张开(盛开时花被片开展并呈反卷状)及磬口(花被片不开展)两类。外轮花被片的颜色有蜡黄、金黄、土黄、黄绿及黄白色之分。花的香气也各有特征。

14.2.4 繁殖方法

蜡梅的繁殖方法有播种、分株、压条、扦插、嫁接等。

种子繁殖 蜡梅为自然二倍体植物，两性花，由昆虫传播花粉，开花结实率较高。但由于受精方式的不确定性，种子会产生较大变异，保持品种优良性状的稳定性差。7~8月种子成熟即播的发芽率高(可达90%)。将种子置于阴凉处层积堆藏，待胚根露出后再播，出苗率可达93.6%，而且出苗相对较早。也可贮藏至翌年春播。播种前用温水浸种24h，可促使发芽整齐。实生苗第三年开始开花。

分株繁殖 于秋季落叶后或春季萌芽前进行。

压条繁殖 蜡梅容易在基部长出萌蘖，可用地压法繁殖。由于蜡梅枝条具有"松、脆、空"的特点，在压条前不能用环状剥皮的方法，而应用两侧刮皮法。

扦插繁殖 蜡梅修剪后易发萌蘖枝，可获得大量的扦插材料，只是枝插的成活率低。插穗以1年生半木质化枝条上端成活率较好，中段次之，下段最差。扦插适期为6月中旬到8月上旬。王菲彬等在南京将基部萌发的1年生近熟或半木质化枝条的梢部，剪成10~15cm长，上留一对叶，基部用500mg/L NAA溶液浸20~30min，以珍珠岩:细河沙=3:1作为扦插基质，在40%遮阳网下配合间歇喷雾，可使扦插成活率提高到60%以上。

嫁接繁殖 蜡梅传统繁殖以嫁接为主，可用腹接法，夏秋均可进行，以6月中旬至7月中旬最适。河南鄢陵的花农在长期的生产实践中，还摸索出了盖头皮靠接法、普通靠接法、切接法、劈接法等经济实用的嫁接形式。

14.2.5 栽培管理

栽植地应为背风向阳、日照好、排水良好的平坦或缓坡地，地下水位在1m以下。土壤以石砾少的中性或微酸性砂壤土为好，忌黏土和盐碱土，否则需进行土壤改良。水源要有保证，水质要符合要求的生产性用水(含盐量不超过0.1%~0.15%)。

整地的基本要求是土地平整、全面耕翻、均匀碎土、无大草根及石块，并且施入有机肥和过磷酸钙作为基肥。畦高40~50cm。开好排水沟，防止雨季因积水而烂根。

切花圃初建时，可直接购买2~3年生的优良切花蜡梅苗，以缩短切花上市的时间。可采取方形栽植，株行距均为3m；采用长方形栽植，行距为4m，株距2m。

蜡梅属喜肥花卉，春季施2次以氮为主的展叶肥。6月底至入伏前当新梢停止生长10d以后，施1次氮:磷:钾=1:4:2的复合肥。伏天是花芽分化期，也是新根生长旺盛期，施1~2次复合肥。秋凉后再施1次肥，更好地促进花芽生长。入冬前后，蜡梅含苞期，在剪取花枝之前，再施肥1~2次，供开花时所需要养分。花后补充基肥，为下次的生长奠定基础。

蜡梅耐旱怕涝，如土壤过于潮湿，植株生长不良，影响花芽分化，甚至导致烂根。在雨季应特别注意防涝，如遇大雨，应及时排水。夏季高温季节要多浇水，保持植株正常生长，使花芽正常发育。花芽形成后，可大水大肥，使花芽饱满。花前或开花期尤其要注意必须适量浇水，如果浇水过多容易落蕾落花，但水分过少开得也不整齐。平时还要注意中耕除草。从总体来看，切花蜡梅的整个栽培过程中，除几个关键期外，其余时间需控制水分供应，保持土壤的相对干燥，这样不仅有利于植株根系的发育，还能增加植株体内细胞分裂素等激素的含量，有助于切花保鲜。

14.2.6 修剪

14.2.6.1 蜡梅的开花习性

蜡梅的枝条在生长过程中具有顶梢自枯习性，形成假二叉分枝。蜡梅新梢一年可多次生长，其主要有春梢和夏梢两次生长。新梢（营养枝）几乎全部可转化为花枝，徒长枝一般在次年能抽生短枝开花。花芽分化与新梢生长密切相关，当新梢伸长生长减缓或顶梢自枯之时，花芽恰始分化。春梢顶梢自枯期及花芽分化集中而整齐，夏梢花芽分化则无相对集中分化期。因此，为提高蜡梅花的产量，栽培管理的关键是保证春梢的正常生长，维持其中庸状态，适时顶梢自枯。

根据花枝的长短、生长状态以及花蕾的多少，可将蜡梅的花枝分为短花枝、中花枝和长花枝3种。短花枝长度通常在10cm以下，为1年生新生侧枝，着生较多花蕾，如加以修剪可转变为中花枝或长花枝；中花枝长度为10~20cm，一般情况下为2~4年生的多次延长枝，这类花枝是成年蜡梅树上最多的一类花枝；长花枝长度为20~50cm，有时可达50~80cm，最长者达1m以上，多为当年生的中、长枝，其上春梢能形成大量发育良好的花蕾。

资料表明，长15~30cm的中长枝和5~15cm的短枝是形成花芽最多的枝条，占全树花枝数80%以上，花芽数占70%以上。但是，蜡梅成年树上花朵主要集中在短花枝及中、长花枝的下部。经统计，平均33.5cm长的一年生枝条有花13.8朵，其中58%集中在下部1/3枝长。这样的1年生花枝作切花枝，插入水中一段的花朵不能发挥作用，而2年生枝着花起点则较高。所以剪取切花一般要用2年生枝，1年生枝只有少数中、上部花朵较多的才能利用。因此，采取不同的整形修剪方式使之多生2年生花枝，并增大花枝上的花朵密度，对提高蜡梅的切花枝质量具有极为重要的影响。

蜡梅切花枝多用于瓶插，因而，切花枝上着花起点的高低影响到切花的使用。由于蜡梅的花蕾都是由当年生枝所形成，而1年生枝花蕾的着生起点低，在切花使用的过程中，枝条下部的花朵浸在水中，不能发挥作用，因此，2年生花枝相对来说是质量较好的切花枝。在进行冬季修剪时，采用适当的修剪方法有利于提高2年生切花枝的产量和质量。根据王菲彬等的试验结果：结合冬季修剪和切花枝剪取，对生长枝和长花枝采用轻短截方法，使得形成的2年生切花枝上的1年生枝着生起点增高，着生花蕾的短花枝数增多，中长枝的数量和长度相对减少，同时增大了花朵密度，有效地提高了2年生切花枝质量。

14.2.6.2 修剪方法

(1) 剪除萌蘖

实生苗从第三年开始，嫁接苗从当年开始，随时都要注意剪除萌蘖，要不留残桩，从土壤中长出的要扒土剪除。

(2) 抹芽和夏季疏剪

由于枝干隐芽容易萌发，在早春萌芽后要及时抹去不必要的芽，以节省养分并减少冬季修剪。树冠形成后，在夏季对主枝延长枝的强枝进行剪梢，减弱其长势。对弱枝则以支柱支撑，使其处于垂直方向，增强长势。对过密的枝条可进行适当疏剪，使树冠通风透光，增加花芽形成。

(3) 剪梢

在生长季剪梢，能促进抽生分枝和促使停止生长或形成花芽。由于枝条生长强度和剪梢时间不同，产生的作用也不同。较强壮的枝条在较早的时间剪梢，能促使生长二次枝和再次枝，并能在当年形成较多花芽。强枝4次剪梢后有抽五次枝条并在五次枝上当年开花的。较弱的枝条在较迟的时间剪梢，能促使停止生长和促进花芽形成。剪梢时间为4月中下旬新梢长出4对叶片时至夏末。剪梢长度根据需要确定，一般留4~9对叶。

(4) 冬季修剪

冬季修剪着重于疏剪，对主枝长出的副主枝和侧枝，如有生长不平衡的，进行适当短截和树冠回缩修剪，并剪除交叉枝、内向枝、下垂枝、病虫枝和枯枝。位置不当、扰乱树冠的强枝自基部剪除。具体操作如下：

将3个主枝各剪去1/3，促使主枝萌发新芽，可从中选定侧枝。修剪主枝上的侧枝应自下而上逐渐缩短，使其互相错落分布。侧枝强者易徒长，花枝少，侧枝弱者不易形成花芽，短截侧枝先端，在其上部可形成3~4个中长小侧枝，下部可形成许多小侧枝，都会产生大量花芽。疏剪过密的弱小枝，短截较强的枝，留2~3对芽，弱枝苗留1对芽。该小侧枝是主要开花枝，回缩修剪时，为了不使枝条形成叉状，可考虑所留的对生枝向所需要的方向伸展。

由于2年生花枝为优良的切花枝，出于切花观赏的需要，要得到良好的2年生切花枝，在修剪时需对生长枝和长花枝采用轻短截方法。每年养成并适当剪取切花枝。

不论是2年生枝还是其他花枝，在剪切花时，除需要疏剪的外，均需在基部留1~3对芽，促使抽出较长的枝条，以便第二年均衡树冠并形成切花枝。专供切花的植株，枝干骨架形成后长出的花枝，只要可作切花的都可剪下，无花和少花的长枝，如果不是很密并在光照良好的位置，尽量保留，以便第二年形成切花枝。

14.2.7 主要病虫害及其防治

危害蜡梅的病害主要有炭疽病、叶斑病、褐斑病、白纹羽病等，虫害主要有蚜虫、介壳虫、刺蛾、卷叶蛾、八点广翅蜡蝉、大蓑蛾、日本龟蜡蚧、梨网蝽等。应及时防治。

14.2.8 采收、贮藏与保鲜

在花蕾现色、含水丰富时切取70~90cm长的枝条，在0~2℃、88%~90%相对湿度条件下可保鲜30~50d；用艳花素8%浓度处理，有促进开花和增加花径、花重的效果，并使插花寿命延长达57~59d。湿藏有利于切花鲜重的增加，干藏可促进其开花，干藏比湿藏更有利于促进切花贮后花蕾的开放。

冷风库是蜡梅切花贮藏保鲜的关键设备,它能满足切花贮藏要求的温度、湿度,其安全贮藏期为 30~50d。

14.3 牡丹

【学名】 *Paeonia suffruticosa*
【英名】 tree peony, subshrubby peony
【别名】 木芍药、洛阳花、富贵花、谷雨花、鹿韭、白术、鼠菇
【科属】 芍药科芍药属

牡丹原产我国西北部,分布于海拔 800~3000m 高山上,生长在腐殖质层较厚的疏林下或林缘灌丛中。早在汉代,牡丹就作为药用植物记载于《神农本草经》。我国牡丹早在唐代已传入日本,明代及 20 世纪 30 年代日本又大量引种。1656 年牡丹传入欧洲,首先传入荷兰,1787 年传入英国;1883 年我国黄牡丹与紫牡丹传入法国。20 世纪初牡丹又传入美国。国外还先后对引进的牡丹进行杂交,育成了一批新品种,尤其是黄色牡丹更为珍贵。现日本有牡丹品种 300 多个。

牡丹作为我国的传统名花之一,自古以来就深受我国人们的喜爱,其花大、多彩、色艳、型美、香浓,被尊为"国色天香""花中之王",也是富贵吉祥、和平幸福、繁荣昌盛的象征,牡丹的文化底蕴深厚、内涵丰富,并且曾被评为"中国十大传统名花"的亚军。牡丹在园林中应用十分广泛,也很适合于盆栽,还是很好的插花花材。

14.3.1 形态特征

落叶亚灌木,株高 1~3m。根系肉质粗壮,长度一般在 0.5~0.8m,极少数可达 2m,须根少。老枝粗脆易折,灰褐色;当年生枝光滑,黄褐色。叶互生,叶片通常为二回三出复叶,具长柄,顶生小叶多呈广卵状,顶端 3~5 裂,基部全缘,表面深绿或黄绿色,叶背灰绿色,光滑或有短柔毛。花期通常为 4~5 月,花单生于当年枝顶,两性,花径 10~30cm;有单瓣、半重瓣与重瓣,野生种多为单瓣(品种分类时单瓣类有时又称为单叶类),经过长期人工栽培,雌雄蕊有瓣化现象,成重瓣花,瓣数少的又常称为多叶或半重瓣类,瓣数很多的称为千叶类;花色有白、黄、粉、红、紫红、紫、墨紫(黑)、雪青(粉蓝)、绿以及复色;萼片 5,绿色,宿存;雄蕊多数,心皮一般 5 枚,少有 8 枚,有毛。蓇葖果,密生短柔毛,8~9 月成熟,开裂,内藏 5~15 粒种子。种子黑褐色,直径 0.6~0.9cm,千粒重 250~300g(图 14-3)。

图 14-3 牡 丹

14.3.2　生态习性

牡丹有"宜冷畏热、喜燥恶湿、栽高敞向阳而性舒"的说法，但是除海南外，在全国各地都有见牡丹栽培，这说明在长期的栽培过程中有的品种已具有较广泛的生态适应性。当然，目前牡丹栽培还是以气候条件更为适合的黄河流域、江淮流域为主，尤其河南洛阳、山东菏泽是我国当今牡丹的主要生产基地、良种繁育基地和观赏中心，2003年菏泽牡丹原产地还在国家质检总局成功注册。

牡丹喜温凉、干燥（在年平均相对湿度45%左右的地方也能正常生长）的气候，不耐湿热，故在南方平地往往难以度夏。最低萌动温度为3.8℃，生长适温18~25℃，从萌动至开花期的有效积温为382.5℃。耐寒力强，在-20℃以上可安全越冬，有的甚至能耐-29.6℃。但在生长的初春，倒春寒可能扰乱发育进程，推迟花期，甚至造成冻害。性耐旱，怕水涝。夏秋雨水过多，叶片早落，易发生秋季开花现象。喜光，也有一定的耐阴能力，如稍作遮阴（尤其在高温多湿的长江以南地区），对生长开花有利，也有利于花色娇艳和延长观赏时间。喜肥沃、排水透气良好的壤土或砂壤土，忌黏重土壤。土壤从微酸性、中性到微碱性均可，但以中性土为宜。

14.3.3　种类与品种

全世界芍药属植物有30多种，通常分为3个组：牡丹组、北美芍药组与芍药组。我国是小灌木牡丹组（sect. Moutan）的分布、起源和演化中心。洪德元等（1999）将牡丹组分为8个种，其中3个种各包含两个亚种，另有两个杂种。牡丹、黄牡丹（*P. lutea*）和紫（野）牡丹（*P. delavayi*），以及它们的几个变种矮牡丹（*P. suffruticosa* var. *spontanea*）、紫斑牡丹（*P. suffruticosa* var. *papaveracea*）、大花黄牡丹（*P. lutea* var. *ludlowii*）等，是中国和世界各地牡丹栽培品种的主要原种，经过选择及培育产生了大量的品种。国外利用黄牡丹作为杂交亲本培育出了不少黄色牡丹品种，分类学家Rehder将其命名为*P.* × *lemoinei*（杂种黄牡丹）。大花黄牡丹发现于西藏，花径超出黄牡丹一倍，在英国已大部分代替了黄牡丹，我国也开始将其用于育种。

据不完全统计，世界牡丹品种有1000个以上，我国牡丹品种超过600个。牡丹品种分类的方法很多，我国传统多按花色、花型、花期等进行分类。按照花型的分类就有几种，其中一种分为3类11型：单瓣类的单瓣型；千层类的荷花型、菊花型、蔷薇型、台阁型；楼子类的金蕊型、托桂型、金环型、皇冠型、绣球型、台阁型。20世纪60年代，牡丹专家周家琪和李嘉珏提出了牡丹芍药品种的二元分类系统，2系指牡丹系与芍药系，牡丹系下有7个品种群，6个亚群，2种花瓣类别，14种花型。

20世纪90年代，又有学者提出了一些新的分类方法。如王莲英明确提出"组源""种源"是品种分类的首要前提，因组源不同，首先把牡丹划分为芍药系、牡丹系及牡丹芍药杂交系，种源的不同则在系下划分出单一原种所形成的群体，以及多元原种杂交所形成的各品种群；秦魁杰提出了建立系（普通牡丹系、紫斑牡丹系、黄牡丹系、紫牡丹系）、类、型的分类系统；成仿云等把花色作为第一等级，分为色、类、型、组和品种5个等级。翁梅等则建立了一套牡丹品种计算机模拟评估体系和牡丹品种资源信息库。

作为生产切花的牡丹品种,应具备的特点有:适应性较强,生长健壮,萌蘖力强,成枝率高,抗病虫害能力强;叶柄短而平展,叶片中小型,叶面平整有光泽;成花率高,丰花性强;花枝、花梗硬挺直立,支撑力强,并要有足够的长度;花蕾光滑呈圆形或圆形顶部稍尖,忌顶端部分易开裂;花型优美端正,花色鲜艳柔和,具芳香气味的更佳;花瓣质地硬,瓣化程度适中,花朵不必过大;切花耐贮藏,水养时间长等。'春红娇艳'、'景玉'、'紫二乔'、'金星雪浪'、'花王'、'二乔'、'迎日红'、'银红巧对'、'绣桃花'、'粉中冠'、'青香白'、'香玉'、'绿香球'、'凤丹'等都是适宜作切花的品种。

14.3.4 繁殖方法

(1) 播种繁殖

播种虽然繁殖系数大,但实生苗变异大,到达开花时间长,主要用于药用牡丹、实生砧木等的培养以及育种。牡丹种子有上胚轴休眠的特性。种子成熟当年秋播后,胚根发育成根,而胚轴不伸长,处于休眠状态,必须经过一定的低温期(60~90d)和一定的低温值(0~10℃)以后,上胚轴方能解除休眠而发芽出土。层积5℃可以打破种子的休眠。播种苗前期生长缓慢,3年后生长速度加快,4~5年开始开花。

(2) 嫁接繁殖

牡丹主要采取无性繁殖,其中嫁接是目前最普遍的方法,其次是分株,压条和扦插较少用。嫁接宜在秋初后重阳前进行,以白露前后嫁接成活率最高,一般采用枝接,芽接也可,多以芍药根或牡丹根作砧木。芍药根短粗质软,易嫁接,易成活,且生长快,但寿命短、分株少;而牡丹根细、质硬,不易嫁接,但分株多,寿命长,现多用根系发达抗逆性强的'凤丹'品种作砧木。

枝接时,把砧木根挖出,在阴凉处放半天,使之失水变软,再行嫁接。砧木较粗时用劈接,反之用切接。将接穗基部削成楔形,在根砧一侧1/3处纵切一条4~5cm长的裂缝,然后将接穗插入缝内,使双方皮层紧密接触,用麻绳绑紧,外涂泥浆,栽植深度与切口平,壅土至接穗上端2~3cm以防寒越冬,翌春平土。秋分时进行芽接,多以带木质部的单芽进行切接,切取萌蘖枝上的芽片,接后栽植,接口入地6~8cm。目前在5~7月利用套芽换芽的芽接新技术,嫁接时期比传统芽接长,成活率也高。

(3) 分株繁殖

多在寒露前后进行,暖地可稍迟,寒地宜略早,黄河流域多在9月下旬至10月下旬进行。选择4~5年生的植株,去泥土,置于阴凉处2~3d,待根变软后,顺自然走势,从根颈处分开。若无分蘖枝条,可保留枝干上潜伏芽或枝条下部的1~2个腋芽,剪去上部;若有2~3个分蘖枝,可在根颈上部留3~5cm剪去,伤口用1%硫酸铜或400倍多菌灵浸泡,然后栽植,壅土越冬。分株每3~4年进行一次,每次可得到1~3株苗。

(4) 压条繁殖

分地面压条和空中压条。入秋后,选择近地面的1~2年生枝,刻伤或环剥后压入土中,翌秋剪断压条再种植;或在5月底6月初花期后,选择健壮的2~3年生枝,在当年生枝与多年生枝交界处刻伤或环剥后压条，经常保持土壤湿润以促进生根，翌秋须根已较多时再与母株分离种植。空中压条宜在花期后10d左右枝条半木质化时进行。在嫩枝基部第2~3叶腋下0.5~1cm处环剥，宽度约为1.5cm，用生根剂处理，基质注意保湿，生根率可达70%以上。

目前在洛阳首创了一种更加快速繁苗的新技术，就是将压条、分株和平茬相结合，简称为双平法。方法是：秋季将牡丹分株栽植，把枝条平曲压埋，促进枝条上的不定芽萌发生长，翌年秋全部平茬，第三年秋季挖出进行分株，如此一般每个母株可形成8~10株新苗。

(5) 扦插繁殖

牡丹扦插通常成活率低，即使成活，因初期生长缓慢，养护难度大，故生产上很少使用。扦插于秋分前后，选取2年生粗壮充实的枝条，剪成10~15cm长，用GA_3(500~1000mg/L)或IAA(500mg/L)处理，可以促进生根成活。也可用当年生健壮萌蘖枝，于9月前后将其带2~3个芽切下作为插穗。国外也有研究用单芽插，即在花期或花后，从茎的中部取单芽的茎为插穗，插入洁净的河沙中5~6cm，置于庇荫处，保持基质湿润，冬季覆以3~4cm河沙和10~12cm枯落物，翌春移植，生根率高，但芽不易生长。

(6) 组织培养

传统的无性繁殖方法繁殖系数小，近20多年来人们展开了对牡丹组培快繁的研究。虽然研究获得了很大的进展，利用不同的器官为外植体，通过不同的途径获得了不定芽，但不定芽生根困难，而且组培过程中还存在外植体消毒困难、培养物容易褐变、生长缓慢、增殖率不高、瓶苗移栽成活率低等问题，因此组培苗尚未实现大量生产。

14.3.5　栽培管理

14.3.5.1　栽植

栽植适期，黄河流域一般为9月下旬至10月中下旬，东北、西北及华北北部于9月中旬至10月上中旬，长江流域及长江以南地区一般于10月中下旬至11月上旬。同一地区，在适期范围内，尽可能早植为好。

栽培场地应地势高燥、阳光充足，土壤以壤土或砂壤土为佳。对于不适合的土壤，可混入泥炭、椰糠以及堆沤过的菇渣、蔗渣、锯末等材料，对改善土壤的排水透气性或保水保肥性都有良好的效果。pH值不适也需要进行调节。深翻50~60cm，整地，作畦，畦高约30cm。每$667m^2$栽植1400~1600株，分宽窄行栽植，宽行80cm，窄行60cm，株距皆为60cm。也有报道栽植密度用80cm×80cm，若大小行间作，大行100cm，小行70cm，株距70cm。按株行距挖好穴，穴口20cm见方，保证栽植穴边长20cm，穴底施入有机肥作为底肥，然后再把分株苗或嫁接苗栽入。苗若有病根、断根，需先剪去，再用0.1%硫酸铜溶液或5%石灰水浸泡根部0.5h，用清水冲洗后再栽植。苗栽得不可过深或过浅，一般使根颈位置稍低于地平面2cm左右。

14.3.5.2　修剪

修剪是切花牡丹生产中的关键环节。种后第一年不进行修剪，所发枝条任其自然生长。从翌春开始，选留切花枝。一般每株选留5~7个分布均匀、生长健壮的枝条，作为第三年切花之用，其余的全部从基部剪掉，为第三年的切花培养壮枝肥蕾。第三年春季修剪时，每株再选留5~7条萌蘖枝，培养成功后，作为第四年切花备用枝。第三年春季在花蕾呈透色时，将第二年选择的5~7枝齐地面切下，作为切花，第四年将第三年选择的切下，如此年复一年的选留培养、剪切。这样既利用了牡丹萌蘖枝当年既可形成花芽，翌年又能显蕾开花的特性，也弥补了牡丹当年生枝短的缺陷，使牡丹切花整齐一致，美观大方，符合商品规格。随着牡丹生长年限的增加，选留的枝数也应逐年适量增加。5年生以上的牡丹每株可选留8~10枝。为保证牡丹切花的质量，宜每隔7~8年对用于切花的牡丹老株进行分株更新。

牡丹切花除利用萌蘖枝做切花枝外，还可利用腋花芽萌发的侧枝作为切花枝。牡丹正常管理中，常是1枝只选留顶端花芽萌发枝，1枝1朵顶头花，其余在修剪整形时全部剪掉。作为切花生产，可利用牡丹腋花芽多（一般2~4个）及其春天又可萌发、成枝成花率高的特点，在修剪整形时，每枝可多选留1~2个生长健壮的侧花芽萌发枝，长至翌春花蕾透色，将这些枝从基部剪下，也可作为切花。以后植株仍恢复1枝1朵顶头花的管理特点。特别是一些当年生枝较长的品种，更有利于这种方法切花。用侧花芽萌发的枝作切花，剪时不带老枝，吸水性好，更符合切花的要求。

14.3.5.3 肥水管理

牡丹肉质根系发达，具深根性，有较强的耐旱能力，忌水湿，水多易导致根腐。在年降水量500mm以上的地区，一般干旱可不进行浇水或数天浇1次水，更加干旱时进行浇水或适当增加浇水次数。北方地区在春季萌芽前后、开花前后和越冬前要特别注意保证水分充分供应，在雨季以及江南多雨地区，及时排涝尤为重要，切不可让田间积水。

牡丹需肥量大，一般每年最少需施3次肥，分别在早春萌芽后、谢花后、入冬前，又分别称为花肥、芽肥、冬肥。花肥与芽肥使用沤熟的有机肥水或复合肥。施肥后注意浇水，以利于肥料被吸收。为促使花蕾膨大、叶片浓绿，蕾期可再进行根外追肥，用0.5%的磷酸二氢钾和0.3%的尿素溶液喷施。剪切前10~15d应喷洒1次防治叶面病害的药液，以既能防病又不污染叶面为原则。如使用45%的代森锌1000倍液，花前每半月喷1次，到花开期基本上无叶病发生。在切花前15~30d喷洒1次100~300mg/L的GA_3溶液，可促进花茎伸长、成花率高、花色鲜艳。入冬前施1次粪干或饼肥，穴施或沟施。

14.3.5.4 中耕除草

一般结合施肥、浇水进行。春天中耕宜深，以保墒防旱，深度可达10cm以上，但不要伤到根；夏天主要是除草和排湿透气，一般浅锄2cm左右。有草即锄，结合松土。

14.3.5.5 花期调节

牡丹除自然生长的切花外，还可培育催花切花以达周年供应之目的。如要使其春节开花，可选择4~5年生适于作切花的品种，于春节前35~60d植于温室，使温度逐步升高，最后将温度控制在白天20~25℃、夜间10~15℃，并经常向叶面喷水，以保持空气湿度。每7~10d追施稀薄肥料1次。如此经过40~45d，即可于春节前夕采花。

14.3.6 主要病虫害及其防治

主要的病害有褐斑病、红斑病、锈病、炭疽病、菌核病、紫纹羽病、黄萎病、黑腐病、根腐病、根瘤线虫病等，害虫主要有蚜虫、红蜘蛛、介壳虫、天牛、蝼蛄等。应及时防治。

14.3.7 采收、贮藏与保鲜

切花宜在花蕾外瓣微张时剪切，最好在清晨趁露水未干、花枝含水量多时进行，剪下后直接插入水中，置于低温下，再进行分级，10株1束，用玻璃纸包装后上市。根据报道，用1mmol/L STS 进行预处理，对花枝有良好的保鲜效果。对于暂不出售的切花，需要进行低温贮藏。

试验表明，在温度2~3℃、相对湿度90%~95%、空气流速0.3~0.5m/s的条件下，花枝分层竖放在花架上，每层留有一定距离以利空气流通，贮藏30d后花蕾可正常开放（冷藏15d以上时花蕾最好用吸水纸包扎，避免积水发霉）。若能够采用气调加冷藏的方式，将会得到更长的保鲜期和更好的保鲜效果，但气调贮藏投资大，运行费用高。

14.4 梅花

【学名】 *Prunus mume*
【英名】 mei flower
【别名】 梅、干枝梅、春梅、红梅、红绿梅
【科属】 蔷薇科李属

梅花是我国特有的传统花果，最早的文字记载表明，梅在我国已有3000多年的应用历史。梅花色、香、韵、态俱佳，特别能在寒雪里开放，与松、竹并称为"岁寒三友"。长期以来，梅花深受我国人民的喜爱，并且把她作为高风亮节、自强不息、坚贞崇高的代表，是我们中华民族的精神象征。1987年在评选我国的十大传统名花活动中，梅花名列榜首。我国梅花于2世纪传入朝鲜，8世纪传入日本，日本艺梅之风较盛，品种也较多。欧美梅花于19世纪后期由我国、日本传入，主要在大植物园中可见。当今梅花越来越被国外所重视，如新西兰、澳大利亚等国也已引进栽培，新西兰还发展切花栽培。梅花在我国的传统应用，最主要是园林，应用范围相当广泛，还作为盆栽、制作盆景及切花。但作为切花，一直以来都缺乏产业化生产及市场开发。随着国内外鲜切花市场的不断发展，梅花切花已日益受到人们的关注。在国外，一束梅花要几十美元，因此发展梅花切花有着良好的市场前景。2008年在重庆涪陵建成了我国首个梅花生产基地。2014年，国家林业局颁布了《梅花切花设施生产技术规程》(LY/T 2324—2014)。

14.4.1 形态特征

落叶小乔木，高可达 10m，常具枝刺，树冠呈不正圆头形。干褐紫色，多纵驳纹，小枝呈绿色或以绿为底色，无毛。叶广卵型至阔卵圆形，长 4~10cm，先端长渐尖或尾尖，边缘具细锯齿，基部阔楔形或近圆形；幼时两面具短绒毛，后渐脱落，成熟叶片仅在反面叶脉处有少量绒毛；叶柄长 1~1.5cm，托叶脱落。花多每节 1~2 朵，多着生在当年新枝上，多无梗或具短梗，径 1~3.5cm，清香或芳香，于冬末

图 14-4 梅 花

春初先叶而开；花瓣 5 枚，常近圆形，淡粉红或白色，栽培品种则有紫、红、彩斑至淡黄等花色；萼片 5 枚，多呈绛紫色；雄蕊多数，离生，多仅 1 子房，密被柔毛，上位，花柱长。核果近球形，径约 2~3cm，侧面扁圆，黄色或绿黄色，密被短柔毛，味酸；核近卵圆形，表面具小凹点，系本种典型特征，与果肉粘着。长江流域花期 12 月至翌年 3 月，果熟期 5~6 月（图 14-4）。

14.4.2 生态习性

梅花喜温暖，在年平均气温 15~23℃ 的地区生长为佳，也较耐寒，但不能抵抗 -20~-15℃ 以下的低温。花期对气候变化特别敏感，开花很早，且能耐 0~2℃ 低温。在乍暖骤寒的情况下能先开花，再忍受一定的低温，待气温回升后继续开花，这正是"踏雪寻梅"的生物学基础。

梅花为喜光树种，喜阳光充足，通风良好，阳光不足易造成树势衰弱，开花稀少甚至完全不开花。在年降水量 1000mm 或稍多地区可生长良好，耐旱能力强，这是其能在北京等地引种驯化成功的重要生物学基础。忌涝，涝渍数日即大量落黄叶或根腐致死，花期也忌暴雨。喜较大空气湿度，冬季过于干燥常易落蕾。对土壤要求不严，耐贫瘠，以中性至微酸性为好，在微碱性土（pH 8）中也能正常生长。属浅根树种，平地栽种的根系多分布于约深 40cm 的土层中。

梅花通常花后始抽梢发叶，新梢 6~7 月停止生长，15~20d 后进行花芽分化。花芽多在 1 年生枝的叶腋间形成，每处 1~2 枚，个别 3~4 枚。植株萌芽发枝力甚强，故较耐修剪。潜伏芽寿命长，受刺激后极易萌发，故老树易于复壮。

梅花可按花枝长度分为：刺花枝，顶端化为刺，节间极短；束花枝，长 3cm 以下，常呈聚束状；短花枝，长 4~10cm；中花枝，长 11~30cm；长花枝，长 30cm 以上。单朵花期为 7~17d，群体花期（初开 50% 至花谢 90%）10~25d。

14.4.3 种类与品种

梅除原种外,还有若干变种,如洱源西山野梅、长梗梅(曲梗梅)、毛梅、小梅(小果梅)、厚叶梅(刺梅、苍白梅)、嵩明野梅等。

我国目前栽培的梅花品种有 300 余个。根据花期不同,有早花、中花、晚花品种之分。根据花径大小不同,可分为 5 级:极小轮(1.5cm 以下),小轮(1.5~2.0cm),中轮(2.1~3.0cm),大轮(3.1~3.5cm),超大轮(3.6cm 以上)。按照花瓣数量不同,也可分为 5 级:单瓣(花瓣 1 层,不足 2 层,5~8 枚),复瓣(花瓣 2 层以上,不足 3 层,9~14 枚,由于 9 枚花瓣已具有 2 层花瓣的观赏效果,故复瓣由 9 枚花瓣算起),半重瓣(花瓣 3~5 层,15~25 枚),重瓣(花瓣 5~9 层,26~44 枚),极重瓣(花瓣 9 层以上,45 枚以上)。根据进化与关键性状则以系—类—型 3 级划分,系有 4 个,主要分类方法如下:

(1) 真梅系

由梅花的野生原种或变种演化而来,不渗入其他物种的血统。真梅系品种多且富于变化,按枝姿分为 3 类:直枝类(枝直上)、垂枝类(枝下垂)和龙游类(枝扭曲)。直枝梅是中国梅花中最常见、品种最多、变化幅度最广的一类,在 3 类之中出现最早。它又可按花型、花色、萼色等标准分为 7 型:江梅型、宫粉型、玉蝶型、朱砂型、绿萼型、洒金型和黄香型。

垂枝梅和龙游梅是枝姿奇特、富有韵味的两类梅花,前者枝垂如垂柳,后者扭曲似龙桑。它们都富有画意,但品种不多,均系演化程度较高而品种形成较晚的类别。垂枝梅又分为 4 型:单粉垂枝型、残雪垂枝型、白碧垂枝型和骨红垂枝型。龙游梅现仅有 1 个型(玉蝶龙游型)、1 个品种('龙游'梅)。

(2) 杏梅系

是梅与杏($P.\ armeniaca$)或山杏($P.\ sibirica$)的种间杂种,在植物学上属于杏梅变种($P.\ mume$ var. $bungo$)的种间杂种。品种形态介乎杏、梅之间,果颇似杏,而核表有小凹点。杏梅系出现较晚,品种不多,仅有杏梅类 1 类,下有单杏型、丰后型和送春型 3 型。其杂种优势明显,适应性和抗逆性强,而且花繁色艳,在抗寒育种和梅花北移上尤有潜力。

(3) 樱李梅系

为'红叶'李($P.\ cerasifera$ 'Pissardii')与宫粉型梅花的种间杂种,由法国人于 19 世纪末育成,花叶皆紫红色,重瓣,抗寒。我国引入的有樱李梅类美人梅型的'美人'梅、'小美人'等品种。

(4) 山桃梅系

最新建立之系,1983 年用山桃($P.\ davidiana$)与梅花杂交而成,现仅有'山桃白'梅 1 个品种,抗寒性强,花单瓣、白色。

作为切花品种,应当具有的主要特点有:生长健旺,抗性强,耐修剪,萌芽抽枝力强;幼树开花早,花芽形成特别容易,短、中、长甚至徒长枝都成花;枝条优美,花朵着生繁密,节间较短且每节双花较多,花香浓;以重瓣为主,其花期更长;插瓶时间长。就花型来说，通常宫粉型应作为切花主体，绿萼型、玉碟型次之，朱砂型只要略有陪衬即可，花色则以红花品种多些。另外，为了延长切花的供应时间，要早、中、晚品种搭配。

在武汉地区表现较好的切花品种，早花类有'淡寒红'、'粉红朱砂'、'粉皮宫粉'、'雪梅'等，中晚花类有'淡妆宫粉'、'虎丘晚粉'、'小红朱砂'、'红千鸟'、'姬千鸟'等。

14.4.4 繁殖方法

梅花的繁殖以嫁接为主，也可进行扦插、压条与播种，组织培养方法也已试验成功。

(1) 种子繁殖

播种主要用于生产砧木或育种。约在 6 月收取成熟果实，洗出种子晾干，实行秋播，也可连肉夏播。如春播，种子要进行沙藏。实生苗播后 3~4 年即可开花，7~8 年后开花渐盛。

(2) 嫁接繁殖

嫁接方法多样，南方多用梅或桃做砧木，北方常用杏、山杏或山桃做砧木。芽接多于夏秋季进行，多行盾状芽接法。当年春季播种的砧木，夏季(5月底至6月中旬最佳)进行嫁接，秋季就可出圃。秋季 8~9 月嫁接，多用于两年出圃的幼苗。在长江流域一带进行芽接时，接芽可带木质部较厚。北京等地因气候干燥，接芽可以带极薄的木质部或完全不带木质部，也可用方块芽接。在砧木离地约 10cm 高处进行芽接，接后一般 6~8d 便可愈合，10~12d 便可解绑，并在接口以上 1.5cm 左右处剪砧，促使接芽快速萌发。砧木接口以下要注意保留 5~6 片叶，使剪砧后砧木仍能进行光合作用制造有机物质，利于接芽生长良好。如果下部叶片已掉，就要在接芽上边保留几片叶，分两次剪砧。

对于切接、劈接、腹接等，一般于春季砧木萌动后进行，北方须将接穗用塑料薄膜套住扎严，使接穗不至于脱水干死。腹接还可在秋天进行。也可以利用冬闲，用不带土的砧苗在室内进行舌接，然后沙藏，待春暖时再移出栽植。至于靠接，多以果梅老树与梅花幼树相接，春秋俱宜。嫁接苗如培养得法，1~2 年后即可开花，在 40~50 年内生长势旺盛，以后生长渐缓，生长势渐衰。

(3) 扦插繁殖

扦插通常用于较易生根的品种，也可用于大量繁育砧木。多在长江流域应用，一般于秋、冬季进行硬枝扦插。选取健壮的 1 年生枝，剪成 12cm 左右，以砂壤土、泥炭、河沙作为基质，将插条约 2/3 插入基质中，插条如用生根素处理成活率更高。插后喷透水，大田扦插要用塑料拱棚增温、保温及保湿。

(4) 压条繁殖

在生长季节前期将根际萌发的 1~2 年生枝条，弯曲压入土内 3~4cm 深，欲生根部位需进行环剥，也可直接折断一半。在夏秋旱时注意浇水，于秋后割离。高压法则多于梅雨季节进行。

14.4.5 栽培管理

(1) 栽植

选择通风向阳、土壤肥沃、排水好的地块，在北方应特别注意选择背风处。为了经济利用土地，提高单位面积株数和年产切花枝数，并且便于管理操作，一般采取宽行窄株适度密植的方式定植，行距为3m，株距1.5~2m。定植的时间，以落叶后至初冻之前或翌年春土壤解冻后为宜。

挖穴栽植。挖1m宽、1m深的穴，底部最好填混一些枯枝败叶、稻秆草秆、垃圾等以改良土壤结构，然后施入一些有机肥和过磷酸钙作为基肥，回填一层土后再行植树。无论大小树都应注意小心勿伤须根，粗根要剪平伤口以利愈合。不同品种要分区栽植。

(2) 修剪整形

切花株定干比一般观赏用的要低。第一年定植苗留30cm剪截，萌条后留3~5个分布均匀的枝条。第二年春将所留枝条在20cm左右处剪截，培养二次骨架。翌冬及第三年春采剪切花条时，在二次骨架处留2~3个枝，并在15cm左右处剪截，作为三次骨架。以后每个枝条随着采花留3~4个芽剪截。为培养节间短、质量好的花枝，生长前期可喷1~2次矮壮素。北方为提早及延长剪切花时间，可用大棚栽培。

(3) 肥水管理

梅花较耐贫瘠，一般不需要施肥过多，但过少也会引起生长不良。施肥的原则是少量多次。春季发根后至7月花芽分化前以氮肥为主，可使用沤熟的有机肥水或复合肥，花芽分化开始施磷、钾肥为主的复合肥。每月施肥1~2次。施肥后注意浇水和松土。10月下旬至11月再施1次有机肥作基肥。

梅花虽然耐旱性较强，但较喜湿润，在生长期干旱干燥季节要特别注意进行浇水，不要让其出现暂时萎蔫现象。北方寒冷地区，常因土壤缺水造成生理性冻害。7~8月花芽分化期，土壤干燥些，以利于花芽分化。在雨季，及时排涝尤为重要。一般根系浸水24h以上，特别加上夏季高温，会使植株停止生长，出现黄叶、落叶现象，时间过长还会导致植株死亡。5~6月若是梅雨期，枝条也容易徒长，不易形成花芽。

14.4.6 主要病虫害及其防治

炭疽病和白粉病是梅花最主要的传染性病害，危害叶片及嫩梢。此外，还有穿孔病、枯枝型流胶病、干腐型流胶病、缩叶病、叶肿病、锈病、煤污病等传染性病害，以及卷叶、日灼伤、黄化病、枯梢、淹水落叶等生理病害。常见的虫害则有天牛(主要为红颈天牛)、蚜虫、介壳虫、蓑蛾、刺蛾、夜蛾、枯叶蛾、卷叶蛾、苹毛虫、梅毛虫、叶蝉、红蜘蛛等。在使用杀虫剂时，避免使用乐果，否则易引起早期落叶等药害。

14.4.7 采收、贮藏与保鲜

切花可在花蕾破绽前或花蕾微微露红或每枝上有几朵花半开时采收。剪切时间为清晨，采后插入清水中。分级后，数枝成束(只能轻轻挤拢，切忌过度挤压以免落蕾)，包装后装入纸箱内，运往市场。

贮藏适宜温度为 4~7℃，湿度为 90%~95%。干藏比湿藏好。湿藏是将切花放在有水的容器中贮藏，通常适于短期、少量保存。干藏用薄膜包装直接贮藏，适于较长时间保存。

14.5 银柳

【学名】 *Salix leucopithecia*
【英名】 siverbud willow, cat-tail willow
【别名】 银芽柳、棉花柳、猫柳、银苞柳、毛毛狗
【科属】 杨柳科柳属

银柳原产我国北方，在黑龙江省尚志市境内，至今仍生长着树龄达百年的野生银柳。当冬季来临时，银柳的叶片会逐渐脱落，露出紫红色的苞片，苞片开展后即露出满覆银白色柔顺细毛的花芽，这就是银柳的主要观赏部位。其花序展开时花穗形态酷似猫的尾巴。

带花芽的银柳枝条，是我国民间冬季传统的插花花材。花枝可水养，观赏期可达 2 个月以上，干插则时间更长。既可以单独插瓶，亦可作插花配材。20 世纪 90 年代以来，市场需求量剧增，规模化生产日益发展。银柳的花芽还可用染料染上各种颜色。目前上海、云南、江苏、浙江、四川等地都有大量商品化生产，产品还出口东南亚甚至欧美地区。

大陆指的银柳，通常是 *S. leucopithecia*。我国台湾省通常说的银柳，是指 *S. gracilistyla*，其种名 *gracilistyla* 为"细长花柱"之意，因此又名"细长花柱柳树"，简称"细柱柳"。由于柳属中许多灌木种类的带花芽枝都具有上述同样的观赏应用价值，所以目前"银柳"这个词，实际上已成为了这些种类及其品种的总称。

14.5.1 形态特征

落叶灌木，株高 2~3m。基部分枝，分枝稀疏，茎直立，茎节明显。新发枝上有绒毛，老化后渐渐光滑。单叶互生，披针形，边缘有细锯齿，背面有灰白色软毛。花为不完全单性花，无花瓣，花小，众小花簇集为短棒状着生于小枝上，为柔荑花序。雌雄异株，雄花由雄蕊、苞片组成。雄花芽肥大，着生在叶腋处，每个芽有一个具有观赏价值的紫红色苞片。冬季落叶后、春季新叶未展开前，花先开，初开时红色苞片舒展，后苞片脱落，露出的花芽密覆滑柔银白色的细长毛，形似毛笔，极

图 14-5 银 柳

具观赏价值。雌花由子房和苞片组成。花期 12 月~翌年 2 月。雌花授粉后子房发育为蒴果，每果有 2~3 粒种子，种子有冠毛，常称柳絮或柳绵（图 14-5）。

14.5.2 生态习性

银柳适应性广。喜温暖，耐寒性强，喜阳光，也有一定的耐阴能力，切花生产需日照充足。喜湿润，多生长于水边，耐湿力强，怕长期干旱，但也忌涝渍。对土壤要求不严，以疏松肥沃、排水良好、土层深厚、pH 值为 5.5~6.5 的砂质壤土最佳，在微碱性土中也能生长，在黏重的土质里发育较差。根系主要分布在地下 20~30cm 的浅层。花期长，从花苞露色到凋谢可达 3 个月之久。

14.5.3 种类与品种

柳属约有 500 种，我国约有 200 种。柳属中以灌木占绝大多数，其中不少种类的带花芽枝都具有观赏应用价值，除了银柳、细柱柳之外，主要的还有吐兰柳（S. turanica）、簸箕柳（S. suchowensis）、大叶柳（S. magnifica）、龙江柳（S. sachalinensis）、绵花柳（S. leucopithecia）、杞柳（S. integra）、蒿柳（S. viminalis）、卷边柳（S. siuzevii）、毛枝柳（S. dasyclados）、密齿柳（S. characta）、萨彦柳（S. sajanensis）、川滇柳（S. rehderiana）、白毛柳（S. lanifera）、杜鹃叶柳（S. rhododendrifolia）、坡柳（S. myrtillacea）、川柳（S. hylonoma）、石泉柳（S. shihtsuanensis）等，我国均有分布。

目前国内对于银柳的栽培品种缺乏整理，还有引自国外的（切花枝多用日本引进的品种）品种，各品种的苞片色彩、花芽形态、大小、银白色毛的长度和浓密程度等都有差异。而我国台湾目前的主要栽培品种有 2 个，分别为'中国上海种'及'兰阳一号'。'中国上海种'由日本引进，栽培容易且切枝产量高，其花苞形态细长，且在低温贮藏下苞片不易脱落，色泽不易转为褐色而失去观赏价值，是目前台湾栽培面积最广的品种。'兰阳一号'是 2003 年命名推广的银柳新品种，由'中国上海种'芽变获得，花苞由多个小花序组成，成就其丰满、浑圆的外观，且苞片色泽鲜红，具病虫害少及瓶插寿命长等优点。

14.5.4 繁殖方法

银柳切花栽培采用成熟枝条进行扦插繁殖，并且直接插于田间。一般在冬季进行售前整理时将下部枝条剪下，修成长 20cm、有 4~5 个腋芽的插条，扎成小捆，竖放在室内，以河沙保湿贮藏。为节省插材，根据王丽君等试验，可将插条剪成只有 2 个叶芽、约 8cm 长的插穗。各地具体扦插时间有差异，南方在 2 月扦插为宜期；北京地区露地 4 月上旬才开始扦插，也可在 12 月底银柳采收后把插条采下，经包装、保湿，贮藏于 4℃下。此法简单方便，并节省贮藏空间。以立春后 2 周为定植适期，把插条剪成约 20cm 长，在插前先以苯来特等杀菌剂浸泡，阴干后再行扦插。

14.5.5 栽培管理

(1) 栽植

以前作为水稻的田地最佳,以防感染青枯病。耕翻,整地,施基肥,作畦,然后扦插。

上海叶增基等介绍的做法是:2月上中旬耕翻,施基肥(有机肥 3.5kg/m^2);作畦宽 1.7m,畦沟宽 0.3m,同时每公顷施碳酸氢铵 450~600kg、硫酸钾或氯化钾 150~225kg、过磷酸钙 375~450kg,畦面覆盖黑色地膜;每畦 4 行,把贮藏的长约 20cm 的插条按株距 20~25cm 进行扦插,约 9 万株/hm^2。扦插后约 2 周萌芽,如有缺株应行补植,以免影响单位面积产量。

作为切花栽培,第一年扦插培养单枝银柳,所产切枝杆粗色艳,花苞饱满;第二年,利用苗茬具有萌芽早、枝条下部落叶早和花芽节位上移等特点,培养具有分枝的多头银柳。然后把老株挖除,重新扦插新株。

(2) 抹芽摘心

上海叶增基等介绍,当插条萌芽后往往同时发生 4~5 芽,如是 2 年生留茬银柳则发芽更多,抹芽时每株只保留 2~3 芽。只生产单株银柳不需摘心。由于出口产品有的是多头银柳,为此需采用摘心处理,促使上部分生 3 个以上的分枝。当新梢长达 80~100cm 时,摘除顶部嫩梢 3~5cm,时间宜为以 5 月上旬,最迟不超过 5 月 20 日。摘心过迟,所发生分枝将达不到 60cm 以上的要求。为保证多头银柳的商品品质,须选用生长势强的新梢进行摘心处理,通常多在 2 年生留茬植株上进行,因 2 年生植株新梢可比 1 年生株提早 10~15d 达到 1m 的高度,摘心后其分枝长度最终也能达到 1m 以上。另外,因 2 年生株的新梢下部落叶较早,枝基部有较长(约 50cm)一段无花芽,用作单枝银柳时品质不如 1 年生植株好,作为多头银柳则分枝点以下无花芽不影响商品品质,且售价比单枝银柳高约 1 倍。在 1 年生株中也可选用部分生长特别旺盛的新梢,经摘心后培养为多头银柳。培养多头银柳应更注意加强肥水管理。

台湾采取的是宽行栽植法,株行距 30cm×150cm。通常扦插成活后进行 2 次摘心工作。第一次摘心的目的是提高银柳分枝数,以增加单位面积产量;第二次摘心是为了提高银柳分叉枝条数,以提高单枝银柳售价。第 14 叶展开时为第一次摘心适期,留 5~6 枝分枝最为适宜。待植株生长至 100~120cm 高时,进行第二次摘心,可使单枝枝条变为分叉枝条,分叉数以 2 枝最佳。

银芽柳在雨季萌枝能力更强。应及时抹除萌芽枝,保证所留枝条的养分供应。抹除时要注意从基部掰除,最好在萌枝未木质化时抹除,这时用手掰除即可。一般银芽柳的萌枝 3~5d 即可木质化,故银芽柳的除萌最长应在 3~5d 进行 1 次。

(3) 水肥管理

银柳喜肥。除施足基肥外,生长期还需追肥 2~3 次。如基肥不足,应在 4 月中下旬抽枝长约 10cm 时追 1 次肥,可施尿素 150~225kg/hm^2。5~6 月是枝条生长最旺盛时期,可于 5 月中下旬追 1 次以氮为主的复合肥 375~450kg/hm^2。8~9 月是花芽分化期,可于 8 月上中旬追 1 次氮、磷、钾均衡的复合肥,施硫酸钾复合肥 450~525kg/hm^2。另外,在9月间用0.2%磷酸二氢钾加0.5%尿素进行根外追肥2~3次,对花蕾膨大和着色有明显的促进作用。

在多雨季节,要十分注意排涝,达到"雨停田干"的要求。银柳喜湿润。7~8月,遇连续高温干旱超过7~10d必须及时灌溉。灌水宜在20:00后进行,灌满畦沟后关闭进水口,任其自行渗透,翌日黎明再打开沟口排出积水。9~10月天气渐凉,连续无雨超过10d亦应灌水。落叶前停止灌水,促进枝条成熟充实。

另外,中耕除草是一项必要的工作。疏松表土,减少水分蒸发,提高地温,促进土壤中养分分解,为根系生长和养分吸收创造条件。幼苗期应尽早及时进行中耕,随植株长大,逐渐停止中耕,以除草为主。

14.5.6 主要病虫害及其防治

危害银柳的病害主要有立枯病与黑斑病。立枯病发病以苗期为多,发病后引起插条腐烂与嫩梢枯萎。应注意插条消毒,扦插前用防腐宝、多菌灵或托布津800~1000倍液浸泡插条。此外注意避免连作重茬,最好选用前作水稻田进行栽培。黑斑病危害叶、茎及芽,初发病时叶片产生褐色小斑,严重时病斑扩大,叶片干枯,后期危害花或枝条形成黑斑,防治药剂有可杀得、多硫合剂、退菌特等。

害虫主要有刺蛾、袋蛾、夜蛾、红蜘蛛、介壳虫、尺蠖、蚜虫、茶翅蝽、卷叶螟、叶甲等。应及时防治。

14.5.7 采收、贮藏与保鲜

冬季落叶期为银柳采收适期,但落叶后过晚采收的切枝,花芽容易脱落。采后(尽量避免在中午采收)插入水中,之后运到室内进行初步分级,剔除花苞发育不良、粒小、苞片着色不佳或花芽脱落严重等质量不良的切枝。按每5枝为一小把,5把合扎成一大把,放置在室内水槽中,浸水5~10cm。每天查看及时补水。在采切、搬运、整理及水养过程中必须注意防止泥土污染。修整切花时剪下的基部无花芽的枝段可用作下年扦插材料。待芽外的紫红色苞片脱落或人工脱去苞片即可销售。需要较长时间贮藏或出口的切枝,在完成分级包装并适量装于纸箱后,进行冷藏,冷藏适温为0~5℃。外销银柳采用冷藏货柜运输。

任宝刚等介绍了在北京供应元旦和春节市场采收的处理做法:入冬前将花枝提前剪取,置于冷室阴暗处或地窖内,温度控制在0~4℃,并用壤土或细砂土将枝条基部堆积于地面上,经常保持土壤湿润。至开花前15~20d再移入12~20℃室内,将枝条插入水中进行催芽,当苞片脱落后呈银白色时及时供应市场。

染色银柳更具观赏性,染色方法是:把脱去苞片的切枝,成捆(10枝1束,10束1捆)浸在染液(100~150g染料加适量的水以及少量的胶水与光亮剂)中,约2min后取出风干即可。

14.6 桃花

【学名】 *Prunus persica*
【英名】 peach
【别名】 观赏桃花、花桃、碧桃
【科属】 蔷薇科李属

桃原产于我国的陕西、甘肃、西藏东部和东南部高原地带,在西藏还存有千年的大树。由于拉丁学名的定名者误以为桃原产于伊朗(旧称波斯),故其拉丁种名为"波斯的"之意,以至于在今天对桃原产地问题尚存在误解。桃在我国的栽培历史已逾 3000 年,经不断传播与繁衍,现几乎遍及全世界。目前在我国,北到黑龙江的齐齐哈尔,南至广东,西至新疆的于田和西藏的拉萨,东到台湾,都有桃的栽培。根据用途可把桃分为果桃(简称桃)和花桃两大类。桃始作为果树栽培,经过不断的栽培选育,一部分品种逐渐成为以观花为主的观赏桃。

14.6.1 形态特征

落叶小乔木,高可达 6~8m。树皮灰褐色或暗红褐色,老时粗糙呈鳞片状;小枝无毛,有光泽,红褐色、黄褐色或绿色,具大量皮孔。叶椭圆状披针形或倒卵状披针形,长 7~15cm,宽 2~3.5cm,先端渐尖,基部宽楔形,上面暗绿色,无毛,下面在脉腋被少量短柔毛或无毛,叶缘具细锯齿;叶柄粗壮,长 1~2cm,常具 1 至数枚腺体,有时无腺体。冬芽圆锥形,外被短柔毛,常 2~3 个簇生,中间为叶芽,两侧为花芽。花先叶开放,花径 1~6cm 不等,可分为大花型(玫瑰型)和小花型(铃型);花梗较短或几无梗;萼片卵圆形或三角状卵形;花瓣倒卵形或广卵形,有粉色、红色、白色或洒金等色,单瓣、复瓣或重瓣;花柱与雄蕊等长或稍短。观赏桃多不结实,即使结果果也较小(图 14-6)。

图 14-6 桃 花

14.6.2 生态习性

桃花为喜强光植物,生长适温 18~23℃,-18℃以下受冻害,耐旱,怕涝,喜排水良好的砂壤土,pH 5~6 生长最好。桃花低温休眠的最适温度为 0~5℃,有效温度为 -5~10℃。如果冬季 3 个月平均气温在 10℃以上,则落叶延迟,休眠不充分,翌年春天萌芽期推迟，开花期也推迟并且不整齐，甚至花蕾中途枯死脱落，影响观赏。在长江流域，桃花花期在3~4月。

冬季，芽在自然休眠期间随着气温的降低，树体得到抗寒锻炼，耐寒力逐渐增强。花芽在休眠期间，遇到-18℃以下的低温才受到冻害；低于-27℃时，大部分花芽会冻死。特别是花芽结束自然休眠后，忽然遇到短暂的高温，耐寒力显著降低，当气温再度降低时，持续时间越长，受害越严重。

桃花寿命一般为20~50年，10~15年后开始衰退。嫁接苗定植后1~2年即可开花，4~8年进入花盛期。生长迅速，一年能抽发数次副梢。根系较浅但发达，须根尤多，移栽易于成活。

14.6.3 种类与品种

我国目前有300余个桃花品种，大致可分为12个类型：白桃（花白色，单瓣）、白碧桃（又称千瓣白桃，花白色，复瓣或重瓣）、碧桃（花淡红，重瓣）、绛桃（花深红，复瓣）、红碧桃（花红色，复瓣）、复瓣碧桃（又称千瓣碧桃，花淡红，复瓣）、绯桃（花鲜红色，重瓣）、洒金碧桃（又称日月桃，大部分花为白色或微带红丝，间有一枝或数枝花为粉红色，也有一花或一花瓣白色与粉红色各半；长圆形花瓣，复瓣或近重瓣）、紫叶桃（叶片带紫色，花淡红，单瓣或重瓣）、垂枝桃（枝下垂，花重瓣，花色有深红、洒金、淡红、纯白等）、寿星桃（树型矮小，节间特短，花较小，红色或白色）和塔形碧桃（树形为圆锥状，较为罕见）。

14.6.4 繁殖方法

桃花繁殖以嫁接为主，多用切接或盾形芽接。北方冬季寒冷，土壤pH值一般很高，常用耐寒力强的、又稍耐碱的山桃做砧木。在南方，夏季高温多雨，土壤pH值较低，宜选用稍耐水湿的毛桃做砧木。砧木种子以秋播为宜，或用湿沙秋后层积种子，至翌年早春取出播种即可。播种时，通常行距40~50cm，株距10~20cm，沟深约5cm，每处一粒。春播时如芽已萌发，要用土覆好幼芽。

芽接多在7~8月进行，砧木以用一年生充实的实生苗为好，二年生砧木亦勉强可用。芽接成活率很高，多在95%以上。当年多不萌发，翌春检查一次，成活者去砧芽使桃花接穗抽发，未活者可即补行切接繁殖。切接在春季芽已开始萌动时进行，选取上年春季生长充实的桃花枝条，截成6~7cm长的枝段，带2节芽（1节亦可），切口长2~3cm。砧木以1、2年生苗为好，过老者欠佳。在砧木离地约5cm处截顶，然后切接。接后即须培土，略盖过接穗顶端即可。切接成活率一般可达90%或更高。

在广州地区桃花常用的嫁接方法是：4月把成熟的毛桃果采下堆积，洒入白酒或稀释的酒精，覆盖塑料薄膜，1周果实即腐烂，经洗净后得桃核，用湿沙层埋1个月发芽，再播种；或敲击破壳（不能伤及果仁）取出果仁，浸水24h后播种，1周内发芽。播种苗经春末、夏、秋到冬季（在广州1年生播种苗冬季不落叶）春节前后（即农历大寒到立春）可作为砧木进行嫁接，此时苗高可达1m以上。砧木苗在0.8~1m处截顶，以落叶后开花前的母株向阳枝条顶端（顶芽饱满）3~5节作接穗，用劈接法在砧木口两边各接 1 条接穗而成嫁接苗。

14.6.5 栽培管理

(1) 栽植

种植地必须阳光充足、通风良好、排水便利。整地起畦，畦高 20~30cm，周边有排水沟为宜。进行穴植，穴底施入有机肥。待春天细雨来临时，起苗去泥，蘸泥浆定植。株行距约为 1.5m×1.5m，种植密度为 3750 株/hm^2。

(2) 修剪整形

由于切花是把整株从基部锯下，植株以自然开心形最好，因此嫁接苗是在砧木口两边各接 1 条接穗而成，生长后自然成为开心形。凡是向内腔生长的内向枝条，不是因不见阳光而生长势弱，就是因生长奇特而遮挡外围枝条，且破坏树型，所以需要全部及早剪除。

(3) 肥水管理

桃花喜好肥水。春旱和夏旱都要注意浇水。特别在高温夏季，如果干旱严重，植株会被迫落叶保命，易于形成花芽，秋后遇雨水充沛，重新发芽开零星花朵，而春节就不开花或只开分散的零星花朵。到农历大暑至立秋期间，是桃花花芽分化期，此时应当适当控制水分，避免土壤过湿。

在施肥方面，春季施 1~2 次以氮肥为主的肥料，可使用沤熟的有机肥水或复合肥。花芽分化时及开花前，各追 1 次磷、钾肥或以磷、钾肥为主的复合肥。平时还要注意中耕锄草。

(4) 花期调节

桃花开花需要经历的过程为：花芽分化和形成—落叶促进花芽生长—低温花芽通过休眠—气温回升后开花，缺乏其中的任何一个环节或者有环节颠倒，都不能正常开花。要使桃花能在春节应节开放，必须进行花期调节，其措施如下：

中秋后植株生长势应减弱，此时可不做任何处理。如果生长势仍然旺盛，除了控水控肥外，还必须进行摘心，把大暑至立秋所长的一段花枝留下，中秋以后所长的顶生嫩枝摘除，以控制徒长。

花芽形成后还要经过一段落叶生长期，而广州及附近地区冬季一般不冷，桃花也一般不落叶，花芽生长不能完成，会退化或拖到春节后才开花。所以，在春节前 2 个月采用人工摘叶或提前 7d 喷施乙烯利(0.08%~0.1%)的方法使其落叶。如生长旺盛，青枝绿叶还要再提早 10d 去除。

14.6.6 主要病虫害及其防治

病害主要有流胶病、桃缩叶病、褐腐病等，虫害主要有蚜虫、介壳虫、红蜘蛛、天牛、浮尘子、叶蝉、食心虫等。应及时防治。

14.6.7 采收、贮藏与保鲜

桃花剪切后放入水中，并在低温环境中保鲜。剪切花株时，留主干 0.8~1m 长。

通常把种植 1 年、株高约 1m 左右的称为"小枝";种植 2 年、高约 2m 的称为"中枝";种植 3～4 年、株高达 4m 以上的称为"大枝"。一般家庭插瓶以小枝和中枝为宜,大枝适合宽阔的厅堂摆设。插前将基部劈成十字或将基部在火上烧至略焦,都可延长切枝寿命。由于消费者瓶插桃花时通常会配插一些草花,使水质容易发臭,从而影响桃切枝寿命,而因桃切枝大、重,不方便换水,所以在这种情况下瓶插水中特别要注意添加杀菌剂。

小　结

本章介绍了 6 种常用木本切花的形态特征、生态习性、种类与品种、栽培管理技术和采后贮藏和保鲜技术等内容。

思考题

1. 切花蜡梅如何进行修剪?
2. 如何栽培梅花切花?
3. 你对我国发展切花蜡梅、牡丹、梅花和银柳的前景有什么看法?
4. 在广州地区如何调节桃花花期使其在春节前开花?

推荐阅读书目

1. 园林花卉学(第 3 版). 刘燕. 中国林业出版社, 2016.
2. 名新花卉标准化栽培. 夏春森. 中国农业出版社, 2005.

15 水生切花栽培

15.1 荷花

【学名】 *Nelumbo nucifera*
【英名】 water lily, sacred lotus
【别名】 莲花、芙蓉、水华、水芙蓉、芙蕖
【科属】 睡莲科莲属

莲属植物共两种，其中荷花分布于以中国为分布中心的亚洲热带地区，另一个种黄荷花(或称美国莲)分布于以美国为中心的北美。荷花是我国传统名花之一，花色丰富、花朵硕大、婀娜多姿、高雅脱俗，叶大而圆，清香远溢，是城市园林水景的主要绿化植物之一，也是优良的切花材料。南北朝时期以佛前供花的形式将荷花作为切花加以应用，唐宋时期瓶插荷花十分普及，明朝袁宏道记载了有关适宜作切花的荷花品种，张谦德则记载了对荷花切花的处理技术等。近年来，随着荷花栽培技术和荷花切花保鲜技术的不断探索，将进一步扩大荷花切花生产和应用。

15.1.1 形态特征

荷花为多年生挺水植物。具须状不定根，主根退化，不定根成束状环绕排列在地下茎节的四周。地下茎即"莲藕"，横生于淤泥之中，圆至椭圆形、肥大多节并分枝蔓延，具有明显的节和节间，节部缢缩，并由此抽生叶、花梗及侧芽。地下茎具多数孔眼(气腔)，叶柄、花柄上有气腔与地下茎气腔相通。

叶盾状圆形，全缘或稍呈波状。幼时两侧内卷成梭形且紧贴叶柄，出水后逐渐舒展，表面蓝绿色、深绿或黄绿色，被蜡质白粉，叶表具角质，乳头状凸起，叶背淡绿色，叶脉明显隆起，具粗壮叶柄，上有短刺。荷花有3种叶，种藕顶芽和侧芽最初长出的叶为"钱叶"，浮于水面，小型，具细柄。顶芽生出的细长根茎上长出的浮于水面的叶为"浮叶"。继浮叶后长出的为"立叶"，挺出水面，叶大，具高而粗的叶柄，立叶径

图 15-1　荷　花

15~70cm，叶柄高 20~200cm，立叶的大小及叶柄长度因品种和栽培条件而异。立秋后"藕鞭"开始变粗并抽出质地薄、小型、短柄、叶柄无刺、背面微红的"终止叶"，此后不再抽生立叶。

花两性，单生于花梗顶端，一般挺出立叶之上。花径 6~30cm，具清香，萼片 4~5 枚，绿色，多早落。花蕾桃形、长桃形、圆桃形、橄榄形，色暗紫、玫瑰红或灰绿。花型因品种而异，据花瓣数可分为少瓣、半重瓣、重瓣、重台、千瓣。花瓣倒卵状舟形，端圆，具明显纵脉，红、粉红、白、黄、淡绿、洒金、复色或间色，花径 5~10cm。花期 6~9 月，单花花期依品种不同而异，通常单瓣型品种 3~4d，半重瓣品种 5~6d，千瓣品种 10d 以上，群体花期达 3 个月左右。种子长圆、椭圆或圆形，褐色、灰褐色或灰黑色，果熟期 9~10 月（图 15-1）。

15.1.2　生态习性

荷花在一年的生长期中可分为萌芽展叶、开花结实、长藕和休眠等阶段。先叶后花，单朵花依次而生，一面开花，一面结实，叶、蕾、花、莲蓬并存，花后生新藕，立秋后地上部分枯黄，进入休眠期。

荷花喜温暖环境，整个生育期需积温 4000℃ 左右，生长适温为 22~32℃。种藕萌芽温度 8~10℃，13℃ 以上地下茎开始萌动，18~21℃ 时开始抽生立叶，开花适温 25~35℃。耐高温，40℃ 以上能正常生长，但花色变淡；越冬适宜温度为 3~12℃。

荷花喜湿怕干，整个生长期不能缺水，但水过深淹没立叶，则生长不良。荷花耐水程度因品种而异，大株型品种能耐 1.8 m 水深；中株型品种适宜水位为 0.4~1.0m；小株型品种适宜水位为 0.2~0.4m。荷花喜浅水或水位变化不大的缓慢流水，水质应清洁，含有酚、铅、氰等污染物的水和涨落悬殊的流水对荷花生长不利。

荷花喜强光照，极不耐阴，生长期需日照时数为 600~800h。

荷花对土壤要求不严，但喜肥沃富含有机质的壤土或黏质壤土，土质过于疏松不利其生长发育。喜磷、钾肥，氮肥不宜过多。可用湖塘泥、稻田土或园土混合有机肥做栽培基质，忌用工业污染土。土壤 pH 6.5 左右为宜。

荷花喜空气流通，忌连续大风、台风，因其根浅、叶和花大且重、叶柄细，大风等天气易造成荷叶、花朵破损，叶柄折断倒伏。

15.1.3 种类与品种

荷花品种较多，根据其原产地、株型大小、花瓣数量及花瓣颜色等可分为：

A. 中国莲系

Ⅰ. 大株型：

a. 少瓣类：1. 少瓣红莲型；2. 少瓣粉莲型；3. 少瓣白莲型；4. 少瓣复色莲型。

b. 重瓣类：5. 重瓣红莲型；6. 重瓣粉莲型；7. 重瓣白莲型；8. 重瓣复色莲型。

c. 重台类：9. 重台莲型。

d. 千瓣类：10. 千瓣红莲；11. 千瓣粉莲。

Ⅱ. 中、小株型：

e. 少瓣类：12. 少瓣红莲型；13. 少瓣粉莲型；14. 少瓣白莲型；15. 少瓣复色莲型。

f. 半重瓣类：16. 半重瓣红莲型；17. 半重瓣粉莲型；18. 半重瓣白莲型；19. 半重瓣复色莲型。

g. 重瓣类：20. 重瓣红莲型；21. 重瓣粉莲型；22. 重瓣白莲型。

h. 重台类

B. 美国莲系：23. 少瓣黄莲型。

C. 杂种莲系

Ⅲ. 杂种大株型：

i. 少瓣类：24. 杂种少瓣红莲型；25. 杂种少瓣粉莲型；26. 杂种少瓣黄莲型；27. 杂种少瓣复色莲型。

j. 重瓣类：28. 杂种重瓣白莲型；29. 杂种重瓣黄莲型。

Ⅳ. 杂种中小株型：

k. 少瓣类：30. 少瓣红莲型；31. 少瓣粉莲型；32. 少瓣黄莲型；33. 少瓣复色莲型。

l. 半重瓣类：34. 半重瓣红莲型；35. 半重瓣粉莲型；36. 半重瓣黄莲型；37. 半重瓣复色莲型。

m. 重瓣类：38. 重瓣红莲型；39. 重瓣粉莲型；40. 重瓣黄莲型；41. 重瓣复色莲型。

n. 重台类：42. 重台红莲型；43. 重台粉莲型；44. 重台黄莲型；45. 重台复色莲型。

荷花品种繁多，其中中、小株型中的重瓣型和重台型瓶插时间长，常见品种有：

宜良千瓣大株型 花期较早，群体花期长，着花繁密，花蕾桃形、玫瑰紫色，花千瓣型、淡堇紫色，花柄硬不垂头，瓶插花期达1周以上，是优良的切花。

紫瑞中小株型 花期早，群体花期长，约24d，着花繁密，花蕾桃形、紫色，花重台型、淡堇紫色，花柄硬直，适合作切花。

胜寿桃中小株型 花期早，群体花期长达38d，着花繁密，花蕾圆桃形、粉色，花重瓣型、极淡堇紫色，花柄长且硬，是优良的切花。

粉红莲大株型 群体花期23d，着花繁密，花蕾桃形、玫瑰红色，花少瓣型、极淡堇紫色。

东湖红莲大株型 群体花期长达63d，着花繁密，花蕾长桃形、桃红色，花少瓣型、极淡至淡堇紫色。

红霞中小株型 着花繁密，花蕾桃形、紫红色，花少瓣型、淡堇紫色，易于反季节栽培。

桌上莲中小株型 群体花期约30d，着花繁密，花蕾桃形、紫红色，花重瓣型、淡堇紫色，适合反季节栽培。

15.1.4 繁殖方法

通常以分株繁殖为主，主藕、子藕、孙藕均可用做种藕。挑选生长健壮、色泽新鲜、无病虫害的根茎，每2~3节切成一段作为种藕，每段带一完整无损的顶芽并保留尾节。

15.1.5 栽培管理

15.1.5.1 露地栽培管理

(1) 池、塘栽植

池塘栽植是荷花切花生产的主要栽培形式，大规模栽培便于机械化操作，管理方便，且植株生长旺盛，采花量高。

栽培基质 荷花对土壤要求不严，但以微酸性且富含腐殖质的湖泥、塘泥或稻田土为佳，池、塘底铺土层20cm以上，有利于荷花的种植和生长。土壤pH 6.0~8.0，最佳pH 6.5~7.0。

栽培地点 荷花喜光、抗风浪能力较差，宜选阳光充足、每天直射光照不少于8h、避风向阳且水流平缓的池塘或湖面栽植。

定植时间 通常于气温上升至13~15℃后进行定植。长江流域以3月下旬至4月上、中旬为宜，南方稍早，北方稍迟。过早栽植易受寒流影响，种藕容易受冻害，影响分株成活率。

定植密度 切花生产如需花量大且种藕充足可密植，每667m^{2}栽植约500枝；若种藕少或栽培面积大可稀植，最小密度为1枝/m^2，连种2~3年，使其蔓延生长。

定植 北方宜选耐深水栽培的大型耐寒品种，长江流域可选品种较多。栽前先将池水放干，清除池、塘中的有害鱼类，深翻土壤，施入腐熟有机肥，然后灌水，保持浅水。将种藕顶芽朝向池中心，呈20°~25°斜插入泥10~15cm，尾部翘起露出水面，以防进水导致种藕腐烂。栽后将泥土轻轻压实，以防灌水后种藕浮起。大田植莲也可在荷花年生长期的初期，待其顶芽萌动时切取顶芽，于温室或塑料大盆内育苗，约10d顶芽萌发，将其移植到池塘中。生长季中也可进行分株，又称"莲鞭扦插"或"分蔸繁殖"，即当荷花的藕鞭伸长，鞭节上长出许多立叶时进行，顺藕走向，在苦芽处留2叶片折断藕鞭取出，保护顶芽和立叶不被折损，另行栽种。

肥水管理 荷花喜肥,以腐熟的饼肥、家禽粪、厩肥等作基肥,生长期施氮肥和磷、钾肥。不同栽培类型,不同品种对肥分的要求不同,应坚持薄肥轻施的原则。其中基肥的施用量为 1000kg/667m^2,旺盛生长阶段即荷花抽出第二片立叶时每隔 10~15d 施尿素或氯化钾,使用量为尿素 1.5~2.5g/m^2 和氯化钾 1~1.5g/m^2;5 月下旬花芽大量分化时,施复合肥 15g/m^2;6 月上中旬荷花开始现花,每隔 10~15d 施复合肥 15~20g/m^2、氯化钾 4~6g/m^2,连续 3 次;7 月下旬减少施肥量,施尿素 7~15g/m^2。也可于生长旺季每隔 20d 左右于根系附近施一次鸡粪,促使植株健壮生长。

荷花生长期内离不开水,失水易导致叶缘枯焦、败蕾。灌水深度随生长季节不同而不同。栽培初期,一般控制水位在 10~20cm,随浮叶的长出,逐渐加高水位,深度以浮叶漂于水面为宜,待立叶大量长出后,将水位控制在 60~80cm,忌水位大幅度变化,雨季注意及时排水,避免淹没立叶,影响植株生长。灌水时应注意水的温度和清洁卫生,如用自来水、井水,应经缸储、池储或日晒 1~2d 后使用,忌用污水。秋、冬季冰冻前放足池水,保持深度 1m 以上。

温度管理 荷花栽植时要求温度在 13℃ 以上,否则幼苗生长缓慢或易造成烂苗。长江流域以南地区一般无需保护能露地越冬,于秋冬冰冻前放足池水,保持深度 1m 以上,根茎可在冰下不冰冻的泥土中安全越冬。长江流域盆栽,冬季加盖塑料薄膜保护越冬。长江流域以北地区冬季易受冻害,将种藕挖出放置 3~10℃ 冷库或窖内贮藏。贮藏时可将种藕堆放于缸内,缸内盖草或填泥覆盖,或将藕种与泥沙分层堆放,也可于室内缸中假植,保持湿润,春季取出栽植。

杂草管理 水面常滋生苔藓、浮萍、蒲草、水葫芦、藻类等水生植物,水生植物蔓延,覆盖水面,阳光不能透射,妨碍水温的提高,对荷花初期生长不利,生长期则与荷花争夺养分,易导致荷花生长不良。水生植物种类多时尽可能人工捞除,药剂防治宜谨慎使用,避免污染水源或剂量过大造成烧苗。

整形修剪 荷花进入盛花期后,浮叶和早期形成的立叶,逐渐衰老发黄,有的浮叶腐烂,应及时摘叶,减少养分消耗,并有利于通风透光,增进美观度,而与花伴生的立叶应尽可能保留。摘立叶时叶柄的断口不可低于水面,以免气腔进水造成烂藕。现花后要随时剪切莲蓬、已经衰败或没有商品价值的花朵。生长季拔除部分过密植株或生长过弱植株,及时清除受病虫危害的叶、叶柄等。进入秋季后,叶片开始枯黄,为保证根茎生长充实,此时不宜摘叶,促其自然死亡,入冬前集中摘除。

(2) 盆栽、缸栽

选无孔盆或缸做容器,缸底施入猪毛、羊蹄、马蹄、豆饼粉、粪尿、骨粉及少量草木灰等做基肥,再装入含腐殖质的塘泥、河泥或稻田泥,培养土装盆至容器深的 3/5 处,定植前将盆泥和成糊状。选用中等株形的品种,如'胜寿桃'、'紫瑞'等,集中成片种植时缸、盆之间保持一定的距离,避免光照不足和植株过于郁闭。栽插时种藕顶端沿盆边呈 20° 斜插入泥,顶芽略向缸中央,深约 10cm,尾部翘起,即头低尾高,加水深至 5cm,不使藕尾进水。每缸 2~3 枝种藕,将盆放置于阳光下晾晒,使表面泥土出现微裂,促使种藕与泥土完全粘合不易飘浮。栽培初期保持浅水位,约 3cm,随着叶片的生长而逐渐提高水位,尤其高温季节,每天浇水 2~3 次,水深以不淹没立叶为度。当立叶长出 2~3 片时，及时摘除衰老浮叶，保持盆面通风透光。生长期间显蕾后施追肥，每隔 15~20d 施肥 1 次，每次每缸施复合肥 5~15 颗，或施腐熟饼肥 25~50g，施肥部位为缸、盆中央的土壤中，开花期停止施追肥。其他养护措施同池塘栽培。

15.1.5.2 荷花反季节栽培

荷花喜温、喜光、喜湿、喜通风良好环境，通过调节种植期、加温、补光、调湿、通风等措施可实现荷花反季节栽培。

(1) 种植时间

荷花从分栽至开花需 60~65d，不同品种略有差异，早花品种需 50~55d，晚花品种需 70~80d。生产中可根据需花时间确定定植时间。

(2) 品种选择

开花时间不同选用品种不同。如国庆节开花的荷花，对品种没有特殊要求。元旦、春节开花的荷花，则应选择着花多、丰花型的品种进行反季节栽培。

(3) 栽培管理

荷花供花时间不同，栽培养护措施不同。

若供国庆用花，可在 7 月中、下旬或 8 月初将当年成熟的新藕（带 1~2 片嫩叶）重新栽植，或将低温冷藏的种藕栽植培养至国庆开花，也可于 7 月将已开或正开花的盆、缸植荷花，脱缸倒入池塘中，修剪老叶、残柄、追肥、促发新鞭继续抽发立叶、开花，花期可延长至中秋、国庆。通过增温、补光措施也可使荷花在国庆节开花，方法是 8 月上旬将正在开花的植株，移植到温室内，控制温度在 20~25℃，每日光照 14~16h，则可延长花期至 10 月中旬。

元旦、春节供花对栽培养护技术要求较高。一般采用无孔盆进行沉水栽培养护（将盆栽、缸栽荷花置于水池内，池水深度以刚好能漫过盆面为度）。定植后先置于室外全光照露天下养护，3~4d 后长出钱叶，于 10 月底移入温室内进行促成栽培。控制室温，白天为 29~32℃，夜晚 25~27℃，现蕾后保持昼夜有 2~6℃的温差，同时通过控制池水温度从而控制盆内水温在 28~30℃。人工补光，保证每天有 10~12h 较强光照。采用间歇喷雾系统增加温室湿度，保持空气湿度为 75%~85%。促成栽培期间注意肥水管理，每 15d 施 1 次复合肥，每盆 10~15g，现蕾期增施磷、钾肥，提高开花质量。当花蕾抽出，且花梗长 15~20cm 时，控制泥温 18℃，气温 20℃，可延长采花期。生长期及时清除杂草，并注意病虫害防治。

15.1.6 主要病虫害及其防治

荷花的主要病害有腐烂病、斑枯病、腐败病等。可用 50% 多菌灵、50% 克菌丹 500 倍液、50% 的疫霉净 500 倍液、50% 多菌灵 1000 倍液、70% 甲基托布津或 65% 代森锌加滑石粉按 1:1 比例喷洒叶面。

荷花的虫害主要有克氏原螯虾、蚜虫、大蓑蛾、铜绿金龟子、黄刺蛾等。应勤除荷塘水草，破坏栖息地，设笼诱杀或垂钓捕捉。也可用呋喃丹 1200 倍液、50% 杀螟松乳油 1000 倍液、50% 辛硫磷乳油 1500 倍液、敌百虫 1000~1500 倍液或 2.5% 溴氰菊酯乳油4000倍液喷杀。

15.1.7 采收、贮藏与保鲜

荷花适合蕾期采收，宜在花蕾充分膨大、完全透色，即自花柄冒出土面第9~10d时采摘。清晨用利刃切取花枝，随采随将花柄浸入水中。尽快进行预冷处理，通过预冷可降低蒸腾失水，防止水分过度散失引起切花凋落、皱缩，同时也可降低切花的呼吸强度和呼吸热，从而抑制细菌、霉菌等微生物的生长。

在低温环境下拣选、分级，剔除花型不端正、花头下垂、受病虫危害、有机械损伤或已开放的花枝。一级切花的花梗长度为60cm，二级为50cm，三级为40cm。相同等级的切花长度与标准长度之差小于2cm，5枝或10枝1束。

将花枝垂直置盛保鲜液或水的容器中，于8~10℃贮藏，相对湿度为90%~95%。荷花属亚热带花卉，对温度敏感，温度过低易出现冷害，温度过高易导致生理失调，影响切花质量。

荷花花梗通气组织发达，但保护组织不发达，花期短，花瓣易脱落，从开始开放到凋谢为2~3d，少数品种可达4d，对荷花进行保鲜处理有利于延长观赏期。

荷花贮藏、保鲜一般为3~5d，控制温度8~10℃，相对湿度85%~95%。近距离运输可采用湿运，即将花梗基部用湿苔藓、棉球包裹或直接浸入盛保鲜液的桶内；远距离运输时为方便运输，一般装箱后干藏运输，即将花枝用塑料薄膜包装，各层切花花头朝外、反向水平摆放于瓦楞纸箱中，低温运输，到达目的地后马上开箱，重新将带梗花朵浸入保鲜液中，促其充分吸水、杀菌并延缓衰老。

15.2 睡莲

【学名】 *Nymphaea tetragona*
【英名】 water lily，water nymph
【别名】 子午莲、水浮莲、水芹花
【科属】 睡莲科睡莲属

睡莲叶片浓绿，花色丰富、艳丽，是优良的水生切花。人工栽培有4000多年历史。

15.2.1 形态特征

多年生宿根水生植物。根状茎粗短，横生或直立，有黑色细毛。叶丛生，具细长叶柄，浮于水面，圆心形或肾圆形，叶缘波状、全缘或有齿，先端钝圆，基部深裂呈心脏形或近戟形，纸质或近革质，叶面浓绿色，叶背紫红色或紫堇色。花单生于细长花梗顶端，直径3~6cm，浮于水面或挺出水上，花瓣多数，长圆形或倒心形，有白、红、粉、黄、蓝、紫、紫红、浅蓝及中间色等；萼片4，革质，宽披针形或窄卵形。单朵花期3~4d，花期7~8月。果实球形，果熟期8~9月（图15-2）。

15.2.2 生态习性

睡莲喜温暖湿润、阳光充足、通风良好的环境。对土壤要求不严，但在微酸性、肥沃的砂质壤土中生长良好。喜清洁、温暖的静水，适宜水深 30~80cm。适生温度 15~32℃，低于 10℃时停止生长。部分耐寒种及品种的根茎耐 1~10℃的低温，可于露天水池内不结冰的土壤中过冬。不耐寒的热带种及品种在长江流域以北地区，冬天要进行越冬保温处理，温度以 5℃以上为宜。睡莲在长江流域 3 月下旬至 4 月上旬萌发，4 月下旬至 5 月上旬孕蕾，6~8 月为盛花期，11 月后地上部分枯萎进入休眠期。在北方 5 月中旬出房下水，盛花期 7~8 月，冬季于不结冰的冷室或窖内越冬。

图 15-2 睡 莲

15.2.3 种类与品种

睡莲属有近 40 种，大部原产北非和东南亚的热带地区，欧洲和亚洲的温带和寒带地区也有少量分布。根据开花时间不同可分为 3 种：上午开花、下午或傍晚闭合的种或品种，如墨西哥黄睡莲、香睡莲等；下午开花、傍晚闭合的种及品种；夜间开花、白天闭合的种及品种，如红花睡莲等。睡莲切花品种应选花茎坚挺、不易弯曲、耐失水萎蔫、日开放时间长和瓶插寿命长的品种。

根据对温度的要求可分为不耐寒性睡莲（热带性睡莲）和耐寒性睡莲两大类群。

(1) 不耐寒性睡莲（热带性睡莲）

热带性睡莲原产美洲和非洲热带，性喜温暖、湿润、向阳环境，生长势强健，花叶俱大，且花色艳丽而丰富，有较稀有的蓝色种或品种。叶片边缘有锯齿或呈波纹状，花挺水开放，不同种或品种开花习性不同，有上午开花、下午闭合和傍晚开花、翌日上午闭合两类型。大部分花有香味。该类花蕾出水后约需 10d 开花，主要种及品种有：

埃及蓝睡莲($N.\ caerulea$) 叶近圆形或椭圆形，叶片深裂至叶柄着生处，近全缘或分裂处有少数齿状，叶脉突出，叶柄褐绿色。花蓝色，直径 6~15cm，顶端蓝色较深，基部渐淡。花瓣 16~20 个，星状。白天开花，花挺水开放，着花繁密，有胎生现象，亦可结实。

墨西哥黄睡莲($N.\ mexicana$) 幼叶正面有紫色或红褐色斑点，叶背铜红色，具小的紫色斑点。成叶卵形或长椭圆形，绿色，斑点消失，边缘稍具锯齿，叶基通常开裂。花黄色，杯状而后转为星状，直径 10~14cm，花挺出水面，着花繁密。花梗绿黄色，无绒毛。白天开花，傍晚闭合。

'蓝冠'睡莲 叶背红色或粉红。花星状，径 10~12cm，淡紫色，芳香，花梗挺出水面。

'玛格丽特' 叶面绿色，幼叶有淡紫红色斑。花蓝色。

'比尔' 叶面绿色，上有少量紫红色斑，叶近圆形，有锐锯齿。花深蓝色，后逐渐变淡。

'达本纳' 叶两面均为绿色，叶背有紫红色斑块，叶卵形至椭圆形，叶缘波状。花淡蓝色。

（2）耐寒性睡莲

耐寒性睡莲原产亚洲温带地区，性喜湿润、向阳环境，适生温度为15～25℃，耐寒性强。叶缘无锯齿，花朵多浮于水面开放，上午开花，下午或傍晚闭合，该类品种花蕾出水后需13～15d开花，连续开放3～4d，主要种及品种有：

香睡莲（*N. odorata*） 叶圆形或长圆形，亮绿色。花白色，芳香，晨开午闭，有许多红花及大花变种。常见栽培品种有：'曙光'香睡莲：叶具绛紫色斑，花初开淡蓝色，后变深红色，径5～7cm，夏季盛花；'胜利'香睡莲：花玫瑰红色，花径15cm，花白色，具红纹；'星花'香睡莲：叶深绿色，花白色或红色，径15～20cm，星状；'黄花'香睡莲：叶绿色，具红色斑点，花黄色，径7.5cm，具香味；'大花'香睡莲：生长健壮，花大、黄色，具浓香，径15cm。

睡莲 叶正面绿色，有紫红色斑点，叶背面红褐色，近圆形或卵状椭圆形。花白色，变种较多。

块茎睡莲 叶圆形，幼叶紫色，成叶深绿色。花白色，径10～22cm，午后开放。叶和花都高出水面。

15.2.4 繁殖方法

（1）种子繁殖

有些种如蓝睡莲、柔毛齿叶睡莲适宜采用种子繁殖。睡莲种皮薄，干燥即丧失发芽力，因此宜随采随播，或将种子湿藏或水藏，贮藏温度为5℃左右。3月中下旬进行催芽处理，用0.3%的高锰酸钾浸泡种子和催芽器皿30～60min。将种子置盛水容器中（每天换水），或将种子洒于10～15cm厚的田土或塘泥上，于培养箱或温室中进行催芽，温度控制在25～28℃，每天10h光照，并注意喷雾保持基质湿润，7～15d发芽，待幼苗长至3～4cm时移栽或定植。也可不催芽而直接进行播种，通常采用盆播，播后将盆浸入水中或盆中放浅水，控制温度25～30℃，不耐寒类约15d发芽，耐寒类3～12个月发芽。

（2）分株繁殖

通常池栽睡莲视生长势强弱、繁殖等的需要，每2～3年挖出根茎分栽一次，盆栽和缸栽者，每1～2年分一次。耐寒性品种在3～4月进行，不耐寒性品种在5～6月进行。分株时将根茎挖出，洗净泥土，去掉不定根和部分叶片，切割成长约10cm的根段，每段具2～3个芽眼，另行栽植。

（3）胎生繁殖

耐寒性睡莲的"胎生"新幼体多从花朵中长出，热带性睡莲则主要从叶片长出，即叶片与叶柄结合处（叶脐）。以花托、叶等为材料，待幼株发根时，用剪刀将花柄（长1~3cm）、叶柄带叶剪下，去掉大部分叶，另行栽植，当年即可开花。

15.2.5 栽培管理

在气候适宜条件下，大型水面的睡莲常直接栽入池底泥中或种植槽内，小型水面或北方栽植，常栽于盆、缸中，或将盆、缸放入池中做沉水栽培。睡莲在生育期间均应保持阳光充足，通风良好的条件，具体栽培技术如下。

(1) 池栽

选光照充足，每天日照时数不小于8h，水流平缓的浅水区种植。

品种选择 大型睡莲品种，常选紫色、粉色花睡莲品种。

栽培基质 选用富含腐殖质的湖泥、塘泥或稻田土。

定植时间 热带睡莲以5~6月为宜，耐寒性睡莲以3~4月为宜。

定植 早春将池水放干，施入堆肥、骨粉等基肥，然后灌浅水栽植。选生长旺盛健壮、无病虫害、无损伤、无腐烂的根茎为种植材料，忌用久置的干燥根茎或腐烂、受损根茎。挖穴种植（直径约30cm），株行距40cm×40cm或2株/m²，填土保持根茎上的新芽与土面相平，土壤表层铺一层小卵石，避免灌水后根茎浮动，并防止池水浑浊。

温度管理 睡莲在20~30℃温度下生长迅速，气温低于15℃时停止开花，低于0℃地下根茎易受冻害。一般长江流域越冬前池内灌水至水位约110cm处，根茎在冰下可安全越冬，或放干池水挖取根茎，按照不同品种归类、分组后在相对湿度90%~95%、4~6℃的冷库或低温温室贮藏；北方地区应置冷库或温室越冬。

肥水管理 睡莲需肥量大，栽植前施基肥，生长发育期追肥3~4次，施肥量为饼肥50g/m²，尿素10g/m²或复合肥15g/m²，追肥施入株行间隙。花期施磷酸二氢钾，可采用土施或叶面喷施，每半月施用一次，连施3~4次。

栽培初期保持低水位，3~4cm，随植株的生长分次逐渐增加水位。开花季节保持水深在70~80cm，进入雨季及时排水。秋季降低水位，促进根茎和侧芽生长。晚秋逐渐加深水位，至入冬前池内放满水。

杂草管理 生长期内及时清除杂草，避免杂草与睡莲争夺养分。

整形修剪 应及时清除植株外围老叶和病株、病叶等，促使植株健壮生长，开花繁茂。

(2) 盆、缸栽

适合中小型、挺水开花品种。栽培时应选用内径50~60cm，高30~40cm的无孔盆或缸栽种。用肥沃的塘泥、稻田土或菜园土做培养土，并在盆底放入腐熟的豆饼、骨粉或蹄片等肥料做基肥。将培养土装入盆中至盆口15~20cm。耐寒性睡莲的块茎或匍匐茎平栽或15°倾斜栽植，使其芽端入盆的中心位置，基部紧贴盆边，芽露出泥面。热带性睡莲栽植时，盆中心挖穴，直立栽入盆中心，顶芽微露。栽培初期保持盆内3~5cm的水位，随苗株生长逐渐提高水位至20~50cm。生长期内注意进行疏叶，以利于通风透光和保持水质清洁。其他管理技术同池栽。

(3) 沉水栽培

将盆、缸植睡莲摆放池中养护,一般分几次放水,第一次放水,刚刚没过盆沿,随着叶片生长逐渐提高水位,生长旺季,将整个花盆沉入水中,水面距盆面 30~50cm。

盆栽睡莲入冬前及时移入冷室,温度控制在 0~5℃ 之间,保持土壤湿润或浅水,以免造成干芽,影响来年发芽生长。

15.2.6 主要病虫害及其防治

叶腐病 受害叶表面有褐色或黑褐色病斑,发病重时,叶片变褐腐烂。该病在夏、秋季高湿多雨季节易发病。可喷洒 50% 多菌灵可湿性粉剂 800 倍液或 70% 甲基硫菌灵可湿性粉剂 800 倍液,隔 10d 左右喷 1 次,连续喷施 3~4 次。

斑腐病 叶片上初生水渍状小黑斑,后扩展成圆形至多角形或不规则形。病斑边缘黑色有黄色晕圈,中间灰黑色有轮纹,病部易破裂或脱落,严重时叶片大部分甚至全部变褐腐烂,上生灰褐色霉层,即病菌子实体。8~9月高温季节危害严重。可喷施 50% 多菌灵可湿性粉剂 600 倍液、75% 百菌清可湿性粉剂 600 倍液、50% 苯菌灵可湿性粉剂 1500 倍液或 80% 炭疽福美可湿性粉剂 800 倍液,隔 10d 左右喷 1 次,连续喷施 2~3 次。

炭疽病 主要危害叶,初生褐色小斑点,接着斑点扩大为近圆形病斑,病斑边缘色较暗,严重时导致叶片光合功能下降、植株衰弱。可喷洒 50% 多菌灵可湿性粉剂 800 倍液或 70% 甲基硫菌灵可湿性粉剂 800 倍液,隔 10d 左右喷 1 次,连续喷施 3~4 次。

腐烂病 从地下茎开始发病,延及叶柄、叶片及花梗等部位。地下茎初期无症状,但其导管变为淡褐色或褐色,并逐渐扩展,严重时茎的全面或一面发生纵皱。病茎所生叶片呈淡绿色,以后从叶缘开始干枯,引起叶片卷缩以至枯死。浅根性品种容易感染腐烂病,阴雨连绵、日照不足或暴风雨频繁,土壤通透性差,或土壤、水酸性大,水温高于 35℃,水受到污染等都易诱发该病。可喷洒 50% 多菌灵可湿性粉剂 600~800 倍液,或 75% 百菌清可湿性粉剂 600~800 倍液进行防治。

睡莲常见虫害有斜纹夜蛾、蚜虫、螺类等。应及时防治。

15.2.7 采收、贮藏与保鲜

切花睡莲适合在花蕾充分透色时采收。如采切过早,花朵不易开放;采切过晚,不利于切花的贮藏和运输。宜在气温较低的上午或清晨采切,其中清晨 1:00~5:00 采收最好,采切花梗长度 40~50cm,并用利刃把下端剪成 45° 的斜面,以利于增大吸水面积。采后应尽快将切花浸泡在清水或保鲜液中并置无日光直射之处。

剔除病虫危害、机械损伤、花梗过短、花蕾形状不端正的带梗花朵,一级切花花朵的完好率为 99%,二级切花为 98%,三级切花为 97%。10 枝 1 束进行捆扎。

用聚乙烯塑料袋包装,然后置具透气孔纸箱中,或垂直浸泡于盛保鲜液或清水的容器中,也可采用自切口处注水法促使花梗吸水。于 8~10℃ 冷室中贮藏,控制相对湿度为 90%~95%。睡莲贮藏时间不宜过长,应根据距花卉市场的距离、供花时间等因素妥善安排采切时间,尽可能缩短贮藏、运输时间。

睡莲储运前应吸足水分,于低温条件下垂直置盛水容器中运输,或装箱干储运输。

到达运输地点后,立即开箱,并将花梗浸泡在保鲜液中。

睡莲瓶插需充足的光照、较高的温度和充足的水分,否则会影响切花开放度和单花日开放时间,甚至出现僵蕾、早萎、花茎弯曲、瓶插寿命短等现象。同时瓶插期间睡莲容易褪色、花瓣萎蔫和花梗弯曲,用固定插花专用的18号铁丝插入花茎中可使花茎不弯曲,但不能延长瓶插寿命。保鲜液中加入 GA_3,有利于花朵完全开放、花径增大、花色鲜艳、花茎直立、单朵花开放时间长,并延长切花瓶插寿命至6~8d(用蒸馏水瓶插时间短,约3d)。保鲜液里还含有低浓度蔗糖、8-HQS、STS、Al^{3+} 等。不同品种适宜的剂量不同。

15.3 香蒲

【学名】 *Typha angustata*
【英名】 great cattail, great reed mace, reed mace, bulrush
【别名】 水烛、毛蜡烛
【科属】 香蒲科香蒲属

香蒲叶丛青翠,姿态挺拔,肉穗花序棒状奇特可爱,常用于园林水景绿化,或做花境、水景的背景材料,花序、叶为优良的插花材料。同时叶可用于编织,花粉可入药称蒲黄,全株可做造纸原料。

15.3.1 形态特征

多年生宿根挺水草本植物,株高1.5~3m。根状茎粗壮。茎圆柱形,直立、质硬。叶片条形,自茎基部抽生,二列状着生,长40~120cm,宽0.4~0.9cm,光滑无毛,基部鞘状抱茎。花单性同株,穗状花序呈蜡烛状,故又称水烛,雌雄花序相距2.5~7cm,雄花序生于上部,雌花序生于下部,浅褐色,花期6~7月。果期7~8月,果序圆柱状,褐色,坚果细小,具多数白毛(图15-3)。

15.3.2 生态习性

喜阳光充足、通风透光环境,不耐阴。喜浅水湿地,常生于沼泽、池塘、河滩、渠旁等潮湿多水处。对土壤、水质要求不严,但以富含有机质的塘泥为好。性强健,较耐寒,抗逆性强,可用于污水净化。

图15-3 香 蒲

15.3.3 种类与品种

香蒲同属植物约18种,生产中常见的有东方香蒲(*T. orientalis*)、普香蒲(*T. przewalskii*)、达香蒲(*T. davidiana*)、小香蒲(*T. minima*)、宽叶香蒲(*T. latifolia*)、狭叶香蒲(*T. angustifolia*)、球序香蒲(*T. pallida*)等。

15.3.4　繁殖方法

香蒲可用播种和分株法繁殖，生产中多用分株繁殖。

分株繁殖　初春把老株挖起，清洗根部，去除老根茎，用快刀将根茎切成10~15cm的小段，每段根茎带3~4个芽，另行栽植。

播种繁殖　秋末采收成熟种子进行沙藏，翌年3月播种。播种前于土壤中施基肥，并进行土壤消毒、整地、作床。将种子均匀撒于苗床上，保持苗床湿润，待小苗高2~3cm时，进行移栽。

15.3.5　栽培管理

香蒲栽植可进行浅水栽培和盆栽。

浅水栽培　香蒲喜光，宜选光照充足处栽培，环境荫蔽易导致植株生长衰弱、纤细甚至倒伏；香蒲对土壤要求不严，但以含腐殖质丰富的壤土为好；香蒲喜浅水湿地，对水质如水的硬度、含盐量及pH值等要求不严，但水位变化幅度不宜过大。栽培初期保持浅水，1~3cm，旺盛生长期保持水位10~30cm，忌水位过深；年生长周期中香蒲生长量大，需肥多，但为了避免前期旺长，降低抗逆性和观赏性，一般生长前期不施肥，花期前后及花序膨大期追施磷酸二氢钾等肥料，以利花序充分发育，增强观赏性。及时清除黄叶和过密枝叶，有利通风并保持良好株形；同时注意清除杂草，以免影响植株的生长；香蒲耐寒，秋季地上部枯黄后可将其刈割，地下部分自然条件下可安全越冬。为保持良好株形及长势，一般每3~5年进行1次分株，以利于地下根状茎生长，避免根系老化，影响地上部生长。

盆栽　选直径60cm左右的盆进行栽培，盆土选富含腐殖质的塘泥等，填土至盆深的2/3，每盆栽4~8株。保持土壤湿润，待其发芽后，逐渐灌水，初期保持低水位，后逐渐提高水位。生长季节施追肥2~3次。越冬前及时清除枯死枝叶，集中烧毁或深埋，减少来年病虫害的发生。入冬后将盆移入室内或将根状茎掘出于室内贮藏越冬。

15.3.6　主要病虫害及其防治

香蒲性强健，不易患病，但植株生长衰弱，枝叶过于密集，不通风、高温高湿条件下易遭蚜虫危害。主要危害幼嫩枝叶，常造成嫩叶、嫩茎扭曲，影响植株生长和降低观赏性。防治方法包括生长期及时摘除黄叶、病叶、过密枝叶，保证植株良好的通风条件；蚜虫危害后喷施50%抗蚜威可湿性粉剂3000~5000倍液，5%蚜虱净乳油2000倍液、20%果蚜净1500倍液、25%飞虱宝可湿性粉剂1000~1500倍液等，连续喷2~3次。

15.3.7 采收、贮藏与保鲜

当花序呈棕褐色时采收，操作宜在上午或傍晚气温较低时进行。

剔除花序不完整、有机械损伤、病虫侵害、花梗弯曲的花序，然后对花序进行分级。一级切花长度为80cm，二级切花长度为70cm，三级切花长度为60cm。同一级内最长花枝与最短花枝不超过2cm，10枝1束，用透明塑料袋包装。

采切的带梗花序可制成干花后室温贮藏。或将鲜活花序于4~6℃低温，相对空气湿度90%~95%条件下储存。注意贮藏前应将切花置清水中吸足水分，一般不需要其他保鲜成分处理。

经干燥的切花可于常温条件下运输，新鲜的切花则应在储运前使切花吸足水分，于4~6℃低温、空气相对湿度85%~90%条件下运输。香蒲切花耐储运，耐水插，货架期和瓶插观赏期置清水中即可。

15.4 千屈菜

【学名】 *Lythrum salicaria*
【英名】 purple lythrum
【别名】 水柳、对叶莲
【科属】 千屈菜科千屈菜属

千屈菜株丛整齐清秀，花色素雅，花期长，夏秋开花，紫红色花枝随风摇曳，可做切花，水景配置则形成幽静、清新、自然的园林景观。常于浅水区片植，或搭配其他花卉营造不同的花艺效果或作道路两边的花境材料等。

图15-4 千屈菜

15.4.1 形态特征

多年生挺水宿根草本植物。地下根茎粗壮、木质化。地上茎直立，高40~120cm，四棱形或六棱形，近地面基部木质化，多分枝。叶对生或轮生，披针形或宽披针形，先端稍钝或锐，基部圆形或心形，有时基部略抱茎，全缘；无柄。长穗状花序顶生，花序长达40cm以上，花两性，多而小的花朵密生于叶状苞腋中；花瓣6，玫瑰红或紫色，有短爪，稍皱缩，花期6~9月。种子细小，无翅(图15-4)。

15.4.2 生态习性

原产欧洲和亚洲暖温带，喜温暖、光照充足及通风好的环境，喜水湿，耐寒，多生长在沼泽地、河边、溪边、湖边、沟边等。在浅水中栽培长势最好，也可旱地栽培。对土壤要求不严，但以土质肥沃的土壤中生长健壮，花色鲜艳。

15.4.3 种类与品种

常见品种有：'火烛'，株高90cm，花玫瑰红色；'快乐'，株高45cm，花深粉色；'罗伯特'，株高90cm，花亮粉色。同属植物还有：

无毛千屈菜（*L. salicaria* var. *glabrum*） 全株无短柔毛，仅叶状苞片边缘具纤毛，有时茎叶边缘亦具纤毛。

帚枝千屈菜（*L. salicaria*） 叶基部楔形，2~3朵花组成聚伞花序。

'大花'千屈菜（*L. salicaria* 'Roseumsuperbum'） 花穗大，暗紫红色。

'毛叶'千屈菜（*L. salicaria* 'Tomentosum'） 花穗大，全株被绒毛覆盖。

光千屈菜（*L. anceps*） 全株光滑，茎细长，花紫红色。

15.4.4 繁殖方法

千屈菜可用播种、扦插、分株等方法繁殖，但以扦插、分株为主。

（1）播种繁殖

可以盆播或露地直接播种。

盆播于3~4月进行，选用60cm左右的盆，盆内装培养土，整平压实，浸透水后撒播，然后覆盖一层细土，盆面用玻璃盖上，略留缝隙，保温、保湿，温度在20℃左右时，约20d发芽。

露地播种在4~5月进行，选择通风向阳且排水良好的环境播种。千屈菜的种子小而轻，应掺沙进行撒播。播种后覆一层细土，再用薄膜覆盖，20~30d即可发芽。

（2）分株繁殖

于早春或深秋进行，将母株整丛挖起，抖掉部分泥土，去除老的不定根、茎，再用快刀分成若干丛，每丛留芽4~6个，另行栽培。

（3）扦插繁殖

于6~8月进行，选疏松透气的塘泥等做扦插基质，从生长健壮、无病虫害的植株上剪取长7~10cm的嫩枝，去掉基部1/3的叶，入土约为插穗的1/2。保持土壤湿润并控制温度在20~25℃，10d左右生根。

15.4.5 栽培管理

千屈菜可根据栽培场所及供花需求采用浅水栽培或盆栽养护。

浅水栽培 选择光照充足，通风良好的浅水区或湿地种植。土壤中施入腐熟的堆肥或饼肥作基肥。株行距30cm×30cm。生长期不断打顶促使其矮化并分蘖。保持浅水，5~10cm，并及时拔除杂草、清除水苔、藻类，保持水面清洁。剪除部分过密枝、衰弱枝及枯枝等，保留健壮茎秆，增强植株通风，避免因枝叶过于郁闭滋生病虫害和影响开花质量。为提高切花质量，开花前及花期内追施磷酸二氢钾2~3次。冬季剪除枯枝，于自然条件下越冬。

盆栽 选用直径50cm左右的无孔花盆，装入盆土至盆深的2/3，每盆栽4~6株。生长期不断打顶促使其矮化分蘖。生长前期保持盆土湿润不积水，旺盛生长期逐渐灌水，使水位保持在5~10cm。冬季剪除枯枝，于室内越冬，越冬期间注意保持盆土湿润、温度以0~5℃为宜。

15.4.6 主要病虫害及其防治

千屈菜性强健，病害少，但易受红蜘蛛危害。幼、成、若虫多群集于叶片背面以刺吸寄主汁液，被害叶的叶绿素受到破坏。危害严重时，叶面呈现密集细小的斑点或斑块，叶片渐渐枯黄脱落，严重影响植株生长。植株枝叶郁闭度高、通风不畅、高温、干燥环境下易受红蜘蛛危害。可施用20%螨死净可湿性粉剂2000倍液，50%溴螨酯乳油2000~3000倍液，40%三氯杀螨醇1000~1500倍液等防治。由于红蜘蛛繁殖能力强，对药剂易产生抗药性，因此在药剂防治过程中应交叉使用药品。同时注意保护并利用红蜘蛛的天敌如瓢虫、草蛉等以进行生物防治。

15.4.7 采收、贮藏与保鲜

在穗状花序约有1/3花朵露色时采收。于上午10:00前或傍晚时采收，上午采收时注意花枝勿带露水，否则易滋生微生物。对采收的花枝进行拣选，剔除受病虫危害、机械损伤的花枝。10枝或20枝1束。将带梗花枝置清水中吸水，然后分层摆放于纸箱中，冷室贮藏，贮藏温度2~5℃。

运输时采用干藏运输，运输温度4℃左右，空气相对湿度85%~90%。运输后应及时开箱，并剪去花枝基部约2cm，置清水中吸水。

15.5 水葱

【学名】 *Scirpus tabernaemontani*
【英名】 bulrush, zebra rush
【别名】 莞、冲天草、翠管草
【科属】 莎草科蔗草属

水葱株丛挺拔直立，生长葱郁，色泽翠绿、淡雅，株型潇洒俊逸，是典型的观茎花卉和优良的观茎类切花材料。切花生产常与水景造景相结合，多栽植于岸边、池隅或盆栽进行庭院布景装饰。

15.5.1 形态特征

多年生宿根挺水草本植物。根状茎粗壮而匍匐，须根多。地上茎高1~2m，簇生、直立。圆柱形茎秆单生、中空，表面光滑，粉绿色，可作插花线条材料。叶片小而不明显，着生在茎的基部呈鞘状或鳞片状，膜质叶鞘3~4个，长可达38cm，最上面一个叶鞘具叶，线形、褐色，长1.5~11cm，叶片椭圆形或宽卵形，棕色。苞片1枚，为秆的延长。聚伞花序由小穗组成，小穗单生或2~3个簇生，小花淡黄褐色。花期6~8月。

小坚果倒卵形或椭圆形(图 15-5)。

15.5.2 生态习性

水葱原产欧亚大陆,广布于全世界,我国产 40 种左右。喜温暖潮湿、凉爽通风环境,常生于湿地、沼泽地或池塘、湖泊浅水处、沟渠中等。水葱性强健,适应性强,耐寒、耐阴、也耐盐碱,忌干旱。适宜生长温度为 15~30℃,10℃ 以下停止生长。在北方大部分地区地下根状茎可于水下自然越冬。

15.5.3 种类与品种

南水葱(*Scirpus validus* var. *laeviglumis*)
鳞片上无锈色突起的小点。

'花叶'水葱(*Scirpus validus* 'Zebrinus')
圆柱形茎秆上有黄色或黄白斑点或条纹,黄绿相间。聚伞花序,小穗褐色。

图 15-5 水 葱

15.5.4 繁殖方法

水葱可用播种、分株方法繁殖。

(1)播种繁殖

3~4 月于室内播种。播种前对盆、培养土进行消毒处理。然后将培养土上盆,至盆深的 2/3 处,整平压实。浸湿培养土并于其上撒播种子,撒一层细土或沙覆盖种子,最后将盆浸入水中,使盆土经常保持湿润。控制室温在 20~25℃,20d 左右发芽生根。苗高 10~15cm 时移栽。

(2)分株繁殖

早春 4 月,把越冬苗挖起,抖掉根部泥土,用利刃将根状茎切成几块,每块带 3~5 个芽,另行栽植。栽培初期保持一定的湿度或浅水,以利提高水温促进萌发,10~20d 发芽。

15.5.5 栽培管理

水葱栽培可行盆栽或池栽。

池栽 水葱植株抗倒伏性差,易折断,宜选水质清洁、水位平稳、水流缓慢、地势开阔的避风浅水区栽培。水葱喜光照充足,环境荫蔽茎秆发育不充实,易倒伏,应保证每天有 4h 以上的直射日光,促其生长健壮、茎秆挺拔。栽植前施以堆肥等基肥。挖穴丛植,穴深 40cm,株行距 25cm×35cm,每丛保持 8~12 个芽。栽后覆土,浇透水,待发芽后逐渐增加水位至 10~40cm。水葱喜肥,生长期追肥 1~2 次,主要以氮肥为主,配合施用磷、钾肥。生长期注意及时清除杂草、青苔、枯干等。为避免株丛过于密集、植株老化等影响花材质量,应每 3~4 年进行分栽更新。水葱适生温度范围为 15~30℃,

耐严寒，-10℃以上可越冬。冬季放干池水或加水使根部处于冰下安全越冬。

盆栽 选通风向阳处，于直径40~50cm的无孔花盆中栽培。采用腐殖质丰富的疏松壤土做栽培基质，施适量堆肥或下垫几片蹄片做基肥，盆土填到盆深的2/3处。将若干根茎均匀栽好，保持株丛生长疏密适度。栽后将盆土压实，初期保持盆土湿润或浅水，置通风光照充足处养护。待植株发芽后随生长发育逐渐增加水位至5~10cm，注意水质要清洁，自来水、井水需日晒2~3d后使用，避免水温骤变影响植株生长。夏季适当遮阴，且每月追肥1次，追肥以氮肥为主，并在叶面上经常喷水保持叶面清洁、植株翠绿。霜降后剪除地上部分，排出盆水，于冷室或地窖中越冬，越冬期间注意保持土壤湿润。霜降前如置10℃以上温室养护，能继续生长，保持常绿。

沉水盆栽 把盆栽水葱浸入水中，使茎秆露出水面，生长旺期水位高出盆面10~15cm。养护措施同盆栽。

15.5.6 主要病虫害及其防治

水葱生长较为粗放，在良好的管理条件下，水葱较少受病虫危害，但在植株密集、生长势弱等条件下易出现叶斑病、蚜虫等危害。

叶斑病 发病初期在叶片上出现浅褐色点状斑，后向四周扩展，病部圆形或不规则形，并产生轮纹，病斑边缘有褐色线纹，病健部分界明显。严重时茎秆上也有褐色病斑并造成叶片穿孔、叶片早落。可喷施50%多菌灵可湿性粉剂500~800倍液、70%甲基托布津可湿性粉剂600~1000倍液、80%代森锰锌600~800倍液、50%克菌丹500~600倍液，每隔7~10d喷1次，防止病害扩展蔓延。同时要注意药剂的交替使用，以免病菌产生抗药性。

15.5.7 采收、贮藏与保鲜

当水葱的茎秆生长充实、颜色变绿后采收。采收宜在上午或傍晚进行，以避免强光照射。水葱茎秆中空，采收中易折断或受挤压易变形，因此应小心采切茎秆，忌将过多茎秆堆叠放置。采切的茎秆及时移至遮阴环境下。选留光滑、通直、无病虫害的茎秆进行分级。一级切枝的长度为120cm，二级切枝长度100cm，三级切枝长度80cm。同级最长切枝与最短切枝长度差异不超过2cm，20枝茎秆一束，用塑料薄膜包装。分级后的茎秆置清水中吸足水分，于2~4℃冷室贮藏，控制空气相对湿度为90%~95%。

15.6 花叶芦竹

【学名】 *Arundo donax* var. *versicolor*
【英名】 variegated giant reed, striped giant reed
【别名】 斑叶芦竹、彩叶芦竹、花叶玉竹
【科属】 禾本科芦竹属

花叶芦竹植株高大挺拔，形状似竹，叶色素雅美丽且依季节而变化，是优良的水生切花、切叶植物和水景布景材料，可栽植于浅水区或点缀于桥、亭、榭的角隅、路边等，或与山石搭配造景。

15.6.1 形态特征

多年生宿根挺水草本观叶植物，具强壮的地下根状茎和休眠芽。株高1.8m，地上茎粗壮近木质化，通直、有节。表皮光滑，披针形叶互生，排成二列，弯垂，绿色，间以淡黄色或金黄色条纹。叶色、条纹依季节而变化，早春为黄白条纹，初夏绿色条纹增多，盛夏时新叶为绿色。圆锥花序顶生，长10~40cm，花枝细长，形似毛帚，花小，两性。花序及株茎可做插花材料(图15-6)。

15.6.2 生态习性

芦竹原产欧洲，花叶芦竹是芦竹的变种，现国内各地都有引种栽培。常生于池沼、湖边、低洼湿地。喜富含腐殖质、团粒结构好的砂壤土或壤土。生长适温为18~35℃，喜光、喜温、耐湿，也较耐寒，南方可自然越冬，北方大部分地区也可安全越冬。

图15-6 花叶芦竹

15.6.3 种类与品种

芦竹(*Arundo donax*) 株高5m，叶片披针形，灰绿色。圆锥花序长30~60cm。

'宽叶'花叶芦竹(*Arundo variegata* '**Superba**') 株高1m，叶片较宽，4~6cm，绿色，具白色纵条纹。

15.6.4 繁殖方法

花叶芦竹可用播种、分株、扦插方法繁殖，生产中多采用分株、扦插法繁殖。

扦插繁殖 一般在8月底9月初进行，选取生长健壮、无病虫害的植株，剪取茎秆，去叶并将茎秆剪成长20~30cm的插穗，插入富含腐殖质的轻壤土中，保持土壤湿润或浅水。20~30d后，于节处萌发白色根，待植株生长健壮后定植。

分株繁殖 气温高、降水量大的地区，一年四季均可繁殖。北方地区于早春进行。挖取地下茎，清洗泥土，剪除老根，用利刃切割地下茎，每块带3~4个芽，用0.3%的高锰酸钾浸泡15min进行消毒，然后另行栽植。栽培初期保持土壤湿润或浅水，发芽后可逐渐提高水位。

15.6.5 栽培管理

选水质清洁、水位平稳，光照充足处栽培花叶芦竹。环境荫蔽，则叶面条纹暗淡，植株生长势弱，易倒伏。栽植株行距为40cm×40cm。栽植初期保持浅水，旺盛生长期提高水位。芦竹喜肥，生长季应追肥 2~3 次，以氮肥为主，辅以磷、钾肥。及时清除杂草，防止与花叶芦竹争夺营养，影响植物的生长发育。在气温较高地区夏季给叶面喷水，防止叶片发生日灼现象。入冬前清除地上部分，大部分地区可露地越冬。芦竹连续栽种 3 年后进行分株，促进植株更新，保证植株有良好的长势。

15.6.6　主要病虫害及其防治

锈病　发病初期在叶背或叶表面产生黄褐色或淡黄色小点，后期病斑中央突起呈暗褐色，周围有黄色晕圈，严重时整张叶片布满锈褐色病斑，植株生长势减弱，叶片提早发黄脱落，降低观赏价值和切叶质量。高湿、多雨易引发该病发生。可喷洒 25% 粉锈宁 1500~2000 倍液、敌锈钠 250~300 倍液、43% 的好力克 4000~5000 倍液、25% 的富力库 1000~1500 倍液或 25% 的敌力脱 800~1000 倍液等进行防治。

叶野螟　以幼虫吐丝卷缀叶片，于卷叶内啃食叶肉。幼虫发生期危害严重。可喷洒 40% 乐斯本乳油 1500 倍液、50% 杀螟松乳油 1000 倍液或 40% 氧化乐果乳油 1000 倍液进行防治。

竹斑蛾　以幼虫群集危害、啃食叶肉，使叶片形成不规则的白膜或全叶呈白膜状。三龄后，分散全叶，日夜均啃食、危害叶片，严重影响植株生长和观赏效果。可喷洒 80% 敌敌畏、40% 氧化乐果乳油 1000 倍液防治。

15.6.7　采收、贮藏与保鲜

当花叶芦竹的叶片充分展开后即可采收茎枝，花序抽出后采切花枝。操作宜避开强光照或大风天气，用利刃切取带叶枝条或花序，切口应平滑。

保留叶面条纹鲜艳、无病斑、无机械损伤的茎枝或花序，10 枝 1 束。将茎枝、花序置清水中吸水，于 4~5℃ 条件下贮藏，空气湿度要求为 90%~95%。4~5℃ 条件下运输。开箱后应尽快将茎枝或花序浸入水中，上市前宜在低温条件下贮藏，并避免日光直射。货架期间置清水中，并不时向叶面喷水。

小　结

本章介绍了 6 种水生切花的形态特征、生态习性、种类和品种、栽培管理技术和采后贮藏与保鲜技术等。

思考题

1. 简述荷花切花栽培的养护要点。荷花反季节栽培应注意哪些方面？
2. 试举例说明水生花卉切花保鲜应注意哪些方面？
3. 如何开发、利用及推广我国水生花卉切花（切叶、切枝）资源？

推荐阅读书目

1. 水生花卉. 赵家荣. 中国林业出版社, 2002.
2. 花卉学(第 2 版). 王莲英, 秦魁杰. 中国林业出版社, 2011.

16 切叶和切果类植物栽培

根据农业部公布的数据,2006 年我国切叶的生产面积为 4720 hm^2,销售额 5.3 亿元,出口额 2 亿美元;切枝的生产面积为 3701 hm^2,销售额 3 亿元,出口额 1065 万美元。到 2016 年,我国切叶的生产面积达 7497 hm^2,销售额 6.9 亿元,出口额 3222 万美元,生产面积最大的 5 个地区依次为湖北、浙江、海南、广东和四川;切枝的生产面积为 6563 hm^2,销售额 8.9 亿元,出口额 25 万美元,生产面积最大的 3 个地区依次为广东、海南和四川。

16.1 肾蕨

【学名】 *Nephrolepis cordifolia*
【英名】 sword fern,tuber sword-fern
【别名】 排骨草、蜈蚣草、圆羊齿、球蕨、筐子草、石黄皮
【科属】 骨碎补科肾蕨属

肾蕨原产于亚洲和非洲的热带、亚热带地区,我国的海南、福建、广东、台湾、广西、云南、浙江等南方诸地都有野生分布,常见于溪边林中、岩石缝内或附生于树木上,野外多成片分布。

肾蕨株形直立丛生,羽叶深裂奇特,叶四季常绿,清雅挺秀,形态飘逸潇洒,而且耐阴性强、适应性比较强、栽培较容易,目前在国内外观赏应用广泛。如盆栽及吊盆栽作为室内外装饰观赏,作为阴地树下的地被植物,或栽于大型棕榈科植物叶腋处以增强其观赏性等。肾蕨的叶还是良好的插花配材,在切叶中占的比重较大,广东、海南、福建等有大量生产。国外还将肾蕨叶加工成干叶作为插花花材。

16.1.1 形态特征

肾蕨为中型地生或附生蕨,多年生常绿草本植物,株高 30~80cm。地下具根状茎,包括短而直立的茎、匍匐茎和球形块茎 3 种。直立茎的主轴向四周伸长形成匍匐茎,从

匍匐茎的短枝上又形成许多块茎，叶子从块茎上长出。从主轴和根状茎上长出不定根。叶簇生，披针形，革质光滑，绿色；一回羽状复叶，长30~70cm、宽3~5cm，羽片40~80对，紧密相接。初生的小复叶呈抱拳状，具有银白色的茸毛，展开后茸毛消失。孢子囊群生于小叶片叶脉的上侧小脉顶端，囊群肾形(图16-1)。

16.1.2 生态习性

肾蕨的自然萌发力强，在自然界的生长方式有地生型和附生型两种类型，前者一般都生长在林下、溪边等潮湿半阴的环境中，而后者则附着生长于树干上或石隙中。肾蕨喜温暖，生长适温18~28℃；耐寒性稍强，能耐短期的-2℃低温；为了避免叶子受害，冬季温度宜保持5℃以上。喜半阴，忌强烈的阳光直射。喜潮湿的环境，要求空气湿度高。对土壤要求不严，以富含有机质、疏松肥沃的砂壤土生长最为良好，适宜pH 5.5~7。

图16-1 肾 蕨

16.1.3 种类与品种

蕨类植物作为高等植物中比种子植物较低级的一个类群，旧称"羊齿植物"，包括众多的科，约有12 000种，我国有2600多种。大部分为草本植物，少数为木本。植物体有根、茎、叶之分，有维管束，无花，能产生特殊器官——孢子来进行繁殖。

许多蕨类植物株形好，叶形变化多样，特别是千姿百态奇特的叶型、叶姿和青翠碧绿的色彩，具有很高的观赏价值。

肾蕨属植物有30余种，其中绝大多数都可用于观赏栽培。除了肾蕨外，最常见栽培的还有高大肾蕨(*N. exalocto*)：又称碎叶肾蕨，羽叶长60~150cm，全缘或稍有锯齿。现已有上百个变异产生的新品种，比较著名的有'波士顿'蕨('Bostoniensis')、'密叶波士顿'蕨('Corditas')、'皱叶波士顿'蕨('Teddy Junior')、'复叶波士顿'蕨('Erect')、'垂叶'肾蕨('Maassii')等。尖叶肾蕨(*N. acuminata*)、圆盖肾蕨(*N. biserrata*)等也比较常见。

16.1.4 繁殖方法

用孢子繁殖、分株繁殖或组织培养方法进行繁殖。

孢子繁殖法繁殖系数大，繁殖时先采收成熟孢子。孢子囊分布于小叶背面，在囊群盖还未脱落而孢子已变黑时采收。由于孢子非常微小，似灰尘状，不易收集，可在收集孢子前，预先糊一些长条形纸袋，在叶背孢子囊显现初期，将这些纸袋套在叶片上，略微绑一下，以防滑落。孢子成熟后，会自动散落于纸袋内，将叶片连同纸袋一同剪下，收集纸袋内的孢子再播。播种环境要遮阴，基质可用干净或消毒过的泥炭、腐叶土、苔藓等，将孢子均匀地撒于基质表面即可。此后保持基质表面湿润十分重要，经常采用喷雾的方式，在20～25℃下1个月左右就会发芽。如用盆播，用浸盆法使基质湿润，然后用玻璃或塑料薄膜盖盆，置于阴处待发芽。

分株繁殖简单易行，于春夏季把丛生株挖起，将单株用手从基部撕扯开再栽植，遮阴下保持土壤湿润，容易成活。

组织培养也可大量繁殖肾蕨，但成本较高。

16.1.5　栽培管理

南方一般都在通风良好的露地遮光条件下进行栽培，遮光率适宜为40%～60%。场地周围排水要良好，涝害易使叶片发黄脱落。作畦高20～25cm，畦宽约1.2m，施入有机肥做基肥。定植株距约20cm。

平时要注意浇水，保持土壤湿润。空气湿度低时还应经常向叶面喷水，这对肾蕨的健壮生长和叶色的改善是非常必要的。土壤过于干旱或空气过于干燥，常会导致叶色变淡、苍白、叶尖端枯焦，严重时叶片会大量脱落。冬季需要减少浇水次数。

肾蕨不开花结实，以采叶为目的，所以施肥要以氮肥为主。由于栽培时株与株之间空间小，所以肥料宜以化肥为主。每月施肥1次。平时采叶时，顺便把有病虫害、寒害等没有商品价值的叶片剪去。冬季温度在5℃以下，叶片易受寒害，严重时叶片会逐渐枯萎。如出现枯萎，在寒冷期过后把枯萎部分完全剪除。

16.1.6　主要病虫害及其防治

危害肾蕨的病害主要有叶斑病、炭疽病、灰霉病等；虫害主要有蛞蝓、毛虫、介壳虫、蚜虫、红蜘蛛、线虫等。应及时防治。

16.1.7　采收、贮藏与保鲜

采收部位为带叶柄的整枚复叶，当拳卷的羽叶展开变绿1个月后即可采收。当天或翌日使用的切叶不需要贮藏运输，宜在早晨或傍晚切取，这时切叶中所含水分充足，可以保持较长时间；而需要包扎和运输的切叶，应在午后叶片较萎蔫时切取，这样叶片在捆扎和运输过程中易折损。

将剪下的切叶插入水中，尽快移至室内(以冷室更佳)，清洗干净，分级绑扎成束后装入具透气孔的衬膜瓦楞纸箱中。暂时不运输销售的，插入水中进行冷藏，温度可低至4～5℃。由于肾蕨在产地通常四季常绿可采，一般采后处理完于当天或翌日一早即运输销售。

我国已经制定出了肾蕨的切叶质量等级划分标准，将其分为3级，标准如下：

一级品　叶色纯正，深绿具光泽，无变色；叶形完整，羽片排列整齐，长度大于60cm；每10枝或20枝捆为1扎，每扎切叶最长与最短的差别不超过1cm。

二级品　叶色鲜绿，无变色；叶形完整，羽片排列整齐，长度45～59cm；每10枝或20枝捆为1扎,每扎切叶最长与最短的差别不超过3cm。

三级品 叶色一般,略有褪绿;叶形完整,羽片排列整齐,边缘略有损伤,长度35~44cm;每10枝或20枝捆为1扎,每扎切叶最长与最短的差别不超过5cm。

16.2 富贵竹

【学名】 *Dracaena sanderiana* var. *virescens*

【英名】 fairy bamboo,lucky bamboo

【别名】 仙达龙血树、万年竹、辛氏龙树、绿叶龙血树、叶仙龙血树、万寿竹

【科属】 龙舌兰科龙血树属

富贵竹原产于非洲西部的喀麦隆,20世纪80年代后期引进我国。其茎叶形态酷似翠竹,因此得名。由于其茎干挺拔,四季常绿,耐阴性强,粗生粗长,而且可直接水养,还寓意富贵吉祥、节节高升、青春永驻之意,深受人们喜爱,广泛应用于室内装饰观赏及做插花花材。其茎干还可进行加工,利用由我国台湾传入的技术加工成"富贵竹塔"(把去叶的茎干剪成不同长短,催芽后再做成外层低逐层高、多达18层的塔状组合),又称为"开运竹",更受到人们的欢迎。其茎干还可在栽培过程中进行人工处理,形成各种弯曲螺旋的造型,去叶催芽后成为"弯竹"或"转运竹",可直接组合瓶插或作为高级插花花材,风靡国内外。

目前我国的富贵竹生产基地主要在广东、海南、福建等地,已经成为全球最大的富贵竹生产和出口基地。在全球的富贵竹市场,中国的产品约占80%,贵竹塔和弯竹远销荷兰、美国、日本、加拿大、澳大利亚、印度等30多个国家和地区。

16.2.1 形态特征

常绿小乔木,高可达4m,茎若有支撑可长到10m以上。茎直立,一般不分枝,有节,似小竹,节处会生长气根。叶互生,长椭圆形或椭圆状披针形,长10~20cm,宽2~3cm,全缘,顶端渐尖,薄革质,浓绿色,叶片基部鞘状紧密抱茎。圆锥花序,花小。浆果近球形,黑色。以观叶枝为主,一般观赏栽培很难开花结果(图16-2)。

图16-2 富贵竹

16.2.2 生态习性

富贵竹喜温暖至高温,生长适温20~28℃;可耐2~3℃的低温,但冬季为避免叶片受到寒害,温度应保持在5℃以上。喜半阴,耐阴能力强;忌强烈阳光直射,否则会出现叶片褪绿黄化、叶面缺乏光泽粗糙、植株生长缓慢等现象。喜土壤湿润,耐涝;要求较高的空气湿度,否

则叶片易枯尖。对土壤要求不严，以富含有机质、疏松、排水良好、微酸性的砂质壤土最佳，耐肥力较强。

16.2.3 种类与品种

龙血树属约有 150 种，属名 *Dracaena* 是"母龙"的意思，因切口还能分泌出一种有色的汁液，称为"龙血"，因此得名。此属中许多都作为观叶植物进行栽培，有些还很适合作为切叶和切枝。国内最常见作为切叶用的是巴西铁（又叫香龙血树、香千年木、金边竹蕉，*D. fragrans*）及其几个品种，如'金边'巴西铁（'Victoriae'）、'金心'巴西铁（'Massangeana'）、'金边'巴西铁（'Lindenii'）等，它们的叶片是高级插花花材，目前在海南有大量生产。常见作为切叶和切枝用的还有红边竹蕉（*D. marginata*）及其几个品种，如'彩虹'竹蕉（'Tricolor Rainbow'）、'彩纹'竹蕉（'Tricolor'）等；星点木（*D. godselliana*）及其品种'佛州'星点木（'Florida Beauty'）等。

富贵竹是绿叶品种，由叶片边缘有黄色宽条斑的金边富贵竹（*D. sanderiana*）芽变而来。除金边品种外，还有叶片两侧有白色宽条斑的'银边'富贵竹（*D. sanderiana* 'Variegata'）、叶中间有白色条斑的'银心'富贵竹（'Margaret Berkery'）等，这几个斑叶品种观叶价值更高，也都很适合做切枝。

16.2.4 繁殖方法

常用带叶茎段进行扦插繁殖，在遮阴保湿条件下很容易成活。一般切枝的茎越粗越好。以茎直径≥13mm 为最佳。切枝生产的种苗，最好是用带枝顶扦插而成的。为了降低成本、提高效率，通常把插穗直接插入田间，生根后继续管理，一直到采收。扦插时，取插穗长 20~35cm，下部切口要求平滑，并除去基部几片叶，用每升含有 70% 甲基托布津 1g、克菌净 0.3g 和吲哚丁酸 30mg 的溶液浸泡基部 24h，以防止切口腐烂及促进生根。处理后取出凉干切口 4~6h，即行扦插。

16.2.5 栽培管理

16.2.5.1 扦插

种植地选择水田较好，做好周围的排水系统。翻耕整地，混入有机肥做基肥（1000kg/667m²），作畦（高约 25cm，宽 1m）。如果销售产品是带叶枝，还要在田间架设荫棚，高 1.7~1.9m，遮阳网的遮光率为 50%。如果是只取茎干再加工，为降低生产成本，可在全光照下栽培（全光照下植株比遮阴的稍慢，叶片有黄化、枯尖等现象，但对除叶加工产品的质量没有影响），但是扦插时还要临时遮阴。

用木条先插一深 6~8cm 的洞，把处理好的插穗插入，使之垂直，再用手压实土壤。扦插株行距为 12cm×（20~25）cm，种植密度为 16 000~20 000 株/667m²。插后尽快淋水，之后都要保持土壤湿润，空气干燥时还要注意喷水。扦插时期不同，生根时间也不同，如 10~12 月扦插，35~45d 可生根；1~2 月扦插的，30~35 d 生根；3~4 月扦插的，约 15d 则可生根。

16.2.5.2 肥水管理

当根长 3~4cm 时开始施肥，可使用 N:P:K = 2:1:2 的复合肥，施 50~75 kg/m²。前期可少些，后期多些，约 2 个月施 1 次。平时可等根系层土壤约一半干时再浇，冬季需减少浇水次数。空气干燥时要进行喷水，雨季则要注意及时排水。平时要注意松土除草。

16.2.5.3 螺旋弯竹的造型

螺旋弯竹的造型是在栽培过程中进行的，其方法是：当扦插苗株高为 80~85cm 时，在离植株顶端 15~20cm 处用纤维绳和垂直插于地面的小竹竿固定植株，方向均与畦方向垂直，植株与地面的角度为 15°~25°；10~15 d 后当植株生长的顶部茎干与地面垂直时，顺时针（或逆时针）方向转动植株至 90°并固定；当顶部茎干与地面垂直时，再转动植株至 90°并固定，如此反复下去，转动 10~14 次，方可形成两弯半的螺旋弯竹。将定型后的弯竹顶部茎干生长 25~30cm 时即可采收。

16.2.6 主要病虫害及其防治

富贵竹的病害主要有细菌性的茎腐病和叶斑病、真菌性的根腐病和炭疽病等，虫害主要有介壳虫、红蜘蛛、蚜虫等。茎腐病在 5~9 月高温高湿时发生，病菌从下切口开始感染并逐渐向上危害，造成茎基部变黄腐烂，叶片黄化，茎内部变为红色。叶斑病同样主要在高温高湿时发生，在叶片常有水渍状的病斑，可使叶甚至茎腐烂，特别是台风雨后伤口多，易引起病害流行。根腐病主要发生在 12 月至翌年 3 月的采收期，病菌从采收后剩下的茎切口处侵入，使茎变软、腐烂，不抽脚芽或抽芽参差不齐，出苗率低。

16.2.7 采收、贮藏与保鲜

采收应避免下雨或雨后植株水分未干时进行。在离地面 1.5~2cm 处与地面呈 30°角，用锋利的枝剪把枝条剪下，剩下残株可留下继续栽培生产。为防止切口感染根腐病，残株可即时喷甲基托布津，之后再分别喷 1 次瑞毒霉锰锌与百菌清，间隔期为 5~7d。残株不久会从基部长出多个脚芽，采取留矮去高、留壮去弱的原则，通常每株留 1~2 个芽。

供加工富贵竹塔用的直立植株，当株龄为 12 个月以上时即可采收。采收株应健壮充实、具完整叶片、无病虫害和冻伤斑块。把剪下的枝尽快移到室内，剪去顶部约 30cm（留下可继续作插穗用），用小锯片从下往上剥除叶片及切去节根，再用 50mg/L 高锰酸钾溶液进行清洗后竖起放置 2h。用枝剪将茎干从上至下剪成所需长短的茎段（上切口离顶节处距离 8mm），100 枝 1 扎，用橡皮圈绑紧。放置 3~4h 后进行切口处理。

经造型栽培的弯竹植株，要求株龄 14 个月以上，茎干上无不定根，其他要求与直竹相同。移到室内后去顶，欲剪的上切口离顶部末端长度 ≥10cm，除叶及清洗方法同直竹，然后剪平上切口（上切口离顶节处距离 1.5~2cm），按客户要求弯竹的高度剪下切口，10 枝 1 扎绑紧，放置 3~4h 后进行切口处理。

茎段切口处理是富贵竹加工生产的核心技术，直接影响成品质量。将茎段下切口置于铁皮槽中，加入 70% 甲基托布津 1g/L 药液 2cm 深，2h 后取出，倒去药液并洗净（下同）。将上切口朝下，加入 58% 瑞毒霉锰锌 0.8g/L，18h 后取出。将上切口朝下，加入爱多收 0.3mg/L，18h 后取出。下切口朝下，加入吲哚丁酸 30mg/L，12h 后取出；下切口朝下，加入自来水进行催芽促根。10~15d 后，出口欧洲产品可用吸管吸取加热的液蜡（绿色）点涂上切口呈圆滑凸面状。当顶侧芽长度达到可绑塔标准（12~18mm）时取出。分级和选择符合出口标准的茎段。用 0.05% 高锰酸钾溶液进行消毒。

弯竹分为螺旋弯竹、普通弯竹和多头弯竹 3 种，其切口处理与直竹茎段基本相同，不同的是浸药液深度。弯竹下切口液深应为 3~5cm，上切口 8~12cm，或根据植株造型以高于上切口 2~2.5cm 为宜。

16.3 散尾葵

【学名】 *Chrysalidocarpus lutescens*
【英名】 yellow palm，butterfly plam，yellow butterfly plam，bamboo plam
【别名】 黄椰子、黄碟椰子
【科属】 棕榈科散尾葵属

散尾葵原产马达加斯加，我国引种栽培广泛，以盆栽观赏为主，在华南冬季温暖地区可做庭园植物以及露地切叶栽培。其羽状复叶宽大，颜色清新亮绿，形态优美、轻盈飘逸，曲线柔和，能表现清新与自然的情境，在花艺设计上常做面状叶材运用，为大型插花（刚展开不久的嫩叶也可用于一般插花）和制作花篮的优秀花材。

16.3.1 形态特征

丛生型常绿灌木或小乔木，株高可达 5~8m，基部分蘖较多。茎干光滑，黄绿色，幼嫩时被蜡粉，环状鞘痕明显，基部略膨大，似竹节。叶顶生而有向上性，羽状复叶全裂，长 40~150cm，向外扩展呈拱形，绿色或淡绿色；小叶条状披针形，40~60 对，平滑细长，先端柔软；叶柄长，有细如胡麻状斑点，基部叶鞘抱茎，黄色。花期夏季；雌雄异株，佛焰花序生于叶鞘束之下；花极小，黄绿色，有芳香；萼片和花瓣 6；雄蕊 6；子房有短的花柱和阔的柱头。浆果倒圆锥形，金黄至紫黑色。种子 1~3 粒，卵形至阔椭圆形，腹面平坦，背具纵向深槽，种子外面具有丝状纤维质（图 16-3）。

图 16-3　散尾葵

16.3.2 生态习性

散尾葵原产热带地区，喜温暖至高温，生长适温22~30℃；耐寒性差，冬季低于5℃叶片易受寒害。喜光照明亮，也较耐阴；虽然在全日照下也可生长，但在全日照下每丛中只有45%~55%叶片具有商品价值，其他叶片在强烈阳光直射下叶色偏黄甚至灼伤，而且切叶瓶插寿命短。喜潮湿的环境，耐旱能力较强。对土壤要求不很严，以富含有机质、疏松、排水良好的土质最佳。

16.3.3 种类与品种

散尾葵属约有20种，主产马达加斯加，我国引入栽培的仅有散尾葵1种。

16.3.4 繁殖方法

常用播种和分株进行繁殖。散尾葵成株能由茎干基部萌蘖出多数小苗，于春夏用常规的分株方法进行繁殖，成活容易，到达采叶期快，但繁殖系数低。播种适于大量繁殖，但成株慢。把成熟果实采下，洗净果肉，即播在阴处（把种子浸在35℃温水中浸泡2d后再播更佳），覆土厚为种子直径的1倍。播种苗生长缓慢，成龄后生长迅速。

16.3.5 栽培管理

自行播种育苗时，从种到成苗约需2年；若买种苗栽植，依买种苗株龄的大小，所需成苗时间也不同，一般1~1.5年。自行播种时，把种子播于直径约10cm的塑料盆或营养袋中，基质可用河沙、田土及稻壳依相同体积比例混合，每盆10粒，置于阴处（遮光率最好为50%~60%）发芽。待种子萌芽且新根萌发后2周开始施以氮为主的复合肥，每盆可施3~4g，以后每2个月施1次。此阶段需注意老鼠危害。

播种苗经过1年后，株高30~40cm时，将盆苗定植到搭有遮阳网（50%~60%）的田间（周围有良好的排水系统）。定植前起好120cm宽、约25cm高的畦，挖穴种植，单行植，穴底施入一些有机肥。每盆种1穴，每穴有8~10株苗，穴距为70cm。定植后2个月新根已长成，此时可开始施1次以氮为主的复合肥。再经过4~6月，株高90~100cm时施肥并且进行培土，2~3个月后修剪去除老叶，然后继续让叶片自然生长，再经过1个月就可以开始进行切叶生产。如此从种子播种到成苗约需2年，植株进入第三年就可开始切叶生产。刚开始叶片的产量较低，随着株龄的增长叶片产量会逐渐增加，进入第四年每丛可生产近百片的叶片。

由于散尾葵以采叶为目的，所以追肥都施用以氮为主的复合肥或有机肥，40~50d施用1次，冬季再减少施肥次数。虽然较耐旱，但水分较多利于生长，特别在干旱期间要注意浇水，冬季可减少浇水次数。空气过于干燥，要注意增加周围的空气湿度或进行喷水，否则叶尖容易枯焦。平时还要注意松土除草。采叶时顺便把有病虫害等没有商品价值的叶剪去。

16.3.6　主要病虫害及其防治

病虫害主要有炭疽病、叶枯病、疫病、介壳虫等。叶枯病真菌最先侵染叶尖和叶缘，发病初期染病处呈褐色斑点或条块状斑块，中期斑点或斑块逐渐扩大并相互连接，后期叶片呈现灰白状干枯。疫病危害芽叶，使嫩叶芽呈灰褐色、枯萎、易倾折，已开展的新叶则基部出现水渍状病斑。应及时防治。

16.3.7　采收、贮藏与保鲜

收获部位为整枚复叶。当其完全展开、生长充实后即可采收，基部要带叶柄。把剪下的切叶插入水中，尽快移至冷室内清洗干净，分级后每10或20片绑成1束，装入具透气孔的衬膜瓦棱纸箱中。暂时不运输销售的，在10~15℃下插入水中进行贮藏；或保持相对湿度90%~95%进行干冷藏，取出后喷水保湿，并尽快插入水中。由于在产地通常四季常绿可采，一般采后处理完于当天或翌日一早即运输销售。

16.4　短穗鱼尾葵

【学名】 *Carvota mitis*
【英名】 tufted fishtail palm, wine palm
【别名】 酒椰子、丛立孔雀椰子、柔雀椰、小鱼尾葵
【科属】 棕榈科鱼尾葵属

短穗鱼尾葵原产亚洲的印度、缅甸、印度尼西亚、马来西亚、菲律宾等热带地区（另有资料介绍我国广东、广西及海南也有原产），是我国最早栽培的棕榈科植物之一，可做大型盆栽观赏，在华南及云南还常作为庭园植物应用。其羽状复叶上的小叶呈鱼尾状，具有较高的观赏价值，也很适宜做插花花材，目前在海南、广东、福建等地有切叶生产。

16.4.1　形态特征

常绿小乔木，株高可达5~8m。基部极易萌生分蘖而群生小株，故外形多呈丛生状。茎秆单一不分枝，叶脱落后有明显的环节。叶为二回羽状复叶，聚生于干上部，长1~3m；小叶互生，软薄革质浓绿色，外侧叶缘先端成一短突尖，顶缘作鼠咬状，似鱼尾，整片羽状复叶又像孔雀羽毛。雌雄同株，花期6~8月；佛焰花序，生于叶丛中，腋生，长约30cm，肉穗花序悬垂且有多数分枝，状如拖把或扫帚；小花黄色，单性，3朵聚生，中央的为雌花。浆果状核果，在小穗轴上排列紧密，近球形，直径

图16-4　短穗鱼尾葵

1~1.5cm，成熟时带暗红色。种子球形。果肉及果汁有毒，尤其未成熟前毒性更强，误食会造成肠胃炎，误触汁液会使皮肤发炎、奇痒(图16-4)。

16.4.2　生态习性

短穗鱼尾葵原产热带地区，喜温暖至高温，生长适温22~30℃；耐寒性较好，能耐短期-4℃低温霜冻。喜阳光，也有一定的耐阴性。喜多湿环境，根系较浅，不太耐干旱。对土壤要求不很严，以富含有机质、疏松、排水良好的土质最佳。

16.4.3　种类与品种

鱼尾葵属有12种，分布于亚洲南部、东南部至澳大利亚热带地区。其中鱼尾葵(*C. ochlandra*)为常绿大乔木，高可达20m，其他主要形态特征和习性与短穗鱼尾葵相似，在我国也常见栽培应用。

16.4.4　繁殖方法

常用播种和分株方法进行繁殖。开花结果容易，在华南地区，树下落地种子常可自播。人工播种一般于春季进行，以透水通气的砂质壤土为基质，将种子播于浅盆上，覆土约5cm厚，置于阴处(遮光率30%左右)，一般2~3个月可以出苗，翌春进行定植。多年生的植株分蘖较多，当植株生长茂密时可分株种植，但分株的植株往往生长较慢，并且不易产生多数的蘖芽，所以一般少用此法繁殖。

16.4.5　栽培管理

短穗鱼尾葵为喜阳植物，虽然可进行露地栽培，但在强烈阳光直射下，叶片商品价值较差，所以以有适当遮阴为佳(遮光率约30%)。选择排水良好的场地作为栽培地，定植前翻耕整地，起好畦，施入有机肥做基肥。为增加产量，通常进行密植，有成形的叶即进行采收。定植后1个月可开始追以氮为主的复合肥或有机肥，以后每40~50d追施1次，冬季再减少施肥次数。喜湿润，缺水时叶面粗糙并缺少光泽，在干旱期间特别要注意浇水，冬季可减少浇水次数。平时还要注意中耕锄草。采叶时顺便把有病虫害等没有商品价值的二回叶剪去。

16.4.6　主要病虫害及其防治

病虫害主要有炭疽病、黑斑病、褐斑病、灰霉病、介壳虫、红蜘蛛等。应及时防治。

16.4.7　采收、贮藏与保鲜

收获部位为二回叶(基部要带叶柄)。把剪下的切叶插入水中，尽快移至冷室内，清洗干净，分级后每10片或20片绑成1束，装入具透气孔的衬膜瓦棱纸箱中。暂时不运输销售的，在10~15℃下插入水中进行贮藏；或保持相对湿度90%~95%进行干冷藏，取出后应喷水保湿，并尽快插入水中。由于在产地通常四季常绿可采，一般采后处理完于当天或翌日一早即运输销售。

16.5 龟背竹

【学名】 *Monstera deliciosa*

【英名】 ceriman, breadfruit vine, window plant, monstera ceriman

【别名】 蓬莱蕉、电线兰、电信兰、龟背蕉、龟背芋

【科属】 天南星科龟背竹属

龟背竹原产南美洲热带雨林中,主要分布于墨西哥,常附生在大树上,现世界各国均有引种栽培。龟背竹四季常绿,耐阴,叶形奇特,广泛作为室内外大型盆栽或柱状栽培观赏,以及在热带、亚热带地区园林阴地、池旁等处应用。其叶片也很适合做大型插花及制作花篮的花材,充满着热带雨林气息。目前在海南、广东、福建等地有切叶生产。

16.5.1 形态特征

多年生常绿蔓性草本植物。茎绿色,粗壮似竹,长可达8m,节上着生长而下垂的褐色气生根,可攀附生长。叶片长达60~80cm,宽30~60cm,厚革质,互生,叶色暗绿或绿色,幼叶心脏形,没有穿孔,长大后呈矩圆形,呈不规则羽状深裂,主脉两侧还分布有椭圆形穿孔,很似龟背;叶柄长达30~50cm,深绿色,有叶痕,叶痕处有苞片,革质,黄白色。4~6月开花,佛焰花序,花单性。肉穗状花序从植株顶端的叶腋间抽生而出,外面包着2个大型苞片,呈宽舟状,长达21~24cm,乳黄色,相当肥厚,上面有纵向脉纹;肉穗花穗长达20~25cm,粗5~6cm,灰绿至青绿色,表面有鱼鳞状细沟纹;雄花着生在肉穗花序上部,略带紫色,黄色雌花着生在下部。浆果淡黄色,长椭圆形,可食用及制作饮料,但要注意未成熟的果实有毒(图16-5)。

图16-5 龟背竹

16.5.2 生态习性

龟背竹喜温暖至高温,生长适温20~28℃;耐寒性较差,冬季最好保持在5℃以上。喜半阴,耐阴能力较强,忌强烈阳光直射。喜湿润的环境,空气湿度以60%~70%最适,忌干旱和空气干燥。对土壤要求不很严,以富含有机质、疏松、排水良好、微酸性的砂质壤土最佳。

16.5.3　种类与品种

龟背竹属约有 50 种，都分布于美洲热带地区，其中许多也都可做切叶。比较常见的种类有多孔龟背竹(*M. friedrichsthalii*)、洞眼龟背竹(*M. epipremnoides*)、翼叶龟背竹(*M. standleyana*)、斜叶龟背竹(*M. obliqua*)等。

龟背竹有多个变种和品种，如叶面上具有黄白色不规则斑纹及斑点的'石纹'龟背竹('Marmorata')，叶面上具有大块乳白色斑纹的'白斑'龟背竹('Albo – variegata')，叶片长仅 8cm 的迷你龟背竹(var. *minima*)，蔓生性状特别强的蔓状龟背竹(var. *borsigiana*)等。

16.5.4　繁殖方法

常用扦插、分株和播种方法繁殖。扦插于春夏季进行，选取茎组织充实、生长健壮的当年生侧枝，剪成 20~25cm 长，剪去基部叶片，剪去长的气生根，保留短的气生根，遮阴保湿条件下容易成活。分株时将侧枝整段劈下，带部分气生根，直接栽植即可，成效快。播种时，先将种子放 40℃ 温水中浸泡 10h，然后进行点播，在 20~25℃ 下 20~25d 可发芽。人工授粉可提高种子的结实率。

16.5.5　栽培管理

龟背竹为耐阴植物，宜遮阴栽培(遮光 40%~50%)。选择排水良好的场地作为栽培地，定植前作好畦，施入有机肥做基肥。定植后 1 个月开始追施以氮为主的复合肥或有机肥，以后每 40~50d 追施 1 次，冬季再减少次数。喜湿润，缺水时叶面粗糙并缺少光泽，一般土壤干了即可浇水，在干旱期间特别要注意浇水，冬季减少浇水次数。空气过于干燥要注意增加周围的空气湿度或进行喷水。平时要注意松土除草。采叶时顺便把有病虫害等没有商品价值的叶剪去。无叶的茎过长可剪去或挖去再植。

16.5.6　主要病虫害及其防治

病虫害主要有灰斑病、叶枯病、茎枯病、灰霉病、介壳虫、红蜘蛛等。灰斑病病原菌为半知菌属真菌，主要危害叶片，从叶缘伤损处开始发病，初为黑褐色斑点，扩大后呈椭圆形至不规则形，边缘黑褐色，内为灰褐色，后期病斑连成一片，使叶片腐烂干枯，并出现稀疏的黑色粒状物，即病原菌的分生孢子器。叶枯病由叶点霉真菌引起，发病时叶片上出现大型黑褐色病斑，然后波及大半个叶片，后期病斑上生出分布不均匀的黑色小点，即病原菌的分生孢子盘。病虫害要及时防治。

16.5.7　采收、贮藏与保鲜

收获部位为带叶柄的叶片，当叶完全展开转为深绿色时即可采收。把剪下的切叶插入水中，尽快移至冷室内，清洗干净，分级后 5 片或 10 片绑成 1 扎，装入具透气孔的衬膜瓦棱纸箱中。暂时不运输销售的，在约 12℃ 条件下插入水中进行贮藏；或保持相对湿度 90%~95% 进行冷藏，取出后喷水保湿，并尽快插入水中。由于在产地通常四季常绿可采，一般采后处理完于当天或翌日一早即运输销售。

16.6 九里香

【学名】 *Murraya paniculata*
【英名】 common jasmin orange, jasmin orange
【别名】 月橘、千里香、七里香
【科属】 芸香科九里香属

九里香原产亚洲南部，我国南部至西南部有分布。其四季常绿，枝叶繁密，树姿优美，颇耐修剪；开花时花朵繁多，花瓣洁白，花香四溢飘远，因此得名；花后果实累累，生者碧绿，熟者鲜红。因此，九里香具有很高的观赏应用价值，华南冬季温暖地区常在园林绿地中丛植、孤植，或作为绿篱，并修剪成方形、塔形、圆球形、杯形等，也适合进行盆栽及制作盆景。其带叶切枝也是插花良材，叶厚耐插，主要用于大型花篮、花圈等。目前在广东有大量生产，销往省内外。

16.6.1 形态特征

常绿灌木或小乔木，高 3~8m。分枝多，小枝无毛，嫩枝略有毛。叶互生，奇数羽状复叶，小叶 3~9 枚；小叶互生没有叶柄，叶形变化大，卵形、倒卵形至菱形，叶表平滑，有光泽，具油腺点，基部歪形，全缘，小叶长 2~5cm，宽 1.5~2.5cm。伞房花序短，顶生或腋生；花长约 1.2~1.5cm，径可达 4cm，花冠钟形，5 瓣，白色，有透明油腺点，极芳香；萼极小，5 片，宿存。浆果，卵形或近球形，初为绿色，成熟时呈朱红色，长 8~12mm，内含种子 1~2 粒。花期夏、秋间，11 月至翌年早春果熟(图 16-6)。

图 16-6 九里香

16.6.2 生态习性

原产热带及亚热带冬季温暖地区，喜温暖至高温，生长适温为 22~30℃，有一定的耐寒力，但冬季不能低于 0℃。喜阳光充足，稍耐阴，过阴则生长不良，枝叶细软、叶色浅、花少味淡甚至不开花。喜多湿而通风的环境，空气湿度以 60%~70% 最适，忌空气过于干燥。对土壤要求不很严，以富含有机质、疏松、排水良好、微酸性的砂质壤土最佳。

16.6.3 种类与品种

变种长果九里香(var. *omphalocarpa*)，其果实呈长卵形，先端尖，原产我国台湾，在台湾有零星栽培。九里香还有花叶品种，叶片上分布有白色斑纹，也很少见。

16.6.4 繁殖方法

可用播种、分株、空中压条和扦插方法进行繁殖。分株时，于春季用利刀切取从老株根部蘖生的带根子株，另行栽植即可。高压法宜于5~8月进行，选生长健壮的枝条，在节下环状剥皮，宽2~3cm，50~60d可长根。扦插于4~5月梅雨季节进行，选当年生健壮枝条作插穗，长8~12cm，保留顶端3~4片叶，基部最好带踵，生根激素处理后将插条的1/3~1/2插入基质中，40~50d生根。

大量繁殖用播种。采下成熟果实，在水中揉搓洗出种子。冬季采收的种子宜沙藏至春季再播，春季采收的种子应即播。播种深度为种子直径的2~3倍，播后苗床保持湿润，20~30d可发芽，翌春再移植。

16.6.5 栽培管理

选择向阳、排水良好的场地进行露地栽培。翻耕整地，作约25cm高的畦，挖穴种植，穴底施入有机肥做基肥。株距为60~80cm。定植后浇足定根水，之后保持土壤湿润，1个月后进行正常的管理。

由于九里香以采带叶切枝为主，为促进营养生长，追肥多追施以氮为主的复合肥或有机肥，40~50d追施1次，冬季再减少施肥次数。虽然比较耐旱，但水分较多利于生长，平时土壤见干即可浇水，在干旱期间特别要注意浇水，冬季可减少浇水次数。平时还要注意松土除草。

16.6.6 主要病虫害及其防治

病虫害主要有白粉病、锈病、煤烟病、灰斑病、枯叶病、介壳虫、红蜘蛛、天牛等。应及时防治。

16.6.7 采收、贮藏与保鲜

收获部位为带叶枝。枝条剪下后即插入水中，尽快移至冷室内，分级后每5枝绑成1束，装箱运输。暂时不运输销售的，需插入水中进行保鲜。由于在产地通常四季常绿可采，一般采后处理完于当天或翌日一早即运输销售。

16.7 乳茄

【学名】 *Solanum mommosum*

【英名】 nipple fruit

【别名】 乳香茄、五指茄、牛头茄、牛角茄、黄金果、五果茄、五代同堂

【科属】 茄科茄属

乳茄果实形状奇特可爱，颜色金黄光亮，而且长时间不会干缩变色，其果枝是插花用的高级大型果材。果枝或果实可直接在花盆中进行固定绑扎，造型成为各种形状，或

者把果实直接固定绑扎在其他一些盆景植物上。这些灵活多样、鲜艳漂亮、极具观赏价值的产品，在近年的年宵花市上大量出现。把果实直接用果碟盛装，也是摆设装饰的佳品。果实如果能够涂上一层光油或青漆，置于干燥的地方，即使摆设许多年，依然风采如故。除了作为切果栽培外，乳茄还可作为大型盆栽以及庭植，是秋冬季节极好的观果佳品。

16.7.1 形态特征

多年生草本植物或亚灌木，原产中美洲热带地区，常作为一年生栽培。株高可达1～2m。茎叶上被有短细绒毛以及着生锐刺。叶互生，圆形至广椭圆形，长10～15cm，具不规则短钝裂片。花单生或数朵成聚伞花序，腋生；花朵直径约3.8cm，花冠呈5裂，青紫色。幼果呈淡绿色，成熟时转为金黄色或橙色，圆锥形，顶端钝，长5cm左右，基部有5个极似乳头或手指头状的凸起，因此得名。花果期在夏秋，入冬落叶后果实宿存(图16-7)。

图16-7 乳　茄

16.7.2 生态习性

生长适温20～30℃，夏季能忍耐35℃左右的高温，但不宜持续时间过长；5～10℃生长缓慢，5℃以下停止生长，0℃以下受冻害。在高温干燥条件下，常有开花不结果现象，这是由于花粉囊不裂开、授粉不良所致，因此温度低些较易结果。

虽然在半日照下也能够适应，但是最适合在全日照下生长。如果长期遮阴，植株会徒长，叶片黄化脱落，开花结果不良。结果时，若遇连续一周以上的阴雨天，会出现大量落果现象。

对土壤要求不很严格，但排水一定要好，在富含有机质、疏松肥沃的砂壤土上生长最佳。土壤pH值以微酸性最好，但在中性或微碱性的土壤中也能生长。喜水肥，忌涝忌旱。如果土壤上一茬栽种过乳茄或者其他茄科植物，最好不要再种乳茄，否则会导致病虫害严重，而且土壤中的营养元素供给容易失调，最终使产品质量变差。连作次数越多，问题越严重。

16.7.3 种类与品种

乳茄有无刺乳茄和有刺乳茄两个品种，也有果实上无角突的种。果形越奇特越具有观赏价值，所以要选乳状突起多而奇特的品种进行栽培。

16.7.4 繁殖方法

春季采用播种繁殖，苗床播或盆播育苗。种子可用温水浸种24h后再播，覆土厚度

0.3~0.5cm。在 22~30℃下 10d 左右可出芽。根据具体情况移植 1~2 次。苗期土壤忽过干忽过湿，易发生猝倒病。苗期施以氮为主的稀薄液肥 1~2 次。待幼苗长至 15cm 左右高时进行定植。

16.7.5　栽培管理

定植株行距为 60cm×80cm。定植前穴施基肥，每 667m² 施腐熟的农家肥约 2000kg、过磷酸钙 40kg 及复合肥 25kg。

乳茄喜湿润，平时浇水坚持见干见湿的原则。土壤过干导致落叶，但过湿易导致落花，积水则易导致烂根乃至整个植株死亡。果实成熟期土壤过干，果实则干黄无光。施肥除基肥外，再进行 2 次根外追肥。植株分杈时每 667m² 施 25kg 复合肥、5kg 尿素、1kg KH_2PO_4 及 0.5kg 硼砂；坐果期每 667m² 施 25kg 复合肥、5kg KH_2PO_4、3kg KNO_3 及 1kg 硼砂。

植株分杈时应插竿、绑线，保持株型，防止枝条折断、植株倒伏。当每一台坐果数达到 2~3 个时，就可以疏花，每台留 4~6 朵花，同时加强打杈工作。果实约 60g 时开始疏果，剪去畸形果、僵化果、带虫斑病斑果，每台留 3~5 个果。枝干长出 6~8 台果时进行封顶。

乳茄会出现落花严重、坐果困难的问题，特别是在通风条件差、气温高时，可使用坐果灵来保花促果。处理时要注意使用药剂的浓度、方法和时间，一般在 10:00 以后用浸花的办法处理效果较好，使用浓度为 50~100mg/L。

16.7.6　主要病虫害及其防治

乳茄易受黄萎病、立枯病、白粉病、叶斑病、炭疽病、褐纹病等病害和病毒感染。害虫则主要有红蜘蛛、菜青虫、蚜虫、粉虱、地老虎等。应及时防治。

16.7.7　采收、贮藏与保鲜

当 80% 以上的果实成熟时即可采收。因以观果为主，摘除叶片，切下果枝，插于清水中保鲜，干藏也可，保存时间很长。分级时，可以坐果数、分布均匀程度、单果重、果型、枝型等作为指标，分为若干级。

16.8　南天竹

【学名】 *Nandina domestica*
【英名】 nandina
【别名】 兰竹、南天竺、南天烛、蓝田竹、猫儿伞、红杷子、小铁树
【科属】 小檗科南天竹属

常绿灌木，原产我国长江流域及陕西、广西等地，日本、印度也有分布。因其枝干丛生，挺拔潇洒，风格如竹，故有其名。目前在我国南北各地园林中均有栽培。

南天竹树姿秀丽，茎枝挺拔，枝叶纤细，叶色绿或红或红绿相间（与栽培环境的光

照强度有关，阴处叶色为绿色，光较强叶色偏红），秋冬时叶色也会变红，结果时果实累累，圆润光洁，鲜红可爱，且长期不落，是园林绿化中观叶观果的优良树种，也常做盆栽及制作成为盆景。其茎枝和果枝还是良好的传统切花材料，瓶插水养的时间长。民间常在春节时切取果枝插瓶，与蜡梅、松枝相配，比喻松竹梅"岁寒三友"，美丽而高雅。果枝若与其他花叶制成花束、花篮，可做馈赠亲友的良好礼品，有长寿之寓意。

16.8.1 形态特征

株高可达2~3m。茎干直立，少分枝。老茎为浅褐色，幼枝常呈红色。叶对生，二至三回羽状复叶，各级羽片全对生，最小的小羽片有小叶3~5片，其中3片的较多；小叶近无柄，两面光滑无毛，椭圆状披针形，薄革质，全缘，顶端渐尖，基部阔楔形。圆锥花序顶生，长可达20~35cm；花小，白色，萼片和花瓣多轮，每轮3片，外轮较小，卵状三角形，内轮较大，卵圆形；雄蕊6枚，花瓣状，离生；子房1室，有胚珠2颗。浆果球形，鲜红色，偶有黄色，内有种子2个。种子扁圆形。花期5~7月，果期秋冬季（图16-8）。

图16-8　南天竹

16.8.2 生态习性

喜温暖，生长适温约15~25℃，较耐寒，能耐约-10℃的低温，黄河以南地区可露地栽培。喜半阴，也能耐一定的阳光直射，但是在强光直射下生长不良，叶色变红、叶面粗糙甚至出现焦边，并且难于结实，所以夏季特别需要进行遮阴。栽培环境也不能过于荫蔽，否则茎细叶长，株丛松散，长势不佳，且不易开花结果。南天竹多野生在湿润的沟谷旁、山坡的疏林下或灌丛中，为钙质土指示植物，喜肥沃、排水良好的壤土或砂质壤土，能耐微碱性土壤。喜土壤湿润及较高的空气湿度，要求通风良好。

16.8.3 种类与品种

常见的栽培变种和品种有：玉果南天竹，又叫黄天竹，小叶翠绿色，果实黄熟而有光泽，入冬叶色转黄，观赏极佳；'五彩'南天竹，是一种观叶品种，植株矮小，叶质柔软，叶色随四季而变化，由白转黄、青、红、紫，观赏价值极高，多数不结果，结果时果实为淡紫色；'火焰'南天竹，叶片呈长椭圆形，与原种披针形叶有明显区别，秋天稍遇冷空气，叶色便由绿色转为鲜红色，可持续到翌年初春；'细叶'南天竹，株型矮小，小叶呈细丝状；'蓝果'南天竹，是稀有品种，果实成蓝色。此外，还有白果南天竹、紫果南天竹、黄果南天竹、锦红南天竹、光叶南天竹、龟叶南天竹、涡叶南天竹、圆叶南天竹、栗木南天竹等。

16.8.4 繁殖方法

南天竹分蘖性较强，呈丛生生长，常用分株进行繁殖。分株宜在春季新株萌发前进行，从根颈处切断分离，按每个分株具有1~2枝老枝及具有新生蘖芽为宜，然后可把地上部分枝叶修去1/3~1/2，再种植。分株经1~2年培育后可开花结果。也可用扦插的方法，春季选1~2年生粗壮枝条，剪成约15cm长做插穗，顶端可留叶，下端切口在节下约0.5cm处切成马蹄形，插在河沙中，在遮阴保湿条件下一般成活率达80%左右。

播种可获得更多的幼苗。种子可随采随播。冬季当种子鲜红尚未发黑脱落之前，采下充分成熟的果实，将果粒用清水浸泡2~3d，待果皮发软后，用河沙混合搓揉去果皮、果肉，再用清水洗净，稍晾干后即播，覆土厚2~3cm。但因种子有较长的后熟期，发芽时间长达数月。种子也可沙藏数月，待种子开始萌芽露白时即取出播种。播种株3~4年才能开花结果。

16.8.5 栽培管理

土壤最好既排水透气又保水保肥，对于不适合的土壤，可混入泥炭、椰糠、堆肥、堆沤过的菇渣、蔗渣、锯末等进行改良。因喜湿润，平时要注意浇水，冬季减少浇水次数。每个月施1次氮、磷、钾复合肥，冬季不需施肥。花期若遇梅雨季节，往往因授粉不良而结实不好。植株不宜长得过密，否则会影响开花，过密时把枯枝、弱枝修去。对于多年生老株，常于初春对枝干进行重剪，可仅留基部15cm左右高，让其重新萌发新枝。

16.8.6 主要病虫害及其防治

病害主要有红斑病、煤污病、锈病、炭疽病、黑斑病、褐斑病、茎枯病等。红斑病多从叶尖或叶缘开始发生，初为褐色小点，后逐渐扩大成半圆形或楔形病斑，直径2~5mm，褐色至深褐色，略呈放射状。后期在病部簇生灰绿色至深绿色煤污状的块状物，发病严重时，常引起提早落叶。

害虫主要有介壳虫、红蜘蛛、卷叶蛾等。应及时防治。

16.8.7 采收、贮藏与保鲜

当果实变红时，切下茎枝或果枝，插于清水中进行保鲜。贮藏于2~5℃的温度条件下，可延长保鲜时间。

16.9 茵芋

【学名】 *Skimmia reevesiana*

【英名】 reeves skimmi

【别名】 黄山桂、深红茵芋、紫玉珊瑚

【科属】 芸香科茵芋属

常绿灌木，原产喜马拉雅山至日本。在我国分布于广东、广西、福建、台湾、湖南、湖北、安徽、四川、贵州等地。植株四季常绿，叶片翠绿光亮；花蕾红褐色玲珑可爱，开放时小花白色浓密、芳香袭人，通常也归于芳香植物类；结果时红果小巧玲珑，聚生于枝顶，而且观果期又比较长，可延至冬季，是一种良好的盆栽观赏植物，也可制作成盆景，还适宜在园林中应用，配置于林缘或草坪边缘。其切枝则是一种高级的插花花材。花朵还可以用于提取芳香油，种子也可榨油。

16.9.1 形态特征

株高可达 1～2m。单叶互生，多集生于枝顶，厚革质，狭矩圆形或矩圆形，长 5～11cm，宽 2～3cm，顶端渐尖，基部楔形，边全缘，有时中部以上有疏而浅的锯齿；叶表面呈深绿色，有光泽，沿中脉被微柔毛，叶背淡绿色，两面均有腺点，揉烂后会散发香气；叶柄短，4～7mm，有时呈淡红色。聚伞状圆锥花序，顶生，花轴粗壮，被柔软毛；花未开放时花蕾呈红褐色；花常为两性，直径约 1cm，白色，极芳香；萼片 5，广卵形，有短缘毛，花瓣 5，卵状长圆形，雄蕊 5，较花瓣长或等长；子房 4～5 室，球形。浆果状核果，长圆形或卵状长圆形，长 1～1.5cm，有残存的花萼，成熟时呈朱红色，果小有毒。花期 3～5 月，7～11 月果实成熟（图 16-9）。

图 16-9 茵芋

16.9.2 生态习性

性喜温暖，生长适温 15～22℃；耐寒能力较强，地栽可耐 -10℃ 的低温。常野生于山地林下、沟谷溪边、岩缝中等阴湿处，喜光照较充足的地方，也稍耐阴。对土壤的适应性较强，但以排水透气、湿润肥沃的砂质壤土或壤土生长最好。

16.9.3 种类与品种

茵芋属的植物有 7～8 种，产于亚洲东部及东南部。中国有 3～4 种，产于长江以南。我国近年从欧洲引进'红星'芋的品种，它是荷兰等西欧国家最著名的庭院花卉之一。其开花在春夏季，花香浓郁，花期长达 3～4 个月，秋冬季满树红果久留不落，观赏效果极佳，曾经在 2005 年上海市年宵花展上被评为"花王"。

我国还引进了另外一个茵芋属种类的园艺品种，称为'金红'茵芋，又叫'鲁贝拉'茵芋、'金丝'香茵，也是相当理想的观果植物。小枝近方形，赤褐色。叶互生，聚生于枝条顶端，椭圆形或长椭圆形披针状，叶端锐，叶基渐狭，叶缘全缘。聚伞状圆锥花序，顶生。小花单瓣 4 枚，乳白或乳黄色，3～5 月开花，极芳香。浆果状核果，矩圆形至卵状矩圆形，红色。

16.9.4 繁殖方法

繁殖方法有播种、扦插、压条、分株等。种子可随采随播，将成熟果实采下，洗去果肉，把种子晾干后即进行播种，或者把种子沙藏至翌年早春再播。

在早春用头年生枝条进行硬枝扦插，或在梅雨季节用当年生的嫩枝进行嫩枝扦插。插条长 10~15cm，插后遮阴保湿，25~35d 后可生根。

压条繁殖在春季刚发芽时进行，选择靠近地面的枝条，在合适的位置刻伤，压埋于土壤中，2~3 个月后生根。

对于生长多年的丛生植株，可结合春季换盆进行分株繁殖，用利刀将丛生的植株分割成数丛，分别栽种即可。

16.9.5 栽培管理

在夏季，温度太高会出现生长不良的现象，超过 30℃ 后植株进入休眠状态，所以在夏季冷凉的地方栽培较好。适宜的光照强度范围为半日照至强度不大的阳光，怕烈日暴晒，夏季适宜的遮光率约为 50%。喜土壤湿润与较高的空气湿度，平时要注意浇水，冬季减少浇水次数。每个月施 1 次氮、磷、钾复合肥。夏季温度如果超过 30℃，要停止施肥，冬季低于 5℃ 也不必施肥。因生长较为缓慢，栽培中不必过多修剪，只需在春季萌动前剪去病虫枝、干枯枝、过密枝及其他影响观赏性的枝条即可。

16.9.6 主要病虫害及其防治

茵芋的病虫害比较少，病害主要有叶斑病，虫害主要有介壳虫。应及时防治。

16.9.7 采收、贮藏与保鲜

当果实变红时，切下果枝，插于清水中进行保鲜。在 2~5℃ 的低温条件下保存，可延长保鲜时间。

16.10 枸骨

【学名】 *Ilex cornuta*

【英名】 horny holly

【别名】 枸骨冬青、老虎刺、鸟不宿、猫儿刺

【科属】 冬青科冬青属

常绿灌木或小乔木，通常高达 3~4m，最高可达 10m。产于我国中部，在长江中下游的江苏、浙江、江西、湖南、湖北等地均有分布，朝鲜也有分布。枸骨树冠优美，枝叶稠密，叶形奇特，深绿光亮；入秋红果累累，经冬不凋，鲜艳美丽，观叶观果俱佳，是优良的园林树种及绿篱材料，也适合作为盆栽及制作成盆景。其果枝是良好的瓶插材料，经久不凋。

16.10.1　形态特征

树皮灰白色，平滑不裂，枝密生、开展。叶互生，硬革质，表面深绿色有光泽，背面淡绿色；叶四角状矩形，长4～10cm，宽1.5～4cm，先端有3枚大而尖硬的刺齿，中央一枚向背面弯，基部两侧间也各有1～2枚大刺齿；叶有时全缘，基部圆形，这样的叶往往长在大树的树冠上部。聚伞花序，小花黄绿色，簇生于2年生小枝叶腋内。核果球形，成熟时呈鲜红色，直径8～10mm，具4核。花期4～5月，果熟期9～11月（图16-10）。

图16-10　枸骨

16.10.2　生态习性

喜温暖湿润的气候，生长适温为15～25℃，也有较强的耐寒力。喜阳光充足，稍耐阴。土壤以排水良好、肥沃的砂质壤土或壤土为佳，pH值适宜为微酸性。生长缓慢，萌蘖力强，耐修剪。颇能适应城市环境，对有害气体有较强抗性。

16.10.3　种类与品种

冬青属植物共有约400种，主要分布于南北美与亚洲，数种产于欧洲和大洋洲。我国约有118种，分布于秦岭以南、长江流域及其以南广大地区，尤以西南及华南的种类最为丰富。由于种类多，形态习性各异，有灌木、小乔木和乔木之分，也有常绿和落叶之分（但多为常绿树种），叶形和大小也差别甚大。但均为单性花，雌雄异株，排列成聚伞花序或簇生花序腋生。冬青属观赏价值高，应用广泛，有的果枝是高级的插花花材，鲜红果实宿存期甚至长达数月之久。

目前国内栽培比较多的红果类有冬青（I. purpurea）、铁冬青（I. rotunda）、落霜红（I. serrata）、红果冬青（I. purpuea）等。从国外引进的有'英国'冬青（又称'英国无刺'冬青）（I. aquifolium 'Vantol'）、'金奶童英国'冬青（I. aquifolium 'Golden Milkboy'）等。

16.10.4　繁殖方法

播种和扦插繁殖均可，但以扦插为主。通常在梅雨季节进行嫩枝扦插，成活率较高。要利于结果获得种子，栽植时要注意雌、雄株的配植。播种繁殖时，把成熟果实采下，洗出种子，进行低温湿沙层积贮藏，至翌年春季再播种。

16.10.5　栽培管理

枸骨尚耐高温，但结果可能不良。在南方夏季炎热地方以冷凉的山区栽培为佳，夏季平地栽培宜有适当的遮阴,环境力求通风良好。对于不太适合的土壤,可混入泥炭、椰糠、堆沤过的菇渣、蔗渣、锯末等进行改良,以增强土壤的排水透气性或保水保肥性,并且调节pH值至微酸性。因喜湿润,平时要注意浇水,冬季减少浇水次数。每月施1次氮、磷、钾复合肥,冬季不需施肥。果期过后整枝修剪1次,剪去枯枝、弱枝、病虫枝等。

16.10.6 主要病虫害及其防治

枸骨的病害较少,主要虫害有介壳虫、木虱等。应及时防治。

16.10.7 采收、贮藏与保鲜

当果色变红时,切下果枝(也可把叶摘去),插于清水中进行冷藏保鲜。干放于保湿包装箱中,在0℃下可贮藏1~3周。

16.11 气球花

【学名】 *Asclepias physocarpa*
【英名】 butterfly flower
【别名】 气球果、钉头果、钉子果、棒头果、风船唐绵、河豚果、绿千禧
【科属】 萝摩科马利筋属

灌木或半灌木,原产于非洲地区。其果实形状奇特,结果数量多,果期较长,观赏价值良好。切果枝是很好的插花花材,也适合于庭园点缀栽培和大型盆栽。

16.11.1 形态特征

株高可达2~3m,自然分枝多,体内有白色乳汁。叶对生,长披针形,长逾10cm。伞形花序顶生或腋生,下垂,每个花序着生3~8朵白色小花,每个花序一般只结一个果。花期长,从秋季至翌春,常见花、果同生。花后结甚为奇特的近圆球形蓇葖果,直径可达8cm,极像一只充气鼓胀的小气球,果实表面黄绿色,并且分布有许多粗毛,似用钉子钉入。果内除了种子外,中空无果肉,果实一压即扁,稍后能复原。每个果实内种子数量很多,种子上附生有形似降落伞的银白色长绒毛,果实成熟自行爆裂后,种子即飘飞各处而传播,因此日文名叫"风船唐绵"。每个果实内有数十粒种子,种子略长形,一面凹陷,褐色(图16-11)。

图16-11 气球花

16.11.2　生态习性

原产非洲的热带地区，性喜高温多湿，怕霜冻，生长适温 20~28℃。喜阳光充足，稍耐阴。光照不足引起茎枝生长不健壮，容易倒伏。植株生性强健，耐土壤贫瘠，对土质要求不很严格，但以疏松肥沃、排水良好的微酸性砂质壤土或者壤土最为适宜。

16.11.3　种类与品种

与气球花很相似的还有另外一个种，学名为 A. fruticosa，果实直径 5cm 左右，顶部较尖，果实表面颜色为绿色至茶褐色。

16.11.4　繁殖方法

可用播种或扦插进行繁殖。种子发芽率高，发芽适温为 20~25℃。采用直播，一般于春季进行，在热带地区一年四季都可播种。从播种至开花需 5~6 个月。扦插时，剪取较成熟的枝条，剪成 10~15cm 长作为插穗，在有遮阴的条件下扦插保持湿度，20~30d 后能生根。

16.11.5　栽培管理

采用双行种植，株行距 25cm×30cm。幼苗可不摘心或摘心 1 次。不摘心生长至一定时候也会在上部产生分枝，但植株更高。如果摘心，侧枝萌发后保留 4~5 枝，侧枝上还会萌发下一级侧枝，需要把过密的枝条剪去。开花后，过短的花枝也要剪去。

喜多湿但也较耐旱，干旱季节特别要注意浇水。对肥料要求少，每月施 1 次少量的氮、磷、钾复合肥，不可偏施氮肥，否则也易引起植株生长不健壮。开花挂果后，可追施 1~2 次 0.2% 的 KH_2PO_4 溶液。随着植株高度增加，需设立支柱进行绑扎，以防止强风吹袭折枝倒伏。果期后可对植株进行强剪 1 次，保留基部约 20cm，上部枝条全部剪除，以来年再重新萌发新枝和开花结果。在冬季寒冷的地区，气球花可作为一年生栽培，每年重新进行播种。实际上由于气球花种子多，播种容易，在热带地区也可以每次都重新播种。

16.11.6　主要病虫害及其防治

气球花的病虫害不多，在阴雨天果实容易发生煤污病，主要害虫为蚜虫。应及时防治。

16.11.7　采收、贮藏与保鲜

当果实具有观赏价值时，切下果枝，插于清水中进行保鲜，降低温度可延长保鲜时间。

16.12　玫瑰茄

【学名】　*Hibiscus sabdariffa*
【英名】　roselle, jamaica sorrel
【别名】　洛神葵、红角葵、萼葵、萼葵果、山茄、酸模、牙买加酸模
【科属】　锦葵科木槿属

原产于非洲和亚洲的热带、亚热带地区，我国1910年开始引种。目前国内外栽培玫瑰茄，主要以采收花萼为主，经济价值极高，具有食用和药用价值及用于提炼红色素等。我国广东、广西、云南、福建等地都有栽培，花萼产品甚至出口国外。玫瑰茄还是良好的观果植物，适合于庭园、花境栽培，果枝则是很好的插花花材。

16.12.1　形态特征

一年生直立粗壮草本植物，株高1~2m，分枝多。茎光滑、紫红色，茎秆皮质坚韧。叶互生，基部叶卵圆形不分裂，茎上叶矩圆形3裂，侧裂片有时再分裂，边缘有宽圆齿或锯齿；叶柄紫红色。无限花序，花单生于叶腋，离瓣，花冠大，直径5cm左右，上午初开时黄色，授粉后变为水红色，中午开始凋谢，当天夜间脱落；花萼肥厚、肉质、多汁，杯形，疏生粗毛及刺，紫红色，结果后仍长时间保持色彩。蒴果，卵球形或卵圆形，有毛，单果重8~10g，干萼重0.82~0.9g。地栽单株结果30~50个，丰产株100个以上。每果3~5室，有种子20余粒，种子肾脏形，暗褐色。

16.12.2　生态习性

性喜高温，生长适温为20~30℃，忌霜冻。属强光性植物，光照不足时植株高而杆细，分枝少，开花结果差。直根系，侧根发达，扎根深，耐干旱和贫瘠，适应性广。虽然对土壤要求不严，但因不耐涝，需排水良好，以富含有机质的砂质壤土最佳，pH值以6~8为宜。过于黏重的土壤生长不良，易产生白化苗等生理性病害。

16.12.3　繁殖方法

用种子进行繁殖。果实成熟后会自行裂开，种子落在地上会被老鼠吃掉，因此需先行采收种子。春天播种，种子发芽适温为20~25℃，播种深度1~1.5cm。由于其根为直根性，最好进行直播，或容器育苗，苗高约15cm时定植。

16.12.4　栽培管理

在雨水多的地区，栽培场地必须有良好的排水系统。贫瘠土壤施农家肥作基肥，每667m^{2}施1500~2000kg。株行距(40~50)cm×80cm。苗高约30cm时摘心1次。随着植株的生长，注意立柱绑扎，以防止强风吹袭折枝倒伏。浇水不要过频繁，土壤过湿易导致烂根。每月施1次氮、磷、钾复合肥，营养生长期以氮为主，开花结果期提高磷、钾比例。结果期间如遇阴雨，花萼易霉变。

16.12.5 主要病虫害及其防治

玫瑰茄的病害主要有炭疽病、枯萎病、根腐病、白化苗病等,害虫主要有菜青虫、蚜虫、叶蝉等。应及时防治。

16.12.6 采收、贮藏与保鲜

当果实具有观赏价值时,摘去叶子,切下果枝,插于清水中进行保鲜,降低温度可延长保鲜时间。

16.13 天门冬

【学名】 *Asparagus sprengeri*
【英名】 asparagus
【别名】 天冬草、非洲天门冬、满冬
【科属】 百合科天门冬属

天门冬原产南非,我国各地常见栽培。

16.13.1 形态特征

天门冬为常绿宿根草本或亚灌木。具块根,丛生下垂,多分枝。叶状枝扁线形,簇生。叶鳞片状,褐色。花白色,有香气,1~3朵簇生。浆果球形,成熟时为鲜红色。花期6~8月,果期8~10月(图16-12)。

图16-12 天门冬

16.13.2 生态习性

天门冬适应性强,管理粗放,易栽培,适合家庭养护。喜欢肥沃的砂质土壤,适宜湿润的气候和环境,但怕涝,忌烈日晒。

16.13.3 种类与品种

天门冬的变种有:矮天门冬(*A. sprengeri* var. *compactus*),植株低矮;斑叶天门冬(*A. sprengeri* var. *variegatus*),叶具白斑,近来盛行吊盆栽培。常见的其他栽培种类还有:

'狐尾'天门冬(*A. densiflorus* 'Myers') 又名'狐尾'武竹、'狐尾'天门冬,多年生常绿草本。株高30~50cm。茎直立向上,叶状枝密生,细针状,柔软,鲜绿色,形如狐狸尾巴。

松叶天门冬(*A. myriocladus*) 又名松叶武竹、蓬莱松,直立性矮灌木。株高1~2m,

根肥大，具纺锤状的块根，枝短，新生叶状枝鲜绿色，老熟枝则带粉绿色。花白色，着生在长约2.5cm的花序上。

16.13.4 繁殖方法

天门冬可用播种和分株方法进行繁殖。

大量繁殖用播种。种子12月成熟，采下成熟种子后，将果肉洗净，即可盆播，覆土0.5cm，温度保持在15℃以上，约30d发芽。当苗高3cm时，可分植在小盆内，3株1丛，每盆3丛。

分株时先剪去枝条，将植株从盆内磕出，切成数块，每块为一新植株，栽入盆内，填土浇水，放置在荫处养护，当年枝叶满盆。

16.13.5 栽培管理

培养天门冬应在5月上中旬出室，放在阳光充足、通风良好的地方，缺少阳光，则植株叶片容易变黄。天门冬喜温暖，不耐寒，冬季温度应保持在10℃以上，最低温度不得低于5℃，否则植株易受害。天门冬根系生长快，因此上盆时应选择稍大的花盆，换盆每年进行1次。将老根多切除一些，保留的根分成数块，分别植于盆内，然后填土浇透水。先放在半阴处培养，当年便可枝叶丰满。

天门冬长期置于室内，枝叶容易发黄，夏季可断续见阳光，缓苗后再置于室内。天门冬萌芽过多，往往不利于开花结果，枝叶满盆时要及时分株换盆。天门冬生长季节，每半个月施肥1次。夏季每天浇1次水，冬季可少浇水。

16.13.6 主要病虫害及其防治

病虫害主要有锈病、煤烟病、灰斑病、枯叶病、介壳虫、红蜘蛛等。应及时防治。

16.13.7 采收、贮藏与保鲜

收获部位为带叶枝。枝条剪下后即插入水中，尽快移至冷室内。暂时不运输销售的，需插入水中进行保鲜。由于在产地通常四季常绿可采，一般采后处理完于当天或翌日一早即运输销售。

16.14 常春藤

【学名】 *Hedera nepalensis*
【英名】 hedera
【别名】 中华常春藤、爬树藤
【科属】 五加科常春藤属

常春藤原产于我国，分布于亚洲、欧洲及美洲北部，在我国主要分布在华中、华南、西南、甘肃和陕西等地。常春藤的叶色和叶形变化多样，四季常青，是优美的攀缘性植物材料，可以用作棚架或墙壁的垂直绿化。常春藤可作切花的配置材料，又适合于

室内盆栽培养，是非常好的室内观叶植物，可做盆栽、吊篮、图腾、整形植物等。

16.14.1 形态特征

多年生常绿木质藤本植物。攀缘生长，茎可达 20cm 以上，其上具有附生根，嫩枝上具有鳞片。叶片有两种形态：一种是不育枝上的三角形或戟形叶片，全缘或具三浅裂；另一种是可育枝上披针形的叶片，全缘，叶柄细长。伞形花序着生于枝条的顶端。花色为淡白绿色，具香味。花期 9~11 月。果实球形，翌年 4~5 月成熟，成熟时红色或黄色（图 16-13）。

图 16-13 常春藤

16.14.2 生态习性

常春藤性喜温暖、荫蔽的环境，忌阳光直射，但喜光线充足，较耐寒，抗性强，对土壤和水分的要求不严，以中性和微酸疏松肥沃的壤土最好。喜温暖湿润和半阴环境，较耐寒，最忌高温干燥环境，较耐阴，也能在充足的阳光下生长，畏强烈的阳光暴晒。最适生长温度为 25~30℃，冬季 0℃ 以上可安全越冬，耐寒性强，能耐短暂的 -3℃ 低温，在寒冷地区叶会呈现红色，所以最好在室内越冬。

16.14.3 种类与品种

西洋常春藤（*H. helix*） 叶片卵形全缘，叶面深绿色，叶脉淡绿色，花莛和嫩枝上具有星状白毛。

加拿利常春藤（*H. canariensis*） 茎向高处攀缘，其上具有星状毛，叶片全缘革质，浅绿色，冬季变为铜绿色。

革叶常春藤（*H. colchica*） 叶片全缘革质，偶见开裂，绿色，有光泽。

日本常春藤（*H. rhombea*） 叶片坚硬，深绿色有光泽。

16.14.4 繁殖方法

常春藤可采用扦插法、分株法和压条法进行繁殖。除冬季外，其余季节都可以进行，而温室栽培不受季节限制，全年可以繁殖。扦插适在 4~5 月和 9~10 月进行，切下具有气生根的半成熟枝条作插穗，其上要有 1 至数个节，插后要遮阴、保湿、增加空气湿度，3~4 周即可生根。匍匐于地的枝条可在节处生根并扎入土壤，因此，用分株法和压条法都可以繁殖常春藤。

16.14.5 栽培管理

常春藤生长健壮，栽培容易成活。盆栽多用水藓、腐叶土和园土的混合培养土，放置在光线充足或不见直射光的室内培养。盆栽时要绑扎各种支架,牵引整形。

生长旺季要保持盆土湿润,充分浇水,高温季节还要注意通风,喷水降温,否则易引起生长衰弱。冬季放入温室越冬,盆土不宜过干或过湿,并具有一定的空气湿度。

5~10月每半月施1次复合肥料,生长旺季可向叶片上喷施0.2%的磷酸二氢钾1~2次,可使叶片更鲜亮美丽,施有机肥时还需注意勿使肥液沾染叶片,以免引起叶片枯焦。夏季和冬季一般不需施肥。给花叶品种施肥时要注意以磷、钾肥为主,少施氮肥,否则容易使叶色斑块褪失。

16.14.6　主要病虫害及其防治

常春藤病害主要有藻叶斑病、炭疽病、细叶叶腐病、叶斑病、根腐病、疫病等。虫害以卷叶虫螟、介壳虫和红蜘蛛的危害比较严重。应及时防治。

16.14.7　采收、贮藏与保鲜

收获部位为带叶枝。根据需要可从基部剪切,也可从枝条中部剪切,余下的部分还可继续培养。枝条剪下后即插入水中,尽快移至冷室内。暂时不运输销售的,需插入水中进行保鲜。由于在产地通常四季常绿可采,一般采后处理完当天或翌日一早即运输销售。

小　结

本章介绍了14种常用切叶和切果类植物的生物学、生态学习性和繁殖栽培要点。

思考题

1. 如何栽培富贵竹弯竹?
2. 你对我国发展切叶产业有什么看法?
3. 根据你的家乡气候特点,举例说明适合发展哪些切果类植物?

推荐阅读书目

1. 花卉学(第2版). 王莲英. 中国林业出版社,2011.
2. 观叶植物225. 薛聪贤. 河南科学技术出版社,2000.

参考文献

包满珠. 2003. 花卉学[M]. 北京：中国农业出版社.
北京林业大学园林系花卉教研室. 1990. 花卉学[M]. 北京：中国林业出版社.
陈健辉. 2004. 观赏园艺[M]. 广州：广东科技出版社.
陈俊愉，程绪珂. 1990. 中国花经[M]. 上海：上海文化出版社.
陈俊愉，刘师汉. 1980. 园林花卉[M]. 上海：上海科学技术出版社.
丁元明. 1999. 鲜切花生产、分级包装技术手册[M]. 北京：中国农业出版社.
高俊平. 2002. 观赏植物采后生理与技术[M]. 北京：中国农业大学出版社.
观赏园艺卷编辑委员会. 1996. 中国农业百科全书——观赏园艺卷[M]. 北京：农业出版社.
郭维明，毛龙生. 2001. 观赏园艺概论[M]. 北京：中国农业出版社.
郭志刚，张伟. 2001. 花卉生产技术原理及应用丛书——球根类[M]. 北京：中国林业出版社.
何生根，冯常虎. 1996. 切花生产与保鲜[M]. 北京：中国农业出版社.
何秀芬. 1999. 干燥花采集制作原理与技术[M]. 2版. 北京：中国农业大学出版社.
贾梯主. 2004. 现代花卉实用技术全书[M]. 北京：中国农业出版社.
金波. 1998. 鲜切花栽培技术手册[M]. 北京：中国农业大学出版社.
李景侠，康永祥. 2005. 观赏植物学[M]. 北京：中国林业出版社.
李尚志，李国泰，王曼. 2002. 荷花睡莲王莲[M]. 北京：中国林业出版社.
刘庆昌，吴国良. 2003. 植物细胞组织培养[M]. 北京：中国农业大学出版社.
刘燕. 2003. 园林花卉学[M]. 北京：中国林业出版社.
吕佩珂，段半锁，等. 2001. 中国花卉病虫害原色图鉴（上册）[M]. 北京：蓝天出版社.
吕佩珂，段半锁，等. 2001. 中国花卉病虫害原色图鉴（下册）[M]. 北京：蓝天出版社.
罗凤霞，周广柱. 2001. 切花设施生产技术[M]. 北京：中国林业出版社.
曼晓兰. 2002. 中国梅花栽培与鉴赏[M]. 北京：金盾出版社.
穆鼎. 1997. 鲜切花周年生产[M]. 北京：中国农业科技出版社.
石宝. 2000. 新优花卉200种[M]. 北京：中国林业出版社.
宛成刚. 2002. 花卉栽培学[M]. 上海：上海交通大学出版社.
王莲英. 1997. 中国牡丹品种图志[M]. 北京：中国林业出版社.
王敏. 2003. 商品花木养护与营销[M]. 北京：中国农业出版社.
王其超. 2005. 中国荷花品种图志[M]. 北京：中国林业出版社.
王意成，刘树珍，王泳. 2004. 水生花卉养护与应用[M]. 南京：江苏科学技术出版社.
韦三立. 2000. 观赏植物花期调控[M]. 北京：中国农业出版社.
韦三立. 2002. 花卉产品采收保鲜[M]. 2版. 北京：中国农业出版社.
韦三立. 2004. 水生花卉[M]. 北京：中国农业出版社.
吴少华，李房英. 1999. 鲜切花栽培和保鲜技术[M]. 北京：科学技术文献出版社.
吴少华，郑诚乐，李房英. 2000. 鲜切花周年生产指南[M]. 北京：科学技术文献出版社.
吴少华. 2001. 园林花卉苗木繁育技术[M]. 北京：科学技术文献出版社.
吴少华. 1999. 鲜切花栽培和保鲜技术[M]. 北京：科学技术文献出版社.

吴志华. 2002. 花卉生产技术[M]. 北京：中国林业出版社.

夏春森. 2005. 名新花卉标准化栽培[M]. 北京：中国农业出版社.

夏宜平. 2001. 鲜切花培育技术[M]. 上海：上海科学技术出版社.

肖玉兰. 2003. 植物无糖组培快繁工厂化生产技术[M]. 昆明：云南科技出版社.

谢利娟，等. 2005. 插花一本通[M]. 北京：中国农业出版社.

邢禹贤. 2002. 花卉无土栽培技术[M]. 北京：中国农业出版社.

徐玉安. 2004. 花卉基础与插花艺术[M]. 武汉：湖北科学技术出版社.

许宁，等. 1998. 棚室切花生产技术[M]. 沈阳：辽宁科学技术出版社.

薛聪贤. 2000. 观叶植物225种[M]. 郑州：河南科学技术出版社.

薛聪贤. 2000. 景观植物实用图鉴(1~10辑)[M]. 杭州：浙江科学技术出版社.

薛聪贤. 2000. 宿根花草150种[M]. 郑州：河南科学技术出版社.

薛麒麟. 2007. 切花栽培技术[M]. 上海：上海科学技术出版社.

杨先芬. 2002. 工厂化花卉生产[M]. 北京：中国农业出版社.

杨先芬. 2005. 花卉文化与园林观赏[M]. 北京：中国农业出版社.

赵家荣，秦八一. 2003. 水生观赏植物[M]. 北京：化学工业出版社.

赵家荣. 2002. 水生花卉[M]. 北京：中国林业出版社.

赵兰勇. 1999. 商品花卉生产与经营[M]. 北京：中国林业出版社.

赵兰勇. 2004. 牡丹栽培新技术[M]. 北京：中国农业出版社.

周军，等. 2001. 切花栽培与保鲜技术[M]. 南京：江苏科学技术出版社.

邹秀文，邢全，黄国振. 1999. 水生花卉[M]. 北京：金盾出版社.